21 世纪交通版高等学校教材

# Engine Principles and Chassis Theories of Construction Machinery and Equipment

# 工程机械发动机原理与底盘理论

曹源文　马丽英　归少雄　主编
郭小宏　主审

人民交通出版社

## 内 容 提 要

本书系统地介绍了工程机械发动机原理和底盘理论，全书分两篇，共12章。第一篇为工程机械发动机原理，内容主要包括：发动机的性能、发动机的换气过程、汽油机工作原理、柴油机混合气的形成与燃烧、发动机特性、发动机的排放与噪声、变负荷工况下发动机性能等。第二篇为工程机械底盘理论，内容主要包括：工程机械行驶理论、液力变矩器及其与发动机共同工作特性、工程机械牵引性能、动力性、稳定性、制动性、转向性理论等，此外本书紧跟工程机械发动机和底盘发展技术，将新的技术成果注入工程机械发动机与底盘理论当中。

本书可作为机械设计制造及其自动化、农业机械、军用车辆、汽车拖拉机、土木工程、道路与铁道工程等相关专业本科、研究生的教材或教学参考书，也可供从事工程机械、车辆工程以及公路、铁路、港口码头施工等技术人员参考。


**图书在版编目（CIP）数据**

工程机械发动机原理与底盘理论/曹源文等主编. —北京：人民交通出版社，2010.3
ISBN 978-7-114-08247-4

Ⅰ.工... Ⅱ.曹... Ⅲ.①工程机械-发动机-理论②工程机械-底盘-理论 Ⅳ.TU601

中国版本图书馆 CIP 数据核字(2010)第 033248 号

21世纪交通版高等学校教材

书　　名：工程机械发动机原理与底盘理论
著 作 者：曹源文　马丽英　归少雄
责任编辑：沈鸿雁　刘永超
出版发行：人民交通出版社
地　　址：(100011)北京市朝阳区安定门外外馆斜街3号
网　　址：http://www.ccpress.com.cn
销售电话：(010)59757973
总 经 销：人民交通出版社发行部
经　　销：各地新华书店
印　　刷：大厂回族自治县正兴印务有限公司
开　　本：787×1092　1/16
印　　张：15.75
字　　数：389千
版　　次：2010年3月 第1版
印　　次：2021年1月 第7次印刷
书　　号：ISBN 978-7-114-08247-4
定　　价：29.00元

# 前　　言

本书是根据21世纪交通版(机械设计及其自动化专业工程机械方向)高等学校教材编写委员会的要求而编写的。

全书分两篇,共12章。第一篇为工程机械发动机原理(第一至第七章),主要介绍:发动机的性能、换气过程及增压技术,发动机混合气的形成与燃烧,发动机特性及其对工程机械负荷工况的适应性能等。第二篇为工程机械底盘理论(第八至第十二章),内容主要包括:工程机械行驶理论、液力变矩器与发动机共同工作特性、工程机械牵引性能、稳定性、动力性、转向性、制动性理论等。

为使广大读者对目前工程机械发动机原理与底盘理论的最新动态有所了解,特将新的技术成果注入本书,还将液压与液力传动纳入工程机械牵引底盘的发动机-液压传动与控制-行走结构-工作装置系统中,有选择地进行了介绍、讲解、讨论,这为车辆的整体配置提供了技术支持。

本书可作为机械设计制造及其自动化、农业机械、军用车辆、汽车拖拉机、土木工程、道路与铁道工程等相关专业本科、研究生的教材或教学参考书,也可供从事工程机械、车辆工程以及公路、铁路、港口码头施工等技术人员参考。

本书由重庆交通大学曹源文、马丽英、归少雄主编,各章分工为:第一、二、十、十一章由曹源文教授编写;第三、四、五、六章由马丽英编写;第七、八、九、十二章由归少雄编写;全书由曹源文统稿。

在本书的编写过程中,主审重庆交通大学郭小宏教授提出了许多宝贵意见,在此表示衷心的感谢。

我国工程机械发动机与底盘技术发展迅速,新技术、新方法不断涌现,但是由于我们掌握的资料有限,书中出现疏漏在所难免,希望同行专家和使用本书的单位与个人提出宝贵意见,请寄重庆交通大学机电学院(邮政编码是400074),以利适时修订。

**编　者**

**2009年12月**

# 前　言

# 目　录

## 第一篇　工程机械发动机原理

## 第二篇　工程机械底盘理论

# 第一篇　工程机械发动机原理

# 第一章　工程机械发动机的性能

发动机是一种将热能转化为机械能的热力机械。实际上，燃料的化学能转变为机械功的过程十分复杂，发动机的实际循环由一系列复杂的物理—化学过程组成。从机构运动学的角度来看，发动机的实际工作过程是按照一定的循环周而复始地进行工作。从热力学的角度来看，发动机以一种开式循环方式工作，汽缸内循环起止点的工质不相同，过程起点的工质是新鲜充量，终点的工质则为燃烧产物，因此发动机的实际循环非常复杂。

通过分析发动机的理论循环，可以用简单公式阐明各参数之间的关系，确定衡量发动机工作过程进行情况性能指标的理论极限。理论循环的研究为提高发动机的性能指明了基本途径，并为判断实际发动机工作过程进行的完善程度及改进潜力提供了理论依据。

本章的主要内容为：发动机的理论循环；发动机的实际循环；发动机的性能指标；发动机的机械损失等。

## 第一节　发动机理论循环

发动机的工作过程十分复杂，为了便于研究，在工程热力学中通常将发动机的实际循环加以抽象和简化，形成由几个基本热力过程所组成的理想循环，用理想循环代替复杂的实际循环进行理论分析和计算，这样就可以用较简单的公式说明影响发动机性能的某些重要因素，从而指明提高发动机动力性和经济性的方向。

### 一、3 种基本理论循环

发动机的理论循环是把它的实际工作过程加以简化，以便作定量分析。首先必须对发动机的实际过程进行必要的简化假设。现将这些假设条件总结如下：

(1)假设汽缸内的工质数量不变，不考虑进、排气过程，并忽略漏气的影响；

(2)假设压缩过程和膨胀过程均是绝热过程，不考虑传热损失和补燃损失；

(3)假设燃烧过程为对工质进行的等容加热过程或等压加热过程，排出的废气带走热量用等容放热过程代替；

(4)假设工质为理想气体，其物理常数与标准状态下的空气物理常数相同，整个循环中工质的物理性质及化学性质不变，工质的比热容为固定值；

(5)假设循环过程为可逆循环。

根据以上假设条件，可以得到发动机的 3 种基本理论循环，即：混合加热循环和等容加热循环、等压加热循环。发动机的理论循环常用示功率图来说明，如图 1-1 所示。

将实际循环简化为理论循环，必须使其尽可能符合实际循环的特点，尤其是加热过程的特点。例如在汽油机中，混合气燃烧迅速，汽缸内温度、压力增长很快，可以认为其燃烧过程基本上是在容积不变的条件下进行的，即可简化为等容加热循环。在高增压和低速大型柴油机中，由于受燃烧最高压力的限制，大部分燃料在上止点以后燃烧，是在压力基本上一定的情况下进行的，即可简化为等压加热循环。而高速柴油机则介于这两者之间，其燃烧过程可以认为是先等容加热、后等压加热的组合，即可简化为混合加热循环。

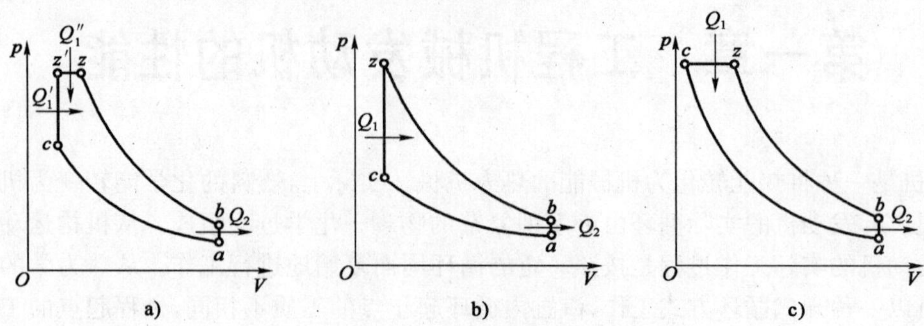


图 1-1 发动机理论循环

a)混合加热循环；b)等容加热循环；c)等压加热循环

## 二、循环热效率和循环平均压力

1. 循环热效率

循环热效率是转变为循环净功的热量与工质所吸收的热量之比，用 $\eta_t$ 表示。即：

$$\eta_t=\frac{W}{Q_1}=\frac{Q_1-Q_2}{Q_1}=1-\frac{Q_2}{Q_1} \tag{1-1}$$

式中：$W$——工质的循环净功，J；

$Q_1$——工质在循环中吸收的热量，J；

$Q_2$——工质在循环中放出的热量，J。

热效率是用来衡量循环中热量的利用程度，是评价循环的经济性指标。

2. 循环平均压力

单位汽缸工作容积的工质所做的循环净功，称为循环平均压力，用 $p_t$ 表示。即：

$$p_t=\frac{W}{V_h}\qquad (\mathrm{J/m^3})\text{或}(\mathrm{N/m^2}) \tag{1-2}$$

式中：$V_h$——汽缸工作容积，$m^3$。

循环热效率 $\eta_t$ 和循环平均压力 $p_t$ 是评价理论循环的两个基本指标，$\eta_t$ 用于评价其经济性，$p_t$ 用于评价其动力性。

## 三、发动机的理论循环

1. 混合加热循环

混合加热循环加入到工质中的热量 $Q_1$ 分为两部分：一部分是在定容情况下加入的热量 $Q'_1$，另一部分是在定压情况下加入的热量 $Q''_1$。循环中工质吸收的热量 $Q_1=Q'_1+Q''_1$。循环中定容放出的热量为 $Q_2$，循环净功 $W=Q_1-Q_2$，如图 1-1a)所示。

由工程热力学可知，混合加热循环的热效率 $\eta_t$ 和循环平均压力 $p_t$ 为：

$$\eta_t=1-\frac{1}{\varepsilon^{k-1}}\frac{\lambda\rho^k-1}{(\lambda-1)+k\lambda(\rho-1)} \tag{1-3}$$

$$p_t=\frac{p_a}{k-1}\frac{\varepsilon^k}{\varepsilon-1}[k\lambda(\rho-1)+(\lambda-1)]\eta_t \tag{1-4}$$

式中：$p_a$——进气终了压力，kPa；

$\varepsilon$——压缩比，$\varepsilon=V_a/V_c$；

$\lambda$——压力升高比，$\lambda=p_z/p_c$；

$\rho$——预胀比，$\rho=V_z/V_c$；

$k$——绝热指数，$k=c_p/c_v$。

$c_p$，$c_v$——分别为工质的等压比热和等容比热。

2. 等容加热循环

等容加热循环加入到工质中的热量 $Q_1$ 是在容量不变的情况下进行的，使工质状态达到 $z$ 点，然后由 $z$ 点绝热膨胀到 $b$ 点，如图 1-1b)所示。因其无等压加热过程，是混合加热循环 $\rho=1$ 的特例。故将 $\rho=1$ 分别代入式(1-3)、式(1-4)中，即得到等容加热循环的热效率及平均压力为：

$$\eta_t=1-\frac{1}{\varepsilon^{k-1}} \tag{1-5}$$

$$p_t=\frac{p_a}{k-1}\frac{\varepsilon^k}{\varepsilon-1}(\lambda-1)\eta_t \tag{1-6}$$

3. 等压加热循环

等压加热循环的加热过程是在压力不变的条件下进行的，如图 1-1c)所示。可将其看成混合加热循环 $\lambda=1$ 的特例。将 $\lambda=1$ 分别代入式(1-3)和式(1-4)，即得到等压加热循环的热效率和平均压力为：

$$\eta_t=1-\frac{1}{\varepsilon^{k-1}}\frac{\rho^k-1}{k(\rho-1)} \tag{1-7}$$

$$p_t=\frac{p_a}{k-1}\frac{\varepsilon^k k}{\varepsilon-1}(\rho-1)\eta_t \tag{1-8}$$

## 四、循环热效率 $\eta_t$ 和循环平均压力 $p_t$ 的因素影响

根据上述 3 种理论循环的热效率和平均压力与循环参效之间的关系式，可以分析各参数对这两个指标的影响。

1. 循环热效率 $\eta_t$ 的影响因素

1)压缩比 $\varepsilon$

由式(1-3)、式(1-5)、式(1-7)可知，随着压缩比 $\varepsilon$ 的增加，3 种理论循环的热效率 $\eta_t$ 提高。在加热量 $Q_1$ 相同的条件下，提高 $\varepsilon$，可提高循环的最高温度和平均吸热温度，降低循环平均放热温度，因此 $\eta_t$ 增加。以等容加热循环为例，说明压缩比 $\varepsilon$ 对循环热效率 $\eta_t$的影响。如图 1-2 所示，由于两个循环的加热量 $Q_1$ 相同，则 $\varepsilon$ 高的循环 $ac'z'b'a$ 等容线 $c'z'$ 曲线下的面积 $ec'z'me$ 应与 $\varepsilon$ 低的循环 $aczba$ 中等容线 $cz$ 曲线下的面积 $eczne$ 相等，而 $\varepsilon$ 高的循环比 $\varepsilon$ 低的循环传给冷源的热量 $Q_2$ 却减少了，其减少量相当于面积 $b'bnmb'$。因此等容加热循环压缩比增大时，$\eta_t$增加。

图 1-3 表示等容加热循环效率 $\eta_t$ 随压缩比 $\varepsilon$ 的变化情况。可见：与 $\eta_t$ 并非直线关系，在 $\varepsilon$ 较低时，随 $\varepsilon$ 的提高，$\eta_t$ 提高很快；但在 $\varepsilon$ 较高时，再提高 $\varepsilon$，$\eta_t$ 的增加效果就很小了。

2)绝热指数 $k$

绝热指数 $k$ 值取决于工质的种类，它对 $\eta_t$ 的影响如图 1-4 所示。不同的工质，不同的温度，具有不同的 $k$ 值，随着 $k$ 值增大 $\eta_t$ 将提高。一般取空气 $k=1.40$。当可燃混合气加浓时，混合气中燃料蒸气较多，$k$ 值将降低，因而 $\eta_t$ 随之降低。反之，当可燃混合气变稀时，$k$ 值增大，因而 $\eta_t$ 将提高。理论循环中比热视为定值，则 $k$ 也为定值，不随温度而变化。

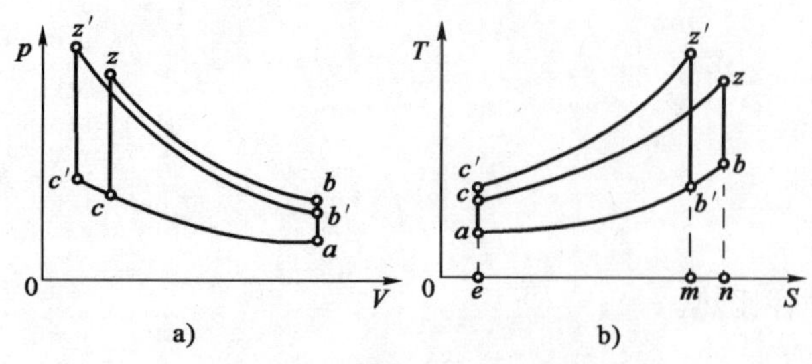


图 1-2 压缩比对定容加热循环的影响

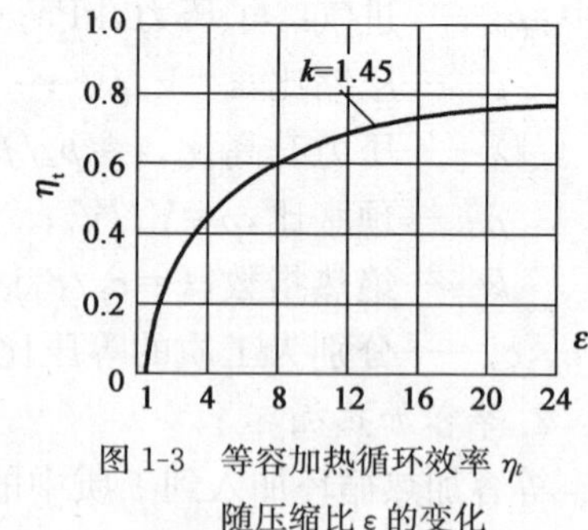


图 1-3 等容加热循环效率 $\eta_t$ 随压缩比 ε 的变化

3)压力升高比 λ 和预胀比 ρ

在等容加热循环中,压力升高比 λ 随加热量 $Q_1$ 的增加而增大。由式(1-5)可知,当 ε 保持不变,λ 增大时,$\eta_t$ 不变。因为 $Q_1$ 是等容条件下加入的,由于比热为定值,故加入的每一部分热量都使工质的温度具有相同的升高,而且得到每一部分热量的工质都具有相同的膨胀比,所以 $\eta_t$ 不变。

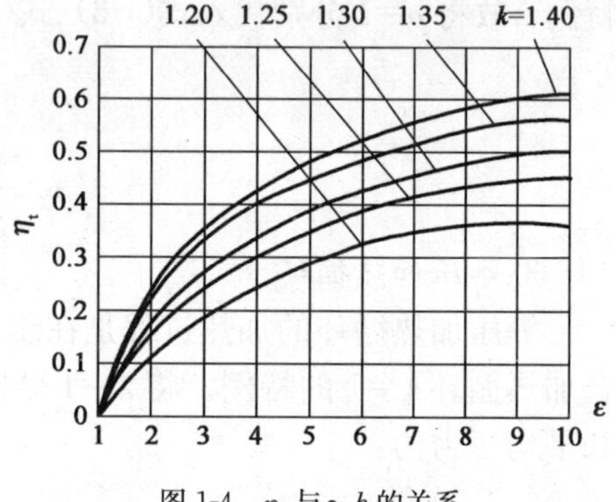


图 1-4 $\eta_t$ 与 ε、k 的关系

在等压加热循环中,ρ 值随加热量的增加而增大。当 ε、k 不变时,由式(1-7)可知,ρ 增大,使 $\eta_t$ 减小。这是因为在等压加热循环中,最后所加的部分热量的时间随着 ρ 增大而距上止点越远,这部分热量做功的机会越少,故循环热效率 $\eta_t$ 降低。

在混合加热循环中,如果总加热量和压缩比保持不变,其等容加入热量和等压加入热量的比例不同时,则热效率也不同。当总加热量一定时,等容加热部分越大,即 λ 值越大,则热效率 $\eta_t$ 越高,在 $\lambda=\lambda_{max}$ 和 $\rho=1$ 时,即全部热量都在等容下加入,则循环热效率 $\eta_t$ 最高。而在 $\rho=\rho_{max}$ 和 $\lambda=1$ 时,即全部热量都在等压下加入,则热效率 $\eta_t$ 最低。

2. 循环平均压力 $p_t$ 的影响因素

由式(1-4)、式(1-6)、式(1-8)可知,循环平均压力 $p_t$ 随着进气终了压力 $p_a$、压缩比 ε、绝热指数 k、压力升高比 λ、预胀比 ρ、循环热效率 $\eta_t$ 的增加而增大。

## 五、3 种理论循环的比较

实质上,柴油机、汽油机都是按照混合加热循环运行的。由于混合气形成方式、负荷调节方式和着火、燃烧方式的差异,各种燃烧参数范围有所差别。因此对它们应采用相应的工作循环,以期得到最大的热效率。下面利用理论循环分析的结论,对比分析柴油机、汽油机的 3 种基本循环的循环热效率。

对于汽油机,压缩比 ε 的最大值由于其所用燃料的确定而确定,因此按 ε 一定来比较其 3 种理想循环的热效率。而对于柴油机,在工作条件一定时,其压缩比也基本上是确定的。但其压缩比较高,压缩终了压力也较高,为避免其工作粗暴、噪声及振动,必须控制其最高压力。因此,应按最高压力一定来比较 3 种基本循环的热效率。

1. 初始状态相同,加热量 $Q_1$ 及 ε 相等时,3 种理想循环热效率的比较

如图 1-5a)所示,等容加热循环、混合加热循环、等压加热循环在 T-S 图上的曲线分别为 acba、acz″b″a、acz′b′a。由于 ε 相同,故 3 种循环的绝热压缩线 ac 重合;又因为 $Q_1$ 相等,所以

在 $T$-$S$ 图上的面积 $mcznm$、面积 $mcz''n''m$ 和面积 $mcz'n'm$ 相等，但 3 种循环的放热量 $Q_2$ 却是等压加热循环最大，等容加热循环最小。于是根据式(1-1)有：

$$\eta_{tV} > \eta_{tm} > \eta_{tp} \tag{1-9}$$

式中：$\eta_{tV}$——定容加热循环热效率；

$\eta_{tp}$——定压加热循环热效率；

$\eta_{tm}$——混合加热循环热效率。

由此可知，当 $\varepsilon$ 一定时，定容加热循环的热效率最高，因此汽油机按等容加热循环工作最有利。

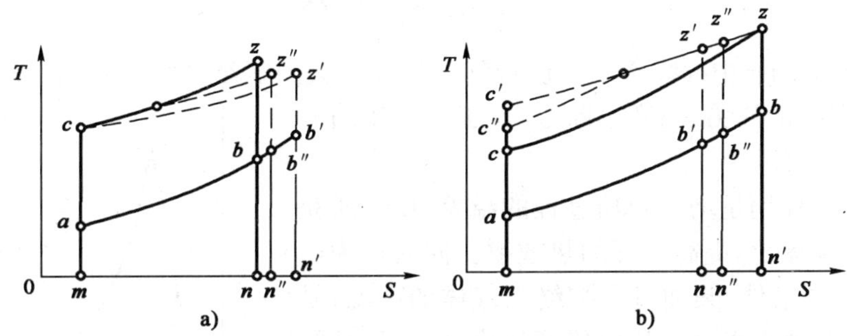


图 1-5 加入热量相同时 3 种理论循环的比较

2. 当初始状态相同，加热量 $Q_1$ 和循环最高压力分别相等时，3 种理论循环热效率的比较

如图 1-5b)所示，$aczba$ 为等容加热循环，$acz'b'a$ 为等压加热循环，$acz''b''a$ 为混合加热循环。可见 3 种循环虽然加热量 $Q_1$ 相等，但 3 种循环的放热量 $Q_2$ 却是定容加热循环最大，等压加热循环最小。则有：

$$\eta_{tp} > \eta_{tm} > \eta_{tV} \tag{1-10}$$

由此可知，在初始状态，加热量 $Q_1$ 和循环最高压力分别相等时，等压加热循环的热效率最高，混合加热循环次之，定容加热循环最低。这说明在发动机热负荷和机械强度受到限制时，采用等压加热循环热效率最高。

## 第二节　发动机实际循环

与理论循环相比，发动机的实际循环复杂很多，它是由进气、压缩、燃烧、膨胀和排气五个过程组成的。现以四冲程发动机为例讨论实际循环的进行情况。图 1-6 中封闭曲线表示实际循环中工质压力随容积变化的关系。曲线所包围的面积就是气体完成一个实际循环所做的有用功。

### 一、进 气 过 程

为使发动机连续运转，必须不断吸入新鲜工质，即存在一个进气行程。进气过程如图 1-6 中 $rr'a$ 线所示。在活塞接近上止点时，进气门开启，活塞离开上止点后，排气门关闭，活塞由上止点向下止点移动时，上一循环留在压缩容积中的废气首先由 $r$ 点膨胀到 $r'$ 点，压力由 $p_r$ 降到小于大气压力，然后新鲜气体吸入汽缸。由于进气系统有阻力，进气终了压力 $p_a$ 总是低于大气压力 $p_0$，压力差 $p_0 - p_a$ 用来克服进气系统的阻力。进入汽缸的新鲜气体由于受到发动机高温零件和残余废气的加热，因此进气终了的温度 $T_a$ 总是高于大气温度 $T_0$。

发动机在全负荷时的进气终了压力 $p_a$ 和进气终了温度 $T_a$ 的范围列于表 1-1。

**发动机实际循环工质状态参数范围** 表 1-1

| 发动机类型 | $p_z$(MPa) | $T_z$(K) | $p_c$(MPa) | $T_c$(K) | $p_r$(MPa) | $T_r$(K) | $p_b$(MPa) | $T_b$(K) | $P_a$(MPa) | $T_a$(K) |
|---|---|---|---|---|---|---|---|---|---|---|
| 汽油机 | 3.0～8.0 | 2 200～2 800 | 0.8～2.0 | 600～750 | 0.105～0.125 | 900～1 100 | 0.3～0.6 | 1 200～1 500 | 0.075～0.090 | 370～1 400 |
| 柴油机 | 4.5～14 | 1 800～2 200 | 3.0～5.0 | 750～1 000 | 0.103～0.108 | 700～900 | 0.25～0.5 | 800～1 200 | 0.080～0.095 | 310～340 |

## 二、压 缩 过 程

压缩过程如图1-6中$ac$线所示，进、排气门均处于关闭状态，活塞由下止点向上止点移动，缸内工质受到压缩，压力、温度不断上升，工质受压缩的程度用压缩比 ε 表示。

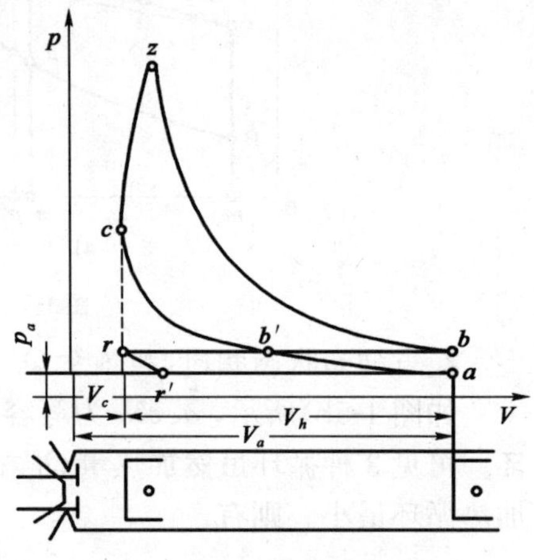

图 1-6 四冲程发动机示功图

$V_c$-燃烧室容积；$V_h$-汽缸工作容积

压缩过程的作用是增大做功过程的温差，使工质获得最大限度的膨胀比，提高循环的热效率。同时也为燃烧过程创造有利条件，柴油机压缩终点气体的高温，是保证柴油自燃的必要条件。压缩终了压力 $p_c$ 和压缩终了温度 $T_c$ 数值范围如表 1-1 所列。

柴油机为保证柴油喷入汽缸后能及时迅速燃烧，以及冷车起动时可靠着火，选择的压缩比 ε 应使压缩终了的温度比柴油的自燃温度高出 200～300K。一般高速柴油机的压缩比 ε＝14～22，而汽油机的压缩比 ε 受到爆燃和表面点火的限制，一般 ε＝6～10。

工程热力学中，凡满足 $pv^n$＝常数的过程，统称为多变过程。$n$ 值为 0、1、$k$ 和 ±∞时，分别是等压、等温、等熵和等容过程。在理论循环中，假设压缩过程是绝热过程。实际上，发动机的压缩过程是一个复杂的多变过程。压缩开始时，新鲜工质因其温度低，从缸壁吸热，多变压缩指数 $n_1'>k$；随着工质温度升高，某一瞬时与缸壁温度相等，则 $n_1'=k$；此后，由于工质温度高于缸壁温度，则工质向缸壁传热，$n_1'<k$。因此，压缩过程中 $n_1'$是不断变化的，如图 1-7 所示。

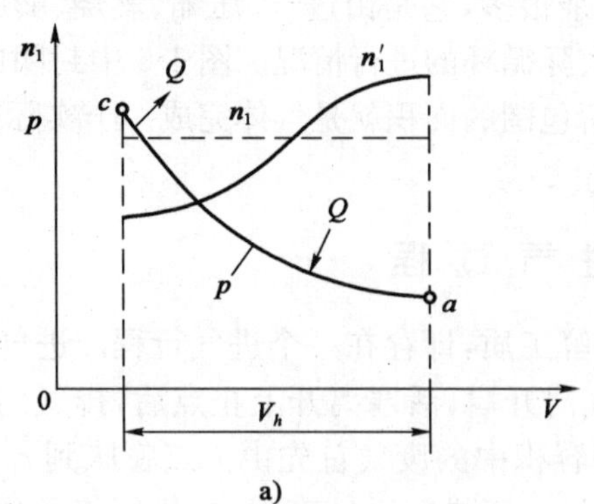


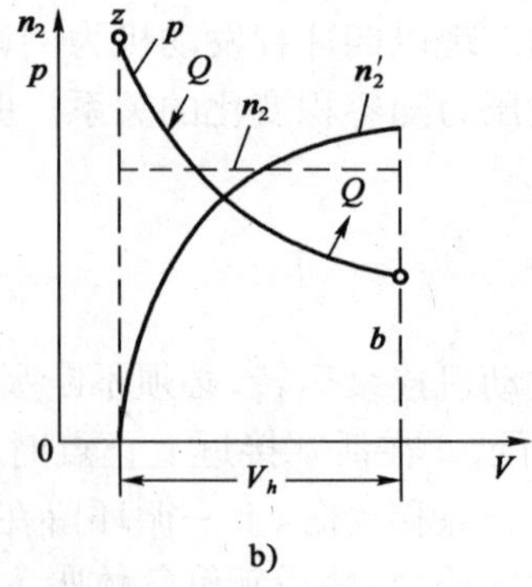


图 1-7 实际压缩和膨胀过程及其过程指数

a)压缩过程；b)膨胀过程

但在实际循环的近似计算中，常用一个不变的、平均多变指数 $n_1$ 来取代变化的压缩多变指数 $n_1'$，条件是以这个指数进行的压缩过程，其起点 $a$ 和终点 $c$ 的工质状态应与实际过程相符。

根据试验测定，所得 $n_1$ 的变化范围：高速柴油机 $n_1=1.38\sim1.42$；汽油机 $n_1=1.32\sim1.38$；增压柴油机 $n_1=1.35\sim1.37$。

$n_1$ 的大小主要受工质与缸壁的热交换情况和工质泄漏情况的影响。当发动机转速提高后，因热交换时间缩短，工质向缸壁传递的热量减少，同时气体泄漏减少，于是 $n_1$ 增大。当负荷增加或采用空气冷却时，缸壁的平均温度升高，使工质在压缩初期吸热多而后期放热少，于是 $n_1$ 增大；当汽缸尺寸较大时，相对散热量减少，$n_1$ 增大。

## 三、燃烧过程

燃烧过程如图 1-6 中 $cz$ 线所示，此时进排气门均关闭，活塞处于上止点附近。燃烧过程将燃料的化学能转变为热能，使工质的压力和温度升高，放出的热量越多，放热时越接近上止点，热效率越高。由于燃料燃烧不是瞬时完成的，因此柴油机在上止点前 $c'$ 点就开始喷油，如图 1-8a）所示。喷入汽缸内的柴油与空气混合，借助高温空气的热量自行着火燃烧。燃烧开始时，燃烧速度很快，而汽缸容积变化很小，工质的温度、压力剧增，接近于等容加热，如图 1-8a）中 $cz'$ 段所示，以后的燃烧是在活塞由上止点向下止点移动的情况下进行的，汽缸内温度继续上升，而压力升高不多，容积却略有增大，接近于等压加热，如图 1-8a）中 $z'z$ 段所示，因此柴油机燃烧过程可视为由接近先等容加热、后等压加热两部分组成，即混合加热过程。

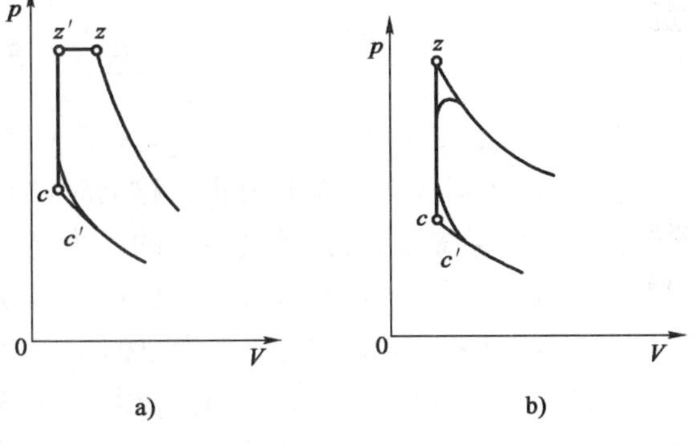

图 1-8　发动机实际循环燃烧过程

a）柴油机；b）汽油机

汽油机在上止点前 $c'$ 开始点火，火花塞跳火，点燃混合气，如图 1-8b）所示，火焰迅速传播到整个燃烧室，燃烧所放出的热量使工质的温度和压力剧增，而容积没有显著变化，因此燃烧过程接近等容加热过程，如图 1-8b）中的 $cz$ 段。

无论汽油机还是柴油机，燃烧都不是瞬时完成的。燃烧最高爆发压力 $p_z$ 和最高温度 $T_z$ 数值范围如表 1-1 所示。

柴油机的压缩比 $\varepsilon$ 很高，但柴油机的最高温度 $T_z$ 却比汽油机低，这主要是因为柴油机过量空气系数大，其次是部分燃料在膨胀过程中燃烧造成的。

## 四、膨胀过程

膨胀过程如图 1-6 中的 $zb$ 线所示。此时高温高压的工质推动活塞由上止点向下止点移动，膨胀做功，将热能转变为机械功。此时，汽缸内气体的压力、温度不断下降。

在发动机中，由于燃料不可能全部在燃烧过程中燃烧完毕，在膨胀过程中还要继续燃烧，这种燃烧称为补燃。柴油机补燃将延续到膨胀过程的大部分，与此同时，高温热分解产物在膨胀中发生复合放热现象。此外膨胀过程也同压缩过程一样，有热交换和漏气损失。因此膨胀过程是一个非常复杂的多变过程。膨胀初期由于补燃，工质吸热，$n_2<k$；膨胀到某一瞬时，

工质吸收的热量与它向缸壁的放热量相等，$n_2=k$；膨胀后期，工质向缸壁放热，$n_2>k$，如图1-8b)所示。

与压缩过程一样，为分析和计算方便起见，也用一个不变的平均多变膨胀指数 $n_2$ 来代替变化着的 $n_2'$，只要以这个 $n_2$ 计算的膨胀过程，其起始与终了状态和实际膨胀过程相符就可以了。

$n_2$ 的一般范围：柴油机 $n_2=1.15\sim1.28$；汽油机 $n_2=1.23\sim1.28$。

$n_2$ 主要取决于补燃、工质与缸壁间的热交换及漏气情况。当发动机转速增加时，补燃增加，传热、漏气减少，使 $n_2$ 减少；当转速不变负荷增加时，补燃增加，使 $n_2$ 减少；混合气形成与燃烧不良也使补燃增加，$n_2$ 减少；缸壁、活塞环磨损量大，漏气增加以及汽缸直径小，相对散热面积加大和工质传出热量增加时，$n_2$ 增大。

膨胀终点的压力和温度可用下式计算：

$$p_b = p_z\left(\frac{V_z}{V_b}\right)^{n_2} \text{(kPa)} \tag{1-11}$$

$$T_b = T\left(\frac{V_z}{V_b}\right)^{n_2-1} \text{(K)} \tag{1-12}$$

$p_b$ 和 $T_b$ 值列于表 1-1 中。由于柴油机的膨胀比较大，转变为有用功的热量多，热效率高，所以膨胀终了的压力和温度均比汽油机小。

## 五、排 气 过 程

排气过程如图 1-6 中 $bb'r$ 线所示，排气门在下止点前 $b$ 处开启，废气高速排出，缸内压力迅速下降，当活塞从下止点向上止点移动时，废气继续排出。

由于排气系统有阻力，排气终了的压力 $p_r$ 大于大气压力 $p_0$，压力差 $p_r-p_0$ 用来克服排气系统的阻力。阻力越大，排气终了的压力 $p_r$ 越高。

排气温度与发动机的转速、负荷、喷油或点火提前角有关，以柴油机为例，当转速升高，负荷增加，喷油提前角减小时，均使补燃增加，排气温度升高。

从热功转换关系来看，若循环供油量一定，热转换功越高则排气温度越低。因此排气温度常用作判断发动机工作过程进行得好坏和热负荷高低的重要参数。

排气终了的压力 $p_r$ 和温度 $T_r$ 范围如表 1-1 所示。

实际循环由上述 5 个过程组成，发动机的工作过程是实际循环的周而复始。

## 六、发动机实际循环损失

发动机的实际循环与理论循环相比，存在着各种损失，现以四冲程发动机为例进行说明。

### 1. 工质变化引起的损失

实际循环中，燃烧前工质是新鲜空气与上一循环残留的废气的混合物，燃烧后则变为燃烧产物，因此工质的成分是变化的。

理论循环假定工质的比热不变，而实际上空气和燃气的比热均随温度升高而增大，这意味着同样的加热量在实际循环中引起的压力和温度的升高要比理论循环低，其结果是循环的热效率低，循环功减少。同时在整个循环中，工质的泄漏是避免不了的，因此会产生泄漏损失。

总之，实际循环中工质的组分、比热、数量均是变化的，由此产生的损失包括在图 1-9 中 $W_k$ 面积内。

2. 换气损失

为了使实际循环周而复始地进行，必须更换工质，将燃烧后的废气排除，并吸入新鲜气体，这部分损失称为换气损失。换气损失由两部分组成：一部分是活塞处于下止点前，排气门提前开启，使废气开始排出，所损失的有用功面积为图 1-9 中 $W$ 所示；另一部分是排气过程中，克服进排气系统流动阻力所消耗的功，如图 1-9 中的 $W_r$ 所示面积。

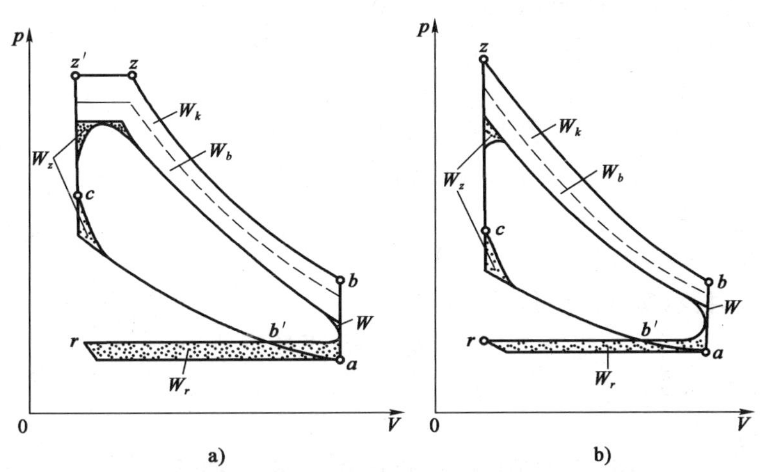


图 1-9　发动机实际循环与理论循环的差别

a)柴油机；b)汽油机

$W_k$-由于工质比热变化的损失；$W_b$-传热、流动等的损失；$W_z$-非瞬时燃烧和补燃损失；$W$-提前排气损失；$W_r$-换气损失

3. 非瞬时燃烧和补燃损失

实际循环中活塞有相当高的速度，燃料着火后的放热速度也是有限的。燃料完全燃烧，需要一定的时间，因此存在着非瞬时期燃烧损失，图 1-9 中 $W_z$ 面积所示。燃烧将延续到膨胀行程中，这部分损失为补燃损失，也包含在 $W_z$ 面积内。

4. 传热损失

实际循环中，压缩过程与膨胀过程均不是绝热过程，而是复杂的多变过程。工质与缸壁等机件自始至终存在着热量交换，尤其是燃烧和膨胀过程，使循环功减少，这就是传热损失，它也包括在图 1-9 中 $W_b$ 面积之中。

以上各项损失中，损失最大的是燃烧损失和传热损失，因此对于发动机的热效率，以柴油机为例，其理论循环的热效率约为 60%，由于各项损失，使实际循环热效率仅有 40%左右。

## 第三节　发动机性能指标

发动机的动力性指标和经济性指标有 2 种：以工质对活塞做功为基础的指标，称为指示指标；以发动机曲轴输出功率为基础的指标，称为有效指标。

### 一、发动机的指示指标

1. 指示功 $W_i$

在汽缸内完成一个循环所得到的有用功，称为指示功 $W_i$。其大小可由图 1-10 所示的示功图中闭合曲线的面积 $F_i=F_1\pm F_2$ 表示。面积 $F_i$ 相当于发动机的指示功，面积 $F_1$ 相当于压缩、燃烧、膨胀行程所得到的有用功,面积 $F_2$ 相当于进气、排气行程消耗的功即泵气损失。在增压发动机中取"+"号。$W_i$ 可由下式求出:

$$W_i = F_i \times a \times b \qquad (\mathrm{J}) \tag{1-13}$$

式中:$F_i$——示功图面积,$\mathrm{cm^2}$;

$a$——示功图纵坐标比例尺,kPa/cm;

$b$——示功图横坐标比例尺,L/cm。

2.平均指示压力 $p_i$

单位汽缸工作容积的指示功,称为平均指示压力 $p_i$。

$$p_i = W_i / V_h \qquad (\mathrm{kPa}) \tag{1-14}$$

式中:$W_i$——指示功,J;

$V_h$——汽缸工作容积,L。

根据式(1-14),指示功 $W_i$ 也可表示为:

$$W_i = p_i \times \pi D^2 S/4$$

式中:$D$——活塞直径,cm;

$S$——活塞行程,cm。

因此,可以假想一个大小不变的压力 $p_i$ 作用在活塞上,使活塞移动一个行程所做的功等于循环指示功,那么 $p_i$ 就是平均指示压力,如图 1-11 所示。

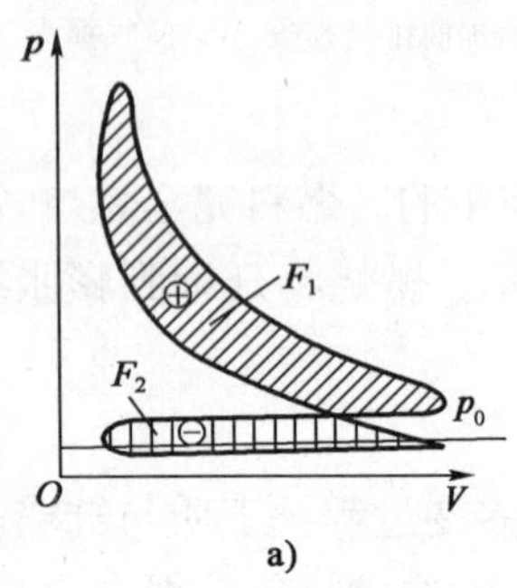


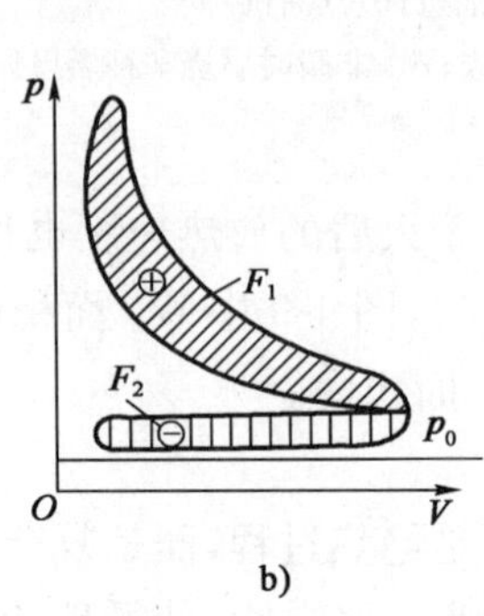


图 1-10 发动机 $p$-$V$ 图

a)四冲程非增压发动机;b)四冲程增压发动机

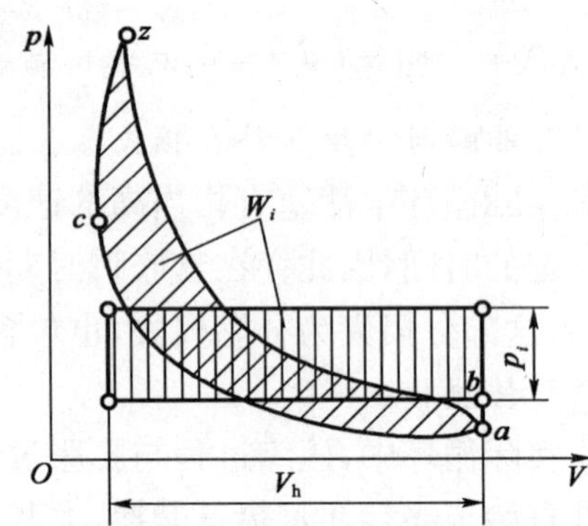


图 1-11 指示功与平均指示压力

平均指示压力 $p_i$ 值越高,则同样大小的汽缸工作容积发出的指示功越多,汽缸工作容积的利用程度越高,平均指示压力是衡量实际循环动力性的一个重要指标。

一般柴油机的 $p_i$ 值为 690～980kPa,汽油机的 $p_i$ 为 784～1 180kPa。

3.指示功率 $P_i$

发动机单位时间所作的指示功,称为指示功率 $P_i$。

若一台发动机的汽缸数为 $i$,汽缸直径为 $D$(cm),行程为 $S$(cm),每缸工作容积为 $V_h$(L),转速为 $n$(r/min),平均指示压力为 $p_i$(kPa)。

则每缸、每循环作的指示功为:

$$W_i = p_i V_h = p_i \frac{\pi D^2}{4} \cdot S \times 10^{-3} (J)$$

指示功率 $P_i$ 即每秒所做的功为:

$$P_i = W_i \cdot i \cdot \frac{n}{60} \cdot \frac{2}{\tau} = \frac{p_i V_h i n}{30\tau} \times 10^{-3}(\mathrm{kW}) \tag{1-15}$$

式中：$\tau$——行程数（四行程 $\tau=4$，二行程 $\tau=2$）。

4. 指示热效率 $\eta_{it}$

发动机实际循环的指示功与所消耗的燃料热量之比，称为指示热效率，即：

$$\eta_{it} = \frac{W_i}{Q_1} \tag{1-16}$$

式中：$Q_1$——为得到指示功 $W_i$ 所消耗的热量，J。

对于一台发动机，若测得其指示功率 $P_i$ 和每小时燃油消耗量 $G_T$(kg/h)；根据 $\eta_{it}$ 的定义，可得：

$$\eta_{it} = \frac{3.6 \times 10^3 P_i}{G_T H_u} \tag{1-17}$$

式中：$H_\mu$——所用燃料的低热值，kJ/kg。

一般柴油机 $\eta_{it}$ 为 0.43～0.50；汽油机 $\eta_{it}$ 为 0.25～0.40。

5. 指示燃料消耗率 $g_i$

指示燃料消耗率即指示耗油率，是指单位指示功的耗油量，以每指示千瓦小时耗油量表示。

$$g_i = \frac{G_T}{P_i} \times 10^3 \tag{1-18}$$

式中：$g_i$——指示燃油消耗率，g/(kW・h)。

一般柴油机 $g_i$ 为 170～200g/(kW・h)；汽油机为 230～240g/(kW・h)。

$\eta_{it}$ 和 $g_i$ 均是评价发动机实际循环经济性能的重要指标。

## 二、发动机的有效指标

1. 有效功率 $P_e$

发动机的指示功率不能完全输出，在内部传递过程中有很多损失，这些损失主要有：内部运动件间的摩擦损失、驱动附属机构的损失、泵气损失等。这些损失消耗功率的总和称为机械损失功率 $P_m$。

有效功率就是从发动机曲轴上输出的净功率，即有效功率。

$$P_e = P_i - P_m \qquad (\mathrm{kW}) \tag{1-19}$$

2. 机械效率 $\eta_m$

机械效率是有效功率与指示功率之比，即：

$$\eta_m = \frac{P_e}{P_i} = 1 - \frac{P_m}{P_i} \tag{1-20}$$

$\eta_m$ 值高，表示 $P_e$ 接近于 $P_i$，说明机械损失功率小，发动机性能好。因此，尽量减小机械损失，提高 $\eta_m$ 是提高发动机性能的重要途径之一。

$\eta_m$ 值范围，一般柴油机为 0.7～0.8；汽油机为 0.7～0.9。

3. 有效转矩 $M_e$

发动机工作时，曲轴输出的转矩，称为有效转矩，它与有效功率有如下关系：

$$M_e = \frac{30 P_e}{\pi n} \times 10^3 \qquad (\mathrm{N \cdot m}) \tag{1-21}$$

式中：$M_e$——有效转矩，N·m；

$n$——发动机转速，r/min。

可以利用各种形式的测功器和转速计分别测出发动机的有效功率 $P_e$ 和转速 $n$，从而利用式(1-21)求得有效转矩 $M_e$。

4. 平均有效压力 $p_e$

单位汽缸工作容积所作的有效功，称为平均有效压力，用 $p_e$ 表示。即有：

$$P_e = \frac{p_e V_h i n}{30\tau} \times 10^{-3} (\text{kW}) \tag{1-22}$$

所以，则有：

$$p_e = \frac{30\tau P_e}{V_h i n} \times 10^{3} (\text{kPa}) \tag{1-23}$$

将式(1-23)代入上式得：

$$p_e = \pi\tau \frac{M_e}{V_h i} \tag{1-24}$$

对于汽缸工作总容积一定的发动机来说，$p_e$ 正比于 $M_e$，所以 $p_e$ 也能反映发动机单位汽缸工作容积输出转矩的大小。对汽缸工作总容积一定的发动机，$p_e$ 值越大，则发动机对外输出的功就越多，输出转矩也越大。$p_e$ 值是发动机重要的动力性指标。

平均有效压力 $p_e$ 值的范围，柴油机为 590～880kPa；汽油机为 590～980kPa。

5. 有效燃料消耗率 $g_e$

单位有效功率的耗油量，称为有效燃料消耗率 $g_e$，简称有效耗油率。

$$g_e = \frac{G_T}{P_e} \times 10^{-3} [\text{g}/(\text{kW} \cdot \text{h})] \tag{1-25}$$

式中：$G_T$——每小时耗油量，kg/h。

6. 有效热效率 $\eta_e$

有效热效率 $\eta_e$ 是发动机的有效功 $W_e$ 耗的热量 $Q_1$ 值，即：

$$\eta_e = \frac{W_e}{Q_1} = \frac{3.6}{g_e H_u} \tag{1-26}$$

$g_e$、$\eta_e$ 是评价整台发动机经济性能的指标。二者均可根据实测的 $P_e$ 和 $G_T$ 计算出来。

$g_e$ 的大致范围：柴油机为 218～285g/(kW·h)，汽油机为 285～380g/(kW·h)。

$\eta_e$ 的大致范围：柴油机为 0.3～0.4，汽油机则为 0.2～0.3。

## 三、发动机的强化指标

1. 升功率 $P_L$

在标定工况下，发动机每升工作容积所发出的有效功率，称为升功率 $P_L$。

$$P_L = \frac{P_e}{iV_h} = \frac{p_e V_h i n}{30\tau} \frac{1}{iV_h} \times 10^{-3} = \frac{p_e n}{30\tau} \times 10^{-3} (\text{kW/L}) \tag{1-27}$$

式中：$P_L$——升功率，kw/L；

$P_e$——发动机的有效功率，kW，其他符号同前。

可见，升功率 $P_L$ 是从有效功率 $P_e$ 出发，对发动机汽缸工作容积的利用率所作的总评价。它与 $p_e$ 和 $n$ 的乘积成正比。$P_L$ 数值越大，表征发动机的强化程度越高，而发出一定有效功率的发动机结构越小，越紧凑。提高升功率的主要措施就是提高平均有效压力和转速。因此，不

断提高 $p_e$ 和 $n$，从而提高 $P_L$ 是发动机的发展方向之一，故 $P_L$ 为评定发动机整机动力性能和强化程度的重要指标之一。

2. 比质量

比质量是发动机的质量与标定功率之比。它表征质量利用程度和发动机结构的紧凑性。

3. 发动机的强化系数

发动机的强化系数是平均有效压力与活塞平均速度的乘积。它与活塞单位面积的功率成正比。其值愈大，发动机的热负荷和机械负荷愈高。由于发动机的发展趋势是强化程度不断提高，所以增大发动机的强化系数，也是技术进步的一个标志。

## 第四节　发动机的机械损失和机械效率

发动机的机械损失消耗了一部分指示功率，从而使发动机对外输出的有效功率减少。降低机械损失，特别是摩擦损失，使实际循环得到的功尽可能变成对外输出的有用功，是提高发动机性能的一个重要方面。

### 一、机械损失的组成

1. 机械损失的组成

1)活塞、活塞环与汽缸壁之间的摩擦损失

这部分摩擦损失占整个机械损失的45%～60%。主要是由于活塞和活塞环在汽缸壁面上的滑动面积大、相对速度高、润滑条件差等。这部分损失的大小决定于活塞的长度、质量及与缸壁的间隙，以及活塞环数量、活塞环的弹性，并与缸内气体压力、活塞速度、机油黏度有关。

2)轴与轴承之间的摩擦损失

这部分摩擦损失包括主轴承、连杆轴承和凸轮轴承等的摩擦损失。随着各种轴承直径增大、发动机转速升高、机油黏度增加时，这部分损失也随之增加。

运动机件的摩擦损失占全部机械损失的60%～75%。

2. 驱动附属机构的损失

这部分损失只包括驱动发动机工作必不可少的部件，如冷却水泵对于风冷发动机则是冷却风扇、机油泵、喷油泵、调速器等。损失随发动机转速增高，随机油黏度增加而增大，这部分损失占全部损失的10%～20%。

3. 泵气损失

由于测定机械损失常用的方法很难将泵气损失从机械损失中分离出去，因此将泵气损失包括在机械损失之中。这部分损失占整个机械损失的10%～20%。

此外还有连杆、曲轴、飞轮高速旋转时，克服空气和油雾阻力引起的流体摩擦损失，这部分损失极小，可忽略不计。

### 二、机械损失的测定

1. 倒拖法

倒拖法是直接测定机械损失的方法。此方法应使用电力测功器测定。测定时，先起动发动机，预热到正常工作温度，再使其处于给定的工作情况稳定运转，然后停止供油(柴油机)或点火(汽油机),同时将电力测功器转换为电动机以给定转速拖动发动机,电力测功器所测得的拖动功率,即为发动机在该转速下的机械损失功率。

2. 灭缸法

单缸熄火法只适用于多缸发动机。此法是当发动机在给定工况下运转时,依次使各缸熄火,即不喷油或不点火,分别测定各缸指示功率,然后算出所测发动机的机械损失功率。

测定时,先将发动机调整到给定工况稳定运转,测定其有效功率 $P_e$ 值。然后第一缸熄火,调整测功器,使发动机恢复到原给定转速,再测定此时的发动机有效功率 $P_{e1}$。由于有一个汽缸不工作,第二次测得的有效功率比第一次测得的小,两者之差即为熄火汽缸的指示功率。所以第一缸的指示功率:

$$P_{i1} = P_{e1} - P'_{e1}$$

同样,依次使各缸熄火,即可测得对应的有效功率 $P_{e2}$、$P_{e3}$……,于是可以得到其他各缸的指示功率:

$$P_{i2} = P_{e2} - P'_{e2}$$

$$P_{i3} = P_{e3} - P'_{e3}$$

把上列各式相加后得:

$$P_i = \sum_{k=1}^{i} (P_e - P_{ek})$$

式中:$i$——汽缸数。因此整台发动机的机械损失功率 $P_m$ 为:

$$P_m = (i-1)P_e - \sum_{k=1}^{i} P_{ek}$$

因此根据测得 $P_e$、$P_{e1}$、$P_{e2}$、$P_{e3}$……有效功率的数值,即可算出机械损失功率 $P_m$。

3. 油耗线法

又称负荷特性法。在发动机给定不变的转速下进行负荷特性试验,测出每小时燃油消耗量 $G_T$ 与平均有效压力 $p_e$ 的关系曲线,如图 1-12 所示。在曲线上沿接近于直线的线段延长,直至与横坐标相交,则交点到坐标原点的长度,即为该机的平均机械损失压力 $p_m$ 值。此方法的基础是假设转速不变时,$p_m$ 和 $p_i$ 都不随负荷增减而变化。

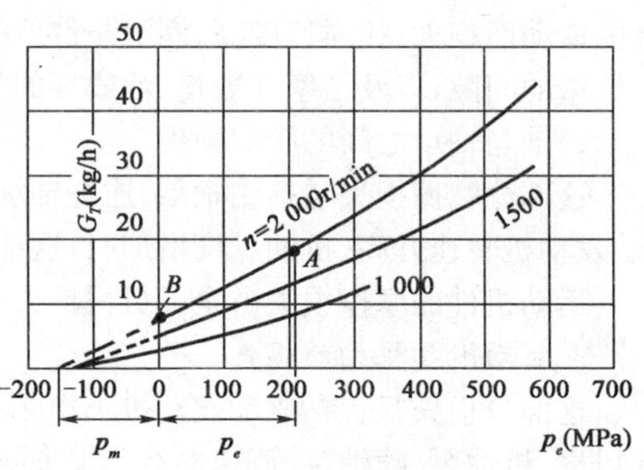


图 1-12　油耗线法测定机械损失

## 三、机 械 效 率

机械效率表征了发动机机械损失的大小,它不仅能用有效功率与指示功率之比来表示,还可用平均机械损失压力来表示。和 $p_i$、$p_e$ 一样,把单位汽缸工作容积的机械损失的功,称为平均机械损失压力 $p_m$。

因此机械损失功率可表示为:

$$P_m = \frac{p_m V_h i n}{30\tau} \times 10^{-3} (\text{kW}) \tag{1-28}$$

则机械效率可表示为:

$$\eta_m = \frac{P_e}{P_i} = 1 - \frac{P_m}{P_i} = 1 - \frac{p_m}{p_i} \tag{1-29}$$

式中：$p_m$——平均机械损失压力，其他符号意义同前。

## 四、影响机械效率的因素

1.发动机转速的影响

当发动机转速增加时，各摩擦副之间的相对速度增大，因此摩擦损失增加；同时引起运动件的惯性力增大，使活塞侧压力和轴承负荷增加，也增加了摩擦损失。转速上升还使泵气损失和驱动附件损失增加。所以随着转速增加，平均机械损失压力 $p_m$ 成直线增加，如图 1-13 所示。

发动机负荷不变，平均指示压力 $p_i$ 随转速 $n$ 变化的曲线如图 1-13 所示。转速低时，由于汽缸内气流运动弱，不利于混合气的形成与燃烧，转变为指示功的热量少；同时，热交换时间长，热损失多；转速低漏气损失增加。因此平均指示压力 $p_i$ 低。转速 $n$ 升高时，燃烧过程占曲轴转角增加，热损失增多，因此使 $p_i$ 下降。在汽油机中 $p_i$ 主要还受充气系数的影响。

根据式(1-29)可知，随着发动机转速 $n$ 增加，机械效率 $\eta_m$ 将下降，如图 1-13 所示。

2.负荷的影响

当发动机的转速一定而负荷减小时，在柴油机中是减小供油量；在汽油机中是减少充气量，平均指示压力 $p_i$ 值下降。但由于转速一定，摩擦损失、泵气损失和驱动附件损失基本不变，因而平均机械损失压力 $p_m$ 近似保持不变，如图 1-14 所示。

根据式(1-29)可知，随着负荷的减小，机械效率下降，直到怠速时，有效功率 $P_e=0$，指示功率 $P_i$ 从全部用来克服机械损失功率，即 $P_i=P_m$，所以 $\eta_m=0$。$\eta_m$ 随负荷变化的曲线如图1-14 所示。

3.机油黏度和冷却液温度的影响

在机械损失中，摩擦损失占的比例最大，而机油黏度对摩擦损失的大小有着重要影响，黏度大则机油内摩擦阻力大，流动性差，将使机械损失增大，但其承载能力强，可以保持摩擦副处于液体润滑状态。反之机油黏度小，流动性好，消耗的摩擦功小，但承载能力差，润滑油膜易破坏，失去润滑作用。因此，必须根据发动机的工作环境及其性能使用情况合理选用机油黏度。

冷却液温度直接影响机油的温度，因而也就影响到机油黏度和摩擦损失的大小。从图 1-15中可以看出，油温在某一定值时 $p_m$ 最小。高于此温度，油膜易破坏，机油被挤出摩擦间隙，出现半干摩擦，使摩擦损失增加，严重时会引起发动机损坏；如果油温过低，也使摩擦损失功率增加。因此发动机必须限制在一定的热力状态下工作，严格控制油温和水温，以减少摩擦损失功率，提高发动机的机械效率。

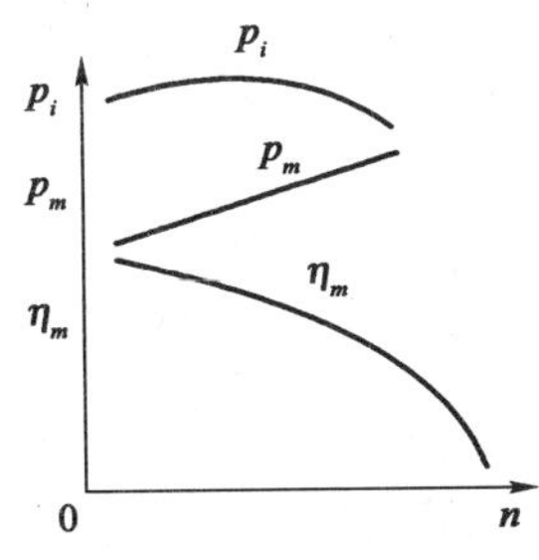


图 1-13 负荷一定时，$p_m$、$p_i$、$\eta_m$ 随 $n$ 的变化

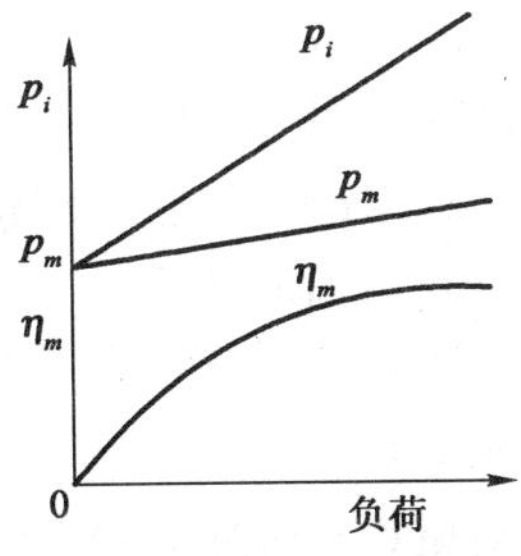


图 1-14 $n$ 不变时，$p_m$、$p_i$、$\eta_m$ 随负荷的变化

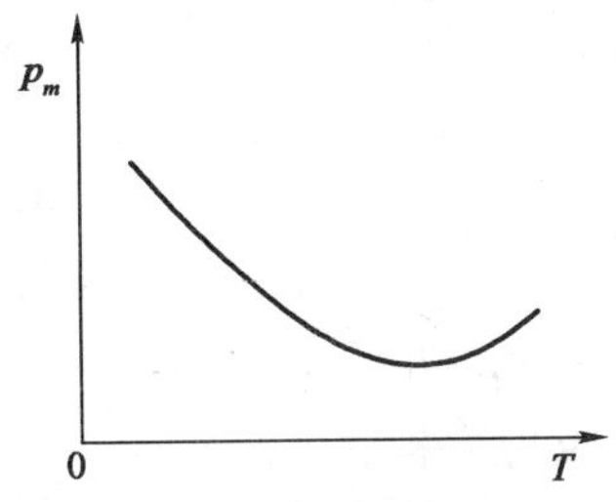


图 1-15 $p_m$ 随机油温度的变化

## 第五节　发动机的燃烧化学性能

发动机在实际工作中，应按不同的工况获得不同浓度的可燃混合气，以满足使用的要求。燃料和空气在数量上不同比例关系以及燃烧后的工质组成，这些都是燃烧化学所要涉及的问题，同时其基本的数量关系也是实际循环热计算时的重要原始数据。

### 一、燃料燃烧的热值

单位量的燃料完全燃烧时所发出的热量叫热值。这里，固体和液体燃料的单位量用1kg计，而气体燃料的单位量则用$1m^3$计，完全燃烧是指某化合物被氧气全部氧化，其中C生成$CO_2$，其他元素生成高级氧化物，H生成$H_2O$。其中，当生成的$H_2O$为液态时，称为高位热值，简称高热值$H_o$；当生成的水为气态时所发出的热量，称为低位热值，简称低热值$H_u$。高位热值比低位热值小，其差值为水蒸气的汽化潜热。

$$H_u = H_o - wr$$

式中：$H_o$——高位热值，kJ/kg；

$H_u$——低位热值，kJ/kg；

$w$——单位质量燃烧产物中水的含量，%；

$r$——水蒸气的汽化潜热，kJ/kg。

无论是汽油机还是柴油机，燃料在汽缸中燃烧生成的水均为气态，所以我们所用到的燃料燃烧的热值都是低热值。

### 二、燃料燃烧的化学反应

燃料完全燃烧时的化学反应如下：

1. 碳燃烧

反应方程式　$C+O_2=CO_2$

反应时的数量关系　$12kgC+32kgO_2=44kgCO_2$

$1kgC+2.667kgO_2=3.667kgCO_2$

$12kgC+22.4m^3O_2=22.4m^3CO_2$

$1kgC+1.8667m^3O_2=1.8667m^3CO_2$

2. 氢燃烧

反应方程式　$2H_2+O_2=2H_2O$

反应时的数量关系　$4kgH_2+32kgO_2=36kgH_2O$

$1kgH_2+8kgO_2=9kgH_2O$

$44.8m^3H_2+22.4m^3O_2=44.8m^3H_2O$

$1m^3H_2+0.5m^3=1m^3H_2O$

3. 硫燃烧

反应方程式　$S+O_2=SO_2$

反应时数量关系　$32kgS+32kgO_2=64kgSO_2$

$1kgS+1kgO_2=2kgSO_2$

$32kgS+22.4m^3O_2=22.4m^3SO_2$

$$1kgS+0.7m^3O_2=0.7m^3SO_2$$

4. 碳氢化合物(气态)

反应方程式 $C_mH_n+(4m+n)/4O_2=mCO_2+n/2H_2O$

反应时数量关系 $1m^3C_mH_n+(4m+n)/4m^3O_2=mm^3CO_2+n/2m^3H_2O$

## 三、燃料燃烧所需的空气量

对于汽油和柴油来说,由于S和气体组分不多,可以视为只含有C、H、O。如以$g_C$、$g_H$、$g_O$分别表示每千克燃料中碳、氢、氧的质量成分(%),则$g_C+g_H+g_O=1$。

1kg燃料完全燃烧时所需的最少空气量,称理论空气量。

汽油的平均质量成分:$g_C=0.855$;$g_H=0.145$;$g_O=0.000$。

柴油的平均质量成分:$g_C=0.870$;$g_H=0.126$;$g_O=0.004$。

如1kg燃油中含有氧为$g_O$kg或$g_O/32$kmol,则1kg燃油完全燃烧时需要的理论氧气量:

$$g_C/12+g_H/4-g_O/32(\text{kmol}) \text{ 或 } 2.667g_C+8g_H-g_O(\text{kg})$$

燃料所需的氧气来自空气,以容积成分计,空气中氧占21%,氮占79%;以质量成分计,氧占23%,氮占77%。1kg燃油完全燃烧作需的理论空气量为:

$$L_0=\frac{1}{12}+\left(\frac{g_C}{12}+\frac{g_H}{4}-\frac{g_O}{32}\right) \qquad (\text{kmol/kg})$$

或

$$L_0=\frac{1}{0.23}(2.667g_c+8g_H-g_O) \qquad (\text{kg/kg}) \tag{1-30}$$

标准状态下体积表示的理论空气量为:

$$L_0=\frac{22.4}{0.21}+\left(\frac{g_C}{12}+\frac{g_H}{4}-\frac{g_O}{32}\right) \qquad (\text{m}^3/\text{kg})$$

将平均质量成分代入式(1-30),可得汽油的理论空气量为14.9(kg/kg),柴油的理论空气量为14.5(kg/kg)。

## 四、过量空气系数与空燃比

1. 过量空气系数

理论上使燃油完全燃烧,所需的空气量等于理论空气量$L_0$。在发动机实际工作中,为了使燃料燃烧更充分,实际供给的空气量不一定等于理论空气量。为了评定发动机工作过程中所用空气数量的多少,引入过量空气系数的概念。

发动机工作过程中,燃烧1kg燃油实际供给的空气量$L$与理论空气量$L_0$之比,称为过量空气系数,用$\alpha$表示。

$$\alpha=L/L_0 \tag{1-31}$$

过量空气系数是发动机工作过程的一个重要参数。过量空气系数可以大于1,称为稀混合气;也可以小于1,称为浓混合气;也可以等于1,实际空气量与理论空气量相等称为标准混合气。对于柴油机,由于燃油难与空气均匀混合,要多给汽缸供气,过量空气系数总是大于1。对于汽油机,在整个运行过程中,可以遇到$\alpha<1$和$\alpha>1$的所有情况。过量空气系数是反映混合气形成和完善程度及整机性能的一个重要参数,在保证完全燃烧的前提下,应力求使过量空气系数小。

2. 空燃比

燃烧时空气流量与燃料流量的比例，称为空燃比，用 $\varphi_\alpha$ 表示。

$$空燃比\ \varphi_\alpha = \frac{空气流量}{燃料流量} \qquad 燃空比 = \frac{燃料流量}{大气流量} = \frac{1}{\varphi_\alpha}$$

汽油理论上完全燃烧时的空燃比为 $\varphi_\alpha \approx 14.9$。

应用空燃比直观方便，其数值即为1kg燃料燃烧时实际供给空气量的千克数。$\varphi_\alpha < 14.9$ 的为浓混合气，$\varphi_\alpha > 14.9$ 的为稀混合气。

柴油机调节方式为"质调节"，所以当转速一定时，进入缸内的空气量基本保持不变，空燃比的大小取决于供油量的多少。汽油机调节方式为"量调节"，对于汽油喷射发动机，节气门的开度仅是控制进入汽缸的空气量，电控单元根据进入汽缸的空气量来调整喷油量。

## 第六节　发动机的热平衡

发动机运转性能的优劣很大程度上取决于燃烧过程的完善程度。由于在燃烧过程中发动机消耗的燃料，燃烧后放出的热量只有20%～40%转变为有效功，其余热量随废气、冷却水等从发动机中排出；把燃料所具有的热量，按有效功和各种损失的分配，称为发动机的热平衡。

发动机的热平衡可用等式表达如下：

$$Q_T = Q_e + Q_r + Q_s + Q_L \tag{1-32}$$

式中：$Q_T$——向发动机供给的燃料所放出的热量，kJ，$Q_T = G_T H_\mu$；

$Q_e$——转变为有效功的热量，kJ；

$Q_r$——废气带走的热量，kJ；

$Q_s$——冷却介质带走的热量，kJ；

$Q_L$——其他热量损失，kJ。

在热平衡方程式中，没有单独考虑消耗于机械损失的热量，这是因为消耗于摩擦损失的能量，最后又重新转变为热能，而摩擦热的大部分被冷却介质与机油带走。驱动辅助机械的能量损失可归入其他热量损失 $Q_L$ 中。这样，消耗于机械损失的热量就考虑在 $Q_s$ 和 $Q_L$ 中。

发动机的热平衡通常是用实验方法确定的。

为了使不同发动机热平衡的各相应组成部分之间可以进行对应的比较，并估计各组分的相对值，常以百分数来表示热平衡方程式，即：

$$g_e + g_r + g_s + g_L = 100\% \tag{1-33}$$

其中：$g_e = \frac{Q_e}{Q_T} \times 100\%$，$g_r = \frac{Q_r}{Q_T} \times 100\% \cdots$

发动机热平衡的大致数值如表1-2所示。

**发动机的热平衡**　　表1-2

| 热平衡的各项组成(%) | 柴　油　机 | 汽　油　机 |
|---|---|---|
| 转化为有效功的热量 $g_e$ | 30～40 | 20～30 |
| 废气带走的热量 $g_r$ | 35～40 | 40～45 |
| 传递给冷却介质的热量 $g_s$ | 20～25 | 25～30 |
| 其他热损失 $g_L$ | 5 | 5 |

发动机的热平衡还可用热流图来表示，如图 1-16 所示，从热流图中可以清楚地看出热量在发动机中的转变和传递情况。

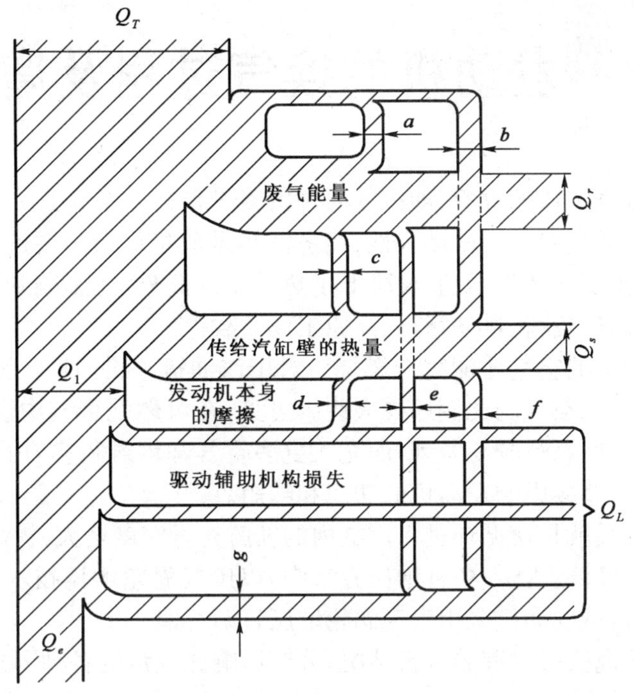


图 1-16　发动机热平衡图

*a*-从残余废气和排气中回收的热量；*b*-排出的废气传给冷却介质的热量；*c*-由汽缸壁传给进气的热量；*d*-在摩擦热中传给冷却介质的热量；*e*-从冷却系统辐射的热量；*f*-从排气系统辐射的热量；g-从曲轴箱壁和其他不冷却部分辐射的热量

# 第二章　发动机的换气过程及增压技术

发动机更换汽缸内工质的过程，即汽缸内排出废气和充入新鲜工质的整个阶段，统称为换气过程。换气过程的质量对内燃机动力性、经济性和排放指标有重要的影响。由于换气过程有功的损失，它既减少了循环指示功，又降低了热效率。此外，还影响到发动机工作可靠性及其运行性能，如零件的热负荷、排气污染、高原工作过载等。

燃料需要一定比例的空气才能完全燃烧。对于汽油机来讲，1L 汽油约需 1 000L 空气才能完全燃烧，柴油机要求空气的比例还要大些。可见，在可燃混合气中燃料所占容积很小，在发动机中，要多供给一些燃料较易做到，而充入更多空气却困难得多，由于进入汽缸的空气量受到若干因素的制约，直接影响发动机的功率和转矩。

发动机增压的实质就是使循环进入汽缸内的新鲜充量密度增大，提高实际充气量，从而提高发动机功率并改善经济性能。各种增压方法中，以废气涡轮增压技术最成熟，效率也高，应用最广，近年来工程机械发动机采用废气涡轮增压日渐普遍。

本章的目的是研究换气过程的进行情况，分析影响充气量的各种因素，从而寻找减少换气损失、提高充气量的措施，以适应发动机日益强化的需要。通过对增压技术的分析，研究如何利用换气过程产生的废气能量来提高发动机的充气量，以改善发动机的动力性和经济性。

本章主要内容为：四冲程发动机的换气过程，充气系数及其影响因素，提高充气系数的措施，废气涡轮增压器的主要工作参数和流通特性，增压发动机的性能等。

## 第一节　四冲程发动机的换气过程

四冲程发动机的换气过程包括从上一循环排气门开启直到下一循环进气门关闭的整个时期，约占 410°～480°曲轴转角。实际循环的换气过程持续的时间非常短暂，进、排气门的开闭由于结构和动力负荷等原因，不可能瞬时全开或全闭。换气时，工质是在配气机构流通截面变化的情况下做不稳定流动，汽缸内工质的温度和压力是随时间变化的，具有复杂的气体动力学现象。

### 一、换气过程

图 2-1 为一四冲程发动机在换气过程中，汽缸压力和排气管内压力随曲轴转角变化的关系和相应的进、排气门流通截面的变化情况。根据气体流动的特点，换气过程可分为自由排气、强制排气、进气和燃烧室扫气 4 个阶段。

1. 自由排气阶段

从排气门打开到汽缸压力 $p$ 接近于排气管压力 $p_r$ 的这个时期称为自由排气阶段。气门的完全开启受到配气机械惯性力的限制，需要一定的时间。如果排气门在活塞到达下止点时才刚开启，由于开启初期气门流通截面增大较慢，如图 2-1b)所示，不能实现充分排气。当活塞又向上止点运动时，缸内较大的废气压力将增加排气冲程所消耗的功。因而，必须在膨胀行程末期提前将排气门打开，这就是排气提前，从排气门开始开启到下止点这段曲轴转角，称为排气提前角。通常，排气提前角为30°～80°曲轴转角。

如图2-1a)所示，在排气门刚开启时，汽缸内压力 $p$ 较高，约为0.2～0.5MPa，往往高出排气管内压力 $p_r$ 两倍以上，即缸内压力 $p$ 与排气管压力 $p_r$ 之比往往大于临界值1.9，排气的流动处于超临界状态，废气以声速流过排气门开启截面。

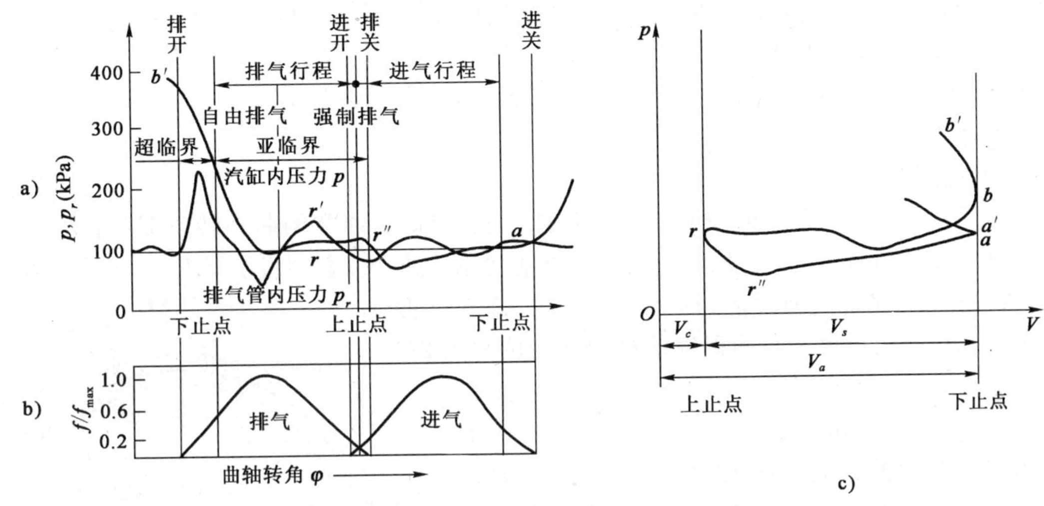


图2-1 换气过程中汽缸压力 $p$、排气管内气体压力 $p_r$、进排气门通流面积的变化

在超临界排气时，废气流量与排气管内的压力无关，只决定于汽缸内的气体状态和气门开启面积的大小。在某些高速发动机中，为使汽缸压力及时下降，需加大排气提前角。

随着废气的大量流出，汽缸内压力下降，当汽缸内压力 $p$ 与排气门出口处压力 $p_r$ 之比低于临界值时，气体的流动状态进入亚临界范围内，此时废气进入排气管的流速低于当地音速，排出的流量由汽缸内和排气管内的压力差决定。此后汽缸内压力 $p$ 与排气门出口处压力 $p_r$ 同时下降，到某一时刻，汽缸内和排气管内压力相等时，自由排气阶段结束，一般在下止点之后10°～30°曲轴转角。

在自由排气阶段中，汽缸内排出的废气量与发动机转速无关，因此，随着转速的增加，自由排气阶段拖延到下止点后所占曲轴转角增大，从而增加活塞推出废气所消耗的功。

在自由排气阶段，出于废气流速很高，排出废气量可达60%，且超临界状态排气时，伴有特殊刺耳的噪声。

2. 强制排气阶段

从自由排气阶段结束，活塞上行推出废气至上止点，为强制排气阶段。这个阶段废气是由活塞上行强制推出。缸内平均压力比排气管内平均压力略高一些，约高10kPa。气流速度越高，压力差值越大，耗功也越多。

强制排气阶段接近终了时，在上止点附近，废气尚有一定的流动能量，可利用气流的惯性进一步排除废气。同时，如果排气门在上止点时关闭，在上止点之前它就要开始关小，产生较大节流作用，此时活塞还在向上运动，致使缸内压力上升，结果排气消耗的功和残余废气量都会增加。因此，排气门是在活塞过了上止点后才关闭，从上止点到排气门完全关闭终了这段曲轴转角称为排气迟闭角。一般，排气迟闭角为10°～35°曲轴转角。

3. 进气过程

为了保证活塞下行时，进气门开启面积足够大，使新鲜充量顺利流入汽缸，进气门在上止点前就开始打开。进气门提前开启角一般为上止点前 0°～40°曲轴转角。

为了充分利用高速气流的动能，进气门也须在下止点后关闭，从而实现在下止点后继续充气，增加进气量。进气门迟闭角一般为下止点后 40°～70°曲轴转角。

由图 2-1 中汽缸压力线上看到，在进气行程初期，由于气门开启面积很小，活塞也开始向下运动，同时又要克服气流的惯性，因此，缸内产生很大的负压，新鲜充量流入汽缸。随着气门开启，进入缸内气体量增加，汽缸压力和温度逐渐上升，到进气终了时，由于进气动能部分转变为压力能，压力有一些提高，几乎回升到接近或略高于进气管内压力。

4. 气门重叠和燃烧室扫气

1)配气相位

进、排气门的实际开、闭时刻和持续时间称为配气相位，通常用曲轴转角 CA 表示。为了最大限度地吸进新鲜空气，排出废气，尽可能地减小换气损失，必须设法延长进、排气的时间。因此，进、排气门都是提前开启、滞后关闭。进、排气过程比一个活塞行程长得多。四冲程发动机配气相位如图 2-2 所示。

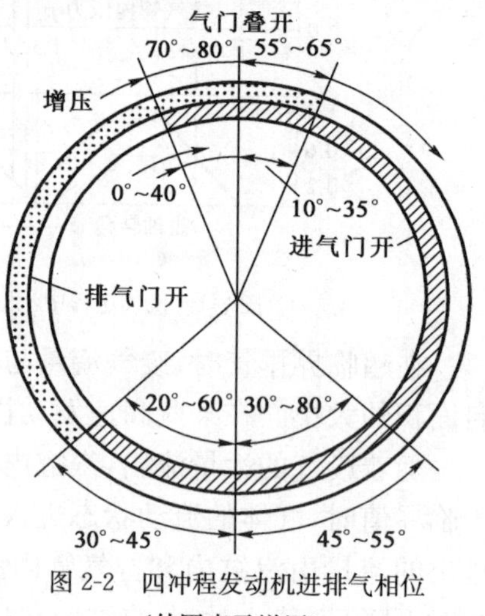

图 2-2　四冲程发动机进排气相位
(外圈表示增压)

2)气门重叠和燃烧室扫气

由于排气门的迟后关闭和进气门的提前开启，存在进、排气门同时打开的现象，称为气门重叠。气门重叠期间进气管、汽缸、排气管连通，可以利用气流的压差和惯性清除残余废气，增加进气量。特别是增压发动机，其进气压力高，有一定数量的新鲜充量直接扫过燃烧室，帮助清除废气后进入排气管，扫气效果更明显。因为汽油机的新鲜充量是可燃混合气，扫气会造成燃料的损失，因此，气门重叠的角度选择以新鲜充量不流入排气管为原则。柴油机没有燃料损失问题，但气门重叠角过大，会发生气门与活塞相碰的问题。对于增压发动机，扫气的优点很多，可以适当加大气门重叠角。

从图 2-2 可以看出，在非增压发动机中，重叠角一般为 20°～60°曲轴转角，增压柴油机重叠角一般为 80°～160°曲轴转角。

## 二、排 气 损 失

从排气门提前打开，直到进气行程开始，缸内压力到达大气压力前循环功的损失称为排气损失。它可分为自由排气损失和强制排气损失。自由排气损失，即图 2-3 中面积 $W$ 是因排气门提前打开，排气压力线从 $p'_b$ 点开始偏离理想循环膨胀线，引起膨胀功的减少。强制排气损失，图 2-3 中面积 $Y$ 是活塞将废气推出所消耗的功。

如图 2-4 所示，随着排气提前角的增大，自由排气损失面积 $W$ 增加，而此时强制排气损失面积 $Y$ 应减小。因而最有利的排气提前角应使面积($W+Y$)之和为最小。当排气门截面小，发动机转速高时，按曲轴转角计算的实际超临界排气时期延长，为减少排气损失，应适当加大排气提前角。

减小排气系统阻力及排气门处流动损失是降低排气损失的主要办法。排气消声系统的结构和布置形式对排气阻力影响也很大，关系到排气管内的排气背压。排气背压每升高3.39kPa，增压柴油机耗油率在各种负荷下平均增加0.5%，而非增压柴油机平均增加1%，因此，应在不牺牲消声性能的前提下最大限度地降低排气背压，提高经济性。

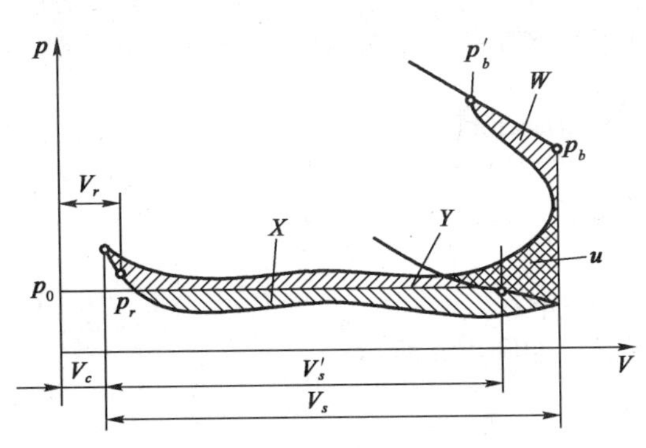


图 2-3　四冲程发动机换气损失

W-自由排气损失；Y-强制排气损失；X-进气损失；Y＋X－u-泵气损失

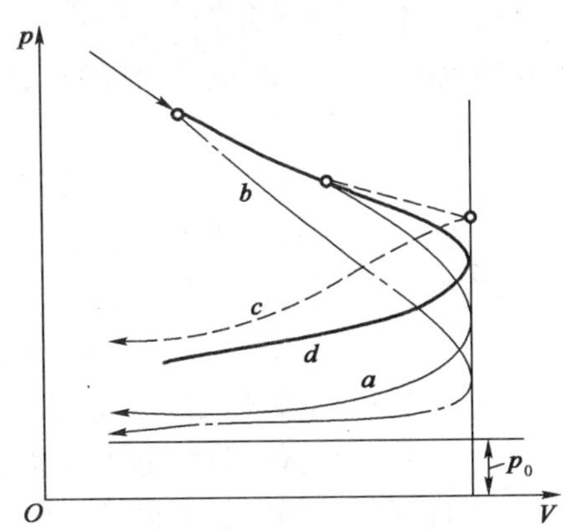


图 2-4　排气门提前角和排气损失

a-最合适；b-过早；c-过晚；d-排气门面积过小

### 三、进 气 损 失

由于进气系统的阻力，进气过程的汽缸压力低于进气管压力，非增压发动机中一般设为大气压力，损失的功相当于图2-3中$X$所表示的面积，称为进气损失。它与排气损失相比，相对较小。合理地调整配气定时，加大进气门的流通截面积，正确设计进气管流道以及降低活塞平均速度，可以减少进气损失。

排气损失与进气损失之和称为换气损失，如图2-3中面积$(W+X+Y)$。而实际示功图中将面积$(X+Y-u)$表示的损耗称为泵气损失。

## 第二节　四冲程发动机的充气系数及其提高措施

### 一、充 气 系 数

充气系数是评价发动机换气过程完善程度的指标，它不受汽缸容积的影响。

充气系数$\eta_v$是实际进入汽缸的新鲜空气与进气状态下充满汽缸工作容积的新鲜空气之比。

$$\eta_v = \frac{V_1}{V_s} = \frac{m}{m_s} \tag{2-1}$$

式中：$V_1$，$m$——实际进入汽缸新鲜空气的体积和质量，$m^3$，kg；

$V_s$，$m_s$——进气状态下充满汽缸工作容积的新鲜空气的体积和质量，$m^3$，kg。

所谓进气状态是指当时、当地的大气状态（非增压机型）和增压器压气机出口的气体状态（增压机型）。

$\eta_v$高，代表每循环进入汽缸的空气多，则发动机的有效功率$P_e$、有效转矩$M_e$可增加。$\eta_v$可用实验方法测得出。由流量计测出发动机每小时新鲜充量的流量$V_1$（$m^3$/h）。理论充量$V$可由下式计算：

$$V = 0.03inV_h \tag{2-2}$$

式中：$V_h$——汽缸工作容积，L；

$i$——汽缸数；

$n$——转速，r/min。

发动机的充气系数 $\eta_v$，一般在如下范围：柴油机 0.75～0.9；汽油机 0.7～0.85。

## 二、影响充气系数的因素

1. 充气系数 $\eta_v$ 的表达式

(1)进气门关闭时缸内气体的总质量为：

$$m_a = (V_c + V'_s)\rho_a \tag{2-3}$$

式中：$V'_s$——进气门关闭时至上止点的汽缸容积，$m^3$，如图 2-3 所示；

$\rho_a$——进气门关闭时汽缸工质的密度，$kg/m^3$。

(2)在排气门关闭时缸内残余废气的质量为：

$$m_r = V_r\rho_r \tag{2-4}$$

式中：$V_r$——排气门关闭时至上止点的汽缸容积，$m^3$，如图 2-3 所示；

$\rho_r$——排气门关闭时汽缸工质的密度，$kg/m^3$。

(3)在排气门关闭时缸内残余废气的质量为：

$$\eta_v V_s\rho_s = (V_c + V'_s)\rho_a - V_r\rho_r$$

$$\eta_v = \frac{(V_c + V'_s)\rho_a - V_r\rho_r}{V_s\rho_s}$$

令 $\xi = \dfrac{V_c + V'_s}{V_c + V_s}$，经变换推导得：

$$\eta_v = \xi\frac{\varepsilon}{\varepsilon - 1}\frac{T_s}{p_s}\frac{p_a}{T_a}\frac{1}{\gamma + 1} \tag{2-5}$$

式中：$p_a$——进气终了时气体压力，kPa；

$T_a$——进气终了时气体温度，K；

$p_s$——进气状态时气体压力，kPa；

$T_s$——进气状态时气体温度，K；

$\gamma$——残余废气系数，即进气过程结束时，缸内残余废气量与缸内新鲜充量的比值，

$\gamma = \dfrac{m_r}{\eta_v V_s\rho_s}$；

$\varepsilon$——压缩比。

2. 影响充气系数的因素

由式(2-5)可知，影响充气系数的因素有进气状态和进气终了状态的汽缸压力、温度、残余废弃系数、压缩比及配气相位等。

1)进气终了压力 $p_a$ 的影响

$p_a$ 对 $\eta_v$ 影响较大，$p_a$ 值愈大，$\eta_v$ 值越大。

$$p_a = p_s - \Delta p_a$$

式中，$\Delta p_a$ 即气体流动时，由于进气系统阻力而引起的压降，一般可写成：

$$\Delta p_a = \zeta\frac{\rho v^2}{2} \tag{2-6}$$

式中：$\zeta$——管道阻力系数；

$\rho$——进气状态下气体密度，$kg/m^3$；

$v$——管道内气体流速，m/s。

$\Delta p_a$ 主要取决于进气系统各管道阻力系数 $\zeta$ 和气体流速 $v$。若 $\zeta$ 大和 $v$ 高时，$\Delta p_a$ 增大，使得 $p_a$ 下降。

进气门是整个进气系统截面最小，流速最大的地方，因此也是进气阻力最大的重要部分之一。发动机转速 $n$ 升高，气体流速 $v$ 增加，$\Delta p_a$ 与 $v^2$ 呈正比例关系，从而 $\Delta p_a$ 显著加大，使得 $p_a$ 迅速下降。

车辆发动机的使用特点是转速和负荷都不断地在宽广的范围内变化。例如，当车辆沿阻力降低的道路行驶，当汽油机节气门开度保持一定时，车速会不断增加。由于曲轴转速增高，气流速度加大，进气终了压力 $p_a$ 迅速下降。

综上所述，负荷变化时，柴油机和汽油机进气门关闭时缸内压力 $p_a$ 的变化不同。柴油机进气终了压力 $p_a$ 基本不随负荷变化，汽油机 $p_a$ 随负荷变化显著。在使用工况中进气终了压力 $p_a$ 随转速和负荷的变化而变化，也决定了充气系数 $\eta_v$ 的变化，从而直接关系到发动机的使用性能。

2)进气终了温度 $T_a$ 的影响

$T_a$ 愈高，充入汽缸的工质密度愈小，$\eta_v$ 愈低。进气终了温度 $T_a$ 高于进气状态温度 $T_s$。引起 $T_a$ 升高的原因：高温零件加热工质；新鲜工质与残余废气混合；对汽油机来说为了便于液体燃料蒸发、混合，常利用排气歧管或冷却液的热量加热新鲜空气，故进气终了温度升高。为了降低进气终了温度，可将柴油机的进、排气道和进、排气歧管置于汽缸盖两侧。控制进气预热，或适当加大气门重叠角，都有利于 $T_a$ 的降低。

转速 $n$ 和负荷都对 $T_a$ 有影响，负荷不变，转速 $n$ 越高，工质被加热的时间缩短，$T_a$ 降低。转速 $n$ 不变，负荷加大，缸壁温度升高，$T_a$ 提高。

3)残余废气系数 $\gamma$

(1)汽缸中残余废气量增加，使 $\eta_v$ 降低，燃烧恶化；

(2)压缩比提高使压缩容积减小，残余废气减小；

(3)排气压力高，废气多，热气效率降低。

(4)排气系统阻力大，废气流动困难，使得排气压力提高。

4)配气相位的影响

配气相位的影响主要是进气门迟闭角的变化，迟闭角增加，会使新鲜充气量的容积减小。但是，进气终了压力 $p_a$ 却能因为新鲜充气量的惯性进气而增加。应该选择合适的配气定时，使得 $\xi p_a$ 具有最大值。

5)压缩比的影响

提高压缩比，使汽缸余隙减小，残余废气量减少，从而提高发动机充气效率。

## 三、提高充气系数的措施

作为发动机热力循环的第一个冲程——吸气冲程，应尽可能地提高其充气系数 $\eta_v$，为以后的良好燃烧作充分的准备，这是提高发动机性能指标十分重要的先决条件。可以根据上述 $\eta_v$ 的影响因素的分析，从多方面采取措施来提高充气系数 $\eta_v$。

1.减小进气系统阻力，提高进气终了压力 $p_a$

(1)减小进气门处的阻力。在整个进气系统中，进气门处的通过截面最小，其流动阻力最大，应优先予以考虑，主要措施如下：

①加大进气门直径，以增加流通能力。由于进气终了压力对充气效率的影响比排气终了压力的影响大，所以常常适当降低排气门直径以求增加进气门直径。

②增加进气门的数目。增加进气门的数目可使流通截面积增加，但气门的个数与缸径大小有关，最多不超过5个。多气门发动机由于其配气机构复杂，一般只用于大功率发动机。

③适当增加气门升程。在惯性力允许的条件下，使气门快速开启，也可提高气门处气流的通过能力。

④改善气门座和气门头部到杆的过渡形状，有利于改善气体的流动。气门升起后，气门头部和缸壁及燃烧室壁的距离，即壁距，不宜过小，以免增加气体的流动阻力。

⑤合理控制进气马赫数。进气马赫数是指空气流过进气门开启截面的流速与该处音速之比。实验表明，当进气马赫数超过0.5后，充气效率开始明显下降。

(2)减小进气道的阻力。缸盖和缸体进气道的结构复杂，因有气门导管凸台，截面变化较大，会造成动能损失。对柴油机，不仅要考虑减小进气道阻力，更要考虑进气涡流的影响，以改善混合气的形成和燃烧条件。为减小进气道的阻力，应增大气道截面积，避免急弯，减小截面突变，管内应保持光滑等。

(3)减小空气滤清器的阻力。应选用低阻高效的空气滤清器，比如油浴式空气滤清器。在使用中，应定期清洗维护，以避免积垢多而使阻力增加。

(4)减小进气管的沿程阻力和局部阻力。保证进气管有足够的流通截面积，避免截面积的突然变化，减少气流转弯，保持管内的光滑和清洁等。

2.降低排气系统的阻力

排气系统包括排气门、排气管和消声器等。排气系统的阻力降低，排气终了的压力下降，可使残余废气系数下降，充气效率提高。排气管也应注意其结构要求，并保持排气管的光洁，使排气顺畅。

3.减少高温零件在进气过程中对新鲜工质的加热

新鲜工质在吸入过程中，受到进气管、进气道、气门、缸壁、活塞等一系列高温零件的加热，其温度升高，密度下降，使充气系数下降。凡是能降低活塞、进排气门等处的温度和减少与新鲜工质的接触面积的措施，都可以使充气效率提高。

对于汽油机，为了便于燃料的蒸发与多缸均匀分配，常利用排气管对进气预热，但预热应适当。对于柴油机不需对进气进行预热，并应尽可能使进气管和排气管分置于汽缸两侧。在使用中，应用稀混合气，或保持发动机的正常冷却水温，也可减少对进气的加热，提高充气系数。

4.合理选择配气定时

前面已经提到衡量配气相位是否合理的几个方面。合理选择配气定时，就是要合理利用换气过程的动态效应，在压缩波到达进气门处时关闭气门，这主要是通过合理选择迟闭角来实现的。

配气定时的选择，一般是根据经验，并在实际发动机上经过反复比较，最后确定最合适的方案。

5.采用可变配气定时系统

一般发动机，配气定时不变，某一配气定时只对某转速最有利，充气系数可达到最高值。气门的重叠角、进气门的关闭角和排气门的关闭角是配气定时的主要参数。在转速低且要保证怠速时的稳定性好，则要求气门重叠角要小；而在其他工况下，为提高充气系数，降低氮氧化物的排放，气门重叠角要大，低速时要求进、排气门接近上止点附近打开和关闭，高速则要求进、排气门远离下止点位置关闭和打开，怠速时进气门的启闭不很重要。

为满足全工况的要求，就需设计可变的配气相位。目前使用的可变气门定时机构有两种：相位可变机构和配气定时可变机构。

(1)相位可变机构。目前大多数方案只是改变进气相位或只改变排气相位，如通用汽车公司的多节式花键凸轮轴结构。该凸轮机构由若干节装配而成，各节门轮轴套装在同一根控制杆上，排气凸轮与控制杆用直键传动，在控制杆上有沿轴向贯穿的直键槽，而进气凸轮与控制杆靠螺纹花键传动。在运行时若将控制杆轴向移动，进气凸轮便相对于控制杆转动一定的角度，其取值范围 $20°\sim30°$，这就实现了进气相位的可变。其缺点是在高速时气门重叠角小，需进气门远离下止点关闭进行补偿。

(2)配气定时可变机构。采用偏心传动的凸轮轴，可以实现运行时既改变进气相位，又改变排气相位的设想，即实现配气相位可变。其特点是，以偏心传动取代一般发动机的同轴传功，每个缸有一根空心的凸轮轴，正时链轮轴即主动轴从凸轮轴孔中穿过，并借助连杆滚子机构与凸轮轴连接。当两轴同心时，凸轮轴与正时链轮轴同步旋转。将正时链轮轴作横向移动，则凸轮轴与正时链轮轴线偏离，两轴不能同步转动。从而实现了按发动机运行需要的、可变的配气定时。

## 第三节　发动机增压的基本概念与分类

所谓增压，就是利用增压器将空气或可燃混合气进行压缩，再送入发动机汽缸的过程。增压后，每循环进入汽缸内的新鲜充量密度增大，使实际充气量增加，从而达到提高发动机功率和改善经济性能的目的。

提高发动机功率的方法很多。由式(1-22)：

$$P_e=\frac{p_e V_h i n}{30\tau}\times 10^{-3}$$

可以得到：

$$P_e \propto iD^2 Snp_e/\tau \propto iD^2 v_m p_e/\tau \tag{2-7}$$

由式(2-7)可知，提高发动机的功率有以下三条途径：

(1)改变发动机的结构参数，如增加汽缸数 $i$，增大汽缸直径 $D$、活塞行程 $S$ 和减少冲程数 $\tau$ 等。

(2)提高发动机转速 $n$ 或活塞平均速度 $v_m$。

(3)提高发动机的平均有效压力 $p_e$。

如通过加大车用发动机结构参数来提高发动机功率，将受到安装位置和自重的限制。而提高发动机转速，向高速发动机发展虽然是可行的，但发动机转速的提高受到活塞平均速度的限制，因为充气系数 $\eta_v$ 和机械效率 $\eta_m$ 将随着活塞平均速度的提高而显著下降。此外，燃料经济性、发动机运转可靠性、机件寿命及噪声等因素也限制了活塞平均速度的提高。只有提高发动机的平均有效压力才是最经济有效的方法。而：

$$p_e \propto \frac{\eta_i}{\alpha}\eta_v\eta_m\rho_k \tag{2-8}$$

可通过减小过量空气系数 $\alpha$，提高充气系数 $\eta_v$ 和增加进入汽缸的充量密度 $\rho_k$ 来提高发动机的平均有效压力。增压就是增加进入发动机汽缸的充量密度 $\rho_k$，从而提高平均有效压力，达到提高发动机功率，改善燃料经济性能和排放性能的目的。

## 一、基 本 概 念

1. 增压度

是指发动机在增压后增长的功率与增压前的功率之比。

$$\varphi_k = \frac{P_{ek} - P_{e0}}{P_{e0}} = \frac{P_{ek}}{P_{e0}} - 1 \tag{2-9}$$

式中：$\varphi_k$——增压度；

$P_{e0}$、$P_{ek}$——分别为增压前、后的功率，kW。

增压度说明了发动机在采用增压后使功率得到提高的程度。

目前，车用发动机的增压度不高，大约在 $\varphi_k = 10\% \sim 60\%$ 的范围内，绝大部分为 20%～30%。而船用大型低速四冲程柴油机的增压度可达到 $\varphi_k = 3.0$。这是因为车用发动机不仅要求功率增加，而且还要在较大的转速和负荷范围内满足动力性能、经济性能、排放与成本等多方面的要求，一般增压度不宜过高。

2. 增压比

是指增压后气体压力 $p_k$ 与增压前气体压力 $p_0$ 之比，用 $\pi_k$ 表示。即：

$$\pi_k = \frac{p_k}{p_0} \tag{2-10}$$

式中：$\pi_k$——增压比；

$p_0$、$p_k$——增压前、后气体压力，kPa。

## 二、发动机增压的分类

通常，增压按两种方法分类。

1. 按增压比分类

(1)低增压：$\pi_k = 1.3 \sim 1.6$，对应的 $p_e = 700 \sim 1\,000$kPa；

(2)中增压：$\pi_k = 1.6 \sim 2.5$，对应的 $p_e = 1\,000 \sim 1\,500$kPa。

(3)高增压：$\pi_k > 2.5$，对应的 $p_e > 1\,500$kPa。

(4)超高增压：$\pi_k > 4.5 \sim 2.5$，对应的 $p_e = 2\,500 \sim 3\,500$kPa 以上。

2. 按增压系统的结构形式分类

增压系统的结构形式，主要有机械增压系统、废气涡轮增压系统、复合增压系统、气波增压系统等。

从实际应用的情况来看，较为常见的是废气涡轮增压和机械增压，其中废气涡轮增压占了绝大部分。与其他增压方式相比，废气涡轮增压的主要优点有：

(1)在发动机不作重大改变，质量体积增加很少的情况下，一般可提高功率 20%～30%，而且容易实现高增压。

(2)由于压气机消耗的功是涡轮从废气中回收的一部分能量，再加上相对地减少了机械损失和散热损失，提高了机械效率和热效率，使发动机涡轮增压后油耗率可以降低 5%～10%，经济性能有明显提高。

(3)可降低排气噪声和烟度。废气在涡轮中可以实现充分膨胀，排气噪声降低；废气中的有害成分也可减少，因而减少了对环境的污染。

正是由于废气涡轮增压的这些突出优点，使其在各种用途的发动机中得到了广泛的应用。

# 第四节　废气涡轮增压器的基本结构和工作原理

增压是发动机提高功率最有效的方法。各种增压方法中，以废气涡轮增压技术较为成熟，效率也高，因此应用最广。近年来发动机采用废气涡轮增压技术日渐普遍。

废气涡轮增压器是利用内燃机排出的部分废气能量，推动涡轮机高速旋转，从而带动安装在同一根轴上的离心式压气机，增大内燃机进气压力的工作机械。按废气在涡轮机中不同的流动方向，可分为径流式废气涡轮增压器与轴流式废气涡轮增压器两类。在轴流式涡轮增压器中，废气沿涡轮旋转轴线方向流动，如图 2-5a)所示。当流量较大时，它的效率较高，适用于大流量的废气涡轮增压器，因此多用于工业和船舶大功率柴油机中；而在径流式涡轮中，废气沿与涡轮旋转轴线向上垂直的平面径向流动，如图 2-5b)所示。在流量较小时，它的效率较高，制造较简单，适用于小流量的废气涡轮增压器。因此多用于中、小功率柴油机中。一般车用发动机多采用径流式，以适应高转速及较高响应性能的要求。

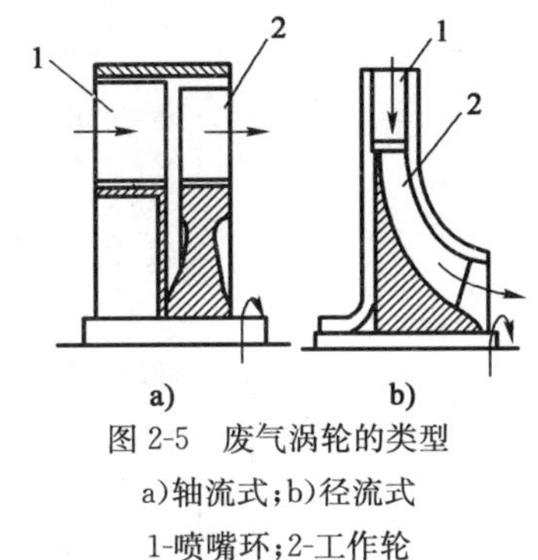

图 2-5　废气涡轮的类型

a)轴流式；b)径流式

1-喷嘴环；2-工作轮

径流式涡轮增压器由离心式压气机(包括压气机叶轮、压气机涡壳等)、径流式涡轮(包括涡轮叶轮、涡轮涡壳等)、中间体三个主要部分，以及支承装置、密封装置、冷却系统和润滑系统等组成。图 2-6 所示是一个径流式涡轮增压器的示意图。

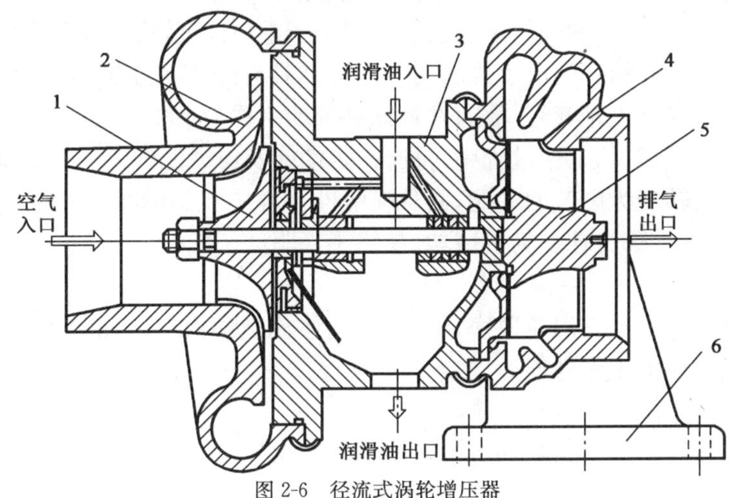

图 2-6　径流式涡轮增压器

1-压气机叶轮；2-压气机涡壳；3-中间体；4-涡轮机蜗壳；5-涡轮机叶轮；6-支承装置

## 一、径流式涡轮的工作原理

涡轮的功用是将废气所拥有的能量尽可能多地转化为涡轮旋转的机械功。下面以小型径流式涡轮为例，介绍涡轮的工作原理与主要工作参数。

### 1. 燃气在涡轮机中的流动

径流式涡轮机主要是由进气涡轮壳、喷嘴叶片环、工作叶轮以及进、出气道等组成，如图 2-7 所示。废气从工作叶轮转子的外缘由进气涡壳流入，经过一系列工作路径后从涡轮中心轴向流出。进气涡壳的作用是引导内燃机的废气均匀地进入涡轮。根据增压系统的要求，涡壳可以有一个或两个甚至更多的进气口。由内燃机中排出的气体具有一定的压力、温度与速度，经进气涡壳后直接流入喷嘴叶片环中。喷嘴叶片环是周向均匀安装、带有一定倾角的叶片所组成的多个渐缩通道。气流流过喷嘴叶片环时，部分压力能转变为动能，气体得到加速而压力、温度下降，且具有很强的方向性，便于均匀而有序地流入涡轮机的工作叶轮。

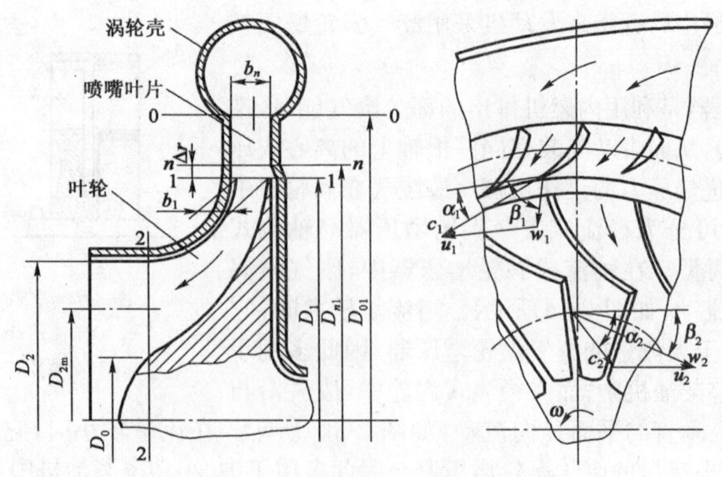


图 2-7　径流式涡轮机的工作简图

在涡轮工作叶轮中，叶片之间的通道也是呈渐缩状，气体在通道中将继续膨胀。当气流流过工作叶轮叶片时，气流转弯。由于离心力作用的结果，在叶面的凹面上压力得到提高，而在凸面则降低。作用在叶片表面的压力的合力，产生了转矩。此时，在工作叶轮出口处压力、温度以及速度均下降，而出口处的气体速度已经大大小于进口速度，说明气体膨胀所获得的动能已有大部分传给了工作叶轮。但由于排出的气体仍然具有的一定速度，且该部分动能未能在涡轮中得到利用而直接进入排气管，故通常将该部分动能称为余项损失。

总而言之，在废气涡轮的工作过程中，具有一定动能及压力能的废气在喷嘴叶片环通道中仅部分地得到加速而转变为废气的动能，而从喷嘴叶片环中流出的具有一定动能及压力能的废气，则在工作叶轮中大部分转变为机械功，最终用来驱动压气机。

2. 涡轮机特性曲线

涡轮机的主要工作参数有涡轮效率、膨胀比、气体流量和涡轮转速等，并以这些参数及其相互关系来表示涡轮机的工作性能。

1)涡轮效率 $\eta_T$

涡轮将废气能量转换为机械功的有效程度称为涡轮效率，即：

$$\eta_T = \frac{W_T}{H_T} \tag{2-11}$$

式中：$W_T$——涡轮机轴上的有用功，J/kg 废气；

$H_T$——废气所拥有的能量，J/kg 废气，即可用焓降，可以理解为废气在涡轮机入口处具有的压力能与动能的总和。当可用焓降在涡轮机中绝热膨胀至涡轮出口背压时所做的功，就是实际上废气可用能量转换为机械功的最高限额。据统计，涡轮效率 $\eta_T$=0.65～0.85。

2)膨胀比 $\pi_T$

涡轮膨胀比是代表气体在涡轮中具有作功能力的重要参数，定义为涡轮进口气体滞止压力 $p_T^*$ 与涡轮出口气体静压力 $p_0'$ 之比，即：

$$\pi_T = p_T^* / p_0' \tag{2-12}$$

3)气体质量流量 $q_{mT}$

单位时间内通过涡轮的气体质量称为涡轮的气体流量。在涡轮增压发动机中，无泄漏和放气时，通过涡轮的气体流量等于压气机流量和发动机燃烧的燃料流量之和。

在分析各性能参数之间的关系时，为使涡轮性能在不同入口气体状态下具有可比性，采用相似流量$[q_{mT}(T_T^*)^{1/2}]/p_T^*$来表征涡轮的流量。其中$T_T^*$为滞止温度，单位为K；$p_T^*$为气体滞止压力，单位为kPa。

4)涡轮转速$n$

由于涡轮与压气机同轴，涡轮转速与压气机转速相等，统称涡轮增压器转速。在分析各性能参数之间的关系时，应采用相似量纲$n/(T_T^*)^{1/2}$。但涡轮的相似转速和压气机的相似转速并不相等。于是，涡轮机所发出的功率$P_T$(kW)为：

$$P_T = \frac{q_{mT} H_T}{1\,000} \eta_T \tag{2-13}$$

在涡轮机变工况运行时，上述参数之间的关系，就是涡轮机的特性。涡轮机特性曲线是以相似流量$[q_{mT}(T_T^*)^{1/2}]/p_T^*$为横坐标，以膨胀比$\pi_T$为纵坐标，以相似转速$n/(T_T^*)^{1/2}$为参变量的一组曲线，如图2-8所示。

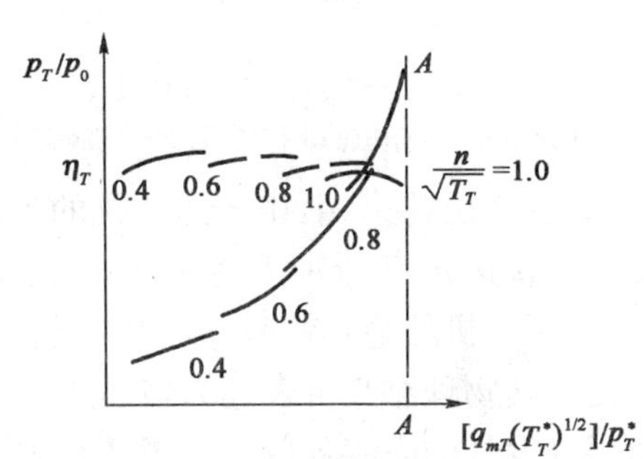

图2-8 涡轮机的特性

由图2-8可见，当转速一定时，相似流量随膨胀比的增大而增大，直到达到流量最大值，喷嘴环或涡轮叶片轮中某处气流速度已经达到了当地声速，即使再继续增大膨胀比，该处的气流速度仍维持当地声速，涡轮流量也不会再增加，这种现象称为涡轮机的阻塞现象，这时的流量称为阻塞流量。

涡轮实际工作时，由于喷嘴出口处流速最高，往往是该处先于叶轮发生流量阻塞。当膨胀比不变，转速增加时，由于离心力的增加使叶轮进口处的压力增加，使喷嘴环出口气流速度下降，喷嘴环前后压差减小，使流量降低；同理，当流量不变时，随转速增加膨胀比会增大。

径流式涡轮在小流量时有较多的优点，如效率高、膨胀比大、结构简单、尺寸小，制造成本低等，故在小功率的内燃机中应用较多。其缺点是变工况的性能不佳，工作叶轮和高温气流接触面积大，热应力大等。

## 二、离心式压气机的工作原理与特性

*1.基本工作原理和主要参数*

离心式压气机一般由进气道、工作轮、扩压器及出气涡壳所组成，如图2-9所示。

空气沿收敛型的轴向进气道略有加速地进入工作轮，并沿着工作轮上叶片所构成的通道流动，由于工作轮中的空气随工作轮一起旋转，工作轮的机械能传递给气体，转变为气体动能，使气体运动的线速度增大，使之能克服气体所受径向压差的作用，而沿着螺旋线轨迹向轮缘方向运动。既达到了增压的目的，又使气流速度从$v_1$增加到$v_2$，如图2-10所示。在扩压器中，从工作轮流出的空气，其动能变为压力能，使空气流速从$v_2$降到$v_4$，而压力从$p_2$增加到$p_3$。在出气涡壳中，空气的动能继续转变为压力能，使空气流速从$v_3$降到$v_4$，而压力从$p_3$增加到$p_4$。总之，空气流经压气机的各个通道之后，完成了一系列的能量转换，将涡轮机传给压气机工作轮的大部分机械功转变为空气流的压力能。

压气机的主要参数为：

(1)空气增压比$\pi_k$：$\pi_k = p_k/p_0$。

(2)流经压气机的每秒质量流量，$m_k$(kg/s)或相应于压气机的进口状态的容积流量，$V_0$(m³/s)，及空气每秒钟进入压气机的质量或体积，空气流量决定于柴油机所需要的空气消耗量。

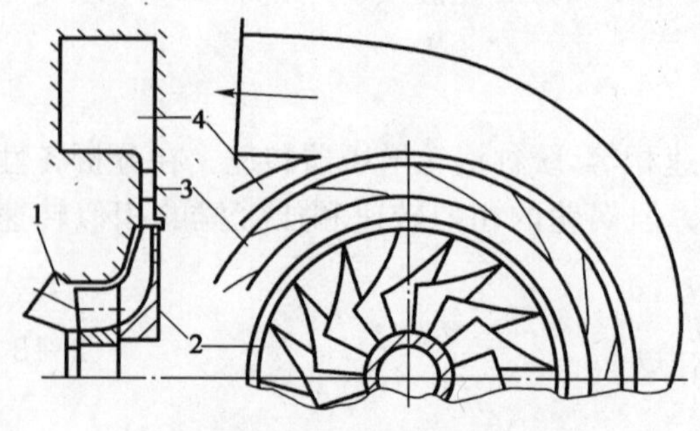

图 2-9 离心式压气机简图

1-进气道；2-工作轮；3-扩压器；4-出气涡壳

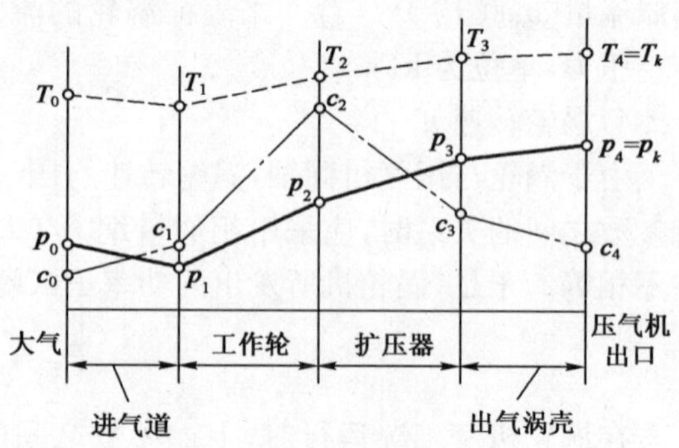

图 2-10 压气机中气流参数的变化

(3)压气机转速 $n_k$：由于压气机的工作轮与废气涡轮共轴旋转，因此，压气机的转速 $n_k$ 就是涡轮的转速 $n$，每分钟可达几万转，甚至十几万转。

(4)压气机的绝热效率 $\eta_{adk}$：压气机的绝热效率定义为 1kg 空气的绝热压缩功与实际压缩功之比。其物理意义可表述为转动压气机的功有多少转变为有用的压缩功，用来表明压气机流通部分设计的完善程度。如图 2-11 所示为压气机中的压缩过程。$p$-$V$ 和 $T$-$S$ 图中的 0 点表示压气机进口处的空气状态，点 4′表示绝热压缩时压气机出口处的空气状态。但实际的压缩过程是多变过程，它的出口状态沿着熵增的方向达到点 4。

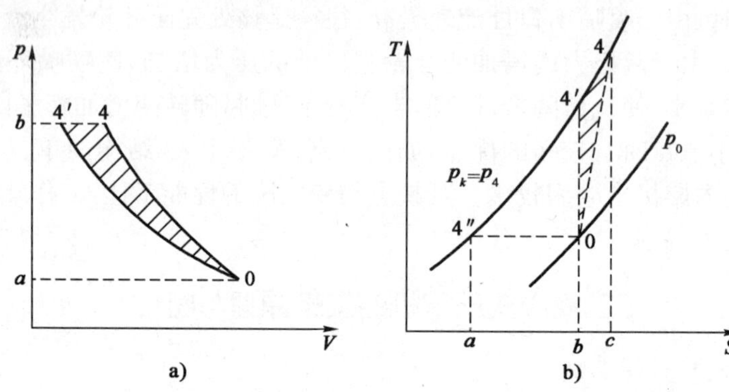

图 2-11 压气机中的压缩过程

根据绝热方程式：

$$T_4' = T_0\left(\frac{p_k}{p_0}\right)^{\frac{(k-1)}{k}}$$

按理想情况，将 1kg 空气从 $p_0$ 压缩到 $p_k$，耗功最小的是绝热过程，所需的绝热压缩功为：

$$h_{adk} = c_p(T_4' - T_0) = \frac{k}{k-1}RT_0\left[\left(\frac{p_k}{p_0}\right)^{\frac{(k-1)}{k}} - 1\right]$$

由于实际压缩是多变过程，伴随着摩擦和流动损失，所以将 1kg 空气从 $p_0$ 压缩到 $p_k$ 消耗的实际压缩功为：

$$h_k = c_p(T_4 - T_0) = \frac{k}{k-1}R(T_4 - T_0)$$

故压气机的绝热效率 $\eta_{adk}$ 为：

$$\eta_{adk}=\frac{h_{adk}}{h_k}=\frac{c_p(T_4'-T_0)}{c_p(T_4-T_0)}=\frac{T_4'-T_0}{T_4-T_0}$$

目前在涡轮增压器上应用的单级离心式压气机的绝热效率为 $\eta_{adk}=0.60\sim0.81$。

如已知 1kg 空气的绝热压缩功为 $h_{adk}$，空气的质量流量为 $m_k$，则驱动压气机所需的功可表达为：

$$P_k=m_k\frac{h_{adk}}{\eta_{adk}}$$

2. 压气机特性曲线

1)压气机的流量特性

压气机的流量特性是表示压气机转速不变时，压气机的增压比和绝热效率随空气流量的变化关系。通常以增压比 $\pi_k$ 为纵坐标、流量 $m_k$ 为坐标、转速 $n_k$ 为参变量，以等绝热效率曲线的形式绘制压气机的特性曲线，通常也称增压器特性线，从而可方便地看出在各种工况下压气机主要工作参数之间的相互关系。

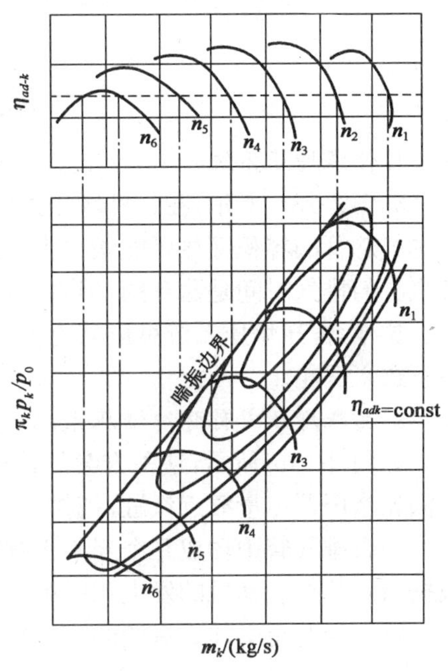

图 2-12　离心式压气机的流量特性

图 2-12 是径向式叶片单级离心式压气机的流量特性曲线。考察某一转速下增压比的变化曲线，可以看出，曲线的左边有一条称之为喘振边界的边界线，从喘振边界开始，随着流量增加，增压比开始是增加的；当流量到达某一值后，增压比达到最高；进一步增加流量增压比反而逐渐降低；直到流量超过某值后，性能曲线甚至接近垂直状态，这时增压比继续降低，空气流量不再增加，即压气机的流量特性达到所谓的堵塞工况。于是增压器的特性曲线类似抛物线。

2)压气机的喘振与堵塞

从图 2-12 中可以看出，在压气机的特性曲线上有一条喘振线，又称稳定工作边界。其含义是：当压气机工作在喘振线右侧时，其工作是稳定的；而当处于喘振线左侧时，压气机的工作就变得不稳定甚至有危险了。因此，把出现喘振的工作点称为喘振点，对应的流量就是喘振流量。显然，随着流量和转速的增加，喘振点对应的增压比是向增大方向移动的。压气机出现喘振后，气流出现强烈的振荡，引起工作轮叶片强烈的振动，并产生很大的噪声，压气机的出口压力显著下降，并伴随着很大的压力波动，这样，不仅达不到预期的压力升高效果，严重时反而还会损坏压气机的元件，如叶片等。因此，不允许压气机在喘振条件下工作。

出现喘振的原因是由于流量过小时，在叶片扩压器内和工作轮进口处气流与壁面分离而引起的。分离产生气流漩涡，撞击损失开始增大。当流量小于某一数值后，气流的分离现象会扩展到整个叶片扩压器和工作轮通道内，使气流产生强烈的振荡和倒流，这就是压气机的喘振。一般来说，叶片扩压器流道内气体分离的扩大是压气机喘振的主要原因，而工作轮进口处气流分离的扩大会使喘振进一步加剧。

喘振是离心式叶轮机械所特有的一种异常工作现象，必须给予足够的重视。如小型增压器中普遍采用的无叶扩压器，不仅扩大了工作流量范围，又可以避免压气机不稳定工况的发生。

除了喘振外，压气机中还存在着堵塞现象。在某一增压器转速下，通过压气机的气体流量随增压比的降低而增加。当流量增加到一定数值后,压气机通道中的某个截面达到临界条件:即流速达到当地声速,马赫数为1。当增压比继续降低时,气体流量却不再增加,此时的气体流量称为堵塞流量,它也是该转速下压气机对应的最大流量。试验研究证明,临界截面的位置一般叶片扩展器的进口喉部附近。压气机堵塞后,流量便不能再增加,从而限制了压气机的流量范围。

可见,离心式压气机的工作特点是在高转速时可能发生堵塞,在低转速时可能引起喘振。因此,在设计时应设法保证压气机具有宽广的工作范围。

## 第五节 废气涡轮增压的类型及能量利用

### 一、废气涡轮增压的两种形式

1. 恒压增压系统

如图2-13a)所示,在这种增压系统中把发动机所有汽缸的排气管都连接于一根排气总管,而排气总管的容积又尽可能做得大。这样一来,排气管实际上就起了集气箱作用。这时虽然各汽缸的排气时间是岔开的,但由于集气箱的稳压作用,因而在排气总管内的压力振荡是较小的。这样,恒压增压系统可以认为涡轮前排气管内压力基本上是恒定的,即工质在恒定压力状态下进入涡轮。

2. 变压增压或称脉冲增压系统

如图2-13b)所示,这种方案的特点是使排气管中的压力造成尽可能大的压力波动,为此,把涡轮增压器尽量靠近汽缸;把排气管做得短而细,总之,将排气管的容积尽量减小。同时为了在一根排气管中形成几个互不干扰的排气脉冲波,或称排气压力波进入废气涡轮机,因此要根据汽缸数按发动机的发火顺序组成几根排气管,每根排气管各自连接几个汽缸,通常为2缸或3缸。为此也必须把涡轮的喷嘴环即涡轮进口,根据排气管的数目分组隔开,使它们互不干扰。图2-13b)和图2-14分别表示发火顺序为1-5-3-6-2-4的六缸四冲程增压柴油机排气管分组情况以及一根排气管中三个排气脉冲波的图形。

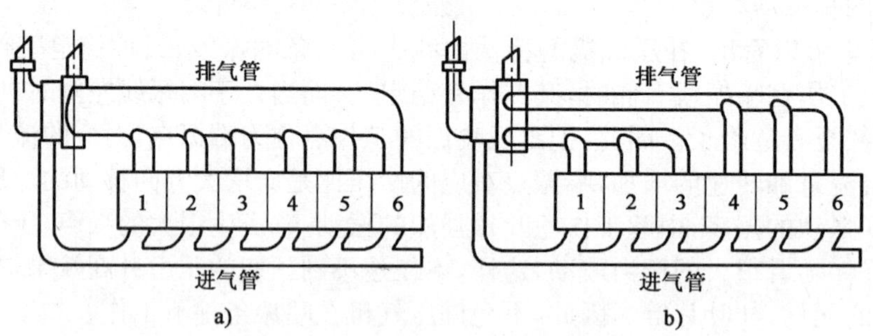


图2-13 涡轮增压系统的两种基本形式

a)恒压增压系统;b)变压增压系统

脉冲增压与恒压增压比较,有如下特点:

(1)在废气能的利用上,要比恒压增压好,在低增压时是很有利的,但随增压压力的增高,其优点逐渐消失。

(2)背压相对较低,扫气作用明显,即使在部分负荷下,也能保证良好扫气。

(3)在汽缸刚开始排气时节流损失大,但由于排气管压力迅速升高并接近缸内废气压力,总的节流损失大大下降。

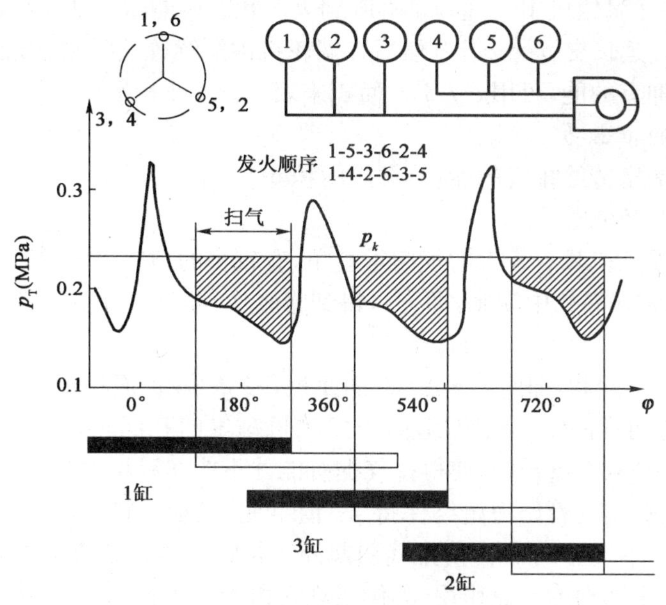


图 2-14　排气管内的压力波动

(4)排气管容积小，负荷变化时，排气压力波立即发生变化并迅速传到涡轮引起增压器转速的较快变动，即动态响应(加速性能)较好。

(5)平均绝热效率比恒压增压低，其涡轮尺寸大、排气管结构复杂。

综合两种增压系统可知，在低增压时，采用脉冲增压较为有利；在高增压时，一般采用恒压系统。但由于车用发动机大部分是在部分负荷下工作，对其转矩特性、加速性的要求较高，为了在低速时也能获得良好的转矩特性，即使在高增压时也仍然采用脉冲增压。

## 二、四冲程增压发动机的理论循环及排气能量利用

发动机理论循环的所有假设均有效，并认为：涡轮机效率、压气机效率和涡轮增压器的机械效率均为 1，排气在恒定压力 $p_T$ 的情况下流入涡轮。考虑到增压发动机具有较大的扫气量，即扫气系数大于 1。四冲程恒压增压发动机的理论循环如图 2-15 所示。

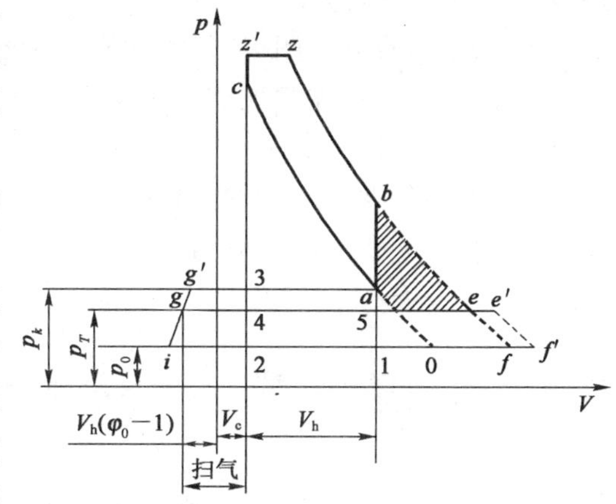


图 2-15　恒压涡轮增压四冲程柴油机的理论示功图

2-0 为增压器进气过程，0-$a$ 为增压器中充量的压缩过程，$a$ 点压力为增压压力 $p_k$，$a$-3 为增压器的等压排气，3-$a$ 为发动机在 $p_k$ 下等压吸气过程，$a$-$c$ 为缸内压缩过程，$c$-$z'$-$z$ 为燃烧过程，$z$-$b$ 为膨胀过程，排气管为恒定压力 $p_T$，$b$-5 为排气门刚打开时的等容排气，5-4 为等压排气，4-$e$ 为涡轮在恒压下的进气，$e$-$f$ 为涡轮中膨胀，$f$-2 为涡轮的等压排气。

发动机排气中的可用能量由 3 部分组成：

1. 排气拥有能

指在理论情况下，发动机排气刚从排气门流出立刻流入涡轮机叶片，中间无任何管道，因

此也无任何损失，并在涡轮机中实现等熵膨胀到大气状态所能做的功。在图 2-15 中则表示将膨胀曲线从 $b$ 点继续延长交 $p_T$ 线于 $e$，然后在涡轮机中继续等熵膨胀，膨胀到 $p_0$ 线的 $f$，这时所做的功即是排气拥有的能，可用 $b$-$f$-1-$b$ 面积来表示。

2. 排气时活塞的推出功

活塞推出功是活塞传给排气的能量，可用面积 5-4-2-1-5 表示。

3. 扫气空气带入的能量

由于一般增压发动机具有较大的气门重叠角，有较多的扫气空气，扫气量在理论循环下为 $(\phi_0-1)V_h$，即 4-$g$，它在涡轮中膨胀，即 $g$-$i$，得到膨胀功，即是扫气空气带入的能量，可用面积 4-$g$-$i$-2-4 表示。

排气可用能是三者之和，即面积 $b$-$f$-1-$b$ 加面积 5-4-2-1-5 加面积 4-$g$-$i$-2-4。其中后两种能量在理论循环中完全可在涡轮中利用，但由于发动机排气门和涡轮之间有必不可少的排气管系，因此涡轮膨胀不是从 $b$ 点开始，使得排气拥有能并不能在涡轮中全部利用。

以恒压增压为例，排气管压力始终保持 $p_T$ 值不变，发动机排气门打开后上游压力为 $p_b$，下游压力为 $p_T$，由于 $p_b$ 远高于 $p_T$，使排气初期处于超临界流动状态。这时，流出气门的高速气流进入排气管，产生强烈的节流作用，具体表现在由于管子较粗，流速大大降低，大量的动能通过气体分子相互撞击、摩擦和形成涡流而损失。此外，还包括流入排气管时所产生的不可逆膨胀损失。随着汽缸压力的降低，上游和下游的压差逐渐降低，下降到一定值时，排气处于亚临界流动状态，此时节流损失主要表现为动能损失，亦即流出排气门的摩擦损失，其数值不大，由于实际上存在的排气过程，涡轮中不能实现完全理论膨胀，即膨胀不是从 $b$ 开始而是从 $e$ 点开始。这样由于恒压排气使排气拥有能损失了一部分，这部分可用面积 $b$-5-$e$-$b$ 来表示。但这一部分损失最终转化为热量加热废气，使废气的温度增加 $\Delta T$，因此实际涡轮膨胀始点从 $e$ 移到 $e'$ 点，涡轮内的绝热膨胀为 $e$-$f'$，得到部分回收，以面积 $e$-$e'$-$f'$-$f$-$e$ 来表示。

从排气损失分析中得出，超临界的节流损失是所有损失的最主要部分，亚临界流动的动能损失其数值不大。此外当然还包括气体在气道中的摩擦损失和通过壁面的散热损失，但它们在数量上更属于次要方面。

从理论循环的 $p$-$V$ 图得出：发动机的指示功为面积 $a$-$c$-$z'$-$z$-$b$-$a$，增压器所需的压缩功为面积 2-0-$a$-3-2，加压缩扫气空气所需的压缩功为面积 $i$-$g'$-3-2-$i$，即增压器所需压缩总功为面积 0-$a$-$g'$-$i$-0。排气在涡轮中做的功为面积 $e'$-$f'$-$i$-$g$-$e'$，其中扫气空气在涡轮中做功为面积 $g$-$i$-2-4-$g$，活塞推出功在涡轮中回收的功为面积 5-4-2-1-5，而废气拥有能中只有一部分即面积 $e$-$f$-1-5-$e$ 在涡轮中被利用做功，而另一部分即面积 $b$-5-$e$-$b$ 损失了，只回收很小的一部分面积 $e$-$e'$-$f'$-$f$-$e$。

# 第六节　发动机增压的主要技术措施

## 一、废气涡轮增压器与柴油机的匹配

1. 涡轮增压器与发动机的匹配要求

要使增压发动机获得良好的性能，涡轮增压器和发动机必须很好地匹配。为柴油机选配涡轮增压器时，一般应满足下列要求：

(1)柴油机应能达到预定的功率和经济指标，涡轮增压器应能供给柴油机所需的增压压力和空气流量。

(2)涡轮增压器应能在柴油机的各种工况下稳定地工作,压气机不应出现喘振或涡轮机不出现堵塞现象。

(3)涡轮增压器在柴油机的各种工况下都能高效率地运行。柴油机和涡轮增压器的联合运行线应穿过压气机的高效率区,且尽可能和压气机的等效率曲线相平行。

(4)涡轮增压柴油机在各种工况下都能可靠地工作。如涡轮增压器在柴油机满负荷时不出现超速,柴油机不出现排气超温,从而保证涡轮进气不超温等。

要满足上述要求,必须选择合适的涡轮增压器,使涡轮增压器与柴油机有良好的配合性能。在涡轮增压器和柴油机匹配时,一般要对柴油机和涡轮增压器的某些参数作必要的调整,才能获得良好的配合。改变柴油机的某些参数可以使联合运行线的位置发生变动;改变涡轮增压器的某些参数,如喷嘴环截面积、压气机叶片、扩压器叶片安装角等也可以使联合运行线和喘振线位置发生移动。

2. 离心式压气机特性线的调整方法

为了使涡轮增压器和柴油机良好匹配,往往需要对压气机特性线进行调整。

1)流量范围的选择

每个型号的涡轮增压器的压气机都有其使用的流量范围。压气机的流量范围通常是指从喘振线至某一等效率曲线,例如 $\eta_{adk}=0.7$ 或堵塞线所包括的区域。如图 2-16 所示,图中型号 I 的压气机流量比型号 II 为小,当某柴油机与型号 II 涡轮增压器配合时,配合运行线 $AB$ 穿过压气机的喘振线,说明型号 II 涡轮增压器的流量对柴油机是偏大的。这时可采用调整压气机的某些结构参数或另选涡轮增压器两种方法解决。

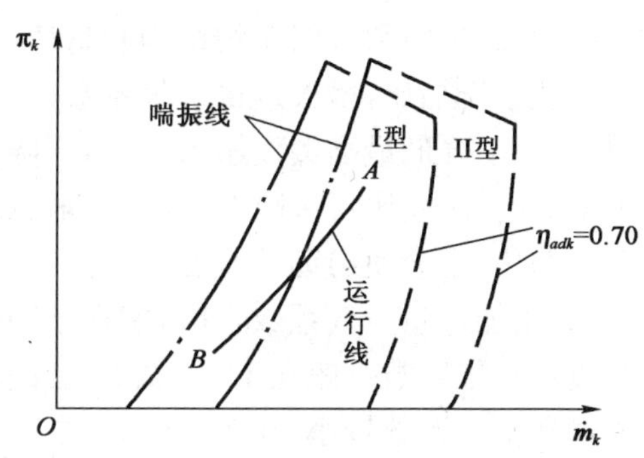


图 2-16 涡轮增压器的工作范围

2)移动喘振线位置

喘振主要是由叶片扩压器引起的,所以改变叶片扩压器的结构参数,就可达到移动喘振线的目的。具体办法是:

(1)改进叶片扩压器进口构造角;

(2)改变叶片的宽度;

(3)控制压气机的堵塞。

此方法是适当增加叶片扩压器喉口面积,增加压气机的堵塞流量,从而扩大压气机工作的流量范围。

3. 增压发动机在结构上的变动

增压度很高的发动机,其结构变动很大,以致需要重新设计。此时,机体、缸盖等主要零件要加强,活塞采用油冷,供油、配气、冷却、润滑等系统也需重新考虑。

如果增压度比较低,它的基本结构可以与非增压机型同属一个系列,不过为了适应增压后功率增长的要求,降低其机械负荷、热负荷,仍需对发动机作必要的改动。

1)增大供油量,调整供油系

增大循环供油量,但必须保证不增加供油持续角。否则燃烧过程拉长,经济性变差,排气温度提高,热负荷增加。

缩短供油持续角的方法:增大柱塞直径,凸轮轮廓线变陡以提高供油速率,加大喷油嘴喷孔直径。提高喷射压力和加大喷孔直径可增加油雾的贯穿能力,保证在汽缸空气密度增大的情况下有足够的射程,适应油束、气波及燃烧室尺寸之间配合的需要。因增压后的内燃机热负荷高,喷油嘴的材料应改成耐热性较高的材料。为减小最高爆发压力,应适当减小供油提前角。过多减小供油提前角会导致过后燃烧严重,使燃油消耗率增加,使涡轮工作条件变差。

2)改变配气相位

改变配气相位的方法有:

(1)合理地加大气门重叠角,以增加扫气空气,冷却受热零件,降低热负荷,提高充气系数,改善涡轮的工作条件。另外还要考虑低负荷排气倒流的可能性,因为,此时增压器效率降低,$p_T$ 可能高于 $p_k$,引起废气倒流。脉冲增压系统重叠角一般较大,在 110°～130°曲轴转角之间。随着 $p_k$ 的提高,特别是高速机,重叠角取得小一些,以防低速低负荷时倒气。试验表明重叠角每增加 10°曲轴转角,活塞温度可降低 4℃。

(2)为使充气系数提高,可增大进、排气门的升程,为避免气门碰撞活塞,活塞顶部可挖凹坑。

(3)改进气门和气门座的结构和材质,以提高其耐磨性。

3)减小压缩比,增大过量空气系数。

(1)为了降低最高爆发压力,可适当降低压缩比。低增压时,压缩比可减少 1～2 个单位。增压度提高,压缩比可多降低一些,一般压缩比为 12～14。压缩比过低时是不合适的,它不仅使燃烧恶化,还会使启动性能变差。

(2)增加过量空气系数,其目的在于降低热负荷和改善经济性。低、中速柴油机由于非增压时过量空气系数一般在 1.8～2.2,已经较大,增压时过量空气系数不再增加。高速柴油机通常过量空气系数较小,在 1.1～1.4 之间,增压后要放大 10%～30%。

4)进、排气系统

脉冲系统中,为了使扫气期间各缸排气不致互相干扰,排气管必须分支。分支的原则是一根排气管所连各缸排气必须不相重叠。四冲程发动机一根排气管所连接汽缸数目一般不超过三个,三个汽缸的排气期必须合理岔开。如六缸发动机发火次序为 1-5-3-6-2-4,可采用 1、2、3 缸及 4、5、6 缸各连一根排气歧管。由于排气管热负荷高,常发生裂纹,因此采用耐热铸铁制造,大功率柴油机排气管上常采用膨胀节或波纹管。

5)冷却增压空气

冷却增压空气,一方面可提高进入汽缸的空气密度,提高功率,同时也降低了热负荷和排气温度。试验表明,增压空气温度每降低 10℃,柴油机的循环平均温度可降低 25～30℃,在压比为 1.5～2 时,供气量能比不用中冷器时提高 10%～18%,发动机的动力性和经济性都会得到改善。冷却增压空气的方法有水冷和空气冷却两种。

6)增压技术应用实例

将 6135G 型柴油机改造为增压型 6135ZG,其结构、性能参数如表 2-1 所示。

**6135G 与 6135ZG 柴油机性能及结构比较** 表 2-1

| 项　目 | 6135G 型 12h 功率 | 6135ZG 型 12h 功率 | 12h 功率变化值 |
|---|---|---|---|
| 功率 $P_e$(kW) | 88.3 | 140 | 59% |
| 转速 $n$(r/min) | 1500 | 1500 | |

续上表

| 项　目 | 6135G 型 12h 功率 | 6135ZG 型 12h 功率 | 12h 功率时变化值 |
| --- | --- | --- | --- |
| 平均有效压力 $p_{me}$(MPa) | 0.588 | 0.931 | 58.3% |
| 燃油消耗率 $g_e$[g/(kW・h)] | 234 | 224 | −4.3% |
| 空气消耗量($kgs^{-1}$) | 0.154 | 0.26 | 69% |
| 最高爆发压力($\times10^5$Pa) | 74.5 | 86.6 | 16% |
| 机械效率 | 0.78 | 0.87 | 11.6% |
| 过量空气系数 $\alpha$ | 1.76 | 1.80 | 2.3% |
| 油泵柱塞直径(mm) | 9 | 10 | |
| 喷油压力($\times10^5$Pa) | 176 | 186 | |
| 喷油提前角(°)CA | 28～31 | 26～29 | |
| 喷嘴材质 | Crl5 | 18NiCrWA | |
| 气门重叠角(°)CA | 40 | 124 | |
| 气门升程(mm) | 14.5 | 16 | |
| 压缩比 | 16 | 14 | |
| 排气门座材质 | 铜铬钼镍合金铸铁 | 铜铬钼镍合金铸铁 | |
| 硬度 | 240～320HBS | 300～320HBS | |
| 锥角(°) | 45 | 45 | |
| 进气阀材料 | 40Cr | 4Cr10Si2Mo | |
| 硬度 | 29～32HRC | 29～35HRC | |
| 锥角(°) | 45 | 30 | |
| 排气管 | 无分支 | 分支 | |
| 进气管 | | 加粗 | |

## 二、工程机械发动机增压的主要影响因素及技术措施

1. 工程机械发动机使用工况及对增压器的要求

1)使用工况分析

工程机械发动机的使用工况与固定式发动机不同。固定式发动机的增压匹配点选在额定工况，即在额定转速下提高平均有效压力。选择增压器时，只要求压气机在该点提供足够质量流量的空气，工作点放在喘振线右边一定距离的高效率区。而工程机械发动机增压不在于高转速时有尽量大的动力输出，而在于低转速时产生更大的转矩或提供更大的牵引力，以利于大负荷下迅速起步，并提高爬坡能力。

发动机的动力性指标有两个，一个是速度系数，为最高转速与最大转矩时的转速之比，一个是转矩储备系数，为最大转矩与最高转速下的转速之比。二者的乘积为适应性系数。一般适应性系数为 1.5～3.0。工程机械发动机的适应性系数为 1.83 左右，即：工程机械发动机的匹配点应在 60%的额定转速处，此时发动机的转矩和平均有效压力最大，增压器的效率最高。

2)对工程机械发动机增压器的要求

与工程机械发动机相匹配的涡轮增压器应满足以下要求：

(1)尽量小的转动惯量。工程机械发动机变工况多，起动性、加速性必须良好，因此转子尺

寸和质量必须尽可能小。

(2)最佳的涡轮速比。要尽可能地降低转动惯量，工程机械发动机室的空间很小，增压器的尺寸不允许很大，工程机械发动机增压器的结构尺寸一般很小。涡轮机的效率与其速比即涡轮叶轮外缘的圆周速度与喷嘴环的出口速度之比有密切关系。速比最佳时，涡轮效率最高。变工况时，由于转速和进口废气状态均发生变化，速比也发生变化，使涡轮效率下降、。为了确保最佳的速比，在叶轮尺寸小的情况下，只有提高涡轮机的转速。一般中等吨位工程机械发动机的增压器转速在每分钟十几万转。

(3)宽广的压气机高效率区。发动机的流量变动范围较宽，尤其是工程机械发动机，而压气机的效率和压缩比，随工况变化会明显下降，高效率区很窄。解决这一矛盾的最佳方案之一，就是采用后弯式叶轮，拓宽压气机的高效率区。

(4)较强的变工况适应性。工程机械发动机工况变化时，流量发生变化。涡轮喷嘴环出口的气流速度也发生了变化，导致叶轮入口相对速度的方向和大小均发生变化。但入口的几何角不变。气流入口角偏离了设计工况而产生撞击损失，影响涡轮效率，进而影响压气机出口压力。这种现象在有叶喷嘴涡轮机上反映十分敏感，而在无叶喷嘴涡轮机上，反映却比较迟钝。故工程机械发动机增压器多采用无叶喷嘴涡轮，它对变工况的适应性较强。

另外，为了满足工程机械发动机低速、大转矩和排放指标的要求，还可采用变截面增压器。

2.柴油机增压的影响因素及其主要措施

1)热负荷的影响及对应措施

增压柴油机进气温度是压气机出口温度的函数，一般比非增压机高得多，即使是低增压度，也高出 60～80℃。由于压缩初温的升高，造成各工作循环各特性点的温度相应提高；同时，循环供油量增加后，转变为有用功的热量增加，损失的热量也随之增加。这表现在机油温度、冷却水温及排气温度显著提高。

对于柴油机和涡轮增压器均存在热负荷过大的问题，有关的零部件会因热负荷过大而加速损坏；随着增压度的提高，热应力问题也会更加突出。因此，如何解决热负荷过大的问题是一个极其重要的问题。

从我国材料的实际情况来看，不可能大量采用高耐热的材料和高含镍的材料来制造涡轮和柴油机增压器。因此，我国在推广柴油机增压技术时，在降低热负荷方面有更大的难度。降低热负荷的主要措施如下：

适当增大进、排气门的重叠角：每增加重叠角 10°曲轴转角，可降低排气温度 5℃左右；采用增压中冷：压缩空气每降低 1℃，最高燃烧温度和排气温度可降低 2～3℃；强化冷却系统：为了降低热负荷，在冷却系统方面也要进一步强化调整；改善供油系统和燃烧系统：可以通过缩短供油时间、增加燃烧室中油气的混合、合理调整供油提前角等措施来实现。

2)机械负荷的影响及对应措施

柴油机采用增压技术后，进气压力为压气机或中冷器的出口压力。随着进气压力的增高，最高燃烧压力也要增高。进气压力每增加 0.1MPa，最高燃烧压力就增加 0.868MPa。由于柴油机增压后最高燃烧压力剧增，柴油机的机械负荷也增大很多。

降低机械负荷的主要途径有：适当降低压缩比、适当减小供油提前角、调整涡轮增压器、优化供油系统等。

3)冒烟限制器的影响及对应措施

由于增压柴油机在低速运转时的循环供油相对较多，燃烧恶化，冒黑烟；在加速时，供油拉杆位移加大，压气机出于惯性，供气滞后，也会出现冒烟。采用冒烟限制器后，可获得满意的转矩特性，改善经济性和排气烟度。

3.汽油机增压的影响因素及主要技术措施

汽油机的废气涡轮增压技术与柴油机基本相同，但这两种发动机的工作特性有明显差别，在具体措施方面也有很大不同，从而限制了涡轮增压在汽油机上的应用。

1)汽油机增压的主要影响因素

(1)如果使用普通辛烷值的汽油，则使爆震趋势加大。

(2)由于爆震趋势加大，而不得不降低压缩比，这就使膨胀比降低，排气温度升高，加上不能加大扫气来冷却受热零件，使热负荷增加。

(3)汽油机的速度变化范围大，整个速度范围内的功率差别也大，涡轮增压机与汽油机的匹配比柴油机更为困难。

(4)涡轮增压汽油机的增压器直接影响空气和燃油量，其瞬态效应比柴油机差。

(5)发动机空间小，总体布置困难。

2)汽油机增压的技术措施

(1)应有消除爆燃和减小爆震的措施：采用辛烷值高的燃料，或降低压缩比；更紧凑的燃烧室设计；提高燃烧室的机械负荷和热负荷；采用废气再循环；采用爆震传感器，进行混震调节；向增压排气歧管喷入适当的水，使之汽化吸热、降低排气温度，减少涡轮进口焓值，降低增压器转速，从而使压气机出口压力和温度得到控制；使用掺醇混合燃料，掺醇混合燃料的燃烧速度加快，特别是平均压力升高比一般汽油提高 15%～20%。由于燃烧速度加快，大大改善了抗爆效果。

(2)应有减小热负荷的措施：采用中冷装置冷却混合气；采用高级点火系统，保证可靠点火，避免后燃；采用废气再循环选择适当的增压度。

## 三、工程机械增压发动机的性能

1.改善经济性

增压使指示功率和有效功率都提高，也就是提高了机械效率，自然可以明显改善高负荷区运行的经济性。

增压不仅使功率范围扩大，而且高负荷的经济运行范围也扩大了。在低负荷区，增压对经济性没有明显改善。增压发动机这一特点，对于经常满负荷高速运转的重型车辆十分有利。

同一功率的增压与非增压发动机相比较，采用增压可以减少发动机排量，使同一功率的机械损失减少，因而在宽的转速范围内，增压机型的经济性比非增压机型好。增压机型的这一特点，对于中、轻型载货汽车及经常处于中等负荷或部分负荷的工程车辆也是有利的。

增压型发动机在保持原有功率和较高转矩的情况下，可适当降低转速。转速降低可以使机械效率提高并减小磨损，使经济性改善，寿命延长，可靠性提高，维护费用降低。

2.降低了排气污染和噪声

增压发动机的过量空气系数较大，使高负荷的烟度、排气中的 CO 及 HC 的成分减少。有害成分排放量仅为非增压内燃机的 1/3～1/2。如果采取措施得当，$NO_x$ 排出量也会明显降低。尤其采用中冷方式，对减少有害排放物质更有利。增压发动机由于滞燃期短，压力升高率低，可以使燃烧噪声降低。由于增压器的设置，进、排气噪声也有所降低，但低负荷效果不明显。

3. 低速转矩特性变化

涡轮增压柴油机的低速转矩性能差，原因是低速时，增压压力 $p_k$ 不高，致使循环供气量不足；增压后柴油机最大转矩下的转速比非增压时要高；增压柴油机转矩储备小，这是因为高速、高负荷区的废气能量过高，或压气机提供空气过多所致；采用高速、高负荷时放掉废气或压缩后的空气，可以改善低速性能。柴油机采用脉冲增压，可以充分利用低速时的脉冲能量，实现最佳配合。

4. 加速性能变差

增压器自身的惯性，使对发动机突变负荷的响应能力变差，因而其加速性能变差。为解决这一问题，可采用下列措施：采用脉冲增压；减小进、排气管道容积；采用放气调节或可变喷嘴；减小增压器的转动惯量；减小柴油机的进、排气门重叠角。

5. 起动、制动困难

起动时，因涡轮增压器不工作，压气机不供气，起动瞬时的进气压力和进气温度均不高，加上压缩比较低，使起动时压缩终了温度不高，造成起动着火困难。

重型车辆下坡时，经常用不脱挡的发动机制动。按载质量配用的非增压发动机其制动力与汽缸排量成正比。但由于增压发动机的功率高，因此按增压发动机的功率匹配的载货车辆发动机的制动力就明显不足。

# 第三章　汽油机工作原理

汽油机的特点是外部形成混合气，外源点火。汽油机燃烧过程之前，在汽缸外部就开始形成混合气，混合气形成的时间较长，大约相当于 300°～500°曲轴转角，因而混合气成分比较均匀。再加上固定的外源点燃和高温单阶段着火，所以汽油机的燃烧是有中心、有组织、有次序的火焰传播过程，属于预混合燃烧。

汽油机混合气的形成方式主要有化油器式和汽油喷射式两大类型。近年来，由于尾气排放标准和油耗要求的提高，电子技术的发展，在汽油机混合气的形成方式上汽油喷射已经取代化油器。目前的汽油喷射大都是电子控制，机械喷射用得很少。

本章主要介绍汽油机混合气的形成、汽油机的燃烧过程及其影响因素、汽油机电控喷射系统等。

## 第一节　汽油的使用性能

工程机械与车用发动机使用的燃料主要是液体燃料，以柴油和汽油为主。柴油和汽油一般由石油提炼而成。石油是多种碳氢化合物 $C_nH_m$ 的混合物，它含有碳 85%～87%，氢 11%～14%，氧、硫、氟及灰分等共约占 1%。

组成石油的烃类，按化学结构可分为烷烃、烯烃、环烷烃和芳香烃 4 类。

天然石油即原油经过炼制，即可得到液体燃料。石油加工主要采用分馏法和裂化法。分馏法又称为直馏法，就是将原油在专用的炼油塔内加热蒸馏，根据各组成部分的沸点不同，将石油蒸气引出塔外冷凝即可得到各种燃料。加热到 40～205℃馏出的是汽油；130～250℃馏出的是煤油；250～350℃馏出的是柴油；350～500℃馏出的是润滑油；超过 500℃馏出的是重油，剩余的是油渣和沥青，用此法得到的燃油约占原油的 25%～40%。

汽油主要由 5～11 个碳原子的烷烃、环烷烃和烯烃组成。其沸点在 250℃以下。汽油主要用于点燃式发动机，即汽油机。汽油的物理和化学性能对汽油机的工作有很大影响，因此对它有一定的要求。汽油的主要性能有蒸发性、抗爆性等。

### 一、蒸　发　性

汽油的蒸发性对发动机的性能有着重要的影响，但要准确地评定蒸发性却相当困难。通常以汽油的蒸馏曲线，即馏程评定其蒸发性。为了评价汽油的蒸发性，常以 10%、50%和 90%的馏出温度作为几个有代表意义的点。

汽油的 10%馏出温度标志着汽油机的起动性，此温度越低表示这种汽油低温时的蒸发性越好，所以采用该汽油的汽油机在冷车状态下易于起动。但此温度过低，在供油途中，有可能因受热形成汽油蒸气泡，即形成“气阻”现象，使发动机因油流不畅而断火，影响其正常运转。

50%馏出温度标志着汽油的平均蒸发性，它对汽油机的暖车时间、加速性和工作稳定性有很大影响。若此温度较低说明该汽油蒸发性好，在较低的温度下就有大量汽油蒸发与空气形成良好的可燃混合气，这样就可以缩短暖车时间，并使汽油机从低速向高速转变时，能及时供给所需要的混合气，使其有良好的加速性能。

90%馏出温度标志着汽油中含有难于蒸发的重质成分的数量。此温度低，说明燃料所含重馏分少，总的蒸发性好，有利于燃烧过程的进行。此温度高，汽油中含重馏分多，使用中不易蒸发的汽油附着在缸壁上，不仅燃烧后容易形成积炭，而且有可能沿汽缸壁流入油底壳稀释机油，引起润滑不良。

### 二、抗 爆 性

爆燃是汽油机的一种不正常燃烧现象。影响汽油机爆燃的关键因素之一是燃料的品质。辛烷值是用来表征汽油抗爆性的一项指标。汽油的辛烷值越高，抗爆震能力越强。

汽油的抗爆性与其化学组成有关。烷烃抗爆性最差，烯烃较差，环烷烃较好，芳香烃最好。在同一种烃内，轻馏分优于重馏分，异构物优于正构物。汽油是多种烃的混合物，所以汽油的抗爆性很难用一个理化指标来表示。目前广泛采用与标准燃料比较的方法，确定汽油的抗爆性。

车用汽油的抗爆性，通常用实验测定，并用辛烷值作为指标。用异辛烷和正庚烷按不同容积比混合配制标准燃料。其中异辛烷在高压缩比下不易产生爆震，其抗爆性好，定其辛烷值为100；正庚烷抗爆性差，定其辛烷值为0，将这两种燃料按不同容积比混合，可以得到辛烷值从0～100的不同抗爆性等级的标准燃料。若要测定某一汽油燃料的辛烷值，可在专用的单缸实验机上进行实验。调整压缩比，直到爆震仪上指示出标准的爆震强度为止。之后，保持压缩比不变，换用不同辛烷值的标准燃料进行对比实验，直到产生同样强度的爆震，此时即表明该燃料与标准燃料的抗爆性相等，将该标准燃料中所含异辛烷的容积百分数，定为待测燃料的辛烷值。为了提高汽油的抗爆性，常使用抗爆添加剂。我国车用汽油根据辛烷值数值编号，常用车用汽油规格有90号、93号、97号和98号。

## 第二节　汽油机混合气的形成

汽油机中混合气形成的品质将影响汽油机燃烧过程的进行，从而影响汽油机的动力性、燃油经济性和排放特性。

### 一、混合气形成的特点

汽油机可燃混合气的形成与柴油机相比较，有如下特点：

(1)汽油机可燃混合气，一般是在汽缸外部形成的。汽油与空气在汽缸外开始形成混合气，然后进入汽缸，整个进气行程和大部分压缩行程均为混合气形成过程。因此汽油机混合气形成时间长，并且混合比较均匀。

(2)汽油机可燃混合气过量空气系数较小。由于混合气形成时间长，并且汽油分子与空气混合得比较均匀，因此在过量空气系数较小的情况下，也容易实现比较完全的燃烧。

(3)汽油机可燃混合气的着火是依靠外源强制点火。在压缩行程接近上止点时，火花塞电极间跳火，由高能量的电火花点燃火花塞电极附近的可燃混合气，故汽油机着火点比较固定。

## 二、混合气形成的方式

汽油机混合气形成的方式主要有两类：

1. 化油器式

是利用化油器在汽缸外部形成均匀可燃混合气，靠控制节气门开度调节混合气数量，如图 3-1 所示。传统化油器式汽油机混合气形成是利用化油器在汽缸外部初步形成可燃混合气，即经过空气滤清器的空气，沿进气管进入化油器；空气流经化油器喉管，由于流速增加，而使静压力降低，在大气与喉管处压差作用下，汽油流入进气喉管，并在高速气流中喷散、雾化、蒸发与混合。改变设置在喉管后的节气门开度，即可改变进入汽缸中混合气的数量。化油器的作用是在任何转速、任何负荷、任何大气压力下，向发动机提供配合比准确的空气——燃油混合气。因此，化油器既是形成混合气的重要部件，又是根据负荷控制成分与数量的计量装置。

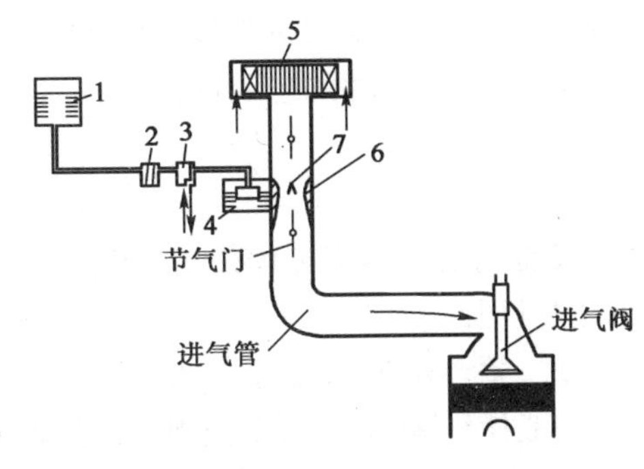


图 3-1　化油器式汽油机供油系统

1-油箱；2-汽油滤清器；3-输油泵；4-浮子室；5-空气滤清器；6-喉管；7-主喷口

化油器式汽油机利用节气门实现了混合气“量”的调节，然而汽油机各种不同工况对混合气成分的要求是不同的。车用汽油机在全负荷工况工作时，要求能发出全部的潜在功率，为此采用较浓的油气混合比的混合气，$\alpha=0.8\sim0.9$；部分负荷工况是利用汽油机的常用工况，要求其在最经济的混合比下工作，一般中等负荷时 $\alpha=1.0\sim1.2$；小负荷时由于汽缸内残余废气的稀释作用，在 $\alpha<1.3$ 启动和怠速工况时，因为吸气量少，流速小，汽油机温度低，燃油的汽化条件差，同时汽缸内残余废气系数大，废气对混合气的稀释作用明显，所以要求提供相当浓的混合气，$\alpha=0.6\sim0.8$。所谓理想化油器，就是能同时满足汽油机对化油器提出的各种工况下混合比特性要求的化油器。

2. 汽油喷射式

是利用喷油泵向进气管道或向汽缸内部喷射汽油，靠控制喷油量调节功率。近年来车用汽油机采用汽油喷射装置发展很快，这种喷射系统一般都采用电子系统及微处理机控制，常用的汽油喷射系统是在进气过程中向进气管道进行低压喷射，在气门外形成可燃混合气。经进气过程和压缩过程的进一步混合，在电火花点火之前形成了预先混合好的均匀混合气，依靠预混合气体的火焰传播进行燃烧。对于负荷的调节还要使用节气门控制进气量，进行调节，这与柴油机的混合气形成和燃烧不同。与化油器供油相比，采用汽油喷射系统有利于提高汽油机的平均有效压力和热效率。电子控制的汽油喷射系统，当发动机工况急剧而频繁变化的时候，能实现燃油供应迅速而且准确的控制和调节，空燃比容易控制，对改善部分负荷运行工况的经济性及排放品质等，都比化油器供油优越。

因为采用了电子控制方式，电控燃油喷射系统可根据每循环的进气量对各缸所需的燃油喷射量进行精确计量和控制，并且 ECU 还可根据执行结果来改变控制目标，从而实现闭环反馈控制过程。因此，电控燃油喷射式发动机能很好地适应当今社会对汽油机的性能要求，已成为现代汽油发动机的主流。

# 第三节　汽油机燃烧过程及其影响因素

汽油机的燃烧过程，是通过化油器或喷射装置，将汽油和空气混合后，在压缩终点附近靠电火花点火而燃烧的。充入汽缸的可燃混合气的燃烧是否完全，将影响热量产生的多少，影响工质做功的能力；而燃烧放热的时间是否及时，将影响工质在汽缸中做功的机会；燃烧进行的是否正常，将影响发动机工作稳定性和可靠性。燃烧过程是影响发动机动力性、经济性、排放污染、噪声及可靠性的主要因素。

## 一、正常燃烧过程

汽油机正常燃烧过程是由定时的火花点火开始且火焰前锋以一定的正常速度传遍整个燃烧室的过程。

1. 正常燃烧过程进行情况

一般使用测取示功图反映燃烧过程的综合效应，汽油机典型的示功图如图 3-2 所示。为分析方便，按其压力变化特点，将燃烧过程分成着火落后期、明显燃烧期和补燃期三个阶段。

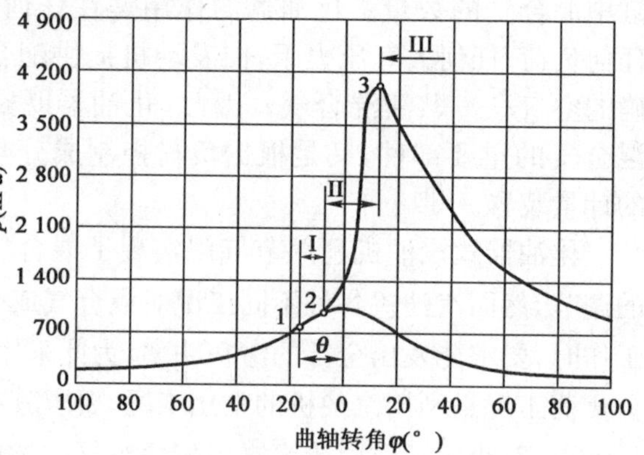


图 3-2　汽油机的燃烧过程

1)着火落后期

如图 3-2 中 1～2 段所示，它是指从火花塞点火到火焰核心形成的阶段，即从点 1 即火花塞开始点火至汽缸压力线明显脱离压缩线而急剧上升时即点 2 的时间或曲轴转角，这段时间约占整个燃烧时间的 15%左右。

着火落后期的长短与混合气成分、开始点火时缸内气体温度和压力、缸内气体流动、火花能量及残余废气量等因素有关。它在每一循环都可能有变动，有时最大值可达最小值的数倍。显然，为了提高效率，希望尽量缩短着火落后期。为了发动机运转稳定，希望着火落后期保持稳定。

2)明显燃烧期

如图 3-2 中 2～3 段所示，是指火焰从火焰中心烧遍整个燃烧室的阶段，因此也可称为火焰传播阶段。在均质混合气中，当火焰中心形成之后。形成一个近似球面的火焰层，即火焰前锋，从火焰中心开始逐层向四周未燃混合气传播，直到连续不断的火焰前锋扫过整个燃烧室。

绝大部分燃料在这一阶段燃烧，此时活塞又靠近上止点。在这一阶段内，压力升高很快，压力升高率越高，则燃烧的等容度越高，这对动力性和经济性是有利的，但同时会使燃烧噪声和振动增加。火焰传播速率与压力升高率密切相关，火花塞位置、燃烧室形式对压力升高率也有影响。

3)补燃期

如图 3-2 中点 3 以后所示，补燃期相当于明显燃烧期终点 3 至燃料基本上完全燃烧为止，图上的点 3 表示燃烧室主要容积已被火焰允满，混合气燃烧速度开始降低，加上活塞向下止点加速移动，使汽缸中压力开始下降，在补燃期中主要是湍流火焰前锋后面没有完全燃烧掉的燃料，以及附着在汽缸壁向上的混合气层继续燃烧。为了保证高的循环热效率和循环功，应使补燃期尽可能短。

为了保证汽油机工作柔和、动力性能良好，一般应使点 2 在上止点前 12°～15°，最高燃烧压力点 3 在上止点后 12°～15°到达，整个燃烧持续期在 40°～60°曲轴转角。

2. 燃烧速率

燃烧时，由于各处混合气的浓度、温度和压力是一致的，因而火焰在各方向的扩展速度基本相等。燃烧主要在厚度为 $\delta$ 的火焰面上进行，称为火焰前锋面。火焰前锋面的界面明显，以火核为中心呈球面波形式向周围扩展，习惯上称这种燃烧现象为火焰传播。根据混合气运动状态不同，火焰传播方式可分为层流火焰传播和湍流火焰传播。层流火焰传播和湍流火焰传播的燃烧速率大小差别很大。

1)层流火焰燃烧速率

当混合气静止或层流状态即雷诺数 $Re<2\,300$ 时，火焰传播方式为层流火焰，其燃烧速率可以用下式表示：

$$\frac{\mathrm{d}m}{\mathrm{d}t}=v_L F_L \rho_m \tag{3-1}$$

式中：$\mathrm{d}m/\mathrm{d}_t$——火焰燃烧速率，kg/s；

$F_L$——火焰前锋表面积，$m^2$；

$\rho_m$——未燃混合气密度，$kg/m^3$；

$v_L$——层流火焰传播速度，m/s。

火焰传播速度是指火焰前锋面在法线方向上相对于未燃混合气的移动速度。

层流火焰传播速度很低，主要受混合气温度、压力、空气过量系数 $\alpha$ 以及燃料特性等因素影响，实际发动机中还应考虑残余废气系数的影响。

图 3-3 所示，给出了层流火焰与火焰前锋面形状的关系。层流火焰传播速度远远不能满足实际发动机燃烧的要求。实际发动机中的火焰传播是以湍流火焰方式进行的。

2)湍流火焰燃烧速率

所谓湍流，是指由流体质点组成的微元气体所进行的无规则的脉动运动。这些由气体质点所组成的小气团大小不一，流动的速度、方向也不相同，但宏观流动方向则是一致的。这种湍流运动使火焰前锋表面出现折皱，强湍流运动使火焰前锋面严重扭曲，甚至分隔成许多燃烧中心，导致火焰前锋燃烧区的厚度 $\delta$ 增加，如图 3-4 所示。湍流运动使火焰前锋表面积明显增大，火焰传播速度加快。

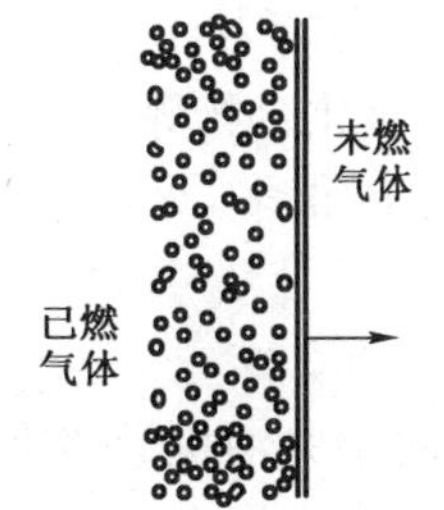


图 3-3 层流火焰与火焰前锋面形状的关系

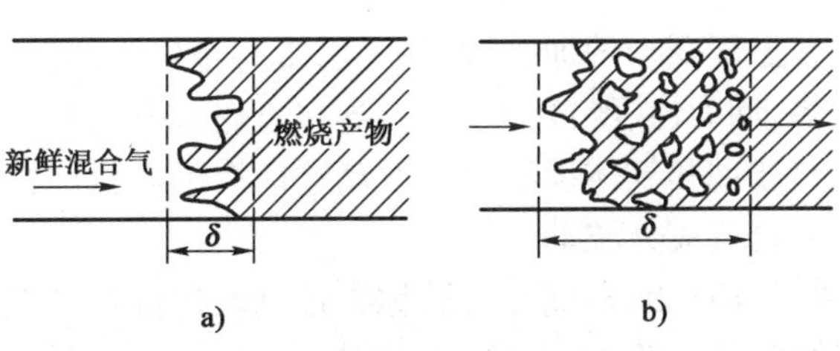


图 3-4 在不同湍流作用下的火焰前锋厚度 $\delta$

a)湍流较弱；b)湍流较强

湍流火焰燃烧速率可以用下式表示：

$$\frac{dm}{dt}=v_T F_T \rho_m \tag{3-2}$$

式中：$dm/dt$——火焰燃烧速率，kg/s；

$F_T$——火焰前锋表面积，$m^2$；

$\rho_m$——未燃混合气密度，$kg/m^3$；

$v_T$——湍流火焰传播速度，m/s。

雷诺数 $Re<2\,300$ 为层流火焰，其传播速度为 $v_L$，其前锋面薄且圆滑如图 3-3 所示。当 $Re=2\,300\sim6\,000$ 时为湍流火焰，火焰前锋厚度变厚并出现折皱如图 3-4a) 所示，这时火焰传播速度为 $v_T$，$v_T\propto\sqrt{R_e}$。当 $Re>6\,000$ 时为强湍流火焰，前锋面的折皱发展成明显的凹凸不平和扭曲，如图 3-4b) 所示，其内部分裂出许多小的未燃混合气区域，这时 $v_T\propto Re$。图 3-5给出雷诺数 $Re$ 和火焰传播速度之间变化规律。显然，提高混合气的湍流程度是改善汽油机燃烧的有效手段。

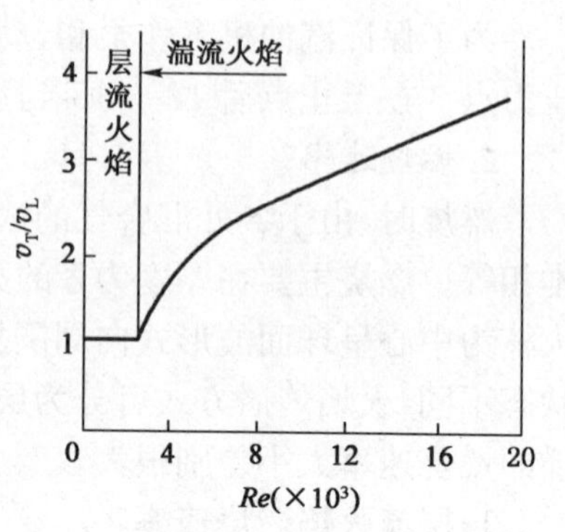


图 3-5 雷诺数和火焰传播速度之间的关系

## 二、不规则燃烧

汽油机不规则燃烧是指在稳定正常运转的情况下，各循环之间的燃烧变动和各汽缸之间的燃烧差异。前者称为循环变动，后者称为各缸工作不均匀。

1. 循环变动

燃烧循环变动是点燃式发动机燃烧过程的一大特征，是指发动机以某一工况稳定运行时，这一循环和下一循环燃烧过程进行情况的不断变化，具体表现在压力曲线、火焰传播情况及发动机功率输出均不相同。图 3-6 所示为不同循环的汽缸压力变化情况。

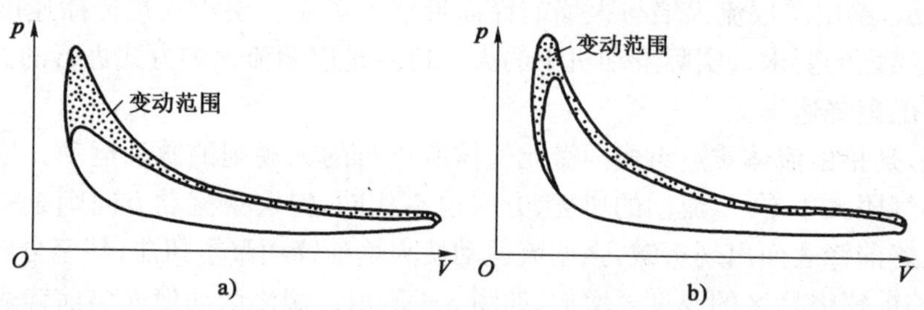


图 3-6 汽油机典型的气缸压力循环变化情况

a)稀混合气 $\alpha=1.22$，$n=2\,000$r/min；$\varepsilon=9$；节气门全开，$p_i$ 变动±4.5%；$p_z$ 变动±28%；

b)浓混合气 $\alpha=0.8$，$n=2\,000$r/min；$\varepsilon=9$；节气门全开，$p_i$ 变动±3.6%；$p_z$ 变动±10%

随着循环变动的加剧，燃烧不正常甚至失火的循环数逐渐增多，碳氢化合物等不完全燃烧产物增多，动力性、经济性下降。导致点燃式发动机燃烧循环变动的原因很多，火花塞附近混合气成分波动和气体运动状态波动这两个因素目前被认为是最重要的。

1)混合气成分波动

尽管汽油机的燃烧方式被称为预制均匀混合气燃烧，但这只是相对于柴油机燃烧来说，其宏观是均匀的，实际上，汽缸内燃料、空气及残余废气不可能在短时间内完全混合均匀，所以混合气成分微观上并不均匀，火花塞附近的混合气成分是随时间不断变化的，这会导致着火落后期的长短和火核初始生长过程随循环产生变动。

2)气体运动状态波动

燃烧室内气体的流场特别是湍流强度分布是极不均匀的，火花塞附近微元气体的运动速度和方向，影响火花点火后形成的火焰中心的轨迹以及火焰的初始生长速率，随后的火焰向整个燃烧室发展的进程，如火焰与壁面的关系、火焰前锋面积的变化以及燃烧速率等，也受燃烧室内微元气体的运动速度和方向的影响。气体运动状态的波动加剧了循环变动。

各循环间的燃烧差异主要是燃烧的不稳定性。表现为循环的压力波动大，燃烧越不稳定，最高燃烧压力对曲轴转角的分布离散性越大。影响循环变动的因素较多，如混合气浓度、发动机负荷、发动机转速、点火时刻、燃烧室的形状、火花塞位置、压缩比、配气正时等。为提高发动机功率，减少油耗，降低排放污染与噪声，应使燃烧变动降低到最小限度。如适当提高发动机转速及负荷、增大点火提前角、使过量空气系数 $\alpha=0.8\sim0.9$、加强气体紊流、增加点火能量、采用多点点火等。

2. 各缸工作不均匀

各缸工作不均匀是针对多缸发动机而言的，各缸间燃烧差异称为各缸工作不均匀。各汽缸间燃烧差异主要是由于燃料分配不均使空燃比不一致所造成的。进气量、进气速度、气流扰动强度、燃烧室形状、压缩比、火花塞位置对各汽缸间的燃烧差异也有影响。由于各缸混合气成分不同，不能使各缸都处于理想的经济混合气或功率混合气工作，使发动机功率下降，油耗上升，排放污染加大，甚至个别汽缸出现活塞、气门过热，火花塞烧损等现象。

影响混合气分配不均的因素很多，其中影响最大的是化油器和进气管。为减少各缸混合气分配不均现象，化油器安装位置应适当，保证化油器至各缸气道有接近同样的路径。进气系统的零件设计要合适，保证进气管对各汽缸有相同的通道，包括管长、直径、对称性等，具有较强的紊流、光滑的内表面及弯道少等。在安装过程中，要保证各缸进气管与缸体进气孔连接处对正，避免由此引起进气阻力不同。采用进气管预热等方法可以改善燃料的蒸发，以利于分配均匀。改进进气管结构，如将单歧管进气结构改为双歧管进气结构后，可以改善燃料的均匀分配。

采用汽油喷射技术，可以改善雾化品质，使各汽缸间混合气的分配均匀。如多点喷射的汽油机燃料喷射系统在各缸的进气门前装一个喷油器，使各缸供油量保持一致，发动机性能得到改善。

## 三、不正常燃烧

汽油机的不正常燃烧是指设计或控制不当，汽油机偏离正常点火的时间及地点，由此引起燃烧速率急剧上升，压力急剧增大等异常现象。不正常燃烧可分爆燃和表面点火两类。

1. 爆燃

爆燃是汽油机最主要的一种不正常燃烧现象，常在压缩比较高时出现。图 3-7 为正常燃烧与爆燃时 $p$-$t$ 图和 $\mathrm{d}p/\mathrm{d}t$-$t$ 图的比较。爆燃时，缸内压力曲线出现高频大幅度波动呈锯齿波状，同时发动机会产生一种高频金属敲击声，因此也称爆燃为敲缸。轻微爆燃时，发动机功率上升，严重爆燃时，发动机功率下降，转速下降，工作不稳定，机身有较大振动，同时冷却液过热，润滑油温度明显上升。

爆燃会给汽油机带来很多危害。发生爆燃时最高燃烧压力和压力升高率都急剧增大，因而相关零部件所受应力大幅度增加，机械负荷增大，压力波破坏了油膜层，导致活塞、汽缸和活塞环磨损加剧；爆燃时汽缸温度升高，负荷及散热损失增加；还使动力性和经济性恶化；由于在

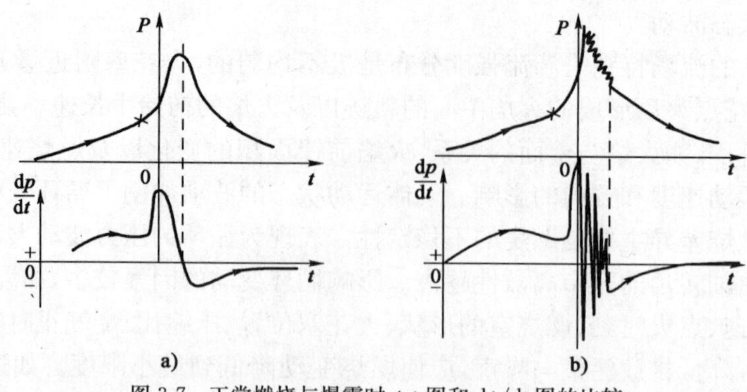

图 3-7　正常燃烧与爆震时 $p$-$t$ 图和 $dp/dt$ 图的比较

a)正常燃烧；b)爆燃

高温下，局部可达 4 000K，燃烧产物 $CO_2$ 等将分解成 CO、NO 和游离碳，使排气冒黑烟。因此，不允许汽油机长时间地在爆燃情况下工作，但如发生短暂轻微的爆燃，对发动机并无明显的危害。

爆燃的产生与很多因素有关，例如燃油品质、点火时刻、混合气成分、发动机的转速与负荷、压缩比以及燃烧室的结构等，通过缩短火焰传播距离（火花塞到燃烧室最远点的距离），加快火焰传播速度，增加末端混合气中废气的含量，采用自燃温度高的燃油，均可减少爆燃倾向。

2. 表面点火

在汽油机中，凡是不靠电火花点火而由内炽热的表面，比如排气门头部、火花塞绝缘体或零件表面炽热的沉积物等，点燃混合气的现象，统称表面点火。

在火花塞跳火以前，混合气产生的表面点火，称为早燃。经常引起混合气早燃的是燃烧室内的积炭、排气门头部以及火花塞电极过热产生的炽热点或炽热表面。当汽油机产生表面点火以后，即使切断外部点火电源，其仍可以继续运转。

出于早燃产生于火花塞跳火以前，所以燃烧过程的大部分是在上止点前压缩行程中进行的，使压力升高率 $\Delta p/\Delta\varphi$ 及燃烧最高压力均比正常燃烧过程高，如图 3-8 所示。因此位于末端的混合气受到过度的压缩，从而促使爆燃产生。

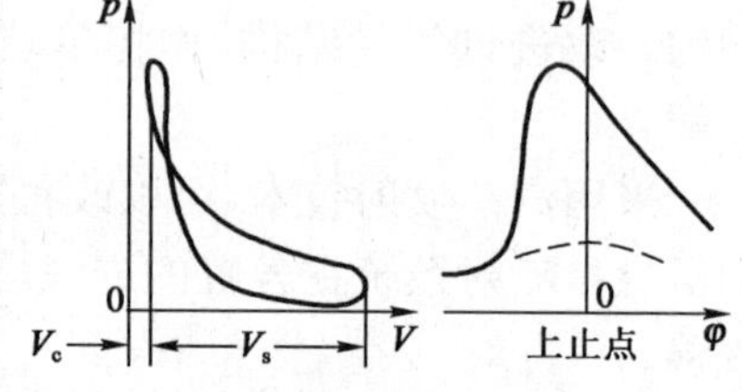

图 3-8　汽油机早燃示功图

表面点火的外部特征与爆燃相似。产生表面点火时，也会产生金属敲击声，但比爆燃时的频率低，声音较沉闷。表面点火也会使发动机产生过热及功率下降现象。严重的表面点火可能引起火花塞、排气门烧损等故障。使发动机寿命降低。因此也不允许汽油机长时间在表面点火的情况下运转。

表面点火的产生与很多因素有关，如发动机的结构、使用状况以及燃料与润滑油的种类等。凡是能促使燃烧室温度和压力提高，以及促使积炭等炽热点形成的一切条件，均能促使表面点火的产生。

## 四、影响燃烧的主要因素

1. 点火提前角

点火提前角是从火花塞跳火到上止点之间的曲轴转角。点火提前角应该随燃料性质、转速、负荷、过量空气系数等因素的变化而变化。不同点火提前角对燃烧过程的影响如图 3-9 所示。

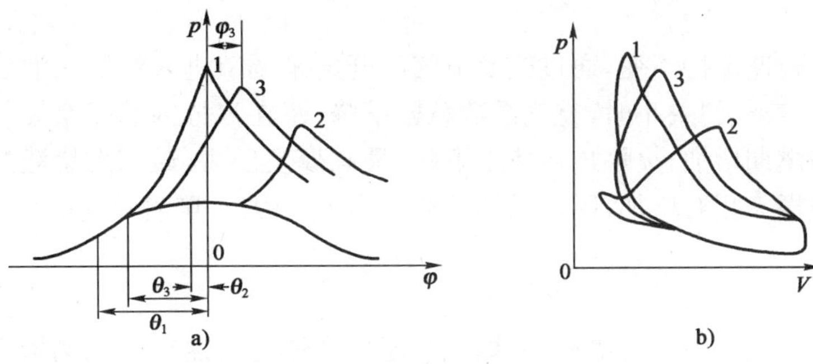


图 3-9　点火提前角对汽油机燃烧过程的影响

a) $p$-$\varphi$ 图；b) $P$-$V$ 图

1、2、3-不同点火提前角的压力曲线

图 3-9a)中曲线 1 所示，当点火提前角 $\theta_1$ 较大时，由于点火过早，燃烧过程大部分在压缩过程中进行，不仅使缸内压力升高过早，而且压力升高率 $\Delta p/\Delta\varphi$ 值较大，最高爆发压力较高，因此活塞所消耗的压缩功增加，示功图面积减少，同时，末端混合气燃烧前的压力和温度都较高，使爆燃倾向增大。在实际使用中若发生爆燃可将点火提前角适当调小一些，即可消除爆燃。图 3-9a)中的曲线 2 则点火提前角 $\theta_2$ 很小，由于点火过迟，使燃烧过程延迟到膨胀过程中进行，燃烧的最高压力和最高温度都相对降低，因此示功图面积也减小，汽油机功率下降。而且燃烧时间拖长，燃气与缸壁进行热交换的面积较大，使传给冷却液的热量减少；同时因膨胀不完全排气温度较高，故热损失增加，汽油机热效率下降。只有当点火提前角为 $\theta_3$ 时，如图3-9a)中的曲线 3 所示，压力升高不是太高，最高压力点出现在上止点后一个适宜的角度 $\varphi_3$，燃烧比较及时，热量利用率较高，故示功图曲线 3 的面积最大。实验表明，当压力升高率 $\Delta p/\Delta\varphi=170\sim240$kPa/°CA，而最高压力点在上止点后 $\varphi=12°\sim15°$CA 时，示功图可获得最大面积，这时的点火提前角称为最佳点火提前角。最佳点火提前角可根据汽油机点火提前角调整特性试验确定。

点火提前角对汽油机的经济性影响较大。据统计，如果点火提前角偏离最佳值 5°曲轴转角，热效率下降 1%；偏离 10°曲轴转角，热效率下降 5%；偏离 20°曲轴转角，热效率下降 16%。

影响最佳点火提前角的因素较多如大气压力、温度、湿度，缸体温度，燃料辛烷值，空燃比，残余废气系数，排气再循环等。传统的点火装置只考虑转速、负荷的变化对点火提前角的影响。为实现点火提前角的精确控制，汽油机上越来越多地应用了一种电子控制点火时刻的装置。它大体上分成两类，一类是开环控制，它是一种预定顺序控制，根据转速传感器和负荷传感器测得的信号，在存储器中预定的点火 MAP 图上找出对应于该工况的近似最佳点火提前角来控制点火系统点火。另一类是闭环控制，闭环控制是根据发动机实际运行的反馈信息来控制点火提前角的，所以又称为反馈控制。实际应用中，一般都是开环控制和闭环控制并用的混合控制方式。

2. 混合气浓度

混合气浓度对汽油机动力性能、经济性能是有影响的，当 $\alpha=0.8\sim0.9$ 时，由于燃烧温度最高，火焰传播速度最大，$p_e$ 达最大值，但爆燃倾向增大。当 $\alpha=1.03\sim1.1$ 时，由于燃烧完全，$g_e$ 值最小。使用 $\alpha<1$ 的浓混合气工作，由于必然产生不完全燃烧，所以 CO 排放量明显升高。当 $\alpha<0.8$ 或 $\alpha<1.2$ 时，火焰速度缓慢，部分燃料可能来不及完全燃烧，因而经济性下降，HC 排放量增多且工作不稳定。

可见，在均质混合气燃烧中，混合气浓度对燃烧影响极大，必须严格控制。

3. 负荷

在汽油机上，转速保持不变，通过改变节气门开度来调节进入汽缸的混合气量，以达到不同的负荷要求。当节气门关小时，充气系数急剧下降，留在汽缸内的残余废气量不变，使残余废气系数增加，滞燃期增加，火焰传播速率下降，最高爆发压力、最高燃烧温度、压力升高率均下降，冷却液散热损失相对增加，因而燃油消耗率增加。因此，随着负荷的减小，最佳点火提前角需要增大。

4. 转速

当转速增加时，汽缸中湍流增加，火焰传播速率大体与转速成正比例增加，因而最高爆发力、压力升高率随转速的变化不大，有利于缩短滞燃期。但另一方面，由于残余废气系数增加，气流吹走电火花的倾向增大，又促使滞燃期增加。因此转速增加时，应增大点火提前角。

5. 压缩比

从等容加热循环可知，提高汽油机热效率的主要措施是提高压缩比。在实际汽油机中增加压缩比，不仅压缩终了时混合气的压力和温度增高，加快燃烧速度，缩短燃烧时间，使燃烧最高压力接近于上止点。而且压缩比增加的同时增大了膨胀比，使燃烧产物膨胀完全，燃料的热能得到充分地利用。因此，增加了汽油机的有效功率，降低了燃料消耗率。

但是，随着压缩比的增加，由于压缩终了时混合气的压力和温度升高，而使产生爆燃的倾向增加。为此必须采取相应的措施，以防止在提高压缩比的同时产生爆燃。压缩比增加了爆燃和表面点火的倾向，又会增加排气中的污染物，因此目前的趋势是不过高地增加压缩比，以改善排气污染。

## 第四节　汽油机电控喷射系统

为使发动机能够正常运转，必须为其提供连续的可燃混合气。通过直接或间接测量进入发动机的空气量，并按规定的空燃比计量燃油的供给量，这一过程称为燃油配制。汽油机的燃油配制形式，根据汽油的供给方式可分为化油器式和燃油喷射式两种。这两种装置均是依据节气门开度和发动机转速计量进气量，然后根据进气量供给适当空燃比的混合气进入汽缸。

电子控制汽油喷射的作用，就是准确地计算燃油量，保证发动机在各种工况下的混合气空燃比在合理的范围之内。

喷射汽油量由喷嘴的断面面积、汽油的喷射压力和喷油的持续时间来决定。为了便于控制，实际的喷油控制系统中，喷嘴的横断面面积和喷油压力都是恒定的，汽油喷射量只取决于喷射延续时间。汽油喷射的时刻及延续时间的长短，由发动机的各种参数确定。这些参数由传感器传给电子控制器，再经电子控制器转化为长短不一的电脉冲信号传到喷油嘴，控制喷油嘴打开时刻及延续时间长短，使之准确地工作。图 3-10 所示是电子控制汽油喷射系统的基本原理框图。

一般来说，电子控制汽油喷射系统主要由燃料供给系统、进气系统、控制系统和各种传感器等组成，其总体结构简图如图 3-11 所示。

1. 燃料供给系统

燃料供给系统包括汽油箱、电动汽油泵、压力调节器、汽油滤清器、喷嘴和冷起动喷嘴等部分，如图 3-12 所示。

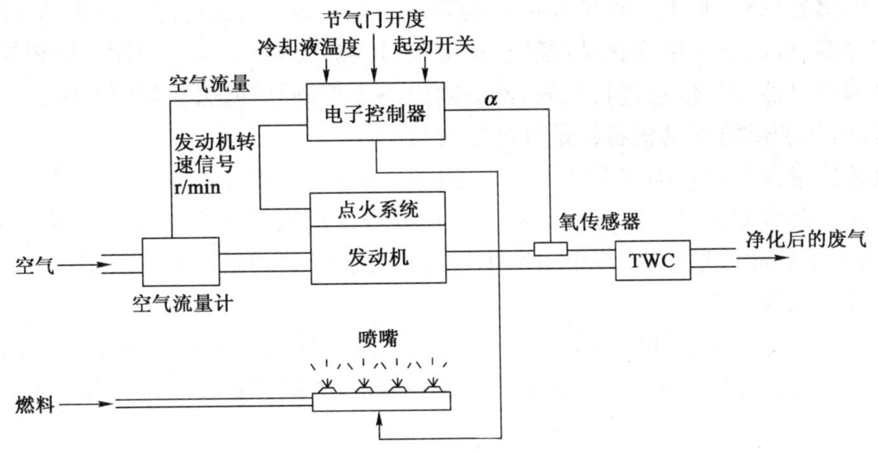


图 3-10 电子控制汽油喷射系统的基本原理框图

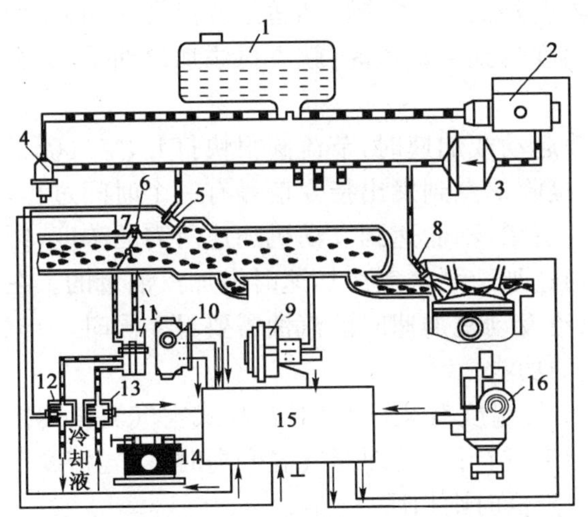


图 3-11 电子控制汽油喷射装置的总体结构简图

1-油箱;2-电动汽油泵;3-汽油滤清器;4-压力调节阀;5-冷启动喷嘴;6-怠速调整螺钉;7-进气温度传感器;8-喷嘴;9-压力计;10-节气门开度传感器;11-附加空气阀;12-热敏开关;13-冷却液温度传感器;14-蓄电池;15-电子控制器;16-分电器(转速信号)

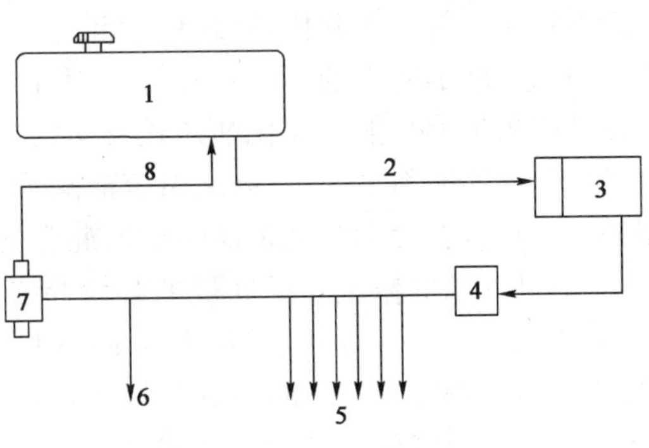

图 3-12 供油系统原理图

1-汽油箱;2-吸入管;3-电动汽油泵;4-汽油滤清器;5-喷嘴;6-冷起动喷嘴;7-压力调节阀;8-回油管

电动汽油泵 3 将汽油从油箱 1 中吸出,通过滤清器 4 输送到喷嘴 5,油路中安装有压力调节阀 7,使输油管的供油压力维持在 0.25～0.30MPa。当供油压力超过规定值时,压力调节阀内的减压阀打开,汽油便经过回油管 8 流回油箱,使输油管油压保持恒定。滤清器 4 的功用是除去燃油中的杂物,以防堵塞喷嘴针阀。为改善发动机的低温起动性能,设有冷起动喷嘴,在发动机冷态起动时,提供较浓的混合气。冷起动喷嘴 6 由热敏开关感受发动机冷却水温度高低而控制其开闭。

2. 进气系统

进气系统包括空气滤清器、进气歧管、节气门等部件组成。节气门由加速踏板操纵。

3. 控制系统

控制系统主要由控制器及各种传感器组成。其作用是根据反映发动机工况的各种信息确定喷嘴针阀的开启时间,以确保供给发动机的是最佳可燃混合气。

传感器主要有发动机转速传感器、冷却液温度传感器、进气温度传感器、空气流量传感器、节气门开度传感器、第一缸上止点位置传感器等。它们将发动机的负荷、转速、加速、减速、吸入空气量和温度、冷却液温度变化情况转换成电信号，输入到控制器。控制器则根据这些信息与存储在只读存储器中的信息进行比较，然后输出一个控制脉冲，去控制喷油嘴针阀的开启时刻和持续时间，保证供给发动机各缸最佳的混合气。

空气流量传感器是燃油喷射系统的关键部件。控制器是电子控制汽油喷射系统的心脏，它实际上就是一台微型计算机。它通过各种传感器将发动机各工况的信息收集起来，经过处理，最后送出一个脉冲信号，去操纵电磁喷嘴针阀的开启时刻和延续时间长短。

4. 附加装置及修正因素

除了发动机在部分负荷和满负荷的正常情况下，除了控制汽油喷射装置正常供油外，在某些特殊情况下，必须附加一些装置对喷油量作某些修正，才能满足发动机在各种工况下工作的需要。主要有：

(1)冷车起动时混合气的加浓及热车时混合气的调节。发动机冷起动时，由于温度低，使喷入的汽油会退冷而凝固在汽缸壁上，使混合气浓度降低，为了能达到适当的混合比，必须增加汽油喷射量，故而设置冷起动喷嘴。当发动机温度达到一定值时，就不再添加汽油了，这个工作由热时开关来控制起动喷嘴来完成。

(2)加速时混合气的加浓装置。当发动机迅速起动或加速时，节流阀很快打开，空气流量传感器将空气的增加量传递给电子控制器。但从接收信息到发出指令信号有一个时间过程，就会使相应增加的汽油不能及时供给，混合气反而变稀，不能达到发动机加速所需的浓度，影响发动机的加速性能。在化油器式发动机上，是通过加速泵来完成加速时增加汽油量的。在电子控制汽油喷射系统中，则通过节流阀开关，供给发动机加速时的汽油需要量。同时，节流阀开关还只有在发动机全负荷时增加混合气浓度的功能。

(3)进气温度修正。进气量的多少与吸入的空气温度有关，所以对叶片式空气流量传感器，还必须安装进气温度传感器，以使对基本喷油量进行修正，即当气温升高时，空气密度下降，应相应缩短喷嘴开启时间，以减少喷油量；温度降低时则相反。

(4)附加空气阀。发动机怠速时，节气门接近全闭。怠速运转所需的空气量，经过节气门侧面的通道进入进气歧管，其进气量由怠速调整螺钉控制。为了保证发动机在低温怠速期间的运转平稳，所需增加的空气量，可通过辅助进气管进入汽缸，其进气量由附加空气阀控制。

(5)电压修正。电源电压较低时，喷嘴开启时间缩短，喷油量减少，因此应延长喷射信号，以修正喷油量。

5. 空燃比控制方式

进入发动机的空气量根据节气门的开度、进气管的压力、发动机转速进行基本值测定。吸入空气量的检测方式，可分为直接检测与间接检测两大类。

直接检测方式称之为质量—流量检测方式。间接检测方式又分为两种，一种是利用进气管压力和发动机转速，测定吸入空气量，计算燃油量的方式，称之为速度-密度检测方式；另一种是以节气门开度和发动机转速测定吸入空气量，并计算燃油量，称之为节流-速度方式。

以上三种方式的空燃比控制系统如图 3-13 所示。

(1)质量-流量方式。质量-流量方式是利用空气流量计直接计测吸入的空气流量。目前占有主流地位的非连续喷射方式所必需的信号是每一工作循环的吸入空气量，也就是每一计测单位时间吸入空气量与循环周期数之比。即使用检测流量与发动机转速之比作为使用值，以这一数值为基础计算燃油喷射量。

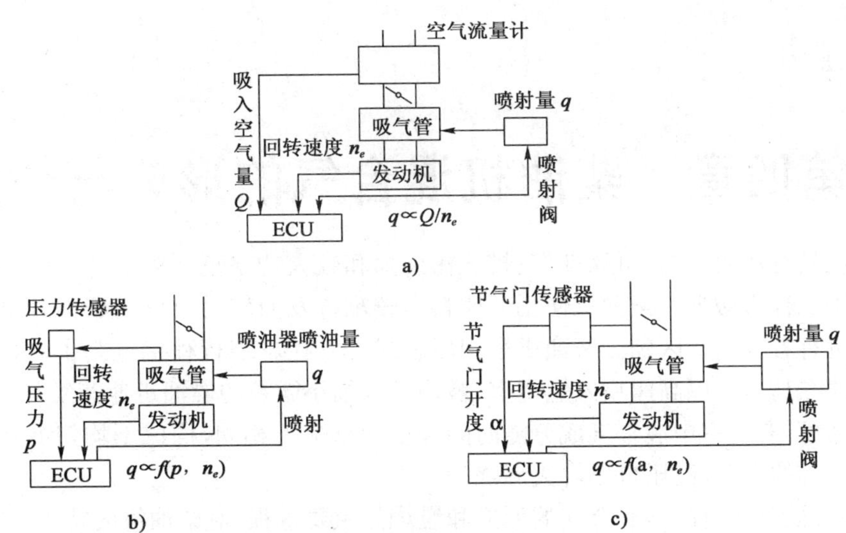


图 3-13 空燃比控制方式

a)质量-流量方式;b)速度-密度方式;c)节流-速度方式

(2)速度-密度方式。速度-密度方式是利用发动机转速与进气管压力,测定每一循环中吸入发动机的空气量。再以这一空气量为基础,测定燃油喷射量。

(3)节流-速度方式。节流-速度方式是按照节气门开度与发动机转速测定每一循环吸入发动机的空气量,以这一空气量为基础,测定燃油喷射量。由于直接检测节气门的开度,因此过渡响应性能良好。但是,由于空气量与发动机转速、节气门开度具有极其复杂的函数关系,因此不易测出空气量。

# 第四章　柴油机混合气的形成与燃烧

柴油机具有热效率高、可靠性好、排气污染少和较大功率范围内的适应性好等优点，因而广泛应用于工程机械上。柴油机使用的燃料是较难挥发而较易自燃的柴油，因此它的燃烧组织与汽油机有着本质的区别。柴油机采用压燃式，即：在压缩行程接近终了时，才借助于喷油设备将燃油在高压下以高速喷入燃烧室，被撕裂成细小微粒的燃油迅速蒸发与空气混合，由于混合时间极短，燃烧室中混合气成分随时间和空间都极不相同，构成不均匀混合气，并利用空气压缩所形成的高温、高压自燃着火燃烧。

在柴油机工作过程中，混合气的形成和燃烧是主要过程，对柴油机的特性影响最大。混合气形成的质量，关系燃烧过程的好坏，而燃烧过程的质量高低，关系到能量转换效率的大小，从而直接影响柴油机的性能指标。

本章主要内容为：柴油机燃料的使用性能；柴油机混合气形成和燃烧的基本原理及其影响因素；柴油机的电子控制系统等。

## 第一节　柴油的使用性能

柴油主要用于压燃式发动机即柴油机，其中轻柴油用于高速柴油机，重柴油用于中、低速柴油机，重油用于大型低速柴油机。柴油的物理和化学性能，对柴油发动机的性能、启动以及燃油供给系统的工作和寿命都有影响。因此国家标准规定柴油有十多种性能和质量要求，以保证柴油的品质能符合柴油机的工作要求。柴油的主要性能包括以下 4 个方面：

### 一、柴油的自燃性

柴油机依靠压缩自行着火，因此柴油的自燃性对燃烧过程和柴油机的性能有很大影响。柴油的自燃性好，着火落后期短，则柴油机工作柔和，而且低温起动性好。

评定柴油自燃性的指标是十六烷值。柴油的十六烷值高，自燃性好，柴油机工作柔和。但十六烷值过高，柴油在燃烧过程中易裂解成游离碳，使排气冒黑烟。十六烷值太低，使柴油机工作粗暴，启动困难。因此，一般高速柴油机所用柴油的十六烷值在 40～50 之间，低速柴油机所用柴油的十六烷值在 30～40 之间。

柴油的十六烷值的测定是在专门单缸试验机上按规定的条件进行的。试验时选用的标准燃料由正十六烷 $C_{16}H_{34}$ 和 $\alpha$-甲基萘配制而成。正十六烷自燃性最好，规定其十六烷值为 100；$\alpha$-甲基萘自燃性最差，规定其十六烷值为 0，将正十六烷与 $\alpha$-甲基萘按不同的容积比例混合配制成十六烷值不同的标准燃料。当被测柴油的自燃性与所配制的混合液自燃性相同时，则混合液中正十六烷的体积百分数就定位该种燃料的十六烷值。

### 二、柴油的蒸发性

柴油的蒸发性用馏程表示。柴油比汽油含有较多的重馏分，因此柴油的馏程温度范围比汽油高得多。对于柴油的馏程曲线中的特性点是50%、90%和95%馏出温度。50%馏出温度低，说明这种柴油的蒸发性好，喷入汽缸后柴油能迅速蒸发与空气混合，有利于柴油机冷机启动。90%和95%馏出温度标志着柴油中重馏分的数量。如果不易蒸发的重馏分过多，则排气冒烟严重。因此90%和95%馏出温度应尽可能低。

### 三、柴油的雾化性

柴油的雾化性主要决定于它的黏度。黏度是柴油的重要物理特性之一。它影响柴油的喷雾品质、过滤性及在管道中的流动性。柴油的黏度过高，将造成喷雾不良，燃烧恶化，流动、滤清困难；黏度过低，则使喷油泵柱塞副与喷油器针阀副的漏油量增加，造成润滑不良，增加磨损。因此柴油的黏度应适当。

### 四、柴油的低温流动性

柴油的低温流动性用凝点来评价。当温度下降，柴油开始凝固而失去流动性时的温度叫做凝点。柴油的凝点过高，易堵塞油路和滤清器，使燃油供应不足，甚至完全失去流动性，中断供油。凝点是柴油的重要指标，国产轻柴油均根据凝点进行编号。据GB 252—2000《轻柴油》标准，轻柴油根据凝点分为10号、5号、0号、－10号、－20号、－35号、－50号等7个牌号。例如，10号轻柴油的凝点为10℃，－10号轻柴油的凝点为－10℃。选用柴油时，一般选用的柴油凝点应比环境的最低温度低5～7℃以上，以保证柴油机正常运转。

## 第二节　燃油的喷射与雾化

燃油喷射系统包括喷油泵、喷油器和高压油管，其作用是按柴油机各种工况的需要，将定量燃料在适当的时刻，以合理的空间形态喷入燃烧室，即对定量燃油的数量、喷油的持续时间和油束的空间形态三方面实行有效的控制，这对混合气的形成和燃烧过程的有效组织起着重要的作用。

### 一、燃 油 喷 射

1. 对喷油系统的要求

将柴油分散成细粒的过程，称为柴油的喷雾或雾化。将柴油喷散雾化可大大增加其蒸发表面积，增加柴油与空气接触氧化的机会，促进了可燃混合气的形成，同时也加速了柴油在燃烧前的物理化学准备过程。

燃油喷射系统包括：喷油泵、喷油器和高压油管。燃油喷射系统应满足以下要求：

(1)喷油量能随负荷的变化而变化；

(2)油束应有良好的雾化品质，并与燃烧室很好地配合，以提高缸内的空气利用程度，形成均匀的可燃混合气；

(3)喷油率的变化与燃烧速率相适应，以提高燃烧的平稳性及有效性；

(4)喷油定时特性应适应柴油机的转速和负荷的变化；

(5)系统有较高的工作可靠性及较长的使用寿命，并能保证稳定的喷射特性。

2. 喷射过程

指从喷油泵开始供油直至喷油器停止喷油的过程，在全负荷工况下约占 15°～40°曲轴转角。图 4-1 表示燃油喷射过程中喷油泵端压力 $p_H$、喷油器端压力 $p_n$ 以及针阀升程 $h$ 的变化过程。整个过程分为三个阶段，即喷射延迟阶段、主喷射阶段和喷射结束阶段。

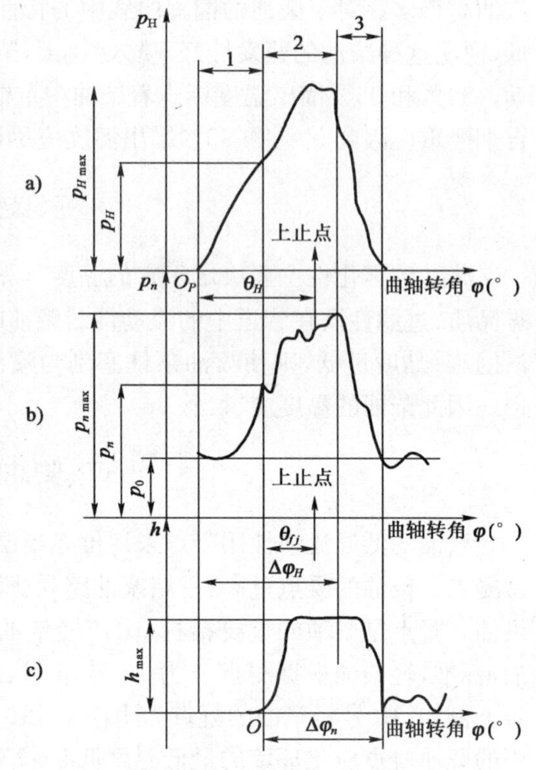


图 4-1 喷射过程

a)喷油泵端压力；b)喷油器端压力；c)针阀升程

(1)喷射延迟阶段：该阶段从喷油泵的柱塞顶封闭进回油孔的理论供油始点起，到喷油器针阀开始升起即喷油始点为止。该阶段中在出油阀开启后，压缩后的燃油进入高压油管，产生压力波并以 1 200～1 300m/s 向喷油器前端传播。当喷油器前端压力超过针阀开启压力时，针阀开启，喷油开始。供油始点和喷油始点常用供油提前角 $\theta_H$ 和喷油提前角 $\theta_{fj}$ 来表示，两者差值就是喷油延迟角，也就是喷射延迟阶段所对应的曲轴转角。一般来讲，发动机转速升高及高压油管加长，喷油延迟角增大。

(2)主喷射阶段：该阶段从喷油始点到喷油器端的压力开始急剧下降为止。这阶段中由于喷油泵柱塞持续供油，喷油泵端压力和喷油器端压力都保持在较高水平而不下降，绝大部分燃油以高的喷射压力和良好的雾化质量喷入燃烧室，其持续时间主要随喷油泵柱塞的有效行程，即柴油机负荷的变化而变化。

(3)喷射结束阶段：该阶段从喷油器端的压力开始急剧下降，到喷油器的针阀完全落座停止喷油为止。由于喷油泵的回油孔打开和出油阀减压容积的卸载作用，泵端压力带动喷油器端压力急剧下降，当喷油器端压力低于针阀开启压力时，针阀开始下降。这一阶段内还有少量燃油从喷孔喷出，由于喷油压力下降，燃油雾化变差，故应尽可能地缩短这一阶段，即喷射过程的结束应干脆迅速。

3. 供油规律和喷油规律

在燃油喷射系统中，燃油压力在极短的时间内变化很大，喷射时最高压力可达数百乃至上千个大气压；而某些区域最低压力可能小于大气压，形成空穴。在较高压力下，燃油的可压缩性表现明显。在高压系统中就不断有压力波传播，其传播速度为音速。由于压力传播需要时间以及压力波的反射、叠加等，使实际喷油过程与柱塞的供油过程很不一致。图 4-2 是一台柴油机柱塞供油速度与油嘴喷油速度随凸轮轴转角变化的曲线关系，这种曲线亦称为几何供油规律和喷油规律。

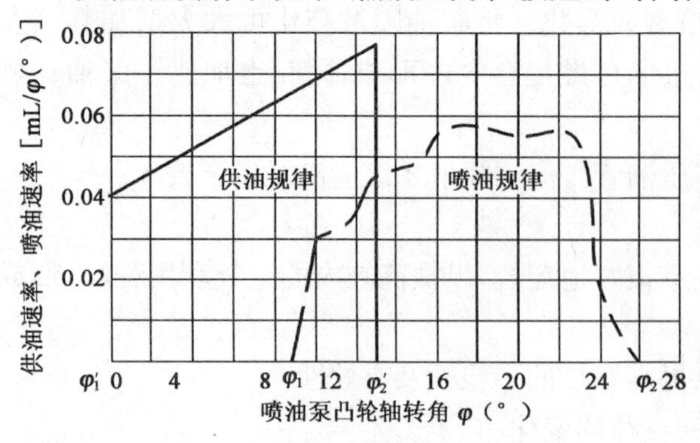


图 4-2 几何供油规律和喷油规律

供油规律是指单位时间或1°喷油泵凸轮轴转角的供油量随时间或喷油泵凸轮轴转角而变化的关系。它由喷油泵柱塞的几何尺寸和运动规律确定。

(1)喷油始点比供油始点滞后约8°～12°泵轴转角。供油或喷油始点常用供油或喷油提前角表示。几何供油提前角指从几何关系上求出柱塞关闭进油孔瞬时至上止点间的曲轴转角。而实际的供油提前角是喷油泵开始压出燃油瞬时到上止点间的曲轴转角,其数据与测量方法有关。产品说明书上给出的供油提前角数据是静态测量,一般是让柴油机处于停机状态,缓慢转动飞轮,观察出油管开始冒出燃油来确定。喷油提前角指喷油器针阀开始抬起瞬时与上止点间的曲轴转角。针阀开始抬起时的压力即针阀开启压力,一般称为喷油压力。

(2)喷油持续时间比供油持续时间延长约4°泵轴转角。从几何供油始点到柱塞控油斜边与回油孔相切时的几何供油终点之间的时间间隔称为几何供油延续时间,其相应的曲轴或凸轮轴转角即几何供油延续角。从喷油始点到针阀落座时的喷油终点之间的时间间隔称喷油延续时间,其相应的曲轴或凸轮轴转角即喷油延续角。

(3)最大喷油速率比最大供油速率低。其形状有明显畸变,循环喷油量也低于循环供油量。

从喷油规律可以了解到:喷油提前角和喷油延续角对柴油机性能有重要影响。喷油延续角小,相对一定喷油量,则喷油速度必需大,一般可以得到较好的油耗和排气烟度,但有时会使柴油机工作粗暴。反之,喷油延续角大,使燃烧过程时间拉长,尽管柴油机工作较柔和,但功率、油耗、排烟可能变坏,所以必须严格控制喷油延续角。

一般认为,从减轻燃烧粗暴性考虑,在着火延迟期内喷油速率应该小些,而在喷射中、后期加大喷油速度,以保证燃烧效率。从总的性能考虑,在噪声和燃烧压力允许的条件下,以采用较小的喷油延续角和较高的喷油速率较为有利。

图4-3给出3种典型喷油规律图。图4-3a)中所示采用高速凸轮,喷油速率大,曲线变化很陡,喷油延续时间短,柴油机经济性和动力性好,但工作粗暴、噪声大。图4-3b)中所示喷油规律,开始喷油速率大,曲线上升陡,柴油机工作粗暴;而后曲线下降平缓,后喷油速率过小,喷油延续时间长,使燃烧时间拖长,补燃多,性能不好。图4-3c)中所示喷油规律,开始喷油速率较低,曲线变化平缓,柴油机工作柔和;接着加大喷油速率,使喷油延续时间不致太长,保证燃烧效率,效果较好。

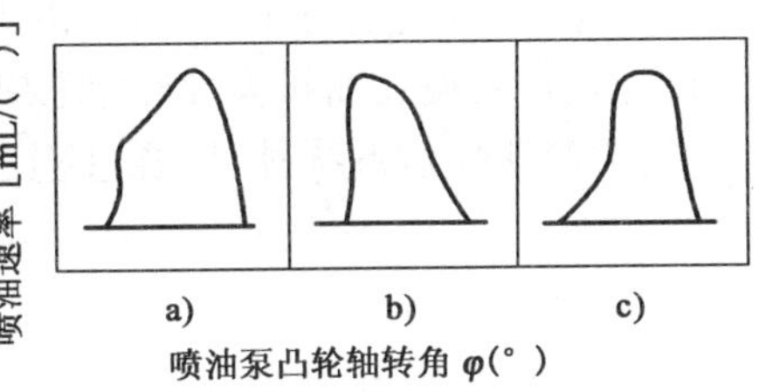


图4-3　3种喷射规律类型

4. 不正常的喷射现象

柴油机不正常的喷射现象主要有以下5类,如图4-4所示。

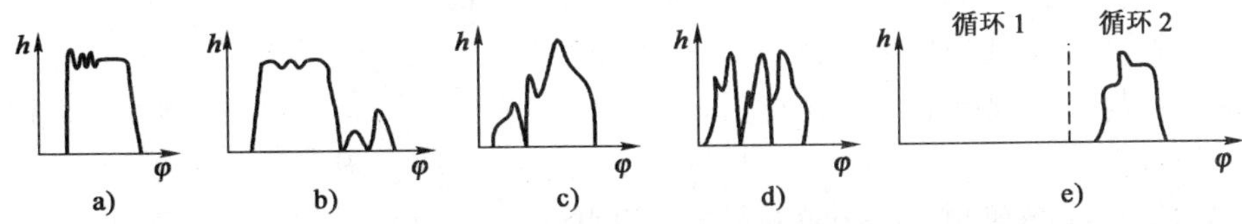


图4-4　各种喷射情况的针阀升程图

a)正常喷射;b)二次喷射;c)不规则喷射;d)继续喷射;e)隔次喷射

1)二次喷射

柴油机在高速、高负荷时，循环的供油时间缩短，供油量增大。因此，缸内的压力波动增强。由于高压油管内的压力过大，以至于在正常的喷油过程结束后，再一次将喷油器的针阀顶开。这实际上增加了喷油量，而且喷油时间也延长了。由于这部分燃油喷入时间较晚，因此，对混合气的形成不利，补燃严重，排烟增加，喷油嘴也容易形成积炭。

避免二次喷射的措施有：

(1)提高喷油嘴的开启压力和缩短高压油管的长度；

(2)喷油泵的出油阀做成带回流节流带的泄油阀形式；

(3)在喷油嘴处附加泄油柱塞，在喷油嘴关闭时让出一定容积；

(4)适当加大喷油嘴的喷孔直径及减少高压油管储油容积等。

2)不规则喷射

指各循环喷油量不断变动的现象，这会导致燃烧不稳定。在低负荷时，由于循环供油量较少，在高压油管内不易建立起高压，高压油管的压力波动作用明显，因而容易发生不规则喷射现象。

3)断续喷射

在低速、小负荷时，由于供油量较少，高压油管内较低的压力波及较小的供油率，使得在喷油阶段高压油管内的压力不足以保持克服喷油嘴针阀复位弹簧的弹力，针阀时而打开，时而落座，容易引起喷油嘴的磨损。

4)隔次喷射

当循环供油量太少，高压油管的压力太低时，有可能使得整个喷油期内的高压油管压力不能顶开针阀，该循环不能供油。也许在下一个循环，由于高压油管内有前一循环油量的积累，才有可能向缸内喷油。严重的断续喷射就可能造成隔次喷射。

5)滴漏

即使在针阀密封良好的情况下，喷油终了时，由于喷油压力小，喷油量少，喷油速度较低，燃油以油滴的形式结集在喷孔处，由于雾化不好，容易形成积炭，致使喷孔堵塞，这种现象在高压油管压力小、喷孔面积大、减压效果差、针阀关闭压力小时容易出现。

除了燃油喷射系统外，燃烧过程还受汽缸内气流等一系列因素的影响，情况比较复杂。

## 二、雾　化

1. 油束的形成及特性

1)油束的形成

柴油在高压作用下，以 100～300m/s 的高速度从喷油器喷孔喷出，在高速流经喷孔时产生的内部扰动和汽缸内高压空气的作用下，被粉碎成细小的油粒。从喷孔喷出的油粒群形状如圆锥，即称之为油束或喷注。图 4-5 所示为油束简图，在油束中间部分的油粒粗而密集，且动能大、速度高。越向外围，油粒越细，速度越低。外部细小油粒最先蒸发并与空气混合形成混合气。

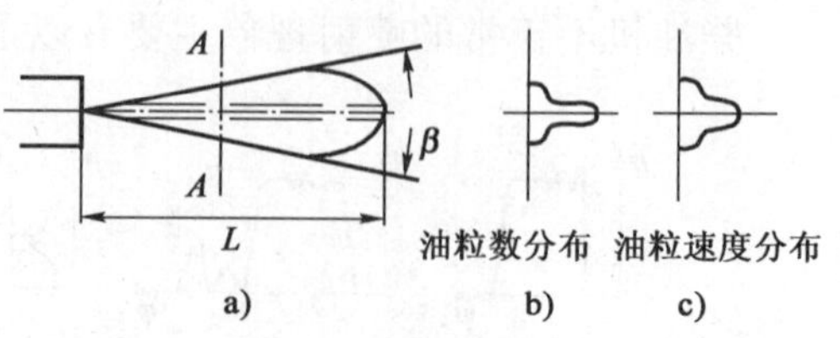


图 4-5　油束的形成

a)油束形状；b)*A-A* 面上油粒分布；c)*A-A* 面上油粒分布速度

2)油束的特性

油束的特性可用喷雾锥角、射程和雾化品质来说明。

(1)喷雾锥角 $\beta$：喷雾锥角标志油束的紧密程度。$\beta$ 大说明油束松散、油粒细，雾化品质好。$\beta$ 主要决定于喷孔的尺寸和形状。

(2)油束射程或称贯穿距离 $L$：油束射程表示油束前端在压缩空气中贯穿的深度。油束射程必须根据混合气形成方式的不同要求与燃烧室相配合。

(3)雾化品质亦称雾化特性：雾化品质表示燃油喷散雾化的程度，一般是指喷散的细度和均匀度。喷散细度可以用油束中油粒的平均直径来表示。平均直径越小，则喷雾越细。均匀度是表示全部油粒直径的相同程度，可用油粒的最大直径与平均直径之差来表示。直径差值越小，则喷雾越均匀。图 4-6 所示为油束的特性曲线，其中曲线 1 顶峰靠近纵坐标轴，而且曲线窄，说明喷雾细且均匀。

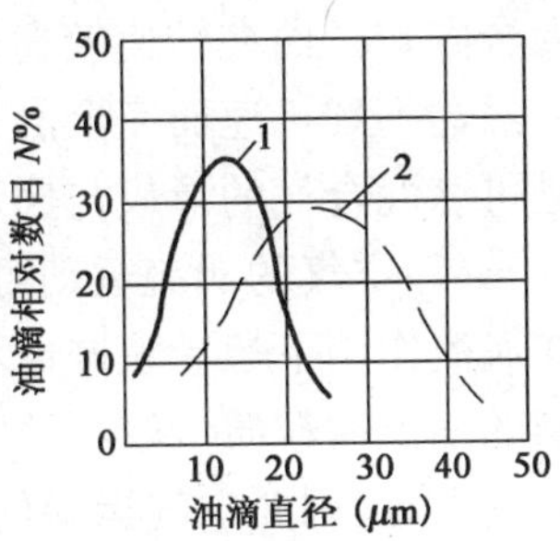


图 4-6　喷雾特性曲线

曲线 1-喷射压力为 34MPa；

曲线 2-喷射压力为 15MPa

2. 影响油束特性的因素

影响油束特性的因素很多，主要有喷油嘴的结构和尺寸、喷油压力、喷油泵凸轮外形和转速、汽缸内压缩空气及压力以及燃油的黏度。

1)喷油嘴的结构和尺寸

喷油嘴的结构不同，引起油束形成的内部扰动也不同，从而就产生不同形式的油束。油束应与燃烧系统密切配合，不同的燃烧方式，要求不同形式的油束，因而就使用不同结构的喷油嘴。

当喷油压力、汽缸内压缩空气压力及喷孔总截面积均不变，而增加喷孔数目时，则每个喷孔的直径减小，燃油流出喷孔时节流增大，在喷孔内的扰动增加，因此雾化品质提高；相反，喷孔直径增大时，则油束核心稠密，射程 $L$ 增大。

2)喷油压力

喷油压力越大，则燃油流出喷孔的初速度越大，在喷孔内的扰动程度以及喷射时受到汽缸内压缩空气的阻力也越大，雾化品质越好。喷油压力增加时，使油束射程 $L$ 也随之增加。

3)喷油泵凸轮外形及转速

当凸轮外形较陡或凸轮轴转速增高时，均使喷油泵的柱塞供油速度加快，由于喷油器喷孔的节流，燃油不能迅速流出，使高压油管中油压增加，从而使燃油从喷孔中流出的速度随之增加，因此雾化品质好，油束射程和喷雾锥角均有所增加。

4)汽缸内压缩空气压力

汽缸内工质的压力增大，使其密度增大，引起作用在油束上的空气阻力增加，因此燃油雾化品质有所提高，使 $\beta$ 增大而 $L$ 减小。在非增压柴油机中，汽缸内压缩空气的压力变化不大，因此对油束的影响也并不显著。

5)燃油的黏度

燃油的黏度增大时，燃油不易喷散雾化，因此高速柴油机均选用黏度低的轻柴油作为燃料。

3. 燃烧室内空气运动对混合气形成的影响

燃油的喷散雾化是混合气形成的首要步骤，其次是怎样使喷散的燃油与空气进行有效的混合。一种途径是让燃油去找空气进行混合，即利用多孔喷嘴喷出几股油束，以此增加燃油与空气混合的机会。这种混合方式使两油束间的空气不能及时地充分利用；而且在每一油束附近着火燃烧后，特别是在燃烧后期，燃烧产物容易把未燃油粒包围起来，使未燃油粒更不易找到新鲜空气。因此在过量空气系数较大而燃烧时间又较长的低速大型柴油机中，可采用此种混合方式。而在转速较高但力相对较小且燃烧时间短促的高速柴油机中,采用这种混合方式显然达不到迅速而完全燃烧的目的。因此必须采取最有效的措施,即组织空气涡流运动,以促进可燃混合气的形成与燃烧,燃烧室内空气的涡流运动对混合气形成的作用是:

(1)空气的涡流运动可以促使油束分散,增大混合范围。由于油束中油粒大小不等,因此在涡流作用下运动轨迹也不相同。油束核心部分的大油粒在气流作用下偏转较小,而油束外围的细小油粒质量较小,随着与空气的相对运动,很快就从自己的运动轨迹转移到空气的运动轨迹上去,因此空气运动促使油粒分散到更大的容积之中与空气混合,转速越高,涡流越强,气流对油束的分散作用越大。

(2)热混合作用。在燃烧室内空气强烈的涡流作用下,由于液体油粒或燃油蒸气的密度比空气大,使其沿螺旋线轨迹向外飞向汽缸壁面;而已燃气体的密度比空气小,因此沿螺旋线轨迹向内运动。由于火焰向中心运动,又将汽缸中心部分的新鲜空气挤向外壁与未燃烧的燃油混合,这样就使已燃气体与未燃物分开,促进了混合气的形成与燃烧,这种混合作用称为热混合作用。

## 第三节　柴油机混合气的形成与燃烧室

### 一、柴油机混合气形成特点及方式

1. 柴油机可燃混合气形成的特点

柴油机使用的燃料是柴油,由于柴油的黏度大、蒸发性差,故必须采用高压喷射法。借助喷油泵和喷油器等喷射设备将柴油以雾状在压缩行程终了前喷入汽缸,由高温空气的加热,被喷散成雾状的油粒很快就蒸发、汽化,并直接在汽缸内与空气混合成可燃混合气,而后在一定条件下自行发火燃烧。

因在压缩行程终了前开始喷油,柴油机的混合气形成时间短,一般仅占 15°～35°曲轴转角,使燃料来不及与空气很好地混合,因而造成混合气在燃烧室各处极不均匀,并且随着燃料不断喷入,汽缸内混合气成分也在不断改变。

为了保证燃料完全燃烧,柴油机不得不采用较大过量空气系数,柴油机在满负荷工况时,过量空气系数均大于 1;至于怠速工况值就更大,甚至可达 4～6。

2. 可燃混合气的形成方式

柴油机可燃混合气的形成基本上分为两种形式,即空间雾化混合与壁面油膜蒸发混合。

1)空间雾化混合

将燃油喷向燃烧室,形成雾化油滴,并从高温空气中吸热蒸发并扩散,与空气形成混合气。为促使混合气均匀,要求喷油器喷出的油束与燃烧室形状相配合,并利用燃烧室内的空气运动形成混合气。

2)油膜蒸发混合

将大部分柴油喷射到燃烧室壁面上,在燃烧室内强烈旋转的气流作用下,形成一层很薄油膜。油膜受热逐层汽化蒸发并与空气混合,形成均匀的可燃混合气。

实际上,柴油机中混合气的形成方式是多种多样的,上述方法往往并存,只是多少、主次各有不同。

## 二、缸内气流运动

柴油机缸内的气流运动形式可分为涡流、挤流、湍流和滚流四种形式，被分别或组合应用于各种不同的燃烧系统。

1. 涡流

进气涡流，在进气过程中形成绕汽缸轴线旋转的有组织的气流运动。压缩涡流，在压缩过程中气体由主燃室经通道进入涡流室，形成强烈的压缩涡流。

2. 挤流

在压缩过程中，活塞接近上止点时，汽缸内空气被挤入燃烧室凹坑内，由此产生挤压涡流；活塞下行时，燃烧气体向外与混合气进一步燃烧形成逆挤流。

3. 湍流

在汽缸中形成无规则的小尺度气流运动，湍流可以促进燃油与空气的微混合程度，加速燃烧过程。

4. 滚流

在进气过程中形成绕垂直于汽缸轴线旋转的有组织的气流运动，可以提高进气涡流产生的湍流，改善混合燃烧过程。

## 三、柴油机的燃烧室

由于柴油机混合气形成和燃烧都是在燃烧室内进行的，因此，要使柴油发动机具有良好的性能，不但要有良好的燃料喷射系统、较高的燃料喷雾质量，还必须有与燃料喷射配合恰当的燃烧室形状和气流运动，使燃料与空气混合均匀，提高空气利用率。

柴油机燃烧室按结构形式，可分成直喷式和分隔式两大类。

1. 直喷式燃烧室

直喷式燃烧室是由活塞顶面，汽缸盖底平面及汽缸壁所包围的统一空间组成。活塞顶上均开有深浅不同、形状各异的凹坑。按凹坑深浅不同又分为开式和半开式燃烧室两种。通常把活塞顶凹坑口径 $d_k$ 与活塞直径 $D$ 之比大于 0.7 的称为开式燃烧室，而把活塞顶凹坑口径 $d_k$ 与活塞直径 $D$ 之比小于 0.7 的称为半开式燃烧室。各种直喷式燃烧室形式如图 4-7 所示。

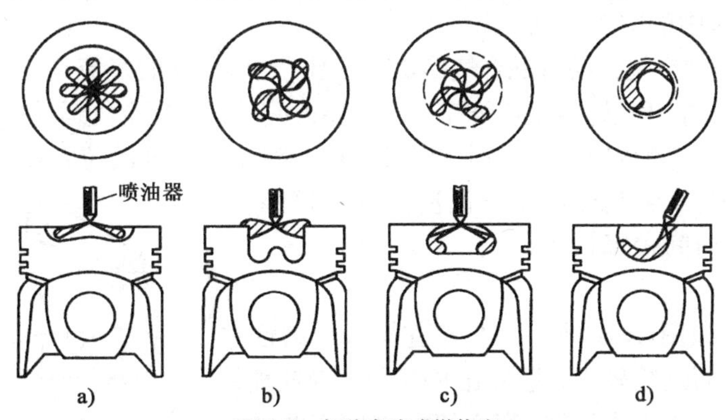


图 4-7 各种直喷式燃烧室

a)浅盆形；b)ω 形；c)挤流缩口形；d)球形

1)开式燃烧室

开式燃烧室结构十分简单，活塞顶部的燃烧室有中心略有凸起的浅形和平底的浅盆形，凹坑较浅。开式燃烧室中的混合气形成主要依靠空间雾化混合方式，因此对雾化质量，也就是对喷射系统有很高的要求，开式燃烧室常采用喷孔数目为6～12孔的孔式喷油器，需较高的喷射压力，最大喷射压力达到100MPa以上；一般不组织或只有很弱的空气涡流运动，在混合气形成中空气运动所起的作用相对很小。混合气在燃烧室的空间内形成，避免油束直接喷到燃烧室的壁面上，即油束贯穿率要求小于或约等于1。

对于开式燃烧室，希望通过油束与燃烧室形状的配合，使燃油尽可能均匀细微地分布到整个燃烧室的空间中。它的空气利用率相对较低，但经济性好，一般均采用增压来保证较大的过量空气系数，约为1.5～2.2，以实现完善的燃烧。开式燃烧室一般适用于缸径大于或等于140mm，转速等于或低于2 000r/min的柴油机中。

2)半开式燃烧室

若将开式燃烧室应用小缸径高速柴油机中，会遇到很大的困难。由于转速高，混合气形成和燃烧的时间极短，单靠燃油的喷散雾化，则不但喷孔直径要很小，喷射压力要很高，使制造困难，使用可靠性下降，而且也不能实现在较小的过量空气系数下有较好的混合气形成和燃烧。这种情况下，就可以应用半开式燃烧室。

半开式燃烧室中的混合气形成依靠燃油的喷散雾化和空气运动两方面的作用。它采用孔式喷油器，常见的喷孔数目为4～6孔，并有较高的喷射压力，对喷射系统有较高的要求。此外，利用以进气涡流为主，挤压涡流为辅的空气运动，来帮助和加强混合气形成，对气道也有较高的要求。一般认为，比较理想的油束贯穿率约为1.05。

与开式燃烧室相比，半开式燃烧室中的空气利用率有所提高，在过量空气系数约为1.3～1.5时，可以实现完善的燃烧。因一般空气运动的强度随着转速的提高而增大，而涡流强度过强或过弱会造成油束贯穿不足或过度，均会影响混合气形成和燃烧，故半开式燃烧室对转速的变化较为敏感。半开式燃烧室一般适用于缸径80～140mm，转速低于4 500r/min的中、小型高速柴油机上。

由于开式燃烧室与半开式燃烧室相比，具有经济性更好，微粒排放量较低的突出优点，近年来在缸径相对较大的半开式燃烧室中，出现了向开式燃烧室方向发展的趋势，即提高了喷射压力、缩小喷孔直径、增多喷孔数目、增大活塞顶部凹坑喉口直径并减弱空气涡流强度。当然，这要以制造技术水平的提高以及增压技术的采用作为其前提条件。

3)半开式燃烧室中的空气运动

半开式燃烧室中的空气运动对混合气形成有重要影响，合理的气流运动是加速混合气形成的有效手段，也是保证半开式燃烧室燃烧完全的重要条件。其产生空气运动的方法有两种：一种是进气涡流，是利用进气道内腔和气阀形状以及气阀相对于汽缸壁的位置使气流沿限定方向运动而形成的；另一种是压缩涡流或挤压涡流，在压缩行程上止点附近产生，持续时间较短。

(1)进气涡流。

①切向进气道：如图4-8a)所示，进气道与汽缸盖底平面夹角较小，气道断面收缩较大，进气道中心线与汽缸轴线空间相错，使空气沿切向进入汽缸，产生绕汽缸中心线的旋转涡流。切向进气道结构简单，在进气涡流要求低时，流动阻力不大；当涡流要求高时，由于气阀口速度分布过于不均匀，气道阻力增大很快。因此切向进气道适用于进气涡流

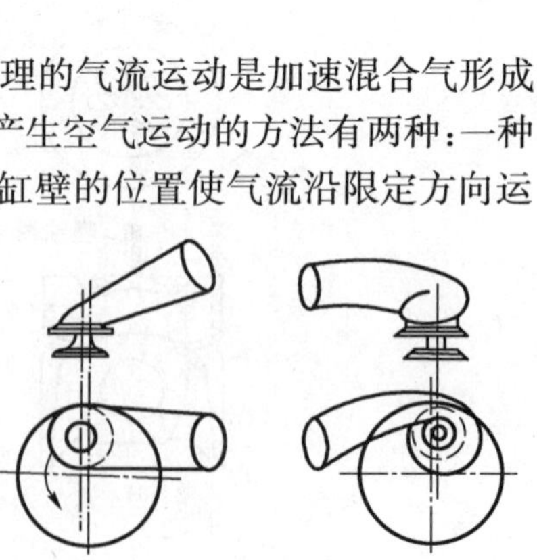

a)　　b)

图4-8　进气道

a)切向气道；b)螺旋气道

强度要求不高的柴油机上。

②螺旋进气道:如图 4-8b)所示,进气道呈螺旋形,空气经过螺旋气道的导流,在进入汽缸前就形成绕气阀中心的旋转运动,并在进入汽缸后继续保持旋转;另一方面,由于气阀中心与汽缸中心的不重合,在进入汽缸后会产生沿缸壁绕汽缸中心的旋转运动。产生的进气涡流,可视为这两部分共同作用的结果。

为了增加进气量,希望气道的流动阻力越小越好;而进气涡流会增加进气阻力,一般阻力随涡流强度增加而增大。合理的进气道应在首先保证所要求涡流强度的前提条件下,尽可能地提高流通性能,降低流动阻力,这往往需要进行仔细调试和反复改进,但保证一定的涡流强度往往是以进气阻力的提高为代价的。

(2)挤压涡流。

在压缩冲程后期活塞接近上止点时,活塞顶上部的环形空间中的空气被挤入活塞顶凹坑的燃烧室内,形成空气的涡流运动称为挤压涡流,如图 4-9 所示。当活塞下行时燃烧室中的空气向外流到环形空间产生膨胀流动,称逆挤压涡流。这些流动不影响充气效率,有助于燃料的分布和混合气的形成。活塞顶部凹坑喉口直径和活塞顶间隙越小,则挤压涡流的强度越大。与进气涡流相比,挤压涡流持续的时间较短(仅在上止点附近),强度较小,在混合气形成和燃烧中起到配合、辅助作用,对混合气形成和燃烧起主导作用的是进气涡流。

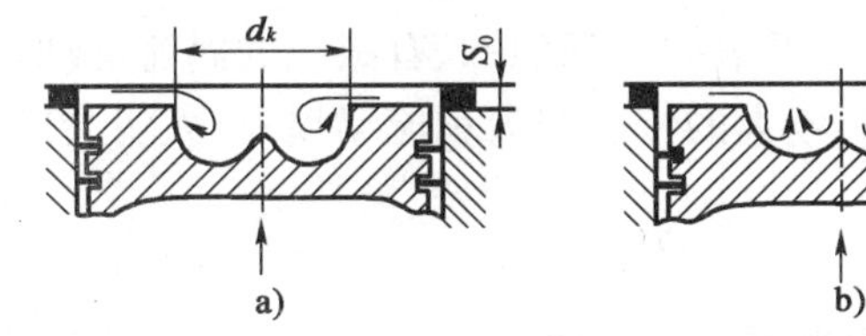


图 4-9　挤气涡流

a)无进气涡流或进气涡流不强;b)进气涡流强;c)逆挤流

2.分隔式燃烧室

分隔式燃烧室由两个空间组成,即主燃烧室和副燃烧室。主燃烧室设在活塞顶与缸盖底面之间,副燃烧室在汽缸盖内,两室由一个或几个孔道相连。燃油不直接喷入主燃烧室内,而是喷入副燃烧室内。按其气流运动方式又分为涡流室和预燃室两种燃烧室。

1)涡流室燃烧室

如图 4-10 所示,在汽缸盖内呈球形的涡流室,与其内壁相切的孔道和主燃烧室连通。孔道直径较大,截面积约为活塞截面积的 1%～3.5%,可以减少流动损失,孔道方向与活塞顶成一定的倾斜角度,其截面形状也有许多种。一般涡流室容积约占整个燃烧室压缩容积的 50%～60%,涡流室形状如图 4-11 所示。

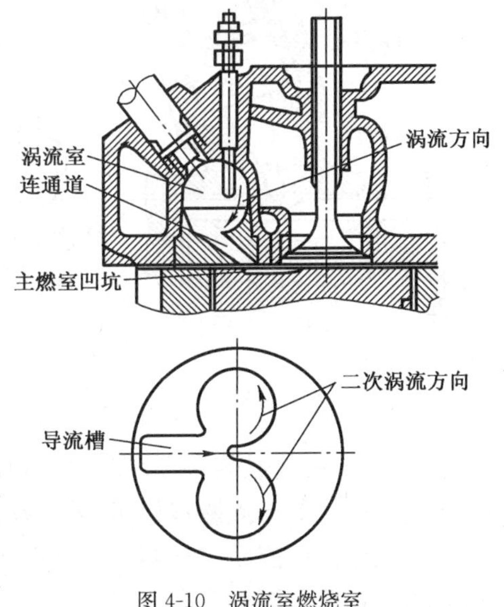


图 4-10　涡流室燃烧室

混合气形成与燃烧特点:在压缩过程中,活塞迫使空气从主燃烧室经过孔道挤入涡流室,形成强烈的、有组织的压缩涡流运动,压缩涡流在混合气形成中起主要作用。燃料顺涡流方向喷射到涡流室后,较小的油

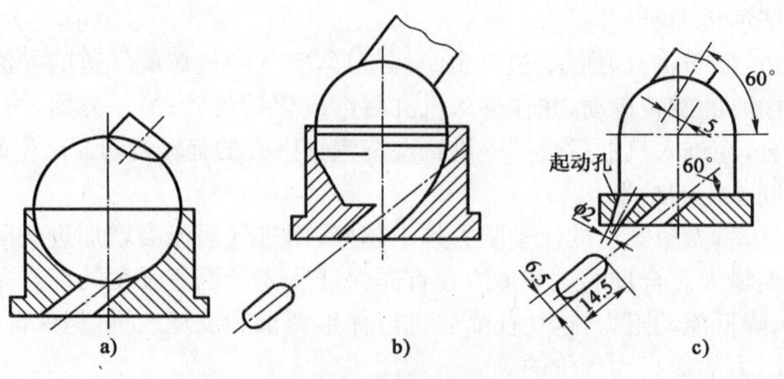


图 4-11　涡流室形状

a)球形;b)圆锥形平底;c)圆柱形平底

滴随空气运动,在空间蒸发与空气混合,较大的油滴在气流作用下被带向燃烧室外围,其中部分燃料分布在壁面上。混合气在孔道口附近靠近壁面处首先着火,在强烈涡流作用下,密度较小的燃烧产物被卷入涡流室中央,密度较大的新鲜空气不断压向四周形成良好的"热混合"。涡流室中着火燃烧后,室内气体压力和温度迅速升高,大部分燃料在涡流室中燃烧,未燃部分与高压燃气一起通过切向孔道喷入主燃室,并在活塞顶的浅凹槽内形成二次涡流,加速燃料与空气混合,继续完成燃烧。

由此可见,在涡流室燃烧室中,混合气形成主要靠空气强烈的、有组织的涡流运动,即压缩涡流和二次涡流。涡流强度宜适中,太强会引起较大的传热损失和流动损失;太弱会影响混合气的形成。

2)预燃室燃烧室

如图 4-12 所示,主燃烧室在活塞顶上,作为副燃烧室的预燃室在汽缸盖内。连通主、副两燃烧室的孔道直径较小,截面积约为活塞截面积的 0.3%～0.6%,预燃室容积约占整个燃烧室压缩容积的 35%～45%,喷油器安装在预燃室中心线附近。相对涡流室来说,预燃室的容积和连接通道的截面积都较小,通道内的最大流速约提高 50%。

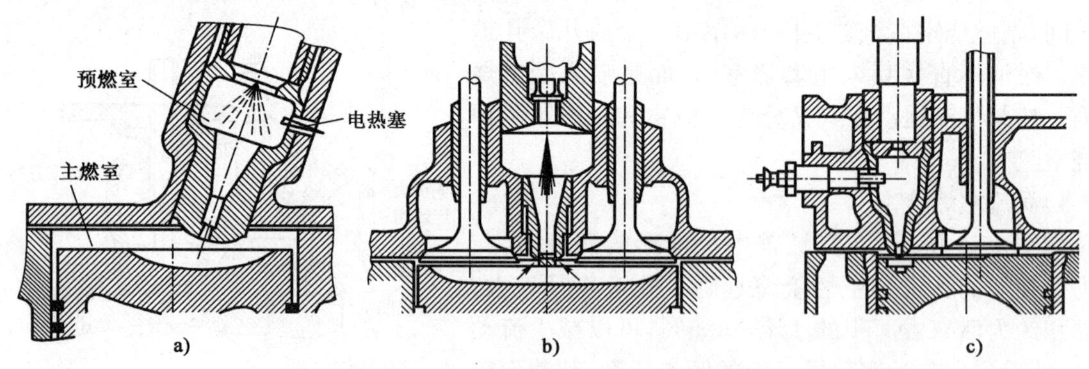


图 4-12　预燃室燃烧室

a)倾斜偏置,单孔道;b)中央正置,多孔道;c)侧面正置,单孔道

混合气形成与燃烧特点:在压缩过程中部分空气经连接孔道被压入预燃室,由于连接孔道截面积很小,且不与预燃室相切,因此在预燃室中形成强烈的无规则的紊流运动。燃料喷到预燃室通道附近后,依靠空气紊流的扰动与空气初步混合。气流只将一部分小油粒带向预燃室的上部空间,并在那里着火。着火后使预燃室内压力和温度迅速升高,高温、高压的燃气携带

未燃的燃料高速经孔道喷入主燃室;由于窄小孔道的节流作用,在主燃室中产生燃烧涡流,促使燃料进一步雾化与空气混合,并达到完全燃烧。

3. 不同燃烧室的性能比较与选用

不同类型的燃烧室有着各自的性能特点与适用场合。

(1)在燃油经济性方面,直喷式燃烧室柴油机明显优于分隔式燃烧室柴油机。在能源问题已成为全球性重大问题的今天,直喷式燃烧室柴油机由过去主要用于中重型货车逐步变为现在向小型货车以及轿车领域扩展。

(2)在排放特性上,分隔式燃烧室柴油机在原理上是低排放燃烧方式,比直喷式燃烧室柴油机有优势,但近年来发展的高压喷射和电控喷射等技术,使直喷式燃烧室柴油机的排放有了显著的改善,在排放特性上缩小了与分隔式燃烧室柴油机的差距。

(3)在噪声振动性能方面,分隔式燃烧室比直喷式燃烧室有优势,加上高速性能好、制造成本低以及容易实现低排放污染等优点,在高速柴油机上仍有较广泛地应用。特别是涡流室的高速性能比预燃室更佳,因此在轻型柴油车特别是柴油轿车上应用居多,但半开式燃烧室和预燃室燃烧室也有应用。显然分隔式燃烧室有诸多优点,但在重要的燃油经济性上不如直喷式燃烧室,因而应用范围逐渐减少。如其能在改善指示热效率上有突破性进展,有望得到"复兴"。

(4)在重型汽车的大型增压柴油机上,目前几乎都采用无涡流或低进气涡流的开式燃烧室。

(5)中、轻型车的柴油机应用领域中,目前主要是涡流室燃烧室与半开式燃烧室两者的竞争。

(6)在包括农用运输车和小型拖拉机在内的农用柴油机的领域,考虑到对制造成本、工作可靠及寿命长的要求,涡流室式燃烧室仍被较多地应用,但直喷式燃烧室的比重在不断上升。

(7)分隔式燃烧室,特别是预燃室燃烧室还常用于一些要求噪声特别低的特殊场合,例如在矿井内或潜艇中使用。

燃油喷射、气流运动与燃烧室形状间的良好配合,是满意的柴油机混合气形成和燃烧过程的基本保证。在燃油喷射、气流运动与燃烧室形状间的配合中,一般应兼顾各方面的要求,并根据具体使用情况有所侧重,寻求一个较理想的折中方案。

例如,半开式燃烧室的活塞顶部凹坑喉口直径的大小要与油束射程、涡流强度互相配合。如凹坑喉口直径过小、油束射程过大而涡流强度较弱时,就会有过多的燃油直接喷到燃烧室壁上,难以很好地形成混合气与燃烧,这一般称为"穿透过度";反之,如凹坑喉口直径过大,油束射程过小而涡流强度较强时,就会使喷到燃烧室壁上的燃油过少甚至没有,则燃烧室外围的空气就得不到充分地利用,这一般称为"穿透不足"。不论是直喷式燃烧室还是分隔式燃烧室,都应尽量避免燃烧室内形成混合气的死角。例如,活塞顶部的让阀坑、第一道活塞环上部活塞与缸套间的容积、分隔式燃烧室中安装电预热塞附近的部位,还包括孔式喷油器头部的压力室等。

燃油喷射、气流运动与燃烧室形状间的配合,目前仍以大量试验、反复改进为主要手段来进行的。近年来,一方面燃烧室内部的测试有较大发展,通过激光油量、高速摄影和缸内取样等,深入了解混合气形成和燃烧过程,从而寻求最佳的配合;另一方面,应用计算机对柴油机的工作过程进行模拟计算也已得到应用,燃烧模型也从简单的零维模型发展为三维模型,这也将成为设计改进工作的有力工具。

# 第四节  柴油机的燃烧过程

发动机的燃烧过程是将可燃混合气中燃料的化学能通过极为迅速的燃烧化学反应转化为热能，并伴有强烈的发光效应的过程。燃烧过程进行得好坏，不仅关系到能量转换效率的高低，从而直接影响发动机的动力性和经济性；而且对发动机的运转性能启标，如起动、噪声、排气品质等以及机械强度和热强度等性能，也有重要的影响。

柴油喷入燃烧室后，油束中的细小油粒经过加热、蒸发、扩散与空气混合等物理准备和分裂、氧化等化学准备阶段后，在一定条件下自行着火燃烧。

## 一、着 火 条 件

将一油滴放于静止的热空气中，如图 4-13 所示，油滴被空气加热温度升高，同时表面开始蒸发，并向周围分散与空气混合，经过一段时间，在油滴周围形成一层燃料与空气的混合气。接近油滴表面混合气浓度高而温度低。随着离开油滴表面的距离增加，混合气的浓度降低，温度升高。图 4-13 中曲线 $C$ 表示浓度，曲线 $T$ 表示温度的变化情况。实验表明，发火地点不在浓度高的油滴表面附近，也不在远离油滴表面的稀浓度混合区，而在上述两者之间浓度适当、温度足够高的区域。可见，着火需要具备的两个条件是：

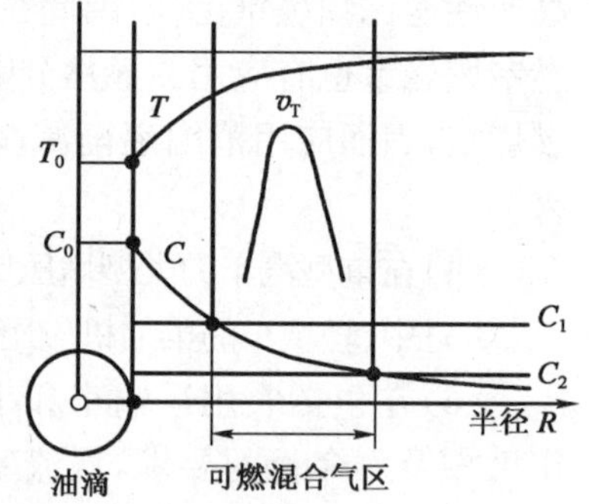


图 4-13　静止油粒周围的温度和浓度分析
$T_0$-蒸发温度；$C_0$-蒸发浓度；$C_1$-燃烧浓度上限；$C_2$-燃烧浓度下限；$v_T$-燃烧速度

(1)可燃混合气的浓度应在着火界限之内，也就是在形成的可燃混合气中，燃料蒸汽与空气的比例要在一定的范围内，这个范围就是着火界限。

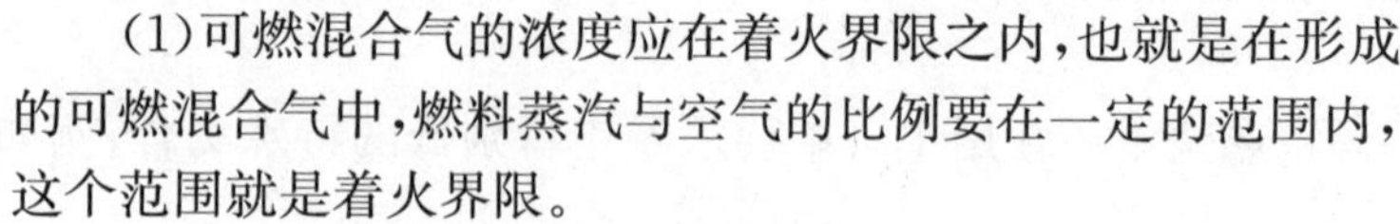

(2)可燃混合气的温度必须达到着火温度。

## 二、实际柴油机中的着火

实际柴油机中的着火相当复杂，因为燃油被喷入燃烧室，分散成一束大小不同的油粒群，并且燃烧室内各点温度又有差异。因为油粒燃烧前物理化学准备时间有长有短，而且相邻油粒形成的混合气又会互相干扰，互相渗透。图 4-14 所示为油束在有旋流着火情况示意图。在油束的外围，油粒直径小，蒸发快，在很短的时间就可以形成浓度适当的可燃混合气区域，但此时温度不够，化学准备尚未完成。经过一段准备时间，由于扩散作用，使此区域混合气变稀，因此难于着火，而油束核心部分则为较大油粒集聚区，蒸发慢，更不会首先着火。首先着火的地方是在混合气浓度适当、温度足够高的地方。实际着火点一般不止一个，各个循环的着火点数目和位置也不一定相同。多个着火点出现以后，火焰即向四周传播。传播途中，有的火焰可能因条件不适而熄灭，但其他区域又会有新的火源产生。

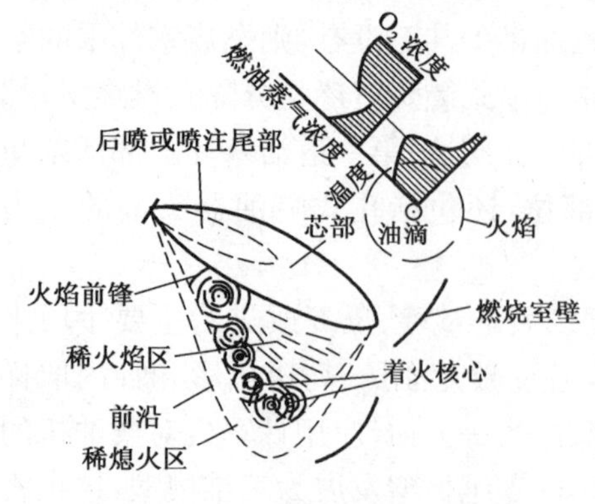


图 4-14　有旋流时的油束着火示意图

## 三、燃 烧 过 程

柴油机的燃烧过程,可以从不同的角度用不同的方法进行研究,例如用高速摄影、光谱分析等。但最简便且应用最多的方法是利用展开示功图分析燃烧过程。图 4-15 为典型柴油机示功图。曲线 1-2-3-4-5 表示汽缸内进行正常燃烧的压力曲线,虚线表示不向汽缸喷油的纯压缩、膨胀曲线。根据汽缸内工质压力和温度的变化情况,一般可将燃烧过程分为 4 个时期。

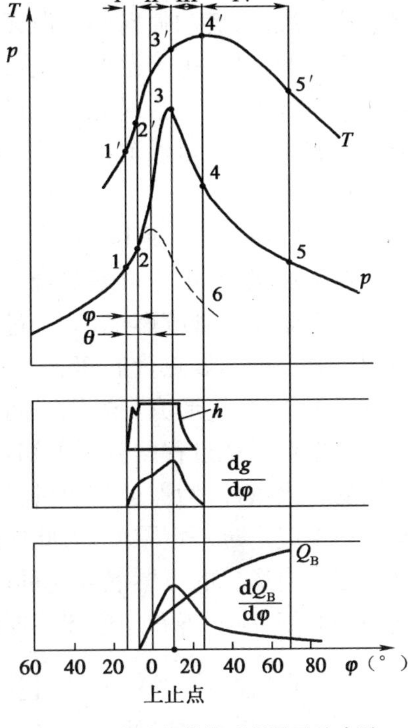


图 4-15 柴油机燃烧过程展开示功图

*h*-针阀升程;*g*-循环供油量;$Q_B$-循环放热量;*θ*-喷油提前角;*φ*-着火延迟角

1. 着火延迟期

从喷油开始即图 4-15 中的 1 点,到汽缸内压力线明显脱离压缩线开始急剧上升的 2 点止,这段时期为着火延迟期,如图 4-15 中的 I 所示。在着火延迟期内,喷入汽缸的燃料进行雾化、加热、蒸发、扩散与空气混合等物理准备,以及重分子裂化、低温氧化等化学准备,直到在混合气浓度合适、着火前氧化充分的地方,一处或同时几处着火。由于此时化学反应速度慢,放热速率很低,因此汽缸内压力与温度和纯压缩空气相比基本没什么变化。时间虽短,但对整个燃烧过程,特别是对第 II 时期影响很大。影响着火延迟期的主要因素是燃油的品质、压缩终了时的温度和压力、喷油提前角、柴油机的转速和负荷等。

2. 速燃期

从压力开始急剧上升的 2 点起,到压力上升缓慢的最高压力 3 点止,这段时期称为速燃期,如图 4-15 中的 II 所示。由于在着火延迟期内喷入汽缸并具备着火条件的燃油在这一时期几乎同时燃烧,而且是在活塞处于上止点附近,汽缸容积较小的情况下进行的。因此汽缸内压力急剧上升。通常用平均压力升高率 $\Delta p/\Delta\varphi$ 来表示压力升高的急剧程度。

$$\frac{\Delta p}{\Delta \varphi}=\frac{p_3-p_2}{\varphi_3-\varphi_2}\ (\text{kPa/°CA})$$

式中:$p_2$、$p_3$——速燃期起点和终点的压力,kPa;

$\varphi_2$、$\varphi_3$——速燃期起点至终点的曲轴转角,(°CA)。

压力升高率 $\Delta p/\Delta\varphi$ 决定了柴油机运转的平稳性,如果过大,则柴油机工作粗暴。不仅噪声大,而且运动机件受到很大的冲击载荷,使柴油机寿命缩短。因此为使柴油机工作柔和、运转平稳,$\Delta p/\Delta\varphi$ 值应比较低。

速燃期内 $\Delta p/\Delta\varphi$ 主要决定于着火延迟期及在着火延迟期内形成的混合气数量,因此缩短着火延迟期,减少喷油量和形成的可燃混合气数量,均可降低 $\Delta p/\Delta\varphi$,从而可使柴油机工作柔和,运转平稳。

3. 缓燃期

从压力上升缓慢的 3 点起到出现最高温度的 4 点为止,这段时期称为缓燃期,如图 4-15 中的 III 所示。

在缓燃期内仍有大量燃油燃烧，但此期间燃烧是在汽缸容积不断增加的情况下进行的，因此，尽管初期燃烧速度很快，缸内压力却几乎保持不变，随着燃烧的进行，燃烧产物即废气不断增多，氧气和燃油的浓度不断下降，燃烧条件变得不利，燃烧速度也逐渐缓慢。缓燃期若仍在继续喷入燃油，燃油喷射到高温废气区，则燃油因得不到氧气容易裂解形成炭烟；若燃油喷到氧气充足的区域，由于温度高，着火前化学反应快而短，因此，喷入的燃油很快就着火燃烧，但若此时氧气不足，也会因混合气过浓而形成炭烟。因此，如何加强空气运动，加速缓燃期的混合气形成与燃烧，对保证在上止点附近迅速而完全地燃烧有重要作用。

4. 补燃期

从缓燃期的终点起到燃油基本燃烧完为止的这段时期称为补燃期，如图 4-15 中的Ⅳ所示。

在柴油机中，由于可燃混合气形成时间极短，且混合不均匀，总有一些燃油不能及时燃烧，而拖到膨胀线上继续燃烧，这一过程，即为补燃期。补燃期的终点很难确定，一般认为放热量达到每循环的总放热量的 95%～97%时补燃期结束。但在大负荷、高转速时，由于空气过量系数 $\alpha$ 小，混合气形成与燃烧时间更短，补燃可能一直继续到排气过程中。

根据对燃烧过程的分析可知，为保证柴油机工作可靠，尤其是冷启动可靠，应保证燃油有良好的着火条件；为保证柴油机工作柔和，燃烧噪声小，寿命长，速燃期的压力升高率和最高爆发压力不应超过一定限度，为此应适当地缩短着火延迟期，减少着火延迟期内的喷油量以及着火延迟期内形成的可燃混合气量；为使燃烧及时、完全，提高柴油机的动力性与经济性，减少排气中的炭烟，应改善和加速缓燃期内燃油与空气的混合，提高后期的燃烧速率，减少补燃。

## 四、影响燃烧过程的主要因素

1. 燃料性质的影响

柴油的十六烷值越高，其自燃性越好，因此着火延迟期短，则柴油机工作柔和，也容易启动。但是，如果十六烷值过高，柴油的蒸发性差，高温下易裂解成炭烟，因此，柴油的十六烷值不能过高。一般高速柴油机用柴油的十六烷值以 40～60 为宜。图 4-16 所示为柴油不同的十六烷值对燃烧过程影响的一个示例。十六烷值为 55 的燃油自燃性相对较好，即较易于着火自燃，使着火延迟期较短，因此在同样喷油规律的条件下比较，十六烷值为 55 的燃油的压力升高率和最大爆发压力都明显较低。从而使燃烧噪声和 $NO_X$ 的排放量也都可降低。

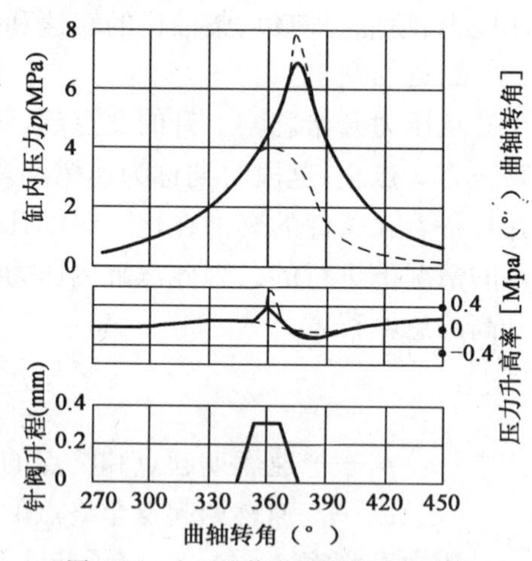

图 4-16　十六烷值对燃烧过程的影响

上虚线-十六烷值为 45；下虚线-十六烷值为 55

2. 压缩比的影响

压缩比增加，压缩终了时缸内温度和压力均增加，燃油发火前的物理、化学准备均被加速，着火延迟期缩短，速燃期的压力升高率降低，因此柴油机工作柔和，并且冷启动性好。但是，如果压缩比过高，将使燃烧最高压力过分增高，引起曲柄连杆机构机械负荷增加，影响柴油机寿命。柴油机的压缩比应根据冷启动、柴油机结构以及实际使用情况进行选择，在冷启动可靠的条件下，尽可能选用较低的压缩比，以利于减小最高爆发压力。图 4-17 所示为不同压缩比对着火延迟期的影响。

3. 喷油规律的影响

喷入汽缸的燃油量随曲轴转角变化的关系称为喷油规律，图 4-18 所示为喷油规律对燃烧过程的影响。用喷油规律来控制柴油机的工作粗暴,调整热效率是非常有效的。合理的喷油规律应该是:在着火延迟期内喷油量不宜过多,以控制速燃期内压力升高率,保证柴油机工作柔和;而着火后急剧增加喷油量,以缩短燃油喷射的持续时间,使燃烧尽可能在活塞处于上止点附近完成,提高柴油机的热效率。

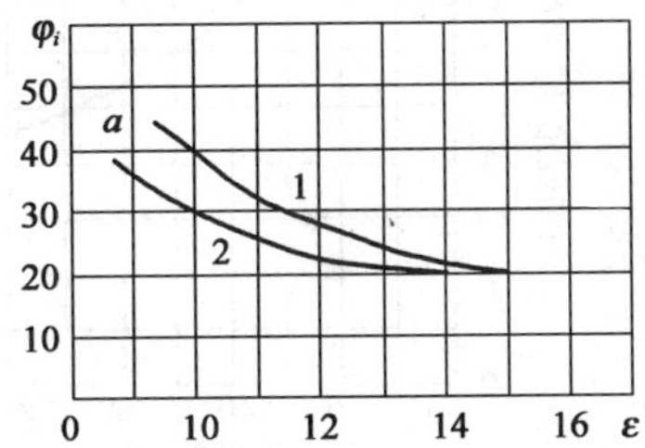


图 4-17 压缩比对着火延迟期的影响
a-相当于混合气着火燃烧所必需的最低压缩比点;曲线 1-十六烷值 40;曲线 2-十六烷值为 60

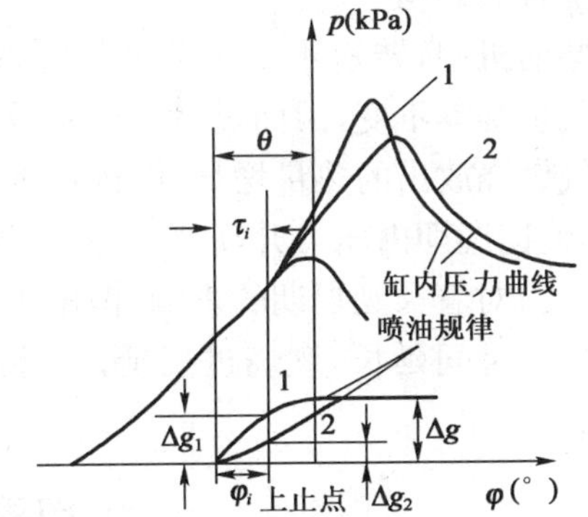


图 4-18 喷油规律对燃烧过程的影响

4. 喷油提前角的影响

喷油提前角是指喷油开始到活塞上止点间的曲轴转角。喷油提前角过大,意味着喷油时汽缸内空气的温度和压力都较低,因而着火延迟期长,使压力升高率和最高爆发压力均上升,柴油机工作粗暴,并使怠速不良,难以起动。喷油提前角过大还会增加压缩做功,使柴油机动力性与经济性均下降。如果喷油提前角过小,则燃油不能在活塞处于上止点附近迅速燃烧,补燃增加,虽然压力升高率和最高爆发压力低,工作柔和,但排气温度增加,冷却系的热损失增加,使柴油机过热,动力性和经济件也随之下降。图 4-19 为喷油提前角对燃烧过程的影响。

5. 转速的影响

转速升高时,燃烧室内的空气运动加强,喷油压力提高,有利于燃油的蒸发、雾化及与空气混合;同时,转速升高时,由于漏气损失和散热损失减小,使压缩终了的温度和压力增高,这些都使着火延迟期缩短。但是,由于转速升高,每循环所占的时间缩短,因此以曲轴转角计的着火延迟期却随着转速的升高可能有所增加,如图 4-20 所示。图中表明直接喷射式燃烧室柴油

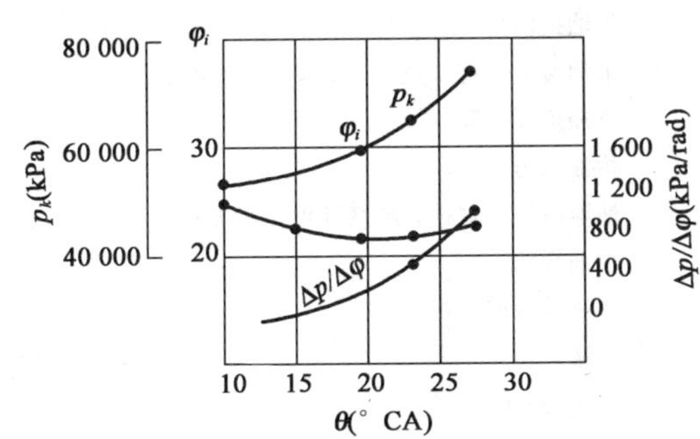


图 4-19 喷油提前角对燃烧过程参数的影响

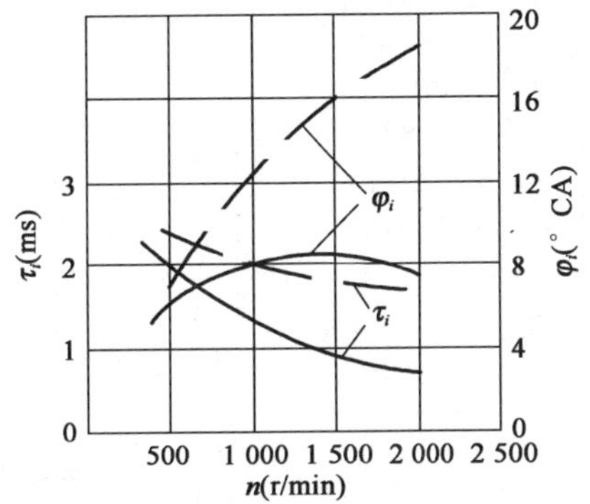


图 4-20 转速对着火延迟期的影响
虚线-直接喷射式燃烧室;
实线-涡流室式燃烧室

机 $\varphi_i$ 随转速升高而增大。因此,要保证燃烧仍能在活塞处于上止点附近完成,必须随着转速的升高将喷油提前角增大,故在转速变化较大的柴油机上一般都装有离心式喷油提前角自动

调节器。图 4-20 还表明，涡流室式柴油机随着转速升高而 $\tau_i$ 变化不大，这说明转速升高时，空气涡流大大加强，可燃混合气的形成与燃烧均被加速，燃烧不致拖后，因此与直接喷射式柴油机相比，涡流空式柴油机对喷油提前角不敏感，故其适于高转速。

6. 负荷的影响

在柴油机中，转速不变负荷增加时，循环供油量增加，由于空气量基本不变，因而过量空气系数减小，单位气缸容积混合气燃烧放出的热量增加，缸内温度上升，缩短了着火延迟期，使速燃期内压力升高率下降，柴油机工作柔和。图 4-21 为负荷对着火延迟期的影响，但由于循环供油量增加，使喷油持续时间延长，燃烧过程延长，补燃严重，引起经济性下降。

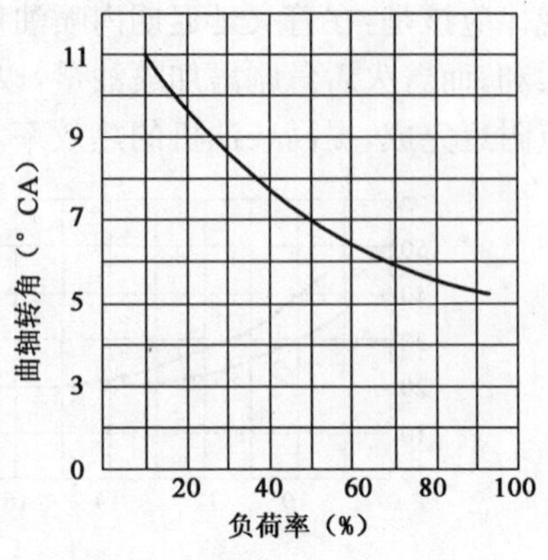

图 4-21 负荷对着火延迟期的影响

## 五、改善燃烧性能的途径

燃烧过程是将燃料的化学能转变为热能的过程，是发动机实际循环中最重要的一个过程。燃烧过程的完善程度直接影响发动机的功率、效率、启动、噪声、排放、机械强度和热强度等性能。因此，在柴油机发展过程中，燃烧问题始终是一个核心问题，改进燃烧过程的品质一直是提高柴油机经济性、动力性和排放品质的一个重要途径。

但燃烧过程十分复杂，它受许多因素的综合影响，如燃料的性质、缸内气流运动、燃料喷射特性、混合气形成品质、燃烧室结构、压缩比以及大气状态、运转条件等都影响燃烧过程的进行。其中，以进气系统、供油系统和燃烧室结构三者之间的综合配合为影响性能的关键。图 4-22 中列出了改进燃烧性能的途径。

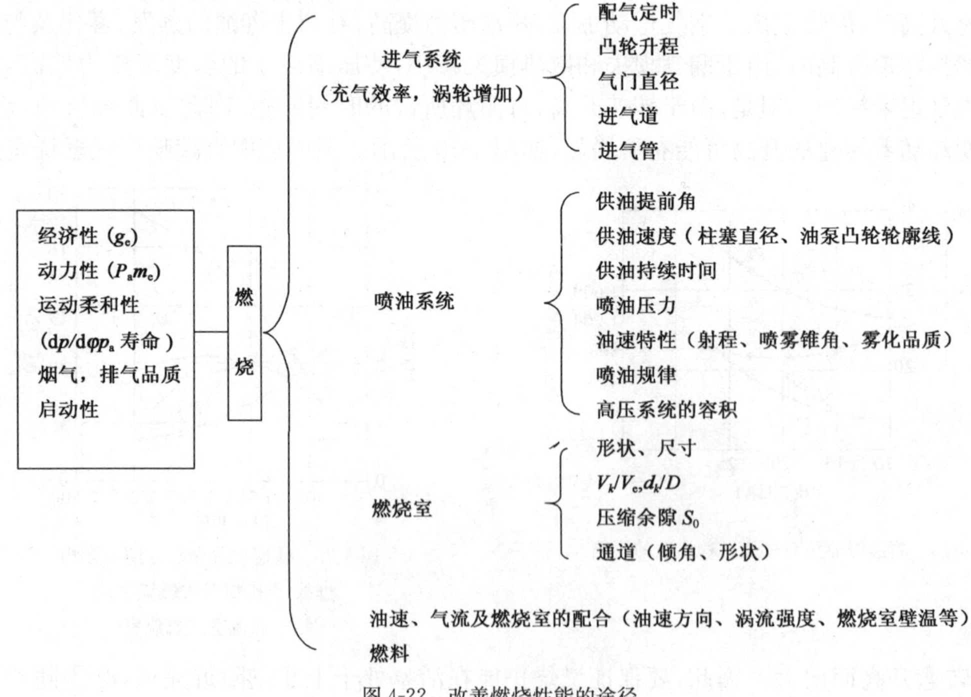

图 4-22 改善燃烧性能的途径

# 第五节　柴油机电控燃油喷射系统

柴油机电控喷射技术的难度在于柴油机是高压缸内喷射。要求在毫秒级的时间内完成喷油定时、喷油率及喷油压力等的精确控制。例如重型载货车辆电控泵喷嘴使用的电磁控制阀，与汽油机的相比，承受压力高了300～500倍，开闭速度则要快10～20倍。

## 一、电控喷射系统的主要优点

近年来，柴油机电子控制喷射系统的研究开发已取得很大的进展。许多产品已进入市场，电子控制系统的功能也日益扩大，包括循环喷油量的控制、喷油定时控制、怠速控制、进气控制及故障诊断等。应用电子控制喷射系统主要有以下优点：

1. 具有多功能的自动调节性能

工程机械用柴油机的运转工况是变化的，而且对其油耗、排故和可靠性等要求较高。柴油机多工况、多参数的优选，使其调节系统的任务复杂和艰巨。自动控制技术应用于柴油机的调节系统，恰好可以实现这些多功能的自动调节，从而保证柴油机动力性、燃料使用经济性、可靠性和操作方便性等性能充分发挥。

2. 减轻质量、缩小尺寸、提高柴油机的紧凑性

自动控制系统的一个重要功能是随柴油机转速和负载的变化而自动择优确定其供油提前角。对于强化柴油机来说，由于驱动喷油泵的转矩较大，要设计一个紧凑和可靠的供油提前自动调节器则十分复杂，且在柴油机总体布置上也会遇到困难。采用自动控制技术不仅可以解决供油提前角自动调节问题，而且还提高了柴油机的紧凑性。

3. 部件安装连接方便、提高了维修性

自动控制系统替代了柴油机传统的调节系统后，其部件尺寸减小，安装部位免受空间位置的约束，连接也简便得多，进而有利于柴油机正常的维护和修理等工作。

4. 扩展了诊断、联络等功能

柴油机采用自动控制技术后，除自动调节外，还可实现诊断与检测功能，柴油机运行及检测数据的储存与传递等问题也迎刃而解，也便于运输车辆的科学管理与使用。

喷油系统的电子控制使控制自由度增大，而且许多控制功能是机械式喷油系统无法实现的。电控喷油系统的主要功能如图4-23所示。

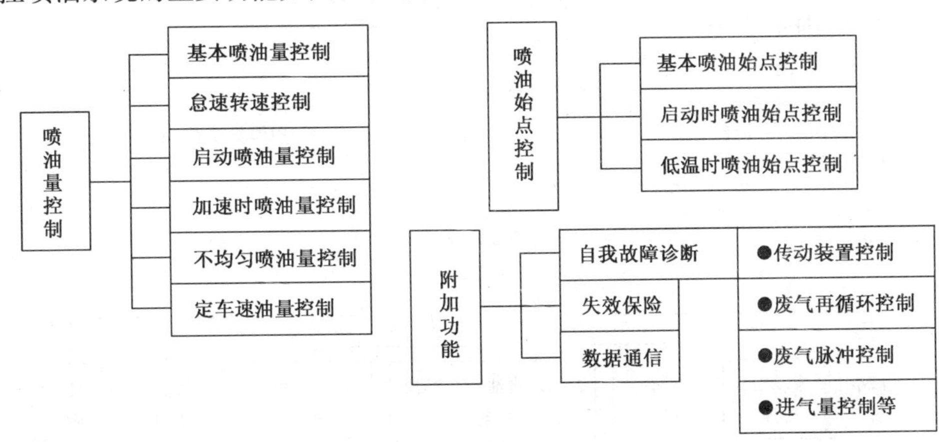


图4-23　柴油机电控喷油系统的主要功能

## 二、电控喷射系统的类型

柴油机电控技术与汽油机电控技术有许多相似之处，在电控单元硬件方面，整个系统都是由传感器、电控单元和执行器三部分组成。传感器实时检测柴油机、车辆运行状态等信息，并输送到控制器。主要传感器有发动机转速传感器、齿杆位移传感器、喷油提前角传感器、加速踏板位置传感器等。控制器的核心部分是计算机，它负责处理所有信息和执行程序，并将运行结果作为控制指令输出到执行器。根据控制器送来的执行指令驱动调节喷油量及喷油正时等相应机构，从而调节柴油机的运行状态。在电控柴油机上所用的传感器中，如转速、压力、温度等传感器以及加速踏板传感器，与汽油机电控系统所用的传感器工作原理都是一样的。但柴油机电控技术还有它自身的特点：一是其关键技术和技术难点就在柴油喷射电控执行器上；另一个特点是柴油电控喷射系统的多样化。

柴油机是一个热效率比较高的动力机械。它采用高压喷油泵和喷油器将适量的燃油，在适当的时期，以适当的空间状态喷入柴油机的燃烧室，以造成最佳的燃油与空气混合气和燃烧的最有利条件。实现柴油机在功率、转矩、转速、燃油消耗率、怠速、噪声、排放等多方面的要求。柴油机燃油喷射具有高压、高频、脉动等特点，柴油机电控技术的关键和难点就是柴油喷射电控执行器，也即电控柴油喷射系统。主要控制量是喷油量和喷油正时。

柴油机的电控燃油喷射系统，从控制部件分类有电控喷油泵和电控喷油器；从控制方式分有位置控制系统和时间控制系统；从燃油供给方式分有脉动泵喷射系统和定压喷射系统，即共轨系统。从发展顺序上讲，首先发展的是位置控制系统，也称为第一代电控喷油系统；随后发展的是时间控制系统，也称为第二代电控喷油系统。

位置控制系统仍保留有传统喷油泵中的齿条、滑套、柱塞上的控制槽等机械控制机构，只是利用线位移电磁执行机构对齿条或滑套的运动位置予以控制，以实现循环喷油量和喷油正时的电子控制，使控制精度和动态响应速度较机械式控制得以改善。另外，通过一些方法，如改变柱塞预行程，可以实现对喷油速率的电子控制，从而实现柴油机全工况的优化控制。

此系统需要控制的参数有 3 个：喷油量、喷油提前角和废气再循环量。电子控制柴油喷射由传感器、控制器和执行器组成，保留原机械式喷油泵的电子控制图如图 4-24 所示。

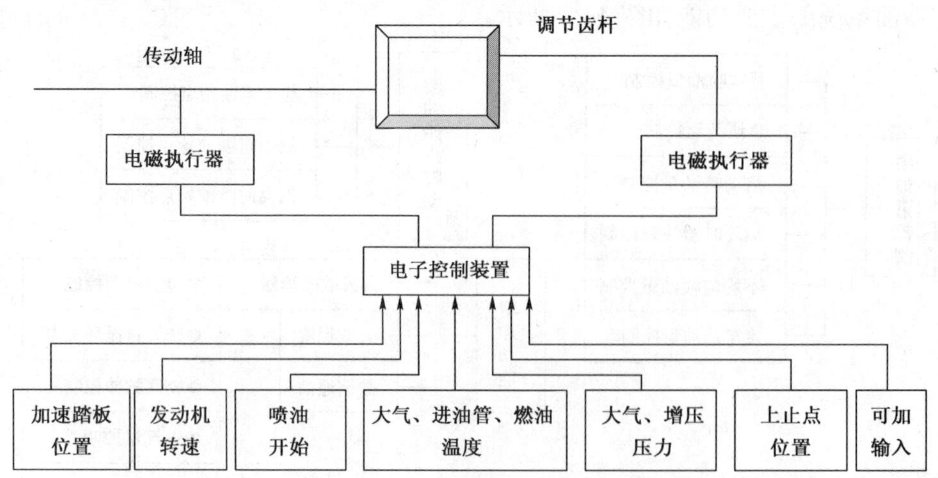


图 4-24　保留原机械式喷油泵的电子控制图

喷油泵的供油量与柴油机转速、供油齿杆位置的关系是非线性的。在电子控制的喷油系统中，各种喷油泵供油量特性都被存储在专门的特性曲线库内，燃油计量考虑了燃油温度的影响，特别是在燃油温度较低的情况下得到额外补偿。电子控制系统允许柴油机以较低的怠速运转，这意味着可降低柴油机怠速时的燃油消耗和排放污染。此外，电子控制系统可精确计量启动油量，即通过与转速、温度有关的特性曲线图来控制。

图 4-25 为电子喷油系统油量控制示意图。在给定喷油量的情况下，供油提前角对柴油机排放有着决定性的影响。

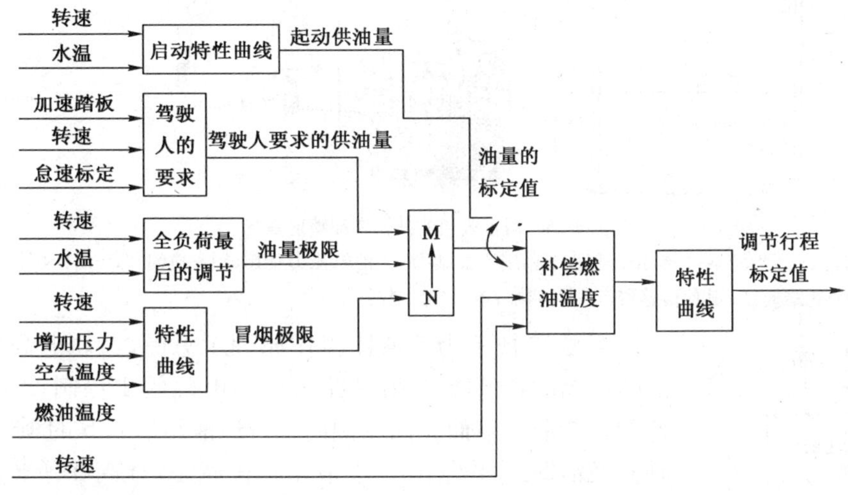

图 4-25　油量控制示意图

时间控制系统取消了传统喷油泵中的齿条、滑套、柱塞上的控制槽以及正时提前器等，而用高速电磁阀直接或间接控制高压燃油，使泵油机构和控制机构完全分开。主要分为：电控分配泵系统、电控泵喷嘴系统、电控单体泵或直列泵系统、共轨系统几类。

对时间控制系统，喷射控制的关键在于确定喷射始点和喷射终点。电控单元根据驾驶员所给定的加速踏板位置信号和发动机运行参数，从储存在 ECU 的 ROM 中 MAP 图(喷油量与转速、齿杆位置的三维立体图谱或喷油正时与转速、齿杆位置的三维立体图谱)中查出喷油量和喷油始点的数值，实现对发动机运行的控制。

## 三、共轨喷油系统

共轨系统是先将柴油以喷油高压状态蓄积在被称为共轨(common rail)的容器中，然后利用电磁三通阀(TWV)将共轨中的压力油引到喷油器中完成喷射任务。利用安装在高压油路中的高速、强力电磁溢流阀来直接控制喷油始点和喷油量，与汽油机的电控喷油系统原理不同的是还可通过实时变更电磁阀升程或改变高压油路中的油压来实现喷油率和喷油压力的控制。它还具有能分缸调控和响应快等优点。共轨中若为与喷油压力相同的柴油，则此油直接进入喷嘴即针阀腔，开启针阀进行喷射，这就是高压共轨系统。

图 4-26 为德国博世公司的共轨燃油喷射系统，高压油泵 3 只起向共轨 6 供油的作用，其工作频率与柴油机转速没有固定的约束关系，可任意选择，只须保持共轨腔的油压即可。将油箱来的低压油泵入，经调压控制阀 5 调节到喷油所需的高压。喷油量控制方法是在发动机运行条件的基础上计算最佳喷油量，靠控制喷油器三通阀的脉冲宽度来实现，而喷油定时靠控制三通阀的开闭时刻来实现。

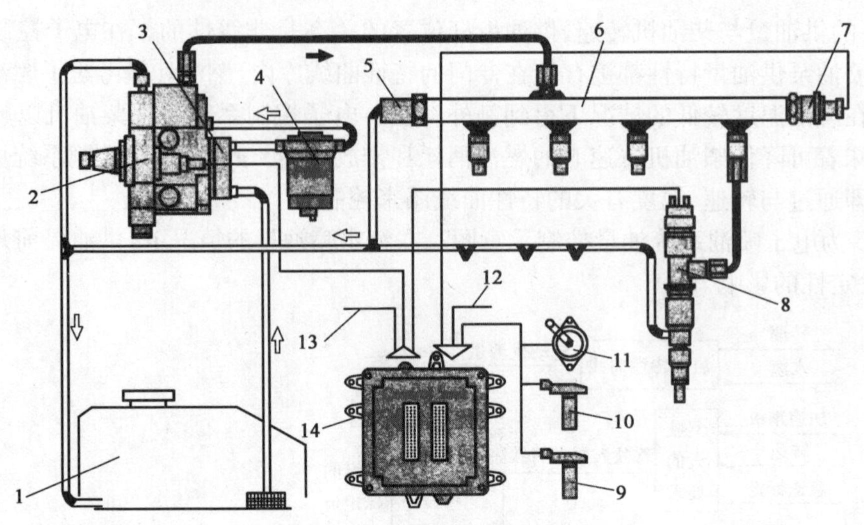


图 4-26 博世公司的共轨燃油喷射系统

1-油箱；2-高压油泵；3-齿轮泵；4-燃油滤清器；5-调压器；6-共轨；7-油轨压力传感器；8-喷油器；9-曲轴位置传感器；10-转速传感器；11-加速踏板；12-其他传感器；13-其他执行器；14-控制器(ECU)

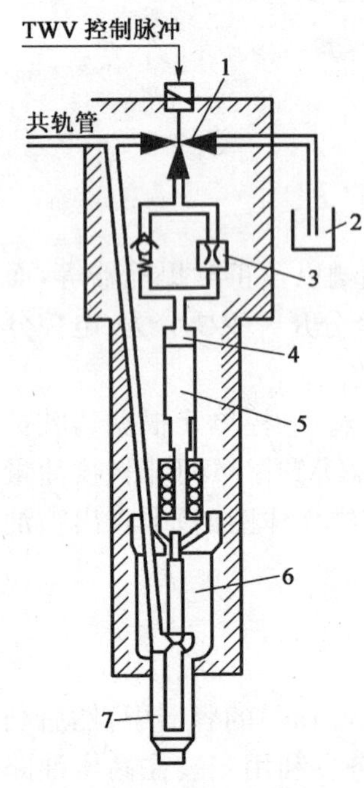


图 4-27 喷油器工作原理

1-三通阀；2-泄油道；3-节流孔；4-控制室；5-液压活塞；6-针阀腔；7-针阀

图 4-27 所示为喷油器工作原理示意图，共轨的高压油一路直通喷油嘴的针阀腔 6，另一路由三通电磁阀 1 控制。当 ECU 命令此阀切断泄油道而让高压油向下直通液压活塞 5 的顶部时，喷油嘴针阀及活塞组件处于上、下液压平衡状态，针阀在弹簧压力下处于关闭状态。当 ECU 命令三通阀封闭到活塞顶的高压油路，并打开泄油道 2 使其与活塞顶相通后，活塞上腔迅速泄压，针阀在针阀腔的高压作用下顶开弹簧开启喷油。

喷油率控制对于优化柴油机性能非常重要，尤其是在降低噪声和排放方面。按照“先缓后急”的思想，共轨燃油喷射系统靠控制室压力的变化和脉冲来实现柴油机运转需要的各种喷油率，如三角形、靴形和预喷射，如图 4-28 所示。

三角形喷油率：当控制脉冲从控制器传到三通阀时，喷油器液压活塞上方的控制室内的高压燃油流回油箱。此刻，三通阀后的压力很快降低；但在节流孔下游控制压力只是根据孔径大小而逐渐降低。由于节流孔的影响，与液压活塞相连的喷嘴针阀逐渐抬起到最大升程，开始高压喷射，当三通阀控制断电时，共轨管压力供到控制室液压活塞背后，喷嘴迅速关闭，快速停止喷油，从而得到三角形的喷油率。

靴形喷油率：实现靴形喷油率需要针阀有一个小的预行程停留才能获得。为此喷油器总成在三通阀与液压活塞之间的节流孔处改为一个靴形阀，如图4-29所示。靴形阀和液压活塞间的间隙作为可调的预行程。当三通阀通电时，靴形阀中的高压燃油被释放到泄油道，喷油嘴打开到相当于预行程的高度，针阀在该处停留，一直维持到靴形阀末端残余压力通过靴形阀节流孔下降一定程度后，针阀才继续升高到最大升程，达到最大喷油速率。依靠预行程量和靴形阀节流孔直径的合理组合，可以得到各种形式靴形喷油率。

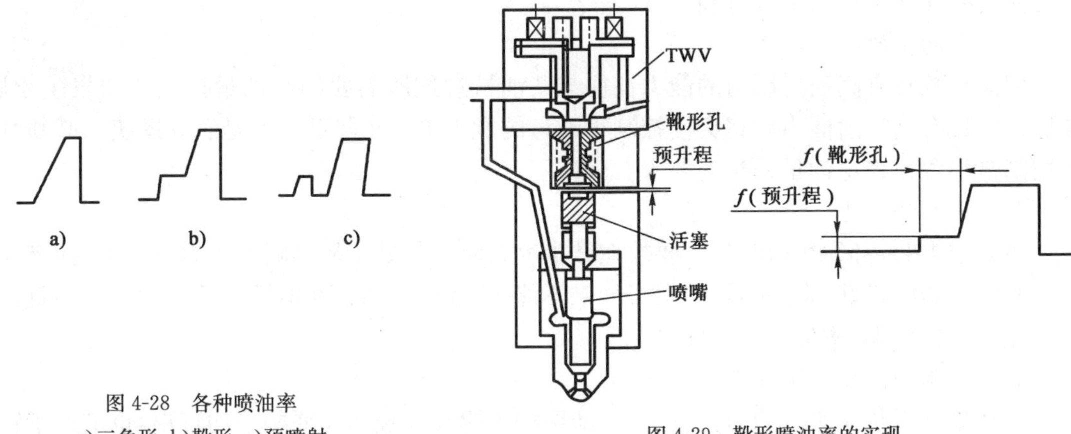


图 4-28　各种喷油率

a)三角形；b)靴形；c)预喷射

图 4-29　靴形喷油率的实现

预喷射喷射率：在主喷射之前，给三通阀一个小宽度脉冲，可以得到预喷射，每次喷油实际上针阀动作两次。

## 四、柴油机电子控制技术的发展趋势

1. 高喷射压力

为满足排放法规要求，喷射压力大大提高，高的喷射压力可明显改善燃油和空气的混合，从而降低黑烟(颗粒)的排放。同时高喷射压力又可大大缩短着火延迟期。如果我们采用减少先期着火时喷入的燃油量，再与推迟喷射正时相结合，能显著降低 $NO_x$ 的排放量。

2. 独立的喷射压力控制

一般的喷油泵-高压油管-喷油器系统，其喷射压力还与柴油机负荷有关。这种特性对于低转速、部分负荷条件下的燃油经济性和烟度排放不利。为保证柴油机在低速、部分负荷工况下混合气形成所需要的足够能量，如果按照上述特性，那么标定转速、标定工况下的喷射压力会过高，系统的机械应力太高。如系统具有不依赖于转速和负荷的喷射压力控制能力，就可用选择最合适的喷射压力的办法来使喷射持续期、着火延迟期最佳化，使柴油机在各种工况下，$NO_x$ 和烟度排放量最低而经济性最优。

3. 改善柴油机燃油经济性

高喷射压力、独立于转速和负荷的喷射压力控制、小喷孔、平均喷油压力与峰值压力之比值尽量大，以及尽可能地把产生于喷射持续期结束时的燃油系统内部压力能转化为驱动链的能量等，都是实现柴油机燃油经济性的措施。

4. 独立的喷射正时控制

喷射正时直接影响到在柴油机上止点前喷入汽缸的油量，因而就决定着汽缸的峰值爆发压力和最高温度。一般来说，高的汽缸压力和温度，可以改善柴油机经济性，但导致 $NO_x$ 增加。因此不依赖于转速和负荷的喷射正时控制能力，是在燃油消耗率和排放之间实现最佳组合的关键措施。

5. 可变的预喷射控制能力

预喷射可以降低颗粒排放，而又不增加 $NO_x$ 排放，也可改善柴油机冷启动性能，降低柴油机在冷态工况下白烟的排放。预喷射还可降低噪声，改善低速转矩。但是预喷射量、预喷射与主喷射之间的时间间隔在不同工况下的要求是不一样的。因此，具有可变的预喷射控制能力对柴油机的性能和排放十分有利。

6. 最小油量的控制能力

燃油系统具有高喷射压力的能力往往与柴油机怠速所需要的小油量控制能力发生矛盾。燃油系统具有高喷射能力后将会使控制小油量的能力进一步降低。但是燃油系统又必须具备能控制最小怠速稳定油量一半的要求。

7. 快速断油能力

喷射结束时,必须快速断油。要求在结束喷射时仍然处于较高喷射压力条件下,使燃油和空气的混合始终很好,直到燃烧结束。如果不能快速断油,那么在低压力下喷射的燃油就会燃烧不充分而冒黑烟,增加 HC 排放量。

8. 降低驱动转矩冲击载荷

燃油喷射系统在很高的压力下工作,即增加了驱动系统所需要的平均转矩,也增加了转矩的冲击载荷。因此,燃油喷射系统对驱动系统平稳地加载和卸载的能力,是一种衡量喷射系统优劣的标准。

自 20 世纪 80 年代以来,以微机为电控单元的电控技术在柴油机上应用并逐步形成现代汽车柴油机电控系统,使柴油机在动力性、经济性、排放及噪声指标等各个方面具有了更强的竞争能力。

# 第五章　发动机特性

工程机械的发动机在使用时其工作阻力不断变化，这就要求发动机的转速和负荷亦相应变化。在一定条件下，发动机性能指标或特性参数随各种可变因素的变化规律即发动机的特性。发动机在不同的使用条件下具有不同的动力性和经济性，通过对发动机特性的分析，可以了解发动机在不同使用工况下特性变化的规律及影响因素，评价发动机性能，从而提出改善发动机性能的途径。

本章主要内容为发动机工况、负荷特性、速度特性、调速特性、万有特性等。

## 第一节　概　　述

发动机的运行情况简称为工况。发动机的工况决定于它发出的有效功率或有效转矩和曲轴转速，也就是说这个功率、转速应该与发动机所带动的工程机械要求的功率、转矩相适应。只有当发动机发出的转矩与工程机械消耗的转矩相等时，二者才能在一定转速下按一定功率稳定工作。如图 5-1 所示，$M_{c1}$是工程机械所消耗转矩随转速的变化曲线，$M_e$ 是发动机油量控制机构一定时，转矩随转速的变化曲线。此时发动机只能在 $M_{c1}$、$M_e$ 曲线相交的 $A$ 点，即转矩 $M_{eA}=M_{c1A}$，转速为 $n_A$ 的工况下稳定工作。当工程机械的阻力矩或转速变化时，就引起发动机的运行工况发生变化。例如，工作阻力矩增加，如图 5-1 中 $M_{c2}$曲线，若发动机油量控制机构不变，则其转速就要降低，直至 $M_e$、$M_{c2}$曲线相交的 $B$ 点，即转矩 $M_{eB}=M_{c2B}$，转速为 $n_B$ 时达到新的平衡。可见，发动机工况变化规律与所带动的工程机械的工作情况有关。当发动机驱动工程机械在不同负荷工况下工作时，发动机的有效功率或有效转矩与转速应符合工程机械负荷工况的要求，即发动机在一定转速下按一定功率稳定工作的条件是发动机发出的转矩与工作机械消耗的转矩相等。

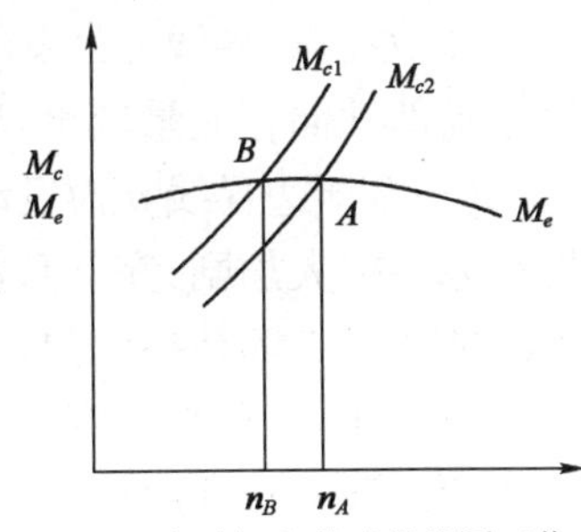


图 5-1　发动机和从动机共同工作

### 一、发动机的工况

1. 发动机的工况分类

在实际使用中，驱动不同工程机械的发动机，其工况变化规律也不同。根据使用条件不同，发动机的工况大致可分为以下 4 类：

1)恒速工况

在这一工况中，发动机功率 $P_e$ 变化，但曲轴转速 $n$ 基本保持不变，这种工况称为恒速工况，亦称第一类工况或固定式工况。如发动机驱动发电机、压气机和水泵等工作机械时，其转速由调速器保证基本不变，功率则随工作机械的使用负荷不同，可在相当大的范围内变化。这种工况如图 5-2 中垂线②所示。

2)点工况

当发动机的功率 $P_e$ 和曲轴转速 $n$ 均保持一定，这时的工况称为点工况。点工况可以看成恒速工况的特例，如图 5-2 中垂线②上的①点所示。发动机作为排灌动力时，就属于这种工况。

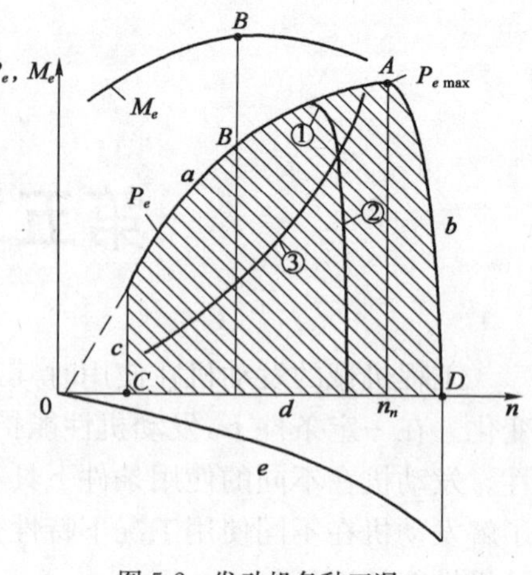

图 5-2　发动机各种工况

3)螺旋桨工况

发动机的功率与转速成一定函数关系，常见曲线近似为三次幂函数关系即 $P_e \propto n^3$，如发动机作为船用主机直接驱动螺旋桨时，在稳定工况下，发动机发出的功率与螺旋桨吸收的功率相等。因此其工况变化规律决定于螺旋桨特性，这种工况称为螺旋桨工况，亦称第二类工况或线工况，如图 5-2 曲线③所示。

4)面工况

发动机的功率与转速都在很大范围内独立地变化，之间没有直接关系，这种工况称为面工况，亦称第三类工况。如发动机作为工程机械、拖拉机的动力装置时，其转速可以在最低稳定转速和最高转速之间变化；在同一转速下，功率或转矩可以由零变到可能发出的最大值，如图 5-2所示阴影部分。

2. 工程机械发动机的工况范围

由工程机械发动机可能运行的工况可知，其工作区域被限定在一定范围内，如图 5-2 所示。

(1)上边界线 $a$ 为发动机油量控制机构处于最大位置时，不同转速下发动机所能发出的最大功率，$A$ 为最大有效功率的标定点。

(2)左侧边界线 $c$ 为发动机最低稳定工作转速 $n_{\min}$ 限制线，低于此转速时，由于曲轴、飞轮等运动部件储存能量较小，导致转速波动大，发动机无法稳定工作。

(3)右侧边界线 $b$ 为发动机最高转速 $n_{\max}$ 限制线，它受到转速过高所导致的惯性力增大、机械摩擦损失加剧、充气系数下降、工作过程恶化、冒烟界限等各种不利因素的限制。

曲线 $a$、$b$ 都是在驾驶人踩加速踏板最大条件下获得的。对于汽油机，曲线 $a$、$b$ 都在节气门全开时获得，称为速度外特性线；对于柴油机，曲线 $a$ 为校正外特性曲线，曲线 $b$ 则是调速器起作用的调速特性曲线。

(4)横坐标上的 $d$ 曲线是各个加速踏板位置下的空转速度线。此时动力输出为零，发动机的指示功率 $P_e$ 与空转的机械损失功率 $P_m$ 相平衡。

(5)$e$ 曲线的输出功率为负值，是发动机熄火、外力倒拖时的工况线。此时倒拖功率与熄火后空转的机械损失功率相平衡。该曲线不属正常工作范围，它只是在车辆换挡或者下长坡时起制动的作用，维持车辆不再加速。

## 二、发动机特性

发动机性能指标随着调整情况和运转工况变化的关系称为发动机特性，其中，性能指标随着调整情况变化的关系又称为调整特性。如柴油机供油提前角调整特性，燃料调整特性等。性能指标随运转工况变化的关系称为性能特性。发动机特性用曲线表示称为发动机特性曲线，特性曲线是评价发动机性能的一种简单、方便和必不可少的形式。

研究发动机特性的目的在于：评价发动机在不同工况下的动力性、经济性等。发动机的性能特性很多，其中主要包括负荷特性、速度特性、调速特性和万有特性等。柴油机因装置形式不同的调速器，而有不同的调速特性。

## 三、发动机性能指标与工作过程参数的关系

发动机输出的有效指标通常用平均有效压力、有效转矩、有效功率、燃油消耗率以及小时燃油消耗量。这些指标与发动机工作过程参数的关系如下：

平均有效压力 $p_e$：$p_e = k\eta_v\eta_m\eta_i/\alpha$ (5-1)

有效功率 $P_e$：$P_e = k_1 n\eta_v\eta_m\eta_i/\alpha$ (5-2)

有效转矩 $M_e$：$M_e = k_2\eta_v\eta_m\eta_i/\alpha$ (5-3)

燃油消耗率 $g_e$：$g_e = k_3/(\eta_m\eta_i)$ (5-4)

小时耗油量 $G_T$：$G_T = k_4 n\eta_v/\alpha$ (5-5)

式中：$k, k_1, k_2, k_3, k_4$——常数；

$\eta_v$——充气系数，%；

$\eta_i$——指示热效率，%；

$\eta_m$——机械效率，%；

$\alpha$——过量空气系数；

$n$——转速，r/min。

## 四、发动机的功率标定

我国对发动机的功率标定，是根据发动机的用途和特点、动力性、经济性以及可靠性和使用寿命的平衡而进行标定的。国家标准在发动机铭牌上标定的功率分为四种。

15min 功率：为发动机允许连续运转 15min 的最大有效功率。适用于有较大功率储备、需要有良好的超负荷和加速性能的汽车、摩托车、快艇等所用发动机。

1h 功率：为发动机允许连续运转 1h 的最大有效功率。适用于需要有一定功率储备以克服突增负荷的工程机械、拖拉机、船舶等所用发动机。

12h 功率：为发动机允许连续运转 12h 的最大有效功率。适用于需要 12h 内连续运转又需要充分发挥功率的工程机械、拖拉机、工程车辆、农业排灌和电站等所用发动机。

持续功率：为发动机允许长期连续运转的最大有效功率。适用于需要长时间持续运转的农业排灌、电站、船舶等所用发动机。

国家标准还规定，在给定功率的同时，必须给出其相应的转速。根据使用特点，在发动机铭牌上一般应标明上述 4 种功率中的 1～ 2 种功率及其相应转速。

发动机使用中允许的最大功率与下列外界因素有关：发出相应功率的持续时间；测定时的大气状况；发动机所带附件；进气管和空气滤清器阻力、排气背压等。

## 五、大 气 校 正

发动机所标定的功率都是在一定压力、大气温度和相对湿度的大气状态下进行的，大气状态不同时，将引起发动机功率发生变化。因此，为了使功率标定准确，产品质量的检验标准统一，又便于发动机比较和选用，就需要规定一个标准的大气状态。根据我国的气候情况，国家标准规定标准大气状况，对陆用发动机为：环境温度为 293K 即 20℃，大气压力为 101.325kPa

即 760mmHg，相对湿度为 60%。

如果大气状况与标准大气状况不等时，其功率和燃料消耗率应按下列规定进行换算。

1. 柴油机

1）有效功率的修正

柴油机功率随大气状况变化的修正方法根据国家标准规定采用等过量空气系数法。即认为功率极限只受过量空气系数 $\alpha$ 的限制，在各种大气条件下，过量空气系数 $\alpha$ 为常数，因而燃烧情况不变，指示功率不变、然后根据实测的摩擦损失，再用机械效率修正有效功率。

$$\text{有效功率修正系数}\ C=\frac{P_e}{P_{e0}}=K+0.7(K-1)\left(\frac{1}{\eta_{m0}}-1\right) \tag{5-6}$$

式中：$P_e$——有效功率，kW；

$\eta_{m0}$——机械效率，%；

$K$——指示功率修正系数，$K=(T_0/T)^{0.75}[(p-\varphi p_w)/(p_0-\varphi_0 p_{w0})]$；

$T$——环境温度，K；

$\varphi$——相对湿度，%；

$p$——大气压，kPa；

$p_w$——饱和蒸汽压，kPa；

$\varphi_0$——标准大气状况下的相对湿度，%；

$p_{w0}$——标准大气状况下的饱和蒸汽压，kPa。

2）有效燃料消耗率的修正

由于过量空气系数 $\alpha$ 为常数，所以每小时燃油消耗量 $G_T$ 与进入汽缸的充气量 $G$ 成正比。

$$\text{燃料消耗率修正系数}\ \beta=\frac{g_e}{g_{e0}}=\frac{K}{C}=\frac{K}{K+0.7(K+1)\left(\dfrac{1}{\eta_{m0}}-1\right)} \tag{5-7}$$

2. 汽油机

对于汽油机，仅考虑充气量的变化。汽油机的充气量 $G_K$ 与大气中空气的压力成正比，与环境温度的平方根成反比，在一定转速下，汽油机换算功率为：

$$P_{e0}=\frac{101.3-\varphi_0 p_{w0}}{p-\varphi p_w}\sqrt{\frac{273+t}{293}}\times P_e=C'P_e \quad (\text{kW}) \tag{5-8}$$

式中：$P_e$——有效功率，kW；

$p$——大气压，kPa；

$t$——环境温度，℃；

$\varphi$——相对湿度，%；

$p_w$——饱和蒸汽压，kPa；

$C'$——汽油机有效功率换算系数。

以上换算公式，只适用于非增压和机械增压发动机。

## 第二节　负荷特性

发动机转速不变时，其他性能指标随负荷变化的关系，称为发动机的负荷特性。将负荷特性用曲线表示，称为负荷特性曲线。

发动机的负荷特性曲线是在发动机试验台架上测取的。测取前，将发动机的冷却液温度、润滑油温度保持在最佳值；调节测功器负荷并改变循环供油量，是发动机的转速稳定在某一常数。测量各稳定工况下的燃油消耗量 $G_T$ 和排气温度、噪声、烟度等参数值，计算出有效功率 $P_e$、有效燃料消耗率 $g_e$ 等参数值，整理并绘成曲线。

由于有效转矩只与平均有效压力成正比，转速一定时，有效转矩、平均有效压力与有效功率互成正比，故负荷特性的横坐标可用有效功率或平均有效压力表示，纵坐标主要是每小时燃料消耗量 $G_T$ 和燃料消耗率 $g_e$、机械效率 $\eta_m$、排气温度、烟度等。

## 一、汽油机的负荷特性

汽油机转速一定时，$g_e$、$G_T$、$t_r$ 随负荷或节气门开度变化的关系，称为汽油机的负荷特性。由于汽油机的负荷调节是靠改变节气门开度，即是直接改变进入汽缸的混合气量来调节负荷的，故称为"量调节"，因此汽油机的负荷特性也称为节流特性。图 5-3 所示汽油机负荷特性。

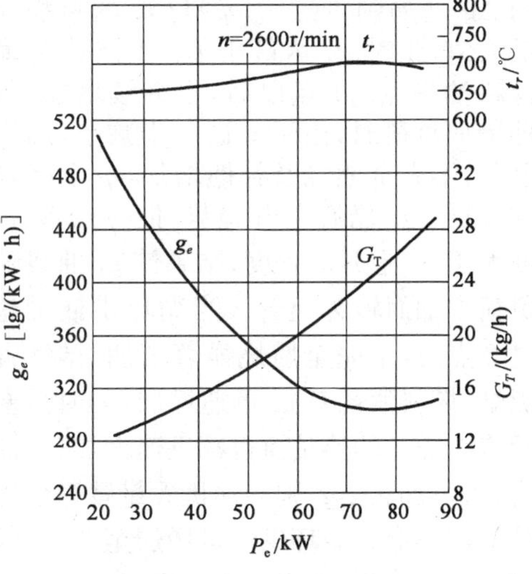

图 5-3 汽油机负荷特性

1. 有效燃油消耗率 $g_e$ 曲线

由式(5-4) $g_e=k_3/(\eta_m\eta_i)$ 可知，$g_e$ 的变化取决于 $\eta_i$、$\eta_m$ 的变化情况。如图 5-4 所示，发动机空转时，其指示功率 $P_i$ 完全消耗在内部损失上，即 $P_i=P_m$，$\eta_m=0$，因此怠速时 $g_e$ 为无穷大。当转速一定，负荷增加时，机械损失功率 $P_m$ 变化不大，而指示功率 $P_i$ 随负荷成比例增加，因此 $\eta_m=1-P_m/P_i$ 迅速增加，燃料消耗率 $g_e$ 下降。随着节气门开度即负荷增大，充气系数随之增大，进入汽缸的混合气数量增加，而残余废气系数减少，火焰传播速度增加，燃烧时间缩短，散热损失减少，故指示热效率随之增大，燃料消耗率 $g_e$ 下降；在大负荷与全负荷时，需要 $\alpha=0.8\sim0.9$ 的浓混合气，使得不完全燃烧加剧，指示效率 $\eta_i$ 下降，而且此时指示效率 $\eta_i$ 的下降快于机械效率 $\eta_m$ 的上升，使得燃料消耗率 $g_e$ 上升，如图 5-3 所示。

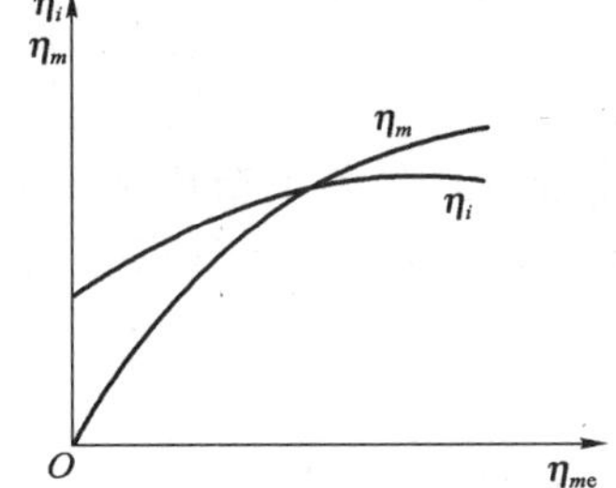

图 5-4 汽油机 $\eta_m$、$\eta_i$ 随负荷变化

2. 燃油消耗量 $G_T$ 曲线

当 $n$ 定时，小时燃料消耗量 $G_T$ 主要决定于节气门开度和混合气成分。随着节气门开度增大，充气系数增大，$G_T$ 也随之增加。当节气门开度增大到全开度的 70%～80%以后，省油器或多腔分动化油器副腔开始起作用，使混合气成分变浓，此时 $\alpha=0.85\sim0.95$，使曲线随负荷增加上升更快，如图 5-4 中所示 $G_T$ 曲线变陡。

## 二、柴油机的负荷特性

当柴油机保持某一转速不变，移动喷油泵齿条或拉杆位置，改变每循环供油量 $\Delta g$ 时，$g_e$、$G_T$ 或 $t_r$ 随负荷变化的关系即为柴油机负荷特性。由于柴油机的负荷调节是靠改变循环供油量，而空气量基本不变，因此也改变了缸内混合气的浓度，即过量空气系数 $\alpha$，这种调节方法称为"质调节"。

1. 燃油消耗率 $g_e$ 曲线

根据式(5-4)$g_e=k_3/(\eta_m\eta_i)$可知，$g_e$ 的变化取决于 $\eta_i$、$\eta_m$ 的变化情况。如图 5-6 所示，当

转速不变时，随着负荷的增加，每循环供油量 $\Delta g$ 随之增加，燃烧时间增长，补燃及冷却损失均增加；$\Delta g$ 增加使过量空气系数 $\alpha$ 下降，当 $\Delta g$ 增加较多时，燃烧的完全程度随之下降，故 $\eta_i$ 下降。由于转速 $n$ 不变，机械损失功率基本不变，而指示功率 $P_i$ 随 $\Delta g$ 增加而增大，因此 $\eta_m=1-P_m/P_i$ 迅速增加。

如图 5-5 所示，$n=1\ 800$r/min 的 $g_e$ 曲线。当柴油机空转时，其指示功全部用于克服内部机械损失，即 $P_i=P_m$，因此 $\eta_m=0$，$g_e$ 为无穷大。随负荷的即 $\Delta g$ 的增大，虽然 $\eta_i$ 稍有下降，但与 $\eta_m$ 的乘积增大，此时 $g_e$ 曲线随负荷增加迅速下降。当 $\Delta g$ 增加到 1 点时，$\eta_m$ 与 $\eta_i$ 的乘积为最大值，此时 $g_e$ 达最小值。1 点称为最低耗油率点。1 点以后，再继续增加 $\Delta g$ 即增加负荷时，由于 $\alpha$ 进一步减小，燃烧恶化，不完全燃烧及补燃增加，$\eta_i$ 下降较快；虽然 $\eta_m$ 仍有上升趋势，但 $\eta_i$ 下降程度大于 $\eta_m$ 上升的程度，结果使 $g_e$ 曲线随负荷增加而转为上升。当循环供油量超过 2 点时，不完全燃烧显著增加，排气冒黑烟，燃料消耗率 $g_e$ 迅速增加，同时活塞及汽缸盖等的热负荷也都迅速增加。对应于 2 点的循环供油量 $\Delta g$ 称为“冒烟界限”。2 点以后，若再加大 $\Delta g$，则柴油机大量冒黑烟，活塞及燃烧室积炭增多，柴油机过热，易引起故障，影响使用寿命。循环供油量增加至 3 点时，功率达到最大值。此后若供油量 $\Delta g$ 继续增加，由于燃烧极度恶化，功率反而下降。

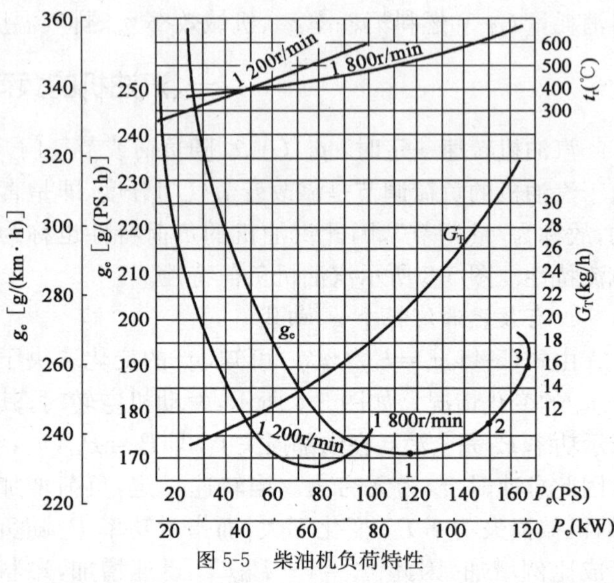

图 5-5 柴油机负荷特性

为了保证柴油机安全可靠地运转，一般不允许柴油机最大供油量超过冒烟界限。因此柴油机的最大功率一般受冒烟界限所限制。

2. 小时燃油消耗量 $G_T$ 曲线

当柴油机转速 $n$ 一定时，每小时耗油量 $G_T$ 主要决定于循环供油量 $\Delta g$，随着负荷增加，即 $\Delta g$ 增加，$G_T$ 随之增加。当负荷接近或达到冒烟界限时，由于燃烧恶化，$G_T$ 随 $P_e$ 上升得更快一些，如图 5-5 所示。

3. 汽油机、柴油机负荷特性对比

为了分析，将标定功率和转速接近的汽油机和柴油机负荷特性曲线进行对比，如图 5-7 所示。

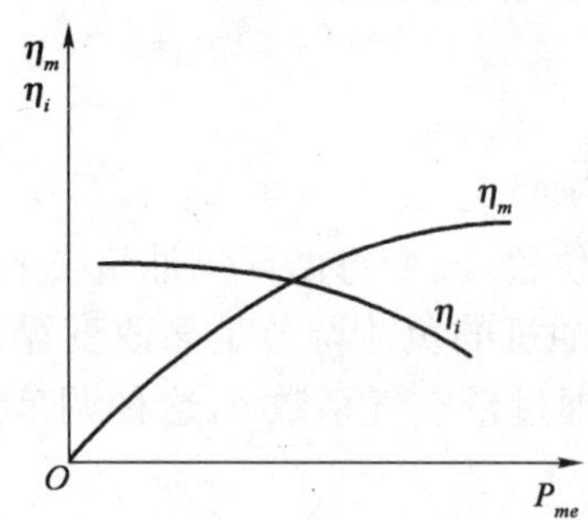

图 5-6 柴油机 $\eta_m\eta_i$ 随负荷变化关系

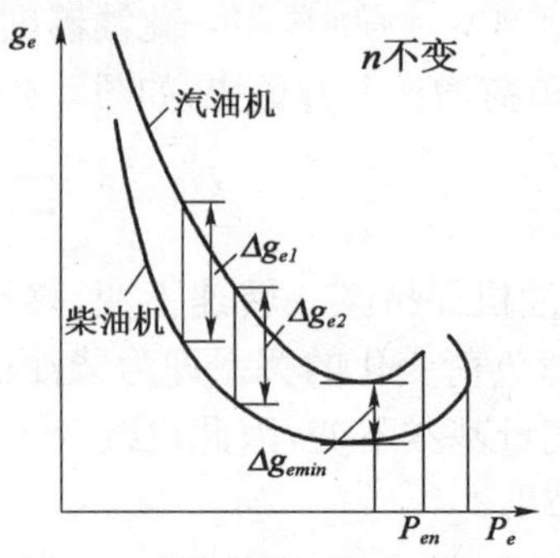

图 5-7 柴油机、汽油机负荷特性曲线的对比

1）柴油机和汽油机的负荷特性的差异

(1)汽油机的燃油消耗率普遍较高，且在从空负荷向中、小负荷段过渡时，燃油消耗率下降缓慢，仍维持在较高水平，燃油经济性明显较差。

(2)汽油机排气温度普遍较高，且与负荷关系较小。

(3)汽油机的燃油消耗量曲线弯曲度较大，而柴油机的燃油消耗量曲线在中、小负荷段的线性较好。

2）柴油机和汽油机负荷特性差异的分析

汽油机和柴油机的机械效率变化情况基本类似，造成燃油消耗率差异的主要原因在于指示热效率的差异。

(1)由于柴油机的压缩比比汽油机高出较多，其过量空气系数也比汽油机大，燃烧大部分是在空气过量的情况下进行的，所以柴油机的指示热效率要比汽油机高。这样，从数值上看，汽油机的燃油消耗率数值高于柴油机。

(2)从指示热效率曲线的变化趋势上来看，在转速不变的前提下，柴油机进入汽缸的空气量基本上不随负荷大小而变化，而每循环供油量则随负荷的增大而增大，这样过量空气系数就随负荷的增大而减小，因此，指示热效率也就随负荷的增大而降低；汽油机采用定质变量的负荷调节方法，在接近满负荷时采取加浓混合气导致指示热效率明显下降，而在低负荷时，由于节气门开度小，残余废气系数较大，燃烧速率降低，导致指示热效率下降。可见，汽油机的燃油消耗率在中、小负荷时远高于柴油机。

(3)排气温度曲线的差异是因为汽油机的压缩比比柴油机低，相应的膨胀比也低，而且混合气比较浓，所以排气温度就要比柴油机高。在负荷变化时，尽管由于混合气总量的增加引起加入汽缸总热量的增加，使排气温度随负荷的提高而上升，但由于在大部分区域内过量空气系数保持不变，故排气温度上升幅度不大。在柴油机中，随着负荷的提高，过量空气系数随之降低，排气温度显著上升。

## 三、负荷特性的意义

负荷特性是发动机的基本使用特性，是评价发动机在不同负荷下工作是否经济的特性。由负荷特性可以看出，在同一转速下的最低耗油率越小，发动机的经济性越好；曲线随负荷变化越平坦，表明发动机在负荷变化较宽的范围内工作时，能获得较好的燃料经济性。比较汽油机与柴油机负荷特性可知，柴油机的经济性好。因此对于负荷变化较大的工程机械、拖拉机以及重型汽车均采用柴油机为动力装置。

柴油机铭牌上标出的功率称为标定功率，即使用中的最大功率。标定功率循环供油量的选择，是根据柴油机的负荷特性、使用特点、寿命及可靠性确定的。例如，车用柴油机经常处于中、小负荷工况运转，只在如爬坡、加速时，短时间需要很大功率，其标定功率的每循环供油量可以选择大些，可选在冒烟界限处。工程机械以及拖拉机用柴油机，由于经常接近于满负荷工作，为了保证柴油机工作可靠、寿命长，并使其具有良好的经济性和较高的动力性，标定功率每循环供油量应选在冒烟界限点与最低耗油率点间为宜。

由负荷特性曲线可知，发动机处于低负荷工况时，燃料消耗率显著升高。因此选用发动机时，在满足动力性要求的前提下，不宜选配功率大的发动机，以保证在实际使用中常用负荷处于经济区，具有良好的经济性，同时提高功率的利用率。同时，根据不同转速的负荷特性可绘制万有特性。

## 第三节 速度特性

柴油发动机油量调节机构位置或汽油机节气门开度一定时，其主要性能指标随转速变化的关系，称为发动机的速度特性。

### 一、汽油机的速度特性

当汽油机节气门开度不变，点火提前角和供油系统调整到最佳时，其性能指标 $M_e$、$P_e$、$G_T$、$g_e$ 等随转速 $n$ 变化的关系，称为汽油机的速度特性。

节气门开度保持不变，改变测功器的负荷，在不同转速下测出各稳定工况的有效功率 $P_e$、有效转矩 $M_e$、耗油率 $g_e$、每小时耗油量 $G_T$ 的数值，并绘出有效功率 $P_e$、有效转矩 $M_e$、耗油率 $g_e$、每小时耗油量 $G_T$ 等指标随转速变化的曲线。试验前应将汽油机的点火提前角、化油器调整好，保持冷却水温度和机油温度在最佳状态。

当节气门全开时，测得的速度特性称为外特性，如图 5-8 所示。外特性表示汽油机所能达到的最高性能，确定了最大功率和最大转矩值及其相应的转速，是标定汽油机功率的依据。

节气门在部分开启时，测得的速度特性称为部分速度特性，如图 5-9 所示。

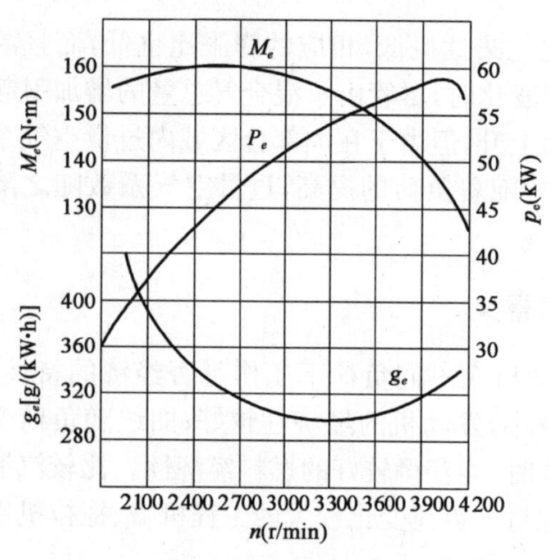


图 5-8 汽油机外特性

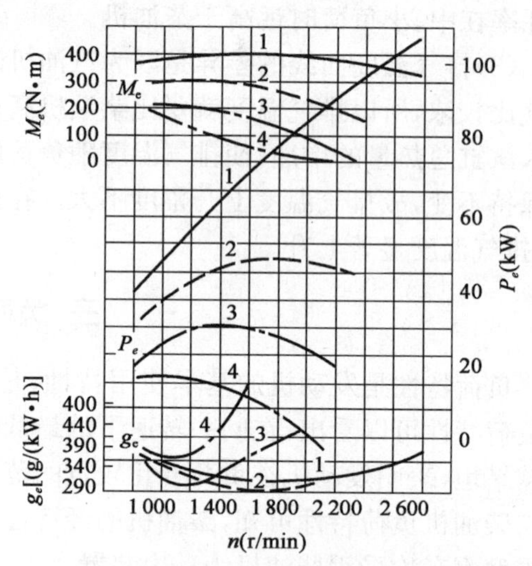


图 5-9 汽油机速度特性

1-全负荷；2-75％负荷；3-50％负荷；4-25％负荷

1. 外特性曲线

1)有效转矩 $M_e$ 曲线

由式(5-3)$M_e=k_2\eta_v\eta_m\eta_i/\alpha$ 可知，$M_e$ 的变化取决于 $\eta_v\eta_m\eta_i/\alpha$ 的变化情况。因为节气门开度一定，过量空气系数 $\alpha$ 基本不随转速 $n$ 变化，因此 $M_e$ 曲线主要取决于 $\eta_v$、$\eta_m$、$\eta_i$ 随转速的变化。各参数的变化如图 5-10 所示。$\eta_v$ 是在某一中间转速时最大，这是因为配气相位设计在此转速下能最好地利用惯性进气。当转速低于或高于此转速时，$\eta_v$ 都将降低。指示热效率 $\eta_i$ 的变化在某一中间转速略为凸起，在较低转速下，因缸内气流扰动减弱，火焰传播速度降低，散热及漏气损失增加，使 $\eta_i$ 降低。转速高时，燃烧所占的曲轴转角大，热利用率低，也使 $\eta_i$ 下降。

不过它的变化比较平坦，对 $M_e$ 影响较小。转速增加，消耗于机械损失的功增加，因此 $\eta_m$ 随转速上升而下降。

综合起来，当转速由低速开始上升时，由于 $\eta_v$、$\eta_i$ 上升，$\eta_m$ 下降，$M_e$ 有所增加，对应于某一转速时，$M_e$ 达最大值。转速继续提高，由于 $\eta_m$、$\eta_v$、$\eta_i$ 同时下降，因此 $M_e$ 随转速升高而较快地下降，即 $M_e$ 曲线变化较陡。

2)有效功率 $P_e$ 曲线

由于 $P_e$ 正比于有效转矩 $M_e$ 与转速 $n$ 的乘积，当转速从很低的转速升高时，由于 $M_e$ 与转速同时增加，$P_e$ 迅速上升直至 $M_e$ 达最高点后，再继续升高转速由于 $M_e$ 下降，而使 $P_e$ 上升缓慢。至某一转速后，$M_e \cdot n$ 达最大值，$P_e$ 达最大值。若转速再上升，由于 $M_e$ 的降低超过转速 $n$ 上升的影响，功率 $P_e$ 反而下降。

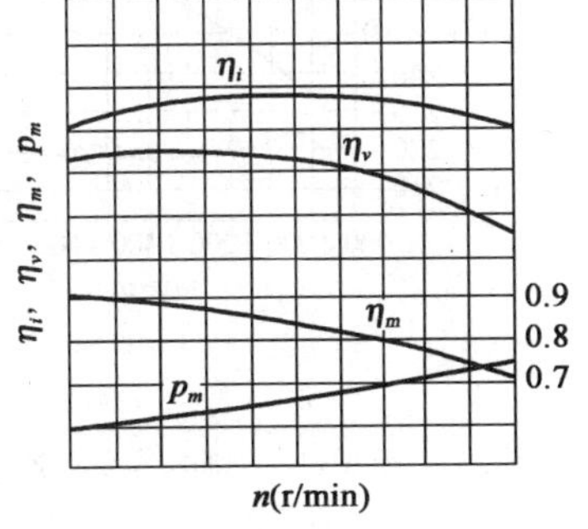


图 5-10 汽油机中 $\eta_m$、$\eta_v$、$\eta_i$ 和 $p_m$ 随转速的变化

3)有效燃油消耗率 $g_e$ 曲线

根据式(5-4)$g_e=k_3/(\eta_m\eta_i)$，$g_e$ 随转速的变化与 $\eta_m$、$\eta_i$ 之积成反比，综合 $\eta_m$、$\eta_i$ 的变化，如图 5-10 所示。$g_e$ 在某一中间转速时最低，当转速高于此转速时，因 $\eta_m$、$\eta_i$ 同时下降，使 $g_e$ 升高；转速低与该转速时，主要由于 $\eta_i$ 上升弥补不了 $\eta_m$ 下降，也使 $g_e$ 升高。

2. 部分速度特性

车辆大部分时间是在部分负荷下工作，因为节气门开度减小，节流损失增大，进气终了压力 $p_a$ 下降，引起 $\eta_v$ 降低，且随着转速的提高，$\eta_v$ 迅速下降，故节气门开度越小，$M_e$ 随着转速降低得越快，而且最大转矩和最大功率及其所对应的转速，向低速方向移动，如图 5-9 所示。

## 二、柴油机的速度特性

喷油泵油量调节拉杆或齿条位置一定时，柴油机的主要性能指标，如转矩 $M_e$、功率 $P_e$、耗油率 $g_e$、小时耗油 $G_T$ 等随转速变化的关系称为柴油机速度特性。测取速度特性时，应将供油提前角、冷却液温度、机油温度等调整到最佳值，并将油量调节机构固定。

当油量调节机构固定在标定功率循环供油量位置时，测得的速度特性称为柴油机全负荷速度特性，习惯上亦称使用外特性。图 5-11 所示为 WD615. T1-3A 型柴油机全负荷速度特性。

油量调节机构固定在小于标定功率循环供油量位置时，测得的速度特性称为部分负荷速度特性。图 5-12 所示为 6 135 型柴油机部分负荷速度特性。按国家规定，除必须做出全负荷速度特性外，还必须做出负荷为标定负荷的 90％、75％、50％、25％时的速度特性曲线。

全负荷速度特性表示不同转速下柴油机所能发出的最大转矩和最大功率，代表该柴油机在使用中允许达到的最高性能，因此在速度特性中最为重要，故所有柴油机必须做出全负荷速度特性。一般在柴油机铭牌上标明的功率 $P_e$、转矩 $M_e$ 及其相应的转速都是以全负荷速度特性为依据的。

1. 全负荷速度特性曲线

1)有效转矩 $M_e$ 曲线

在柴油机中，由于发动机的有效转矩曲线的变化趋势，很大程度上取决于每循环供油量 $\Delta g$ 随转速变化的情况，而且 $M_e=k_2\Delta g\eta_i\eta_m/\alpha$，有效转矩 $M_e$ 随转速 $n$ 的变化趋势决定于 $\Delta g$、$\eta_m$、$\eta_i$ 随 $n$ 的变化，如图 5-13 所示。

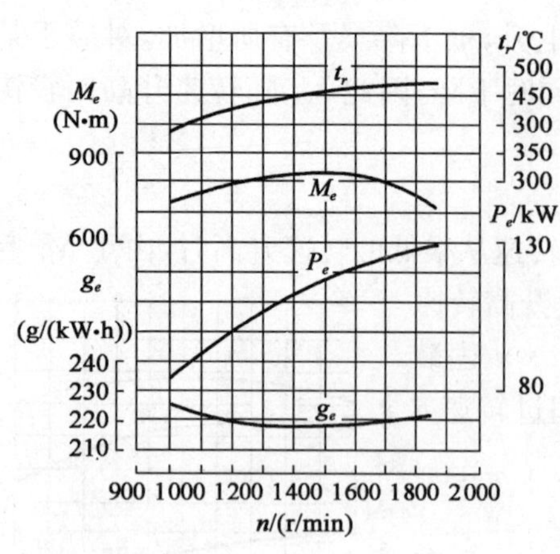


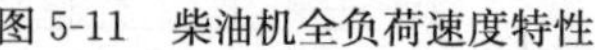

图 5-11 柴油机全负荷速度特性

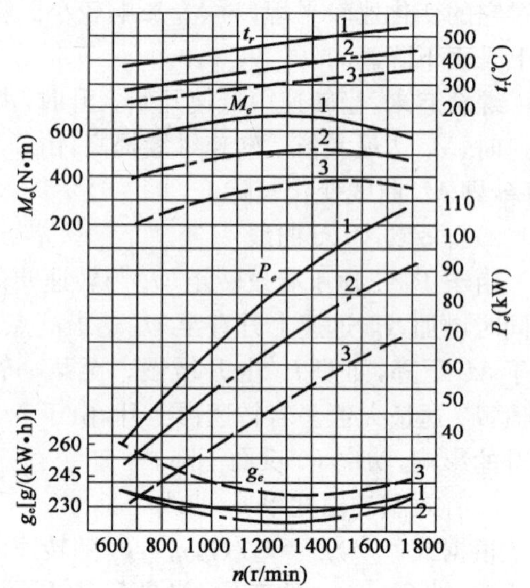


图 5-12 6 135 型柴油机部分负荷速度特性

1-90%负荷；2-75%负荷；3-55%负荷

根据柱塞式喷油泵的速度特性，当油量调节机构位置固定，而改变转速时，每循环供油量 $\Delta g$ 是随 $n$ 的增加而增加的。指示热效率 $\eta_i$ 的变化是在中间某一转速时稍有凸起。因为在较高转速下，常由于 $\eta_v$ 下降和 $\Delta g$ 上升，使过量空气系数 $\alpha$ 下降，再加上燃烧过程经历时间缩短，混合气形成条件恶化，不完全燃烧现象加剧，使 $\eta_i$ 下降。而转速过低时，也会由于空气涡流减弱，燃烧不良及传热，漏气损失增加，使 $\eta_i$ 降低。但 $\eta_i$ 变化趋势比较平坦。$\eta_m$ 随转速的上升而下降。

由图 5-13 中各参数的变化可知，低转速时，随着转速的增加，$\Delta g$、$\eta_i$ 增加抵消了 $\eta_m$ 的降低，故 $M_e$ 有所增加，但趋势较平坦；$M_e$ 超过最高点后，随着转速的升高，$\Delta g$ 的上升抵消不了 $\eta_m$、$\eta_i$ 的下降，使 $M_e$ 下降。但因为 $\Delta g$ 增加而 $\eta_i$ 变化趋势比较平坦，所以 $M_e$ 曲线变化不陡峭。

图 5-13 柴油机 $\eta_m$、$\eta_v$、$\eta_i$、$\Delta g$ 随转速的变化

2）有效功率 $P_e$ 曲线

因 $M_e$ 曲线随转速 $n$ 的变化比较平坦，故使 $P_e$ 在标定转速的范围内几乎与转速 $n$ 成比例增加，如图 5-11 中曲线。

3）有效耗油率 $g_e$ 曲线

根据式(5-4) $g_e=k_3/(\eta_m\eta_i)$，$g_e$ 随转速的变化与 $\eta_m$、$\eta_i$ 之积成反比，综合 $\eta_m$、$\eta_i$ 的变化，如图 5-13 所示。$g_e$ 在某一中间转速时最低，当转速高于此转速时，因 $\eta_m$、$\eta_i$ 同时下降，使 $g_e$ 升高；转速低于该转速时，主要由于 $\eta_i$ 上升弥补不了 $\eta_m$ 下降，也使 $g_e$ 升高，但整个 $g_e$ 曲线的变化趋势比较平缓。

4）小时耗油量 $G_T$ 曲线

随着转速升高，由于单位时间内的循环次数的增加，并且因为喷油泵的速度特性，使每循环供油量 $\Delta g$ 也随转速升高而增加，$G_T$ 曲线近似成直线上升，如图 5-11 所示。

2. 部分负荷速度特性

柴油机部分负荷速度特性曲线随转速的变化趋势，主要决定于每循环供油量 $\Delta g$ 随转速的变化。根据喷油泵速度特性，不同的油量调节拉杆位置，其循环供油量 $\Delta g$ 随转速升高而增加的

趋势基本相同，故部分负荷速度特性 $M_e$ 曲线随 $n$ 的变化也很平坦，与全负荷速度特性 $M_e$ 曲线基本平行，如图 5-12 中 $M_e$ 曲线所示。发动机经常在部分工况下工作，所以在进行发动机性能试验时，还应该做标定功率的 90%负荷、75%负荷、50%负荷和 25%负荷的部分速度特性试验。

## 三、发动机转矩适应性

1. 发动机的储备系数

工程机械工作时，经常遇到外界阻力突然增大的情况，为了克服短期超负荷，要求发动机转矩有适应这种变化的能力。因此，要充分表明发动机的动力性能、除给出标定功率、最大转矩及与它们相应的转速外，还必须同时考虑转矩和转速储备系数或适应性系数。

1)转矩储备系数 $K_M$

$$K_M = \frac{M_{e\max}}{M_{eH}} \tag{5-9}$$

式中：$M_{e\max}$——外特性曲线上的最大转矩，N·m；

$M_{eH}$——标定工况下的转矩，N·m。

$K_M$ 值越大，说明工程机械或拖拉机在不用换挡的情况下克服短期超负荷的能力越强。

2)转速储备系数 $K_n$

$$K_n = \frac{n_H}{n_{Me\max}} \tag{5-10}$$

式中：$n_H$——标定转速，r/min；

$n_{Me\max}$——最大转矩时的转速，r/min。

发动机的转速储备系数越大，表示发动机利用内部运动零件的功能来克服短期超负荷的能力越强。

柴油机由于转矩曲线比较平坦，一般只有 1.05 左右，若不予以校正，不能满足工程机械的要求，为了提高转矩储备系数，增大柴油机低速时发出的转矩，为此，目前在柴油机的燃料供给系中均采用油量校正装置来进行转矩校正。

2. 柴油机的转矩校正装置

油量校正装置的作用是：当柴油机在全负荷工况下工作，因负荷增加而引起转速下降时，喷油泵能自动地增加每循环供油量 $\Delta g$，从而提高了低速时的转矩，即提高了转矩储备系数 $K_M$。

常用的校正装置有弹簧校正器和出油阀式校正器两种。校正的结果使喷油量随转速升高而减少，使 $K_M$ 提高到 1.15～1.25。但必须适当减少标定工况循环供油量，以免校正后循环供油量超过冒烟界限。

# 第四节　柴油机调速特性

## 一、调速特性

发动机稳定工作的条件是其发出的转矩与外界阻力矩相等，如果发动机转矩曲线能随转速增加而迅速下降，则当外界阻力矩有暂时变化时，这种曲线便具有自动保持稳定工作的能力，如图 5-14a)所示。

如果转矩曲线变化平缓，甚至微微上倾，则在阻力变化急剧时，理论上虽可恢复稳定工作，实际上转速变化很大，恢复稳定也慢，难以满足正常工作的需要。这样曲线实际上不具有自动保持稳定工作的能力，如图 5-14b)所示。由速度特性曲线可知，汽油机工作稳定性好，而柴油机较差。

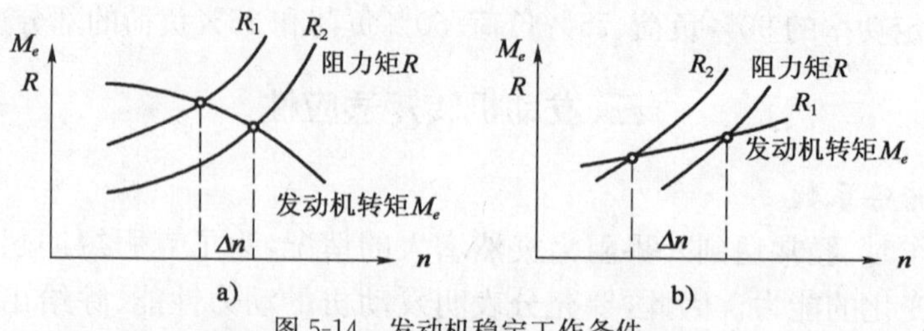


图 5-14　发动机稳定工作条件

a)转矩曲线能随转速增加而迅速下降；b)转矩曲线变化平缓

工程机械或拖拉机用发动机经常遇到负荷突变的情况，如能引起发动机转速很快上升，甚至超过允许的限度，即所谓飞车。对于汽油机，转速升高时，因 $M_e$ 急剧下降，转矩迅速降低，超速不会过高；而且超速时混合气成分变化不大，对工作过程影响较小；运动零件也轻巧，所以短时间超速的危害不大，常允许超速 10%。对柴油机来说，超速就很危险，因转矩曲线平坦，使转速大幅度上升，循环供油量又随转速增高而加大，混合气变浓，工作过程恶化，排气冒黑烟，零件过热，同时由于运动机件较重，超速时产生很大的惯性力，可能引起零件损坏。因此，柴油机上必须有防止超速的装置。

车辆低速空转频繁，如短暂停车、起动、暖车等。如果发动机经常熄火，将会给驾驶人带来极大的困难。低速空转时，喷油泵只供给很少的燃油，这些燃油发出的能量只能克服发动机本身运转的机械损失，这时发动机运转的稳定性主要取决于发动机机械损失与汽缸内发出指示功之间的相互配合关系，如图 5-15 所示。汽油机怠速工作时，可以稳定运转，如图 5-15a)所示。但柴油机情况不同，如图中 5-15b)所示。如果 $P_m$ 稍有变化，会引起转速很大的波动，柴油机极易熄火或过速，因此必须有保证怠速稳定运转的装置。

总之，为了怠速稳定和高速不飞车，在柴油机上必须装置调速器。调速器可以根据外界负荷的变化，通过转速感应元件，自动调节喷油泵供油量，使柴油机转速保持在极小的变化范围内稳定工作。

在调速器起作用时，保持喷油器调速手柄位置一定，柴油机性能指标随转速或负荷变化的关系称为调速特性。调速特性一般有两种表达形式，一种以负荷作为横坐标，相当于负荷特性的形式。按负荷特性所述，其横坐标可以用 $p_e$、$M_e$、$P_e$ 表示，如图 5-16 所示。这种方式对分析装有调速器柴油机的经济性是很方便的。另一种方式是以转速为横坐标的调速特性，相当于速度特性的形式，如图 5-17 所示。

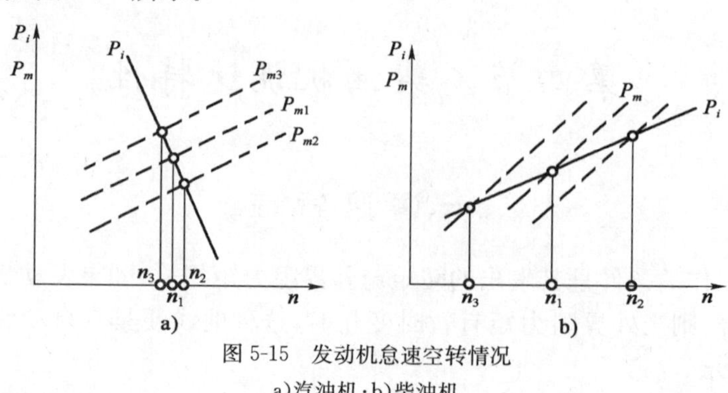


图 5-15　发动机怠速空转情况

a)汽油机；b)柴油机

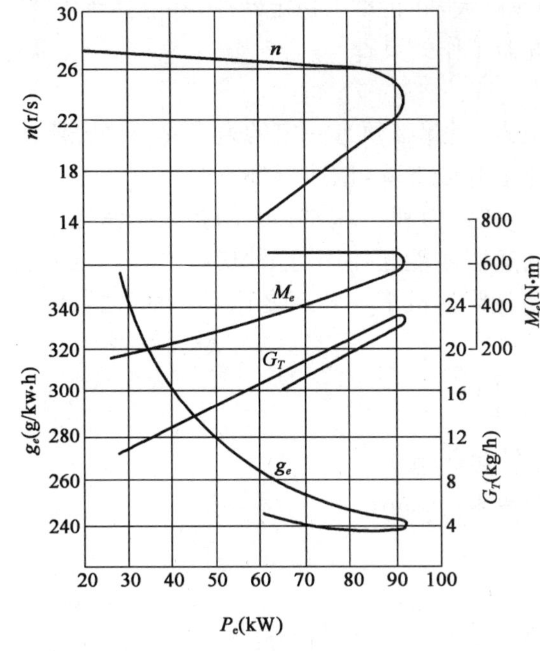


图 5-16　柴油机调速特性

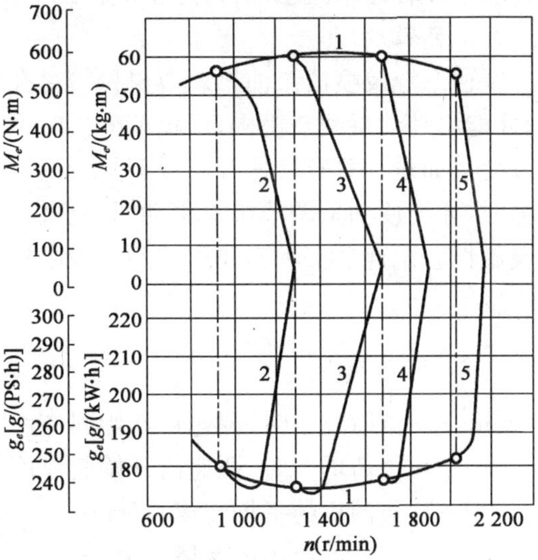

图 5-17　柴油机调速特性
1-外特性;2、3、4、5-调速特性

## 二、调速器工作指标

调速器的工作好坏,通常用调速率和不灵敏度来评定。

1. 调速率

调速率可分为稳定调速率和瞬时调速率。

1)稳定调速率 $\delta_1$

稳定调速率是当柴油机在标定工况下工作时,突然卸去全部负荷,根据突变负荷前和突变负荷后的转速,求得稳定调速率 $\delta_1$。

$$\delta_1 = \frac{n_2 - n_1}{n_H} \times 100\% \tag{5-11}$$

式中:$n_1$——突变负荷前柴油机的转速,r/min;

$n_2$——突变负荷后柴油机的稳定转速,r/min;

$n_H$——柴油机的标定转速,r/min。

稳定调速率表明在标定工况时,空载转速相对于全负荷转速的波动。

2)瞬时调速率 $\delta_2$

瞬时调速率 $\delta_2$ 是评价调速器过渡过程的指标。柴油机在负荷突然变化时,其转速并非立刻变化到新的稳定转速,而是经过数次波动后才能稳定到新的转速,这个过程称为过渡过程。瞬时调速率 $\delta_2$ 是表示过渡过程中转速波动的瞬时增长百分比。

$$\delta_2 = \frac{n_3 - n_1}{n_H} \times 100\% \tag{5-12}$$

式中:$n_3$——突变负荷后柴油机的最大或最小瞬时转速,r/min,其他符号意义同前。

过渡过程不好时，调节转速的过程中转速波动范围大，并且难以稳定转速，甚至会产生“游车”现象，即转速忽高忽低，转速不能稳定下来，调速器工作失灵。

2. 不灵敏度

调速系统及喷油泵油量调节机构均存在摩擦阻力，因此必须有一定的力来克服摩擦阻力后，才能移动油量调节机构，即负荷变化时不论转速上升或下降，调速器都不会立刻产生反应而改变供油量。只有转速升高或者降低到一定值时，弹簧力和飞球离心力的差大于摩擦力的合力时，才能使油量调节机构移动而改变供油量，调速器才能起作用，这种现象称为调速器的不灵敏性。调速器实际起作用的两个极限转速之差与柴油机平均转速之比，称为调速器的不灵敏度 ε。

$$\varepsilon = \frac{n_4 - n_5}{n} = \frac{F_M}{F_T} \tag{5-13}$$

式中：$n_4$——负荷减小时，调速器开始起作用的曲轴转速，r/min；

$n_5$——负荷增大时，调速器开始起作用的曲轴转速，r/min；

$n$——柴油机的平均转速，r/min；

$F_M$——调速系统中的摩擦阻力，N；

$F_T$——调速器起作用时，作用在推力盘上的推力，N。

不灵敏度过大时，会引起柴油机转速不稳，严重时将导致调速器失灵，有产生飞车的危险。在转速较低时，由于弹簧的弹力减小及喷油泵拉杆移动摩擦阻力相对增加，使调速器不灵敏度显著增加。一般在标定转速时 ε=1.2%～2%，最低转速时 ε=10%～13%。

## 三、调速器的种类和工作原理

1. 全程式调速器及调速特性

从柴油机的最低转速到最高转速之间调速器都能起作用，这种调速器称为全程式调速器。工程机械、拖拉机和重型车辆等柴油机上均采用全程式调速器。

图 5-18 所示为全程式调速器的工作原理简图。由图可见，推力盘 5 与油量调节拉杆 4 连接在一起，在柴油机工作时，驾驶人可根据所需转速范围，通过操纵机构转动调速手柄 1，将调速弹簧 2 压缩到不同位置来调整弹簧预紧力；弹簧的预紧力，通过托板 6 推动推力盘 5，有使油量调节拉杆 4 向增加供油方向移动的趋势；另一方面. 喷油泵凸轮轴带动飞球旋转产生的离心力作用在推力盘上的轴向分力，通过推力盘有使油量调节拉杆向减小供油方向移动的趋势。油量调节拉杆 4 的位置，即循环供油量，完全取决于弹簧力与飞球离心力的平衡状态。

当调速手柄固定在某一位置时，调速弹簧则具有一个一定的预紧力，负荷变化时，柴油机在一定的转速范围内工作。

由调速特性知，由于调速器的作用，改造了柴油机的转矩曲线，在调速区段内，曲线随转速变化急剧，当 $M_e$ 从最大变到零或由零变到最大时，转速却变化很小，从而保证了柴油机的工作稳定性。

当阻力矩超过 $M_1$ 以后，如图 5-19 所示，托盘已被油量限制机构的固定螺母顶住，而不能推动供油拉杆向增大供油方向移动，即供油量已达最大值，因此调速器不再起作用，柴油机将按外特性曲线工作。

驾驶人通过转动调速手柄，可以改变弹簧预紧力，不同的手柄位置，弹簧预紧力不同，与其平衡的飞球离心力亦不同，则调速器起作用的转速不同，即调速范围不同。因此，根据工作需要，驾驶人只要改变调速手柄的位置，就可以得到不同转速下的调速特性。如图 5-18 中 2～5 曲线。调速特性是工程机械用柴油机的主要工作特性。

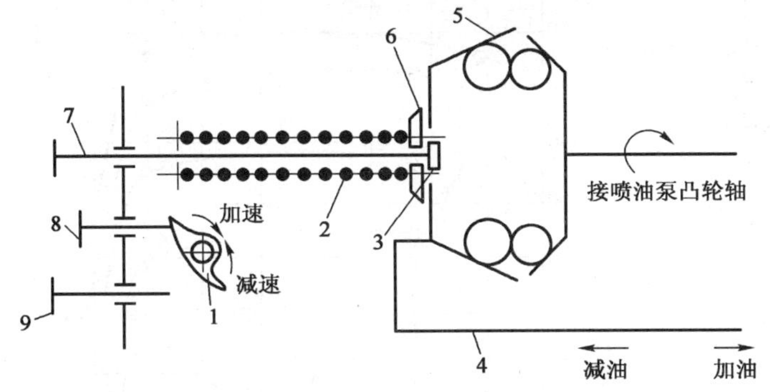


图 5-18　全程式调速器的工作原理

1-调速手柄；2-调速弹簧；3-固定螺母；4-油量调节拉杆；5-推力盘；6-托盘；7-油量调整螺钉；8-怠速调整螺钉；9-限速螺钉

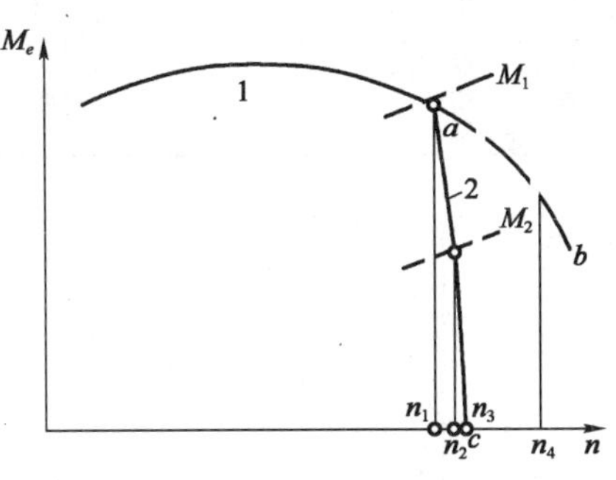


图 5-19　调速特性

为了提高柴油机的转矩储备系数，在全程式调速器上，通常都设有校正加浓装置，即校正器。其结构原理如图 5-20 所示。校正器起作用时，柴油机按图 5-21 中 *bc* 进行工作，提高了柴油机转矩储备系数，即提高了柴油机克服短期超负荷的能力。

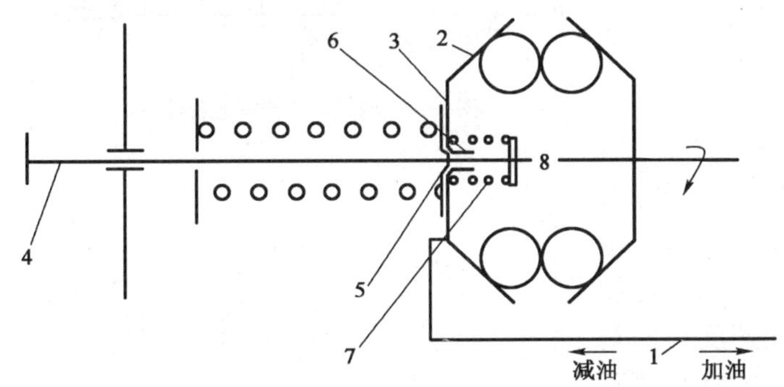


图 5-20　弹簧校正加浓装置工作原理

1-油量调节拉杆；2-推力盘；3-托盘；4-油量调速螺钉；5-挡头；6-校正弹簧座；7-校正弹簧；8-固定螺母

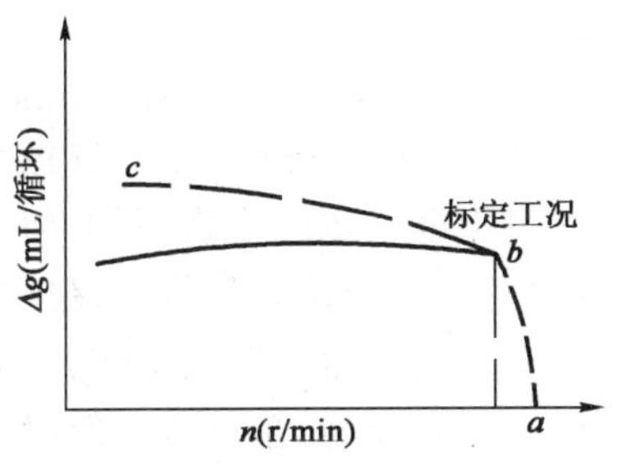


图 5-21　弹簧校正加浓装置作用

虚线-装校正弹簧；实践-未装校正弹簧

2. 两极调速器的调速特性

两极调速器只是在最低转速和最高转速时调速器起作用，以防止柴油机怠速不稳或飞车。调速器在中间转速不起作用，由驾驶人根据需要直接操纵油量调节机构。两极调速器与全程式调速器的根本区别在于：全程式调速器弹簧的弹力可以连续调节，而两极调速器的弹簧弹力不能连续调节。两极调速器原理如图 5-22 所示。

这种调速器的调速特性如图 5-23 所示，只有在最低转速和最高转速附近，柴油机的转矩曲线在调速器的作用下才产生急剧变化，而在中间转速，调速器不起作用，转矩曲线按速度特性变化。

对于一般车量来说，行驶阻力变化幅度较小而且缓慢，但车速确需不断变化，加上车身的振动，加速踏板不可能稳定在一个确定位置，所以由驾驶人不断调节加速踏板踩下的程度，直接操纵油量调节机构，可以保持车辆相对稳定地行驶。另外，当车速变化时，两极式和全程式调速器响应方式不同，其效果也有区别，工作情况如图 5-24 所示。

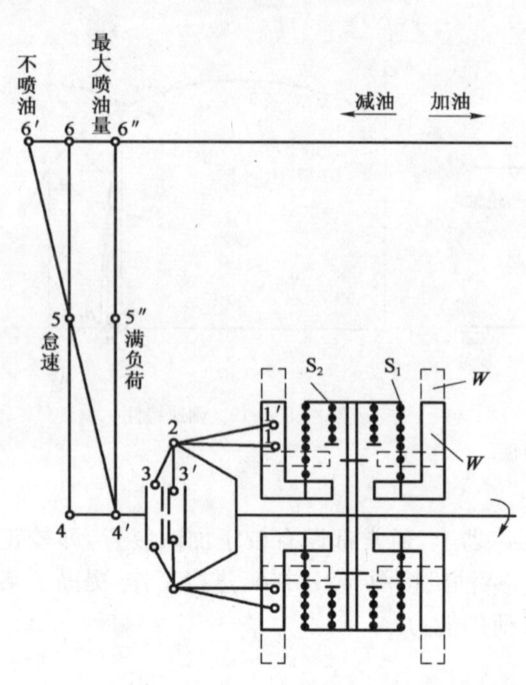

图 5-22　两极调速器原理

1、2、3-弯臂杠杆；4、5、6-油量调节拉杆的杠杆

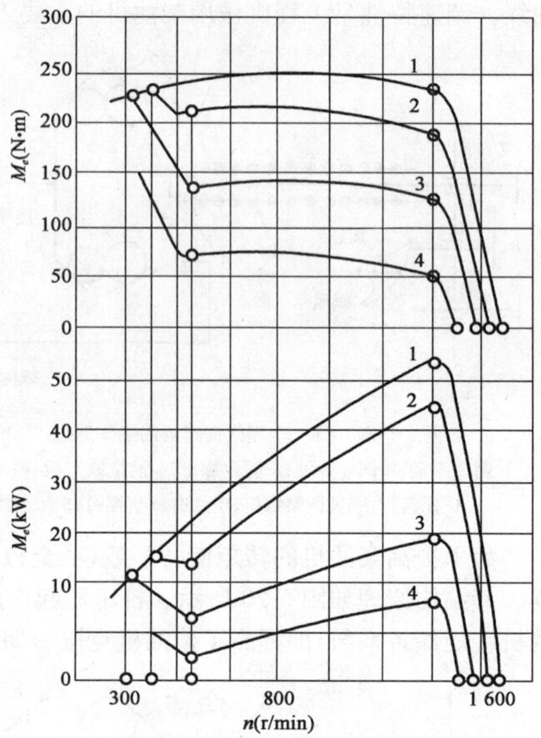

图 5-23　两极调速器调速特性

对于全程式调速器，踩下加速踏板相当于加大弹簧预紧力，调速器起作用，很快加大供油量，转矩迅速上升，然后再下降达到新的平衡点。这样，加速踏板稍有变动，车辆转矩便以很大加速度移向新的平衡点，这往往使客车等交通工具上的乘客感到不舒适，加速时也易冒黑烟，操作时要十分小心。此外，感应不直接，弹簧力直接由加速踏板操纵，加速踏板踩下较重，会产生操纵不顺畅。对于两极式调速器，驾驶人直接操纵油泵齿条，达到新平衡点的加速度小，反应快，加速性能好，操纵方便。所以除重型汽车外，一般汽车上常用两极式调速器。

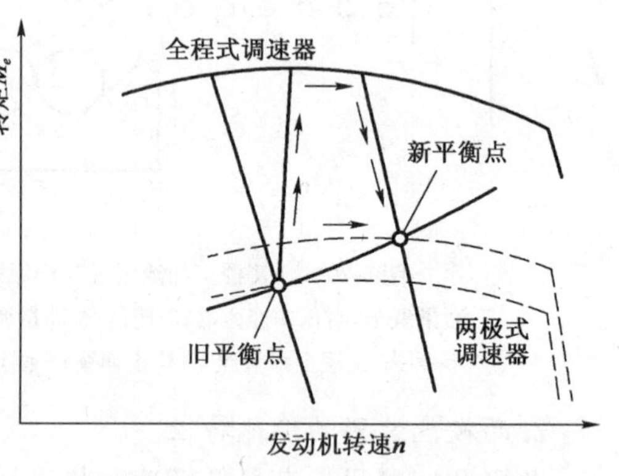

图 5-24　两极式和全程式调速器比较

# 第五节　万有特性

## 一、万有特性

发动机的负荷特性和速度特性只能表示在某一指定转速或某一指定的燃料供给调节机构位置运行时，发动机性能参数间的变化规律，而不能全面地表示发动机的性能。由于工作机械发动机的工况变化范围很广，要分析各种工况下的性能就需要许多负荷特性或速度特性，因此

极不方便。为了能在一张图上全面表示发动机的性能，经常应用能综合反映各参数变化的特性曲线，这就是万有特性。

应用最广的万有特性是将转速 $n$ 作横坐标，平均有效压力 $p_e$ 或有效转矩 $M_e$ 作纵坐标，在坐标系内做出若干条等燃料消耗率 $g_e$ 曲线和等功率 $P_e$ 曲线，组成一群曲线族，如图 5-25 和图 5-26 所示。它可表示发动机在各种转速、各种负荷下的燃料经济性。

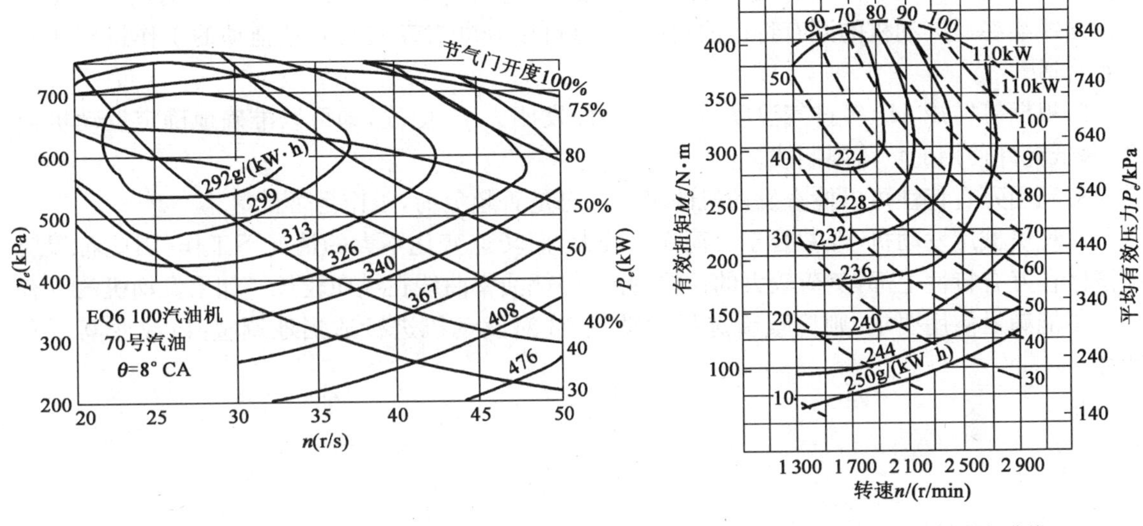


图 5-25 汽油机万有特性

图 5-26 柴油机万有特性曲线

万有特性可根据不同转速下的负荷特性曲线族经过坐标转换后得到等值曲线族。最重要的是等燃油消耗率曲线和等功率曲线。从万有特性图上，可清晰而全面地了解发动机在某种工况下的性能，很容易找出最经济的负荷和转速范围。最内层的等耗油率曲线为最经济区域，曲线愈向外，经济性越差，我们希望最低耗油率 $g_e$ 区域越宽越好。对于工程机械发动机希望经济区最好在万有特性的中间位置。使常用转速和负荷落在最经济区域内，并希望等 $g_e$ 曲线沿横坐标方向长些。对于工程机械用发动机，转速变化范围小，负荷变化范围大，希望最经济区落在标定转速区附近，并沿纵坐标方向较长。

## 二、万有特性特点

1. 汽油机万有特性特点

与柴油机相比，汽油机万有特性具有如下特点：最低耗油率偏高，经济区域偏小；等耗油率曲线在低速区向大负荷收敛，这说明汽油机在低速低负荷的耗油率随负荷的减小而急剧增大。在实际使用中，应尽量避免使用这种情况；汽油机的等功率线随转速升高而斜穿等耗油率线，转速愈高愈费油，故在实际使用中，当车辆等功率运行时，驾驶人应尽量使用高速挡，以便节油；汽油机变负荷时，平均耗油率偏高。

2. 柴油机的万有持性的特点

与汽油机相比，柴油机万有特性具有以下特点：最低耗油率偏低. 并且经济区域较宽；等耗油率曲线在高、低速均不收敛，变化比较平坦。柴油机相对车辆变速工况自适应性好；等功率线向高速延伸时，耗油率的变化不大，所以采用低速挡时，柴油机的转矩和功率储备较大。在使用中，以柴油机为动力的车量可以长时间使用低速挡。因此，实际上以柴油机为动力的工程机械的动力因数高于以汽油机为动力的工程机械。

## 三、万有特性的实用意义

万有特性常用于以下 3 个方面：

1. 选配发动机

无论作何种用途，只要提供发动机的万有特性，又已知发动机所准备拖动的工作机械转速和负荷的运转规律，就可以进行选配工作，将表示被拖动的工作机械转速和负荷的运转规律的特性曲线绘在此柴油机的万有特性曲线图中，就可以判断发动机与其被拖动的工作机械匹配是否合适。

2. 根据等转矩 $M_e$、等排气温度 $t_r$、等最高爆发压力 $p_z$ 曲线，即可以准确地确定发动机最高、最低允许使用的负荷限制线。

3. 利用万有特性可以检查发动机的工作状态是否超负荷，工作是否正常。

工程机械用发动机，经常处于负荷变化较大，而转速变化不大的情况下工作，因此希望最经济区在万有特性上部，负荷较大的位置，并且等耗油率曲线在纵向较长。如果发动机的万有特性不能满足使用要求，则应重新选择发动机，或对发动机进行适当地调整，以改变其万有特性。

# 第六章　发动机的污染排放与噪声

环境保护问题是当今人类面临的一个亟待解决的大问题，发动机的污染排放和噪声已经成为地球环境的主要污染源，特别是发动机的污染排放对城市大气污染构成了严重威胁。

本章主要内容为发动机排放污染的种类、产生条件、发动机噪声的来源及测试方法，为发动机的排放污染和噪声的控制提供一定的理论指导。

## 第一节　发动机有害排放物的生成及危害

环保与节能是当今车用动力技术发展的两个主要着眼点。发动机的排放污染是城市大气污染的主要来源，发动机的主要有害排放污染物包括 CO、HC、$NO_x$ 和微粒等，不同的污染物对环境和生物的危害程度不同。

### 一、发动机有害排放物的危害

1. *发动机有害排放物种类及危害*

据世界一些主要大城市的统计表明，在未治理前，车辆排放中的主要有害成分占城市大气该污染物总量中的比例是很高的，各有害成分所占比例为：CO 约占 88%～99%；HC 约占 63%～95%；$NO_x$ 约占 31%～53%。

1)一氧化碳(CO)

主要是在缺氧环境下的不完全燃烧产物，是一种无色无味的气体。一氧化碳有很剧烈的毒性，人吸入后即在肺中与血液中的血红蛋白 Hb 结合在一起，形成碳氧血红蛋白 CO-Hb。由于 CO 与血红蛋白结合能力较氧气 $O_2$ 强大 200～300 倍，故吸入的 CO 就会优先与血红蛋白相结合，结果造成血液的输氧能力下降，而 CO 一旦与血红蛋白结合在一起就很难解离，要经过较长的时间，约为 12～14h 才能消失其毒害作用。故 CO 的毒害作用有积累性质，人连续处在混有 CO 空气中的时间越长，血液中积累的 CO-Hb 量就越多，这样就会造成低氧血症，导致人体组织的缺氧。人体吸入微量，将破坏造血功能，呈中毒症状吸入含体积浓度 0.3%的 CO 气体，则可在 30min 内使人致命。

2)碳氢化合物(HC)

包括未燃和未完全燃烧的燃油、润滑油及其裂解产物和部分氧化产物，如多环芳香烃、醛、酮、酸等在内的多种成分。车量排气中含有多种碳氢化合物，现已分析出的有 200 多种。在这多种碳氢化合物中，各个成分对人的影响各不相同。一般在低浓度下看不出直接的影响。当浓度达到万分之一时，便可使人发生中毒症状。碳氢化合物刺激眼和鼻，降低鼻的嗅觉机能。碳氢化合物的不完全燃烧产物构成醛类，它是柴油机排气中刺激性臭味的来源。醛类强烈刺激眼、呼吸器官、皮肤等，对植物也有害。一般在浓度达千万分之四时，人眼即可感受到刺激。另外，HC 可在阳光作用下与 $NO_2$ 进行光化学反应，形成一种毒性较大的光化学烟雾。

3)氮氧化合物 $NO_x$

主要是指 NO 和 $NO_2$，车量排出的氮氧化合物中，95%是 NO，$NO_2$ 只占 3%～4%。但 NO 排到大气中后会逐步转变为 $NO_2$。$NO_2$ 有剧烈的毒性，长期暴露在低浓度下，会使人发生萎缩性病变，引起呼吸机能障碍。在 $150\times10^{-6}\sim200\times10^{-6}$ 的浓度下，短时间可使人的肺脏纤维化。$NO_2$ 刺激呼吸道可引起喘息、支气管炎、肺气肿，$NO_2$ 在一定浓度下，由于对光的吸收作用能使大气着色，从而明显地降低大气能见度，影响地面或空中交通。

4)颗粒——黑烟和铅

微粒是指经空气稀释后的排气，它是在低于 52℃下，在涂有聚四氟乙烯的玻璃纤维滤纸上沉积的除水以外的物质，如柴油机的炭烟粒子，汽油机的铅及硫酸盐等。汽车排出的黑烟主要为微小的炭粒，它们是直径为 0.5～1μm 的微粒，根本无法滤除。人吸入后易积存于肺中，附着于支气管可引起哮喘病。这种粒子的毒害不像 CO 中毒那样在复原后可完全消除其影响，而是逐步积累增多，故危害性更大。排烟能妨害视野，恶化照明，引起交通事故。动物试验证明，排烟显示有致癌作用。

汽油机中的抗爆剂四乙基铅或四甲基铅所含铅量的 70%随废气排入大气中，其余 30%沉积于内燃机燃烧室及排气通道中，其中约 40%颗粒较大者迅速沉降于地面上，其余 60%颗粒较小者能在大气中停留相当长的时间。随呼吸进入人体的颗粒较大者可能附着于呼吸道的黏液上，混于痰中而吐出；颗粒较小的，便沉积于肺的深部组织，它们几乎都被吸收。人如果暴露于高浓度的含铅空气中，能引起严重的急性中毒症状。如果长时间暴露于低浓度的含铅大气中，能引起慢性中毒。铅在人体器官中积蓄到一定程度，能使人的生理机能衰退，特别对幼儿中枢神经系统及造血系统破坏性更大，铅除阻碍红血球的生长造成贫血外，还能引起肝脏机能障碍等对人体的危害。

可溶性有机成分是微粒威胁人体健康的主要因素，特别是柴油机排出的微粒要比汽油机高出数十倍，所以要求对排气中的微粒进行限制。

5)二氧化碳的温室效应

随着汽车保有量的增加，$CO_2$ 的排放量也日益增加。由于 $CO_2$ 的隔热作用，会形成全球变暖的温室效应。这一效应造成人类以及动植物生存条件的改变，从而在一定程度上破坏了生态环境。如果这一效应引起南北极冰川大量融化，将造成人类生存陆地的减少，直接危及到人类的生存。因此，$CO_2$ 的温室效应也是值得注意的问题。

2. 评定发动机的排放特性的指标

用下列排放指标评定发动机的排放特性：

1)排放物的浓度 $C$

在一定排气容积中，有害排放物所占的容积或质量比例，称为排放物的浓度。通常表示浓度的方法有：$10^{-6}$、%等，浓度较大时用%，而浓度较小时用 $10^{-6}$。

规定的有害排放物的限制浓度，称为有害排放物的容许浓度$[C]$，各国排放法规对有害排放物的容许浓度均作了规定。

2)排放物的质量排放量 $B$

只用排气中有害排放物的浓度，还不能表示其对空气污染的严重程度，例如发动机空转时，虽然排出 CO 的浓度很大，但由于排气总量不大，所以有害排放物的总量也不大，因此需要用单位时间内或一次试验有害排放物的质量排放量 $B$ 来衡量，单位是 g/h 或 g/试验。

$$B = CQ_r \tag{6-1}$$

式中：$C$——排气中的排放物浓度，g/m$^3$；

$Q_r$——发动机排出的废气量 m$^3$/h 或 m$^3$/试验。

3)排放物的比排放量 $b$

单位功率每小时排出污染物的质量称为比排放量，单位为 g/(kW·h)。

$$b = B/P_e \tag{6-2}$$

式中：$b$——排放物的比排放量，g/(kW·h)，其他符号意义同前。

## 二、发动机有害排放物的生成机理

1. 氮氧化物

发动机排出的氮氧化物主要是 NO，$NO_2$ 排出量较少。可以认为，氮的氧化反应发生在燃料燃烧反应所形成的环境中。

促使上述反应正向进行而生成 NO 的因素有 3 个：

(1)温度：高温时，NO 的平衡浓度高，生成速率也大。在氧气充足时，温度是生成 NO 的重要因素。

(2)氧气的浓度：在高温条件下，氧气的浓度是生成 NO 的重要因素。在氧气浓度低时，即使温度高，NO 的生成也受到抑制。

(3)反应滞留时间：由于 NO 的生成反应比燃烧反应慢，所以即使在高温下，如果反应停留的时间短，NO 的生成量也受到限制。

在实际发动机中，因为燃烧过程经历的时间极短，一般为毫秒级，温度上升和下降都很迅速，尽管 NO 的生成即正向反应没有达到平衡浓度，可是 NO 分解即逆向反应所需的时间也不足，从而使缸内 NO 的实际浓度由于逆向反应速率太低而几乎没有下降。这种反应"冻结"使实际排出 NO 的浓度大大高于排气温度相对应的平衡浓度。在柴油机中发生冻结，比在汽油机中更快。

2. 一氧化碳

一氧化碳 CO 是碳氢燃料在燃烧过程中生成的重要中间产物。影响 CO 生成的主要因素如下：

(1)燃料不完全燃烧，CO 的生成率主要受混合气浓度的影响；

(2)混合气不均匀；

(3)$CO_2$ 和 $H_2O$ 在高温时裂解。

3. 未燃碳氢化合物

未燃碳氢化合物 HC 的生成与排出主要有 3 个渠道，其中 HC 总量的 60%以上由废气即车辆尾气排出，另外的 25%来自曲轴箱窜气，从油箱、化油器等处油蒸气排放占 15%～20%。

在燃烧过程中 HC 的生成，主要有以下途径：

(1)在压缩与燃烧过程中，汽缸内压力升高，把一部分未燃混合气压入与燃烧室相通的狭缝。由于燃烧时火焰不能进入狭缝，因此不能完全燃烧，在膨胀和排气行程中，在汽缸压力降低后，未燃 HC 进入排气。这是生成 HC 的主要来源，被称为缝隙效应。

(2)相对冷态的汽缸壁对火焰产生的热与活化基物质起着吸收的作用，火焰在汽缸壁表面产生激冷与淬熄现象，于是在离汽缸壁小于 0.1mm 的薄层内留下未燃 HC。

(3)存在于汽缸壁、活塞顶以及汽缸盖底面上的一层润滑油膜，有可能在燃烧前、后吸收或放出燃料中的 HC 成分。

(4)在发动机做加、减速等瞬态工况运行时,点火定时、空燃比以及排气再循环值均不处于最佳状态,有可能使燃烧品质恶化,使 HC 排放增加。特别是在减速及怠速工况,HC 排放量很高。

4. 微粒

柴油机排气微粒的主要成分是炭烟粒子。炭烟粒子形成是燃料在燃烧过程中经历了一系列物理化学变化后形成的,炭烟粒子形成过程如图 6-1 所示。

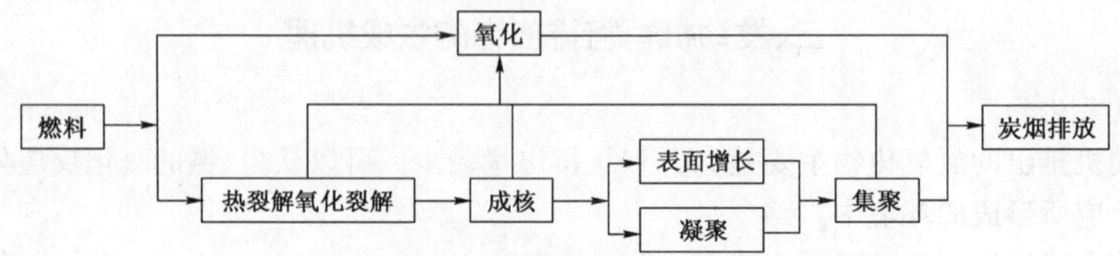


图 6-1 燃烧系统中碳烟粒子的形成过程

首先燃料分子在高温中裂解或氧化裂解,所生成的裂解产物主要是乙炔,乙炔是生成炭烟的重要中间物,接着形成炭烟核心,以上为成核阶段,成核后同时经历表面增长和凝聚两个过程。当炭烟粒子长大到某一尺寸时,增长速度急剧下降。以后便以集聚方式形成链状结构物。从核的萌发到成长、集聚这一系列生成过程,都伴随着炭烟的氧化。碳烟氧化速率主要和温度相关,同时还与剩余氧含量及在高温下的逗留时间有关。

# 第二节 影响汽油机有害排放物生成的主要因素

影响汽油机有害排放物生成的因素很多,其中与发动机运转有关的主要因素有:混合气成分、点火正时和吸入废气量、负荷、转速及工况等。

## 一、混合气成分

汽油机主要依靠电火花进行外源点火,火核形成以后,以火焰传播为特征进行燃烧。汽油机是一种预混燃烧,其可燃混合气浓度范围比较窄,而且在诸如怠速、满负荷等工况下经常处于浓混合气工作状态,因而混合气成分是影响排放的最主要因素。从图 6-2 可以看出,由于 CO 是一种缺氧条件下的不完全燃烧产物,随着空燃比 $\varphi_\alpha$ 增加,CO 浓度逐渐下降;在大于理论 $\varphi_\alpha$ 以后,CO 浓度已经很低了。同时看到,$NO_x$ 浓度两头低,中间高,NO 浓度峰值出现在理论 $\varphi_\alpha$ 较稀的一侧,反映出高的 NO 生成率必须兼具高温和富氧两个条件,缺一不可。HC 的走向则是两头高,中间低,与燃油消耗率的变化趋势基本一致。当浓混合气逐渐变稀,在缝隙容积与激冷层中混合气燃料比例减少,因此 HC 量减少。处于最佳燃烧的 α 范围内,HC 及油耗均为最低。但当混合气过稀,燃烧因此失火,致使 HC 及油耗又重新回升。从图 6-2 中的虚线看出,为了兼顾降低排放即减少 CO、HC、

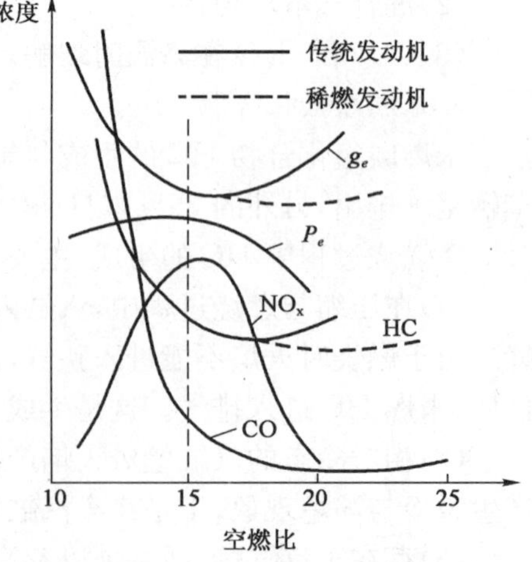


图 6-2 有害排放物浓度与空燃比的关系

NO 排放量与节能即减少油耗的双重要求，最有效的措施是组织好汽油机在较大 $\varphi_\alpha$ 下的稀薄燃烧，组织稀薄燃烧是汽油机燃烧组织的一个重要方向。

## 二、点火正时和吸入废气量

如图 6-3 及图 6-4 所示，减小点火提前角对降低 NO 及 HC 均有利，但以牺牲动力性为代价。

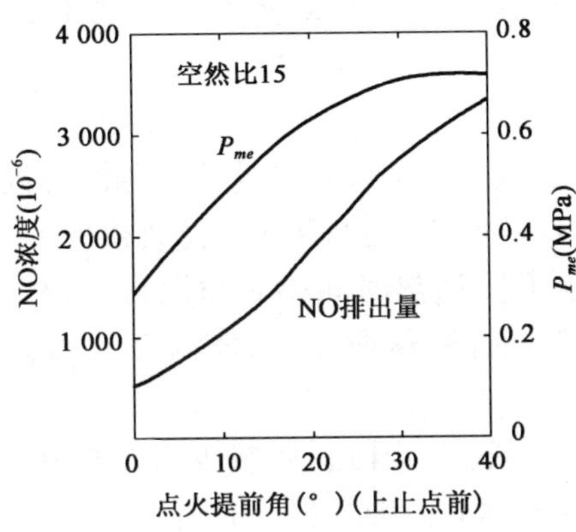


图 6-3　点火提前角与 NO 的关系

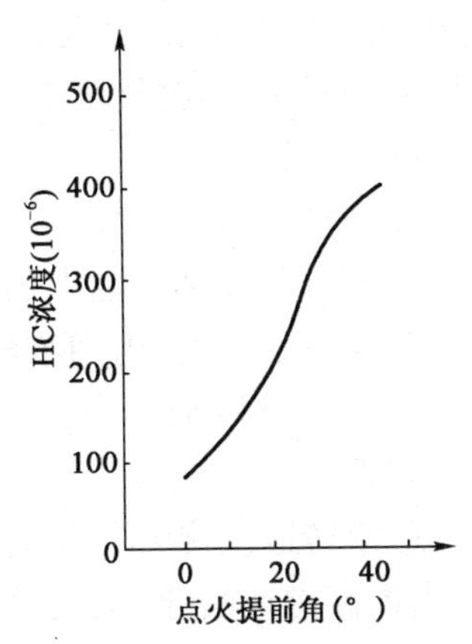


图 6-4　点火提前角与 HC 的关系

从图 6-5 所示示功图上可以看出，减小点火提前角，不仅降低燃烧最高温度、减少燃烧反应滞留时间，对降低 NO 十分有利；而且由于点火推迟，膨胀时的温度及排气温度均上升，这对降低 HC 也很有利。

为了抑制燃烧的最高温度，将一部分排气回送至燃烧室，将有利于抑制 $NO_x$ 的生成。由图 6-6 看出，随着吸入废气量的增大，$NO_x$ 浓度逐渐下降，但实际进入汽缸的可燃混合气减少，燃烧的有效性降低，动力性变差。

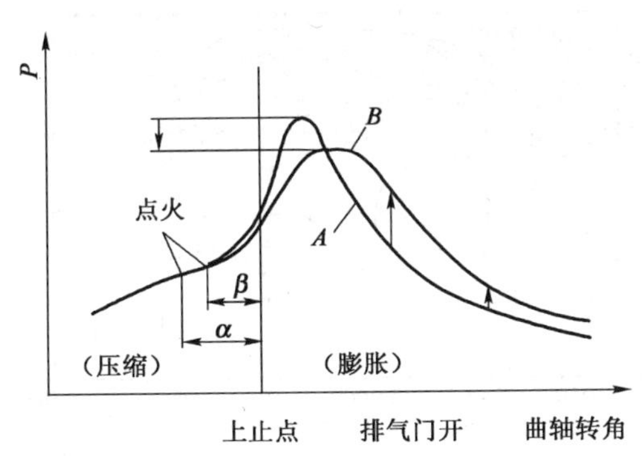


图 6-5　不同点火提前角的示功图

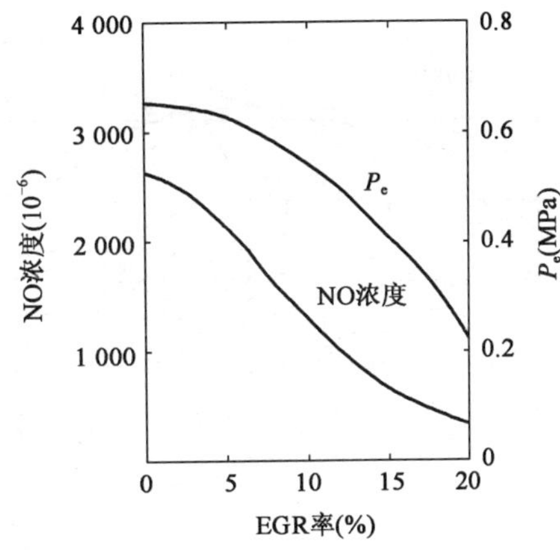


图 6-6　吸入废气量对 NO 生成及动力性的影响

## 三、负荷、转速及工况

1. 负荷

负荷是通过混合气成分对燃烧产物中有害物质发生影响的。汽油机在怠速及小负荷工况运行时，节气门分别在几乎关闭和小开度位置，新气量进入少，废气相对增多，供给的混合气偏浓，而且燃烧室温度较低，燃烧速度慢，易引起不完全燃烧，使CO排出量增加；又因为燃烧室温度低，燃烧室壁面激冷现象严重，未燃烧的燃油量增多，结果致使HC排放量增多。在节气门开度从25%～80%变化中，即发动机中等负荷时，供给经济混合气，容易完全燃烧，废气中CO含量最少，HC含量也较低。由于燃烧室温度提高，$NO_x$ 生成量增多。当节气门开度为80%～100%即发动机在在满负荷工况工作时，供给浓混合气，使燃烧气体压力、温度升高，致使 $NO_x$ 生成量增多；同时还提高了排气温度，使HC在排气中继续燃烧，其排放量减少；但因混合气较浓，使CO排放量增加。

2. 转速

随着发动机转速的升高，混合气经过进气系统的流速及活塞运动速度也随之升高，缸内紊流加强，促进混合，改善了缸内的燃烧，减少了激冷层的厚度，使CO、HC排放减少。$NO_x$ 的生成量与混合气成分有关，当用浓混合气时，由于转速升高散热时间相对缩短，缸内燃烧温度升高，使 $NO_x$ 生成量增加。当用稀混合气时，由于燃烧持续角增加，燃烧温度反而会下降，使 $NO_x$ 生成量减少。

提高怠速转速使混合气变稀，CO及HC的排放减少。因此，从减少发动机排气污染出发，可适当提高怠速转速，但同时应注意到随着怠速转速升高油耗也会有所上升。

3. 工况

车辆发动机主要是在不稳定工况下工作，包括怠速运转、加速运转、定速运转、减速运转等。不同工况由于混合气浓度不同，有害物的排放量相差很大。各种工况下汽油机有害物质的排放浓度如表6-1所示。从汽油排放特性图6-7及表6-1看出，对于不同的运行工况，各种有害排放物的差异很大。

怠速与减速工况，是HC生成的主要工况。在怠速工况下，燃烧环境温度比较低，缸内残余废气量比较大，混合气比较浓，致使燃烧恶化，HC排放浓度增加，在减速工况下，很高的进气管真空度使进气管内沉积的燃料油膜大量蒸发，这是HC增加的重要原因。

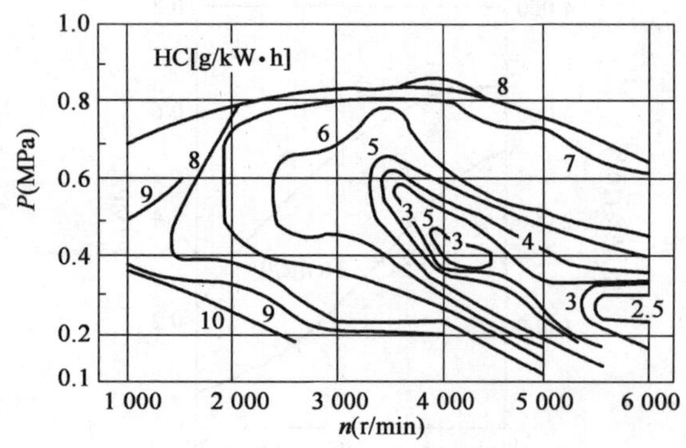

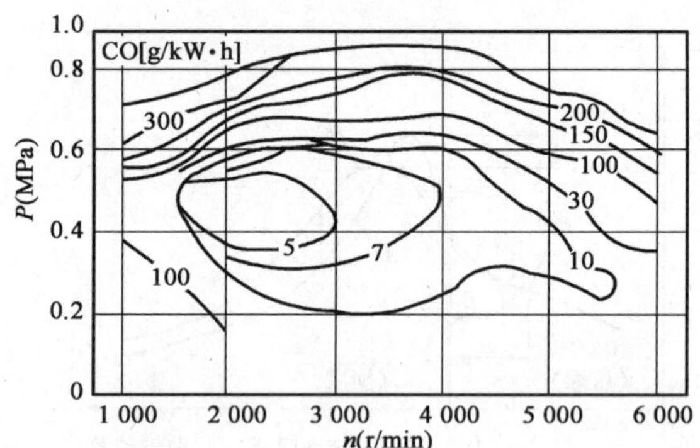


图6-7 汽油机HC及CO的排放特性

**不同工况下的CO、HC、$NO_x$ 排放浓度** 表6-1

| 工况(km/h) / 排放量 | 怠速 0 | 定速 40 | 加速 0～40 | 减速 40～0 |
|---|---|---|---|---|
| CO(%) | 4.0～10.0 | 0.5～1.0 | 0.7～5.0 | 1.5～4.5 |
| HC | 300～2 000 | 200～400 | 300～600 | 1 000～3 000 |
| $NO_x(10^{-6})$ | 50～100 | 1 000～3 000 | 1 000～4 000 | 5～50 |

# 第三节　影响柴油机有害排放物生成的主要因素

柴油机燃烧是一种多相非均匀混合物的不稳定的燃烧过程，从喷雾过程、油束形成、混合气的浓度与分布以及燃烧室形式等，对排放物生成均有复杂的影响。由于油束在燃烧室空间的浓度分布、着火部位及局部温度各处都不一样，可以对油束人为地分区并将其与排放物生成的关系做一说明。

## 一、柴油机燃烧及排放物生成的特点

当油束喷入有进气涡流的燃烧室中时，由于油雾及油蒸气在空间浓度分布不同，可大致分为稀熄火区、稀火焰区、油束心部、油束尾部和后喷部以及壁面油膜，从油束边缘到油束核心部分，局部空燃比可从无穷大变到零，如图 6-8 所示。根据负荷不同，各区排放物生成的性质也不一样。

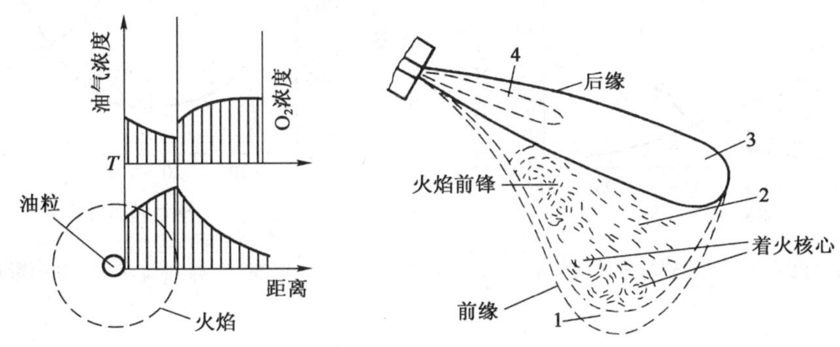


图 6-8　油束各区的燃油情况

1-稀熄火区；2-稀火焰区；3-油束心部；4-油束尾部和后喷部

未燃 HC：在低负荷时，由于喷油量少，混合气稀，缸内温度低，HC 主要产生在稀熄火区；在高负荷时，混合气浓，HC 主要产生在油束心部、油束尾部和后喷部及壁面油膜处。

CO：低负荷时，缸内温度低，部分燃油难以氧化形成 $CO_2$，主要在稀熄火区及稀火焰区的交界面上生成 CO；高负荷时，在油束心部、油束尾部及后喷部，因局部缺氧而产生 CO。

$NO_x$：在燃烧完全、供氧充分及温度较高的稀火焰区及油束心部产生较多。

炭烟：高负荷时，在油束心部、油束尾部和后喷部的氧浓度低，气体温度高，燃油分子容易发生高温裂解而形成炭烟。

醛类：主要在稀熄火区，由于低温氧化而产生醛类中间产物。

## 二、影 响 因 素

1. 混合气成分

从宏观上讲，柴油机在运转中总有一定数量的过量空气，加上柴油蒸发性比汽油小，因此柴油机的 HC 及 CO 排放浓度一般比汽油机低得多，图 6-9 所示，但在接近满负荷时 $\alpha$ 减小，CO 浓度骤增。

如图 6-9 所示，NO 生成率最高处仍出现油量较大的高负荷工况，柴油机 $NO_2$ 的生成浓度较高。$NO_x$ 浓度随 $\alpha$ 增加而减少。柴油机排气中有炭烟排出，随着混合气变浓，排烟浓度增多。

2. 喷油时刻

延迟喷油是降低 $NO_x$ 的主要措施之一。如图 6-10 所示，延迟喷油可减少 NO 的生成，但减小喷油提前角将导致燃烧变差，最高爆发压力降低，因而使油耗及排气烟度增加。为了在延迟喷油以后燃烧不致恶化，加强缸内气流运动、促进混合气形成、提高喷油速率以及改善喷油质量是很有必要的。实践证明，延迟喷油的同时提高喷油速率，要比单纯延迟喷油定时的效果好。在各种工况下，NO 排放浓度都随喷油速率的增加而降低，CO 浓度亦随喷油速率的增加而降低，HC 的生成量则变化不大。

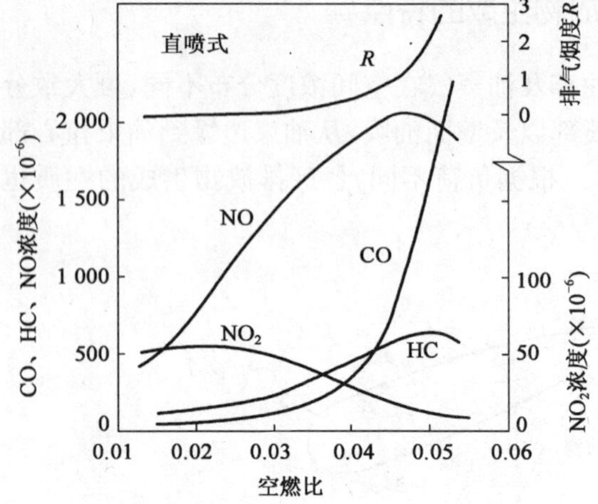


图 6-9 柴油机的混合气成分与排放的关系

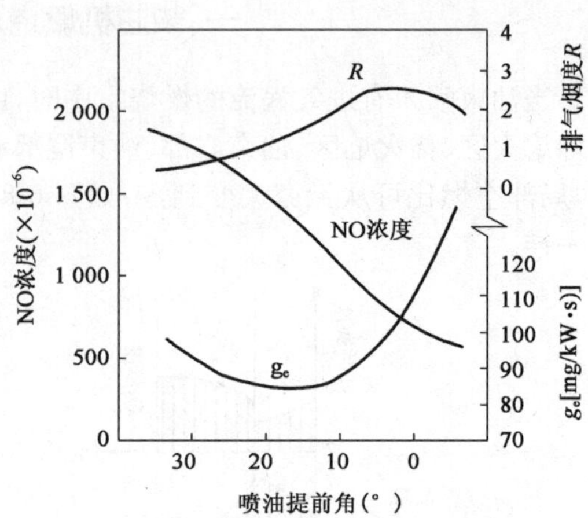


图 6-10 喷油定时对排放的影响

# 第四节 有害排放物的控制

在 20 世纪 70 年代中期以前，主要采用以改善发动机燃烧过程为主的各种机内处理方法。这些技术尽管对降低排气污染起到了很大作用，但效果有限。随着排放法规的日益严格，人们开始考虑包括催化转换器在内的各种机外处理方法。由于车辆排放污染物分别来自于：排气管(燃烧过程)、曲轴箱和燃油系统如图 6-11 所示。因此，发动机排污处理包括对发动机燃烧排出的有害物在排气系统等处进行处理和对曲轴箱窜气或油蒸气部分进行处理，主要分为机内净化处理和机外净化处理。

下面以机外处理为对象，介绍几种常用的治理方法。

## 一、汽油机机外净化处理技术

机外净化是指用设置在发动机外部的附加装置使排出的废气净化后再排入大气。

1. 曲轴箱强制通风封闭系统，即 PCV——positive crankcase ventilation system

从空气滤清器引出一股新鲜空气进入曲轴箱，再经流量调节阀即 PCV 阀，把窜入曲轴箱的气体和空气的混合气一起吸入汽缸燃烧，如图 6-11 所示。PCV 阀是用真空操作的可变喷嘴控制的阀。其作用是在怠速、低速小负荷时减少送入汽缸的空气量，避免混合气过稀而造成失火。在节气门全开时，即进气管真空度低，汽缸窜气量大时，提供足够的流量。

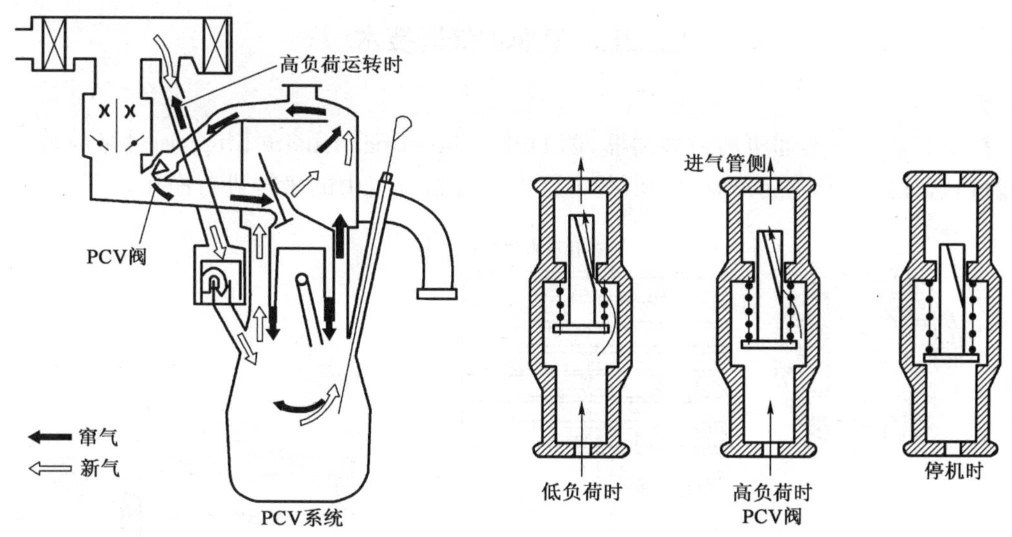


图 6-11 曲轴箱强制通风封闭系统

2. 三元催化转化器，即 TWC——three way catalytic converter

随着汽油机电子控制燃油喷射系统的不断完善和无铅低硫汽油的燃用，采用 TWC 是控制车辆排放最理想和最重要的措施。

催化转化器主要由载体、催化剂、垫层和壳体组成，如图 6-12 所示，其中的核心是催化剂部分，常采用铂、铑、钯等贵金属，碱土和稀土元素。

利用催化剂催化作用，可以还原 $NO_x$，并且氧化 HC、CO，同时净化三种主要污染物。它的主要化学反应如下：

$$2CO+O_2=2CO_2 \tag{6-3}$$

$$4HC+O_2=4CO_2+2H_2O \tag{6-4}$$

$$2CO+2NO=2CO_2+N_2 \tag{6-5}$$

$$4HC+10NO=4CO_2+2H_2O+5N_2 \tag{6-6}$$

$$2H_2+2NO=2H_2O+N_2 \tag{6-7}$$

在过量空气系数 $\alpha\approx1$ 时，三元催化剂对 CO、HC 和 NO 能同时达到较好的净化效果，如图 6-13 所示。

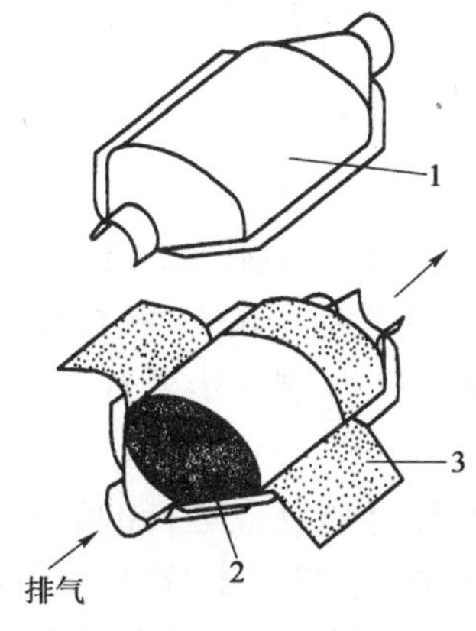


图 6-12 催化转化器结构

1-外壳；2-载体与催化剂；3-减振密封衬垫

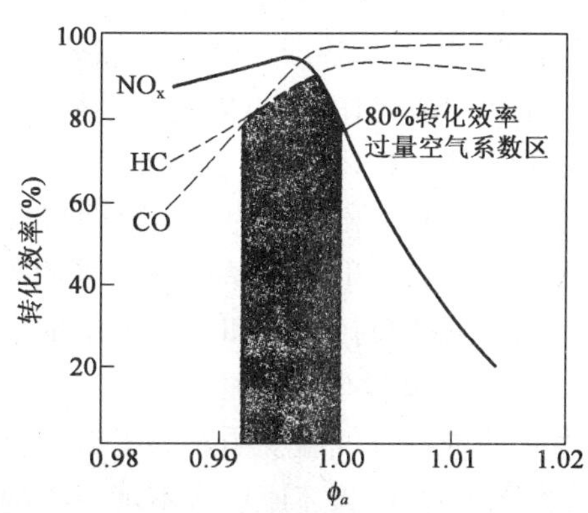


图 6-13 过量空气系数对 TWC 转化效率的影响

## 二、柴油机净化处理技术

1. 微粒捕集器

微粒捕集器也称柴油机微粒滤清器，即 DPF—diesel particulate filter，通过微粒捕集器中的过滤材料，如图 6-14 所示，采用过滤的方法对柴油机排气中的微粒进行净化。

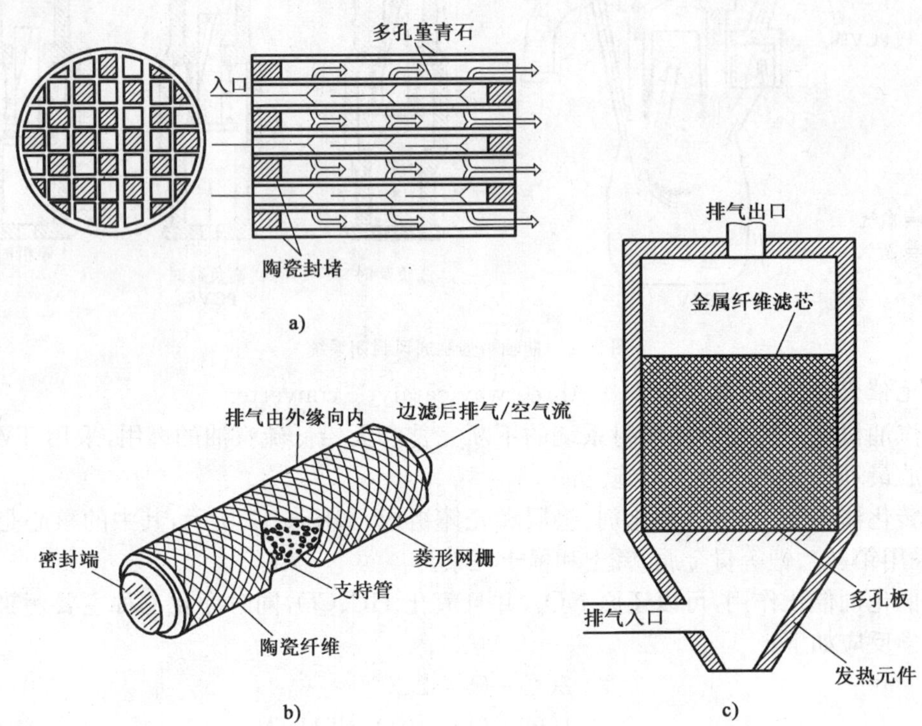


图 6-14 微粒捕集器的过滤材料

a)陶瓷蜂窝载体；b)陶瓷纤维编织物；c)金属线纤维编织物

微粒捕集器对炭烟的过滤效率可达 90%，可溶性有机成分 SOF，主要是高沸点 HC 也能部分被捕集。但随过滤下来的微粒的积累，造成排气背压增加，导致发动机动力性和经济性恶化。因此必须及时除去微粒捕集器中的微粒，以便能继续工作。

除去微粒捕集器中积存微粒称为再生，可以分为断续加热再生和连续催化再生。断续加热再生，即采用电加热或燃烧器加热的方法消除微粒；连续催化再生，则是利用贵金属元素的催化剂涂层的催化作用，可以在柴油机绝大部分工况下自动进行再生。

2. 氧化催化转化器

氧化 HC、CO 和微粒的基本原理与汽油机三元催化转化器中的氧化原理相同，催化剂的活性成分也是 Pt、Pb 等贵重金属。采用氧化催化转化器可以使微粒中的 SOF 得到氧化，因而可有效的降低微粒排放，同时，也可使本来排放量较少的 HC 和 CO 进一步降低。

3. $NO_x$ 还原催化转化器

由于柴油机排气温度明显低于汽油机，柴油机中妨碍 $NO_x$ 还原反应进行的氧化量是汽油机的 30 倍左右，作为还原反应不可缺少的还原剂，柴油机只有汽油机的十分之一。因此，柴油机还原催化剂的开发难度很大。同时，为保证较高的还原效率，往往要从外部添加 HC、$NH_3$ 等还原剂。

4. 四元催化转化器

如果将柴油机氧化催化剂、微粒捕集器和 $NO_x$ 还原催化剂合三为一，像三元催化转化器那样使 CO、HC、微粒和 $NO_x$ 互为氧化剂和还原剂，如图 6-15 所示。则可以同时除去 CO、HC、微粒和 $NO_x$。这种方法在柴油机轿车例如雷诺 Ellypse 上已有应用。

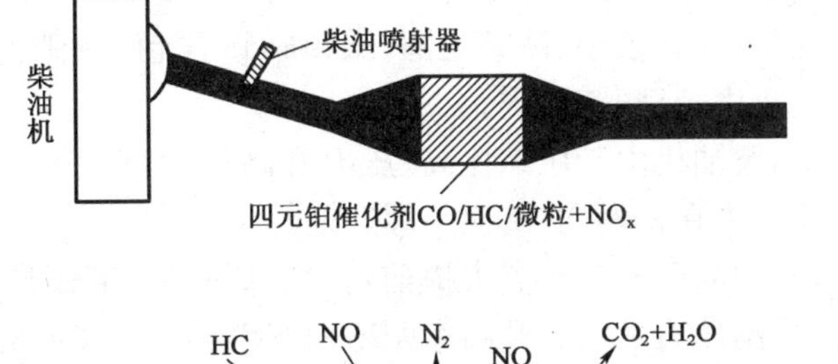


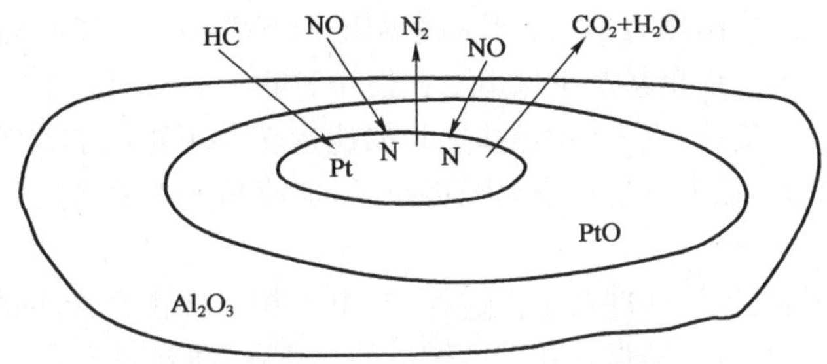


图 6-15　柴油机四元催化剂概念图

# 第五节　发动机的噪声

随着国民经济的迅速发展，城乡内燃机动力装置的数量日益增多，特别是在人口比较集中的大中城市，机动车辆的噪声已成为主要的噪声源，约占城市环境噪声的 30%～50%，而其最终源头是发动机。

噪声是由许多频率和声强变化都无规律的声波杂乱组合而成，其波形图是无规则非周期性的，噪声使人烦躁不安、易于疲劳、工作效率降低，还会引起耳聋、头痛、神经衰弱、高血压及心脏病等，影响人们工作和休息；噪声会分散工作人员的注意力，掩盖警报信号及呼喊，导致意外事故发生。人们不应在 85dB(A)以上连续噪声下长时间工作。研究结果已证明，45～50dB 的噪声就会影响人体的睡眠；50dB 的噪声能干扰人的思考；60dB 的噪声开始令人心烦；长期生活在 65dB 的噪声中，会使人体的心血管系统、消化系统以及神经系统受到损害；若在 90dB 以上的噪声环境下连续工作将会使人耳聋。

## 一、发动机噪声的来源

由发动机驱动的各种车辆和工作机械，是造成城市噪声污染的主要来源之一。发动机噪声的大小，已成为评价发动机性能的重要指标之一。按噪声性质，发动机的噪声可分为以下 3 类：

(1)气体动力性噪声，主要包括进、排气噪声和风扇噪声；

(2)燃烧噪声，是由汽缸内气体压力剧烈变化所产生冲击波引起的高频振动，通过缸套缸盖、机体等构件而传播到外界；

(3)机械噪声，包括活塞敲击声、配气机构噪声。

1.燃烧噪声

燃烧噪声是在燃烧时，汽缸内压力急剧上升的气体冲击而产生的，其中包括由汽缸内压力剧烈变化引起的动力载荷，以及冲击波引起的高频振动。一般认为燃烧噪声经由两条路径传播并辐射出来。一条是经过汽缸盖及汽缸套经由汽缸体上部向外辐射；另一条是经过曲柄连杆机构，即活塞、连杆、曲轴和主轴承经由汽缸体下部向外辐射。由于汽缸套、机体、汽缸盖这些结构件的刚性较大，自振频率处于中、高频范围，低频成分不能顺利地传出。因此，人耳听到的燃烧噪声的主要成分处于中、高频范围内。

在功率相同的条件下，柴油机由于压缩比高，压力升高率大，其燃烧噪声要比汽油机大得多。柴油机燃烧噪声主要集中在速燃期，其次是缓燃期。

汽油机在压缩比高、汽油品质不良和点火提前角过大时，易引起爆燃，因燃烧室积炭引起表面点火等，都会使燃烧最高压力及压力升高率剧增而产生噪声。柴油机在转速升高，喷油推迟，负荷增大时还会引起工作粗暴产生噪声。在使用过程中，对于结构一定的发动机来说，噪声的强度受发动机转速、负荷、点火或喷油时间、加速运转和不正常燃烧等因素影响。转速升高，负荷加大则噪声增大，点火或喷油推迟噪声减小，加速和不正常燃烧时噪声增大。

2.机械噪声

机械噪声是指内燃机各运动件在工作过程中，由于相互冲击而产生的噪声。内燃机的机械噪声随着转速的提高而迅速增强。随着内燃机的高速化，机械噪声愈来愈显得突出。

(1)活塞敲缸噪声：活塞对汽缸壁的敲击往往是内燃机最强的机械噪声源。由于活塞与缸壁之间有间隙，在燃烧时气体压力及运动惯性力的作用下，使活塞对缸壁的侧向推力在上下至点处改变方向，且呈现周期性变化，所产生的侧压力敲击不但在上止点和下止点附近发生，而且也发生在活塞行程的其他位置上，从而形成活塞对缸壁的强烈敲击声。当汽缸内的最大压力及缸壁间隙增大、转速及负荷提高、缸壁润滑条件变差、则敲击声随之增大。此外，活塞对汽缸壁的敲击还能引起汽缸壁的高频振动。

降低活塞敲击噪声的方法有：

①减小活塞与汽缸壁的间隙，例如采用可控膨胀活塞；

②使活塞销孔向汽缸壁的主推力面偏移；

③加长活塞裙部和减少活塞环数量；

④增加汽缸套的刚度；

⑤增加活塞敲击汽缸的阻尼，如在裙部外表面增加润滑油的积存等。

(2)配气机构噪声：配气机构噪声包括：气门与气门座的冲击，气门间隙引起的机械冲击。配气机构本身在上述周期性冲击力作用下产生振动。配气机构产生的噪声，在低速和中速内燃机中，一般并不突出，但对高速内燃机来说，往往会在机械噪声源中占有较高份额。

降低配气机构噪声的方法有：

①可采用顶置凸轮；

②采用液力挺柱以消除气门间隙；

③采用新型函数凸轮轮廓线以及对缓冲过渡曲线合理设计，使气门升起和落座时的速度控制在较低值，以有效地抑制气门的跳动。

(3)正时齿轮噪声：正时齿轮噪声是在齿轮啮合过程中，齿与齿之间的撞击和摩擦产生。正时齿轮噪声与齿轮的结构形式、设计参数、制造精度及运转状态有很大关系。

正时齿轮一般都采用斜齿，其噪声较直齿大大降低。

(4)不平衡惯性力引起的机械振动及噪声：内燃机中的活塞曲柄连杆机构在运转过程中产生往复运动惯性力、离心惯性力及其惯性力矩。这些周期性变化的惯性力和惯性力矩将通过曲轴主轴颈传给机体及其支承装置或动力装置，引起振动和噪声。

对内燃机运转可靠性、耐久性和动力装置舒适性考虑，要通过各种平衡措施力求有些惯性力和惯性力矩尽可能地被减小乃至完全消除，最终达到降低内燃机振动和噪声的目的。此外，曲轴的扭转振动也会引起机体及其支承的附加振动，激发出噪声。这类噪声的大小与发动机的结构参数如缸径、行程、缸数、缸心距和冲程数、材料、动力参数如转速和功率等、平衡状况以及支承隔振措施等多种因素有关。

(5)喷油泵及其他机械噪声：内燃机还附加有若干种机械装置，诸如喷油泵、压气机、发电机、水泵等，它们在运转时同样会产生机械噪声，除喷油泵外，它们和前述几种机械噪声相比所占份额较小。

除了上述对内燃机各主要噪声源采用降噪措施外，按照低噪声的原则设计发动机或者采用局部或整体隔声罩的方法，都可以在较大幅度内降低发动机噪声。

3.进、排气噪声

进排气噪声是由于发动机在进、排气过程中，气体压力波和气体流动所引起的振动而产生，主要包括吸气、排气部位放射出的空气声和排气系统的漏气声。对非增压内燃机，排气噪声最强。进气噪声通常比排气噪声低 8～10dB，对于增压内燃机则进气噪声往往超过排气噪声，而成为最强的噪声源。

进气噪声主要包括空气在进气管中的压力脉动，产生低频噪声；空气以高速通过气门的流通截面，产生高频的涡流噪声；增压内燃机增压器中压气机的噪声。进气噪声在很大程度上受到气门尺寸、转速和气道结构形式的影响。

排气噪声主要包括：排气在排气管中的压力脉动，产生低、中频噪声；排气门流通截面处的高频涡流噪声；排气噪声的强弱与内燃机的排量、转速、平均有效压力以及排气口的截面积等因素直接有关。

进排气噪声都随发动机的转速及负荷状态而变化。随发动机转速提高，进排气噪声增加；随发动机负荷增加，进排气噪声增大。

合理选择进、排气管，减少压力脉动及涡流强度，并避免发生共振；采用性能良好的进、排气消声器等措施可大大降低进、排气噪声。

4.风扇噪声

风扇噪声由旋转噪声和涡流噪声组成。旋转噪声是由风扇叶片对空气分子的周期性扰动而产生的，它的强弱与风扇转速和叶片数成正比，涡流噪声是空气在受叶片扰动后一阵的涡流所形成的，它的强弱主要与风扇气流速度有关。风扇噪声在空气动力性噪声中，一般都小于进、排气噪声，但由于普遍装设空调系统和排气净化装置，冷却风扇负荷加大，该噪声变得更为严重。

对风扇形式、叶片形状、布置及材料的改进，如采用叶片不均匀同步的风扇、用塑料风扇代替钢板风扇、在车用内燃机上采用风扇自动离合器等措施可取得较好的降低噪声效果。

## 二、噪声测试方法

噪声的主要测量项目为噪声级和噪声频谱。常用的仪器有声级计、频率分析仪、自动记录仪、磁带记录仪等。

发动机噪声测量一般包括整机噪声的测量和为了改进某一部件，比如研究排气噪声的大小与消声器的关系等而进行的测量，以及进、排气噪声和其他噪声的测定等。两者的测量方法是各不相同的，前者必须在发动机周围几个点上进行测量，必须考虑测量场所、测量表面和测点布置等问题；后者必须考虑采用能将被研究部件的噪声从其他部件所产生的噪声中分离出来的测量方法。

噪声测量一般以发动机在标定工况时的噪声为主，待工况稳定后方可进行。非标定工况的测量要加以说明。测量时，尽量避免仪器，尤其是传声器受气流、电磁场、振动、温度等影响。

## 三、噪声控制

1. 控制燃烧最高压力和压力升高率以减少不正常燃烧

(1)适当推迟喷油或点火时间。

(2)选用十六烷值较高的柴油和辛烷值较高的汽油。

(3)改变燃烧室形式，采用分隔式燃烧室和球形燃烧室都能降低燃烧噪声。

2. 控制转速及减小惯性力

合理设计发动机转速，减轻活塞等往复运动零件的质量，采用平衡轴减小惯性力，尽量使发动机平衡，可达到降低噪声的目的。

3. 减小配合零件的撞击和振动

正确选择运动件间的配合间隙，对于活塞敲缸噪声，可以采取以下措施：

(1)减小活塞与汽缸壁的间隙，如采用可控膨胀活塞等。

(2)使活塞销孔向汽缸壁的主推力面偏移。

(3)加长活塞裙部和减少活塞环数量。

(4)增加汽缸套的刚度。

(5)增加活塞敲击汽缸壁时的阻尼。

4. 降低配气机构噪声的措施

降低配气机构噪声可采用预置凸轮；采用液力挺柱以消除气门间隙；抑制气门的跳动，正时齿轮采用斜齿。

5. 降低风扇的噪声措施

对风扇形式、叶片形状、布置及材料进行改进，采用风扇自动离合器等措施均可取得较好的降低噪声效果。

6. 降低进、排气噪声的措施

合理选择进、排气管，减少压力脉动及涡流强度，并避免发生共振；采用性能良好的进、排气消声器。

7. 采用隔声、防振措施

在机体侧壁加装隔声罩；采用双层油底壳；在大体表面涂敷减振涂层；进排气管设置防振支承等，可降低噪声。

# 第七章　变负荷工况下发动机的性能

发动机的动力性和经济性是决定设备整机使用性能的基础，发动机装车后，其动力性和经济性能否充分发挥和利用，不仅取决于发动机本身的特性，还与使用过程中它所承受的负荷密切相关。工程机械发动机常处在变负荷工况下工作，因此有必要研究在变负荷工况下，如何充分发挥和利用发动机的动力性和经济性。

本章主要内容为柴油机的调速特性，工程机械变负荷的特点及其对发动机性能的影响，发动机对变负荷工况的适应性及其评价指标等。

## 第一节　柴油机的速度特性

因为一般来讲，绝大部分现代工程机械的动力源都是压燃式柴油机，所以本节只讨论柴油机的动力性和经济性。对于工程机械而言，反映发动机动力性和经济性最基本的特性曲线是发动机的速度特性。喷油泵的油量调节机构即油门拉杆或齿条位置固定不动时，发动机输出的有效功率 $P_e$、有效转矩 $M_e$、小时耗油量 $G_T$、有效燃油消耗率 $g_e$ 随转速 $n$ 而变化的关系，称为速度特性。对于柴油机来说，当齿条与油量限止器相接触即齿条处于最大供油位置时的速度特性，称为发动机的外特性；齿条在其他部分供油位置时的速度特性则称为部分速度特性。

如前所述，因为柴油机是一种采用变质调节的内燃发动机，所以它依靠改变每一循环的燃料喷射量来实现其功率及负荷的调节，而每一循环充入汽缸的空气量是基本不变的，即它与发动机的转速和负荷关系甚小。在这种情况下，如果在某一固定转速下逐渐增大供油量，则由于燃料的增多，致使过量空气系数逐渐下降，到一定程度时，在排气中即开始出现黑烟，而发动机的比油耗则急剧增长，此时表明汽缸内已发生明显的不完全燃烧，这一开始冒烟的极限称为冒烟界限。将速度特性上每一转速下的冒烟界限连成一条曲线，则这一曲线即称为发动机的冒烟界限特性，如图 7-1 所示之曲线 1。冒烟界限特性的价值在于它反映了发动机在实际工作中所能容许的极限工况。

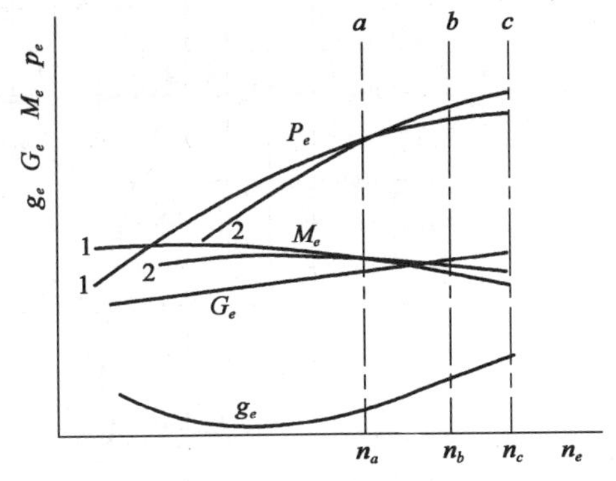


图 7-1　柴油机外特性

$a$-冒烟界限；$b$-振动；$c$-强烈振动，排气温度急剧上升

在实际使用中，因为喷油泵齿条的最大供油位置受限位螺钉限制而基本保持不变，这样齿条的位置一定时，喷油泵的供油量通常将随着发动机转速的下降而减小，这一情况是由喷油泵的速度特性所决定的。在这种情况下，如果在某一转速下将油泵的供油量调整到冒烟界限，那么当发动机在低于这一转速的工况下工作时，它的速度特性就必然低于冒烟界限的特性，如图 7-1 中线 2 所示。因此，事实上很难做到使发动机的外特性沿着冒烟界限特性而变化。将喷

油泵齿条固定在最大供油位置上所测得的外特性，称为发动机的实用外特性曲线，它反映了在实际运转条件下，发动机在某转速下所能达到的最大输出有效功率、转矩及其相应的比油耗。

对于柴油机来说，在外特性曲线上，发动机的最大功率并没有一个明显的转折点，当转速超过冒烟界限 $n_a$ 时，由于喷油泵的供油量随着转速的增长而继续增大，从而导致发动机的功率仍能继续增大。因此限制发动机最大功率和转速的是并不是冒烟界限，而是它本身机械负荷和热负荷的极限，如图 7-1 所示上的 $n_b$ 和 $n_c$。

上述情况很容易导致两种后果，其一是柴油机的转速超过冒烟界限使经济性变差，其二是随着转速升高，喷油量加大，而供油量的增加导致转速进一步升高，从而最终导致转速失去控制，即发生"飞车"现象。这两种情况都不是我们想要看到的，因此为了使柴油机的转速不致超过其冒烟界限和发生飞车，就必须用调速器来限制它的最高转速。工程车辆通常采用全程式调速器。在调速手柄位置保持固定的情况下，这种全程式调速器只是当发动机转速达到一定的数值时才起调速作用。在转速低于此值时，由于油泵齿条碰到油量限制器，调速器就失去调速作用。当调速手柄向减少油量的方向移动时，则调速器开始起作用的转速也随之降低。

带有调速器的柴油机速度特性称为柴油机的调速特性。将调速手柄置于最大供油位置时的调速特性称为调速外特性；将调速手柄置于部分供油位置时的调速特性，则称为部分调速特性。图 7-2 所示为柴油机典型的调速外特性和部分调速特性。从图上可以看出调速外特性实际上是由两部分组成的，即调速区段和非调速区段。在特性曲线的高速区段 $bc$ 或 $b'c'$ 或 $b''c''$ 区段内，调速器起着限制转速的作用，称为调速区段。当转速下降到与 $b$ 点相应的转速后，调速器不再起作用，此时在低速区段发动机的各项指标将按外特性曲线变化，见图 7-2 所示的 $ab$ 或 $a'b'$ 或 $a''b''$ 区段，这一区段则称为非调速区段。调速器开始起作用的转速随调速手柄供油量的减小相应降低，如图 7-2 上之 $d$、$e$、$f$、$g$ 点，而调速区段则相应地变为图上 1、2、3、4 所示的线段。

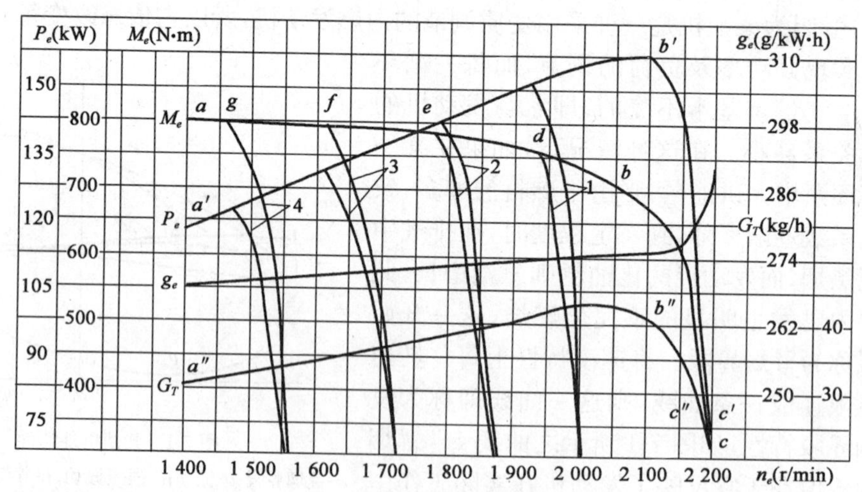


图 7-2　柴油机调速特性

以转速为横坐标的调速外特性用于讨论非调速区段的发动机动力性是比较方便的，但是对于调速区段，则由于曲线过于陡直而往往显得不够方便。有时，为了便于讨论调速器作用区段的发动机动力性和燃料经济性，发动机的调速外特性也绘成以发动机有效功率 $P_e$ 或有效转矩 $M_e$ 为自变量即横坐标的函数图形。

如图 7-3 所示为以有效功率 $P_e$ 为横坐标的调速外特性。

柴油机的调速外特性是反映柴油机动力性和经济性最基本的特性曲线，在这些曲线上可以指出如下一些表征发动机动力性和燃料经济性的基本指标，如图 7-4 所示。

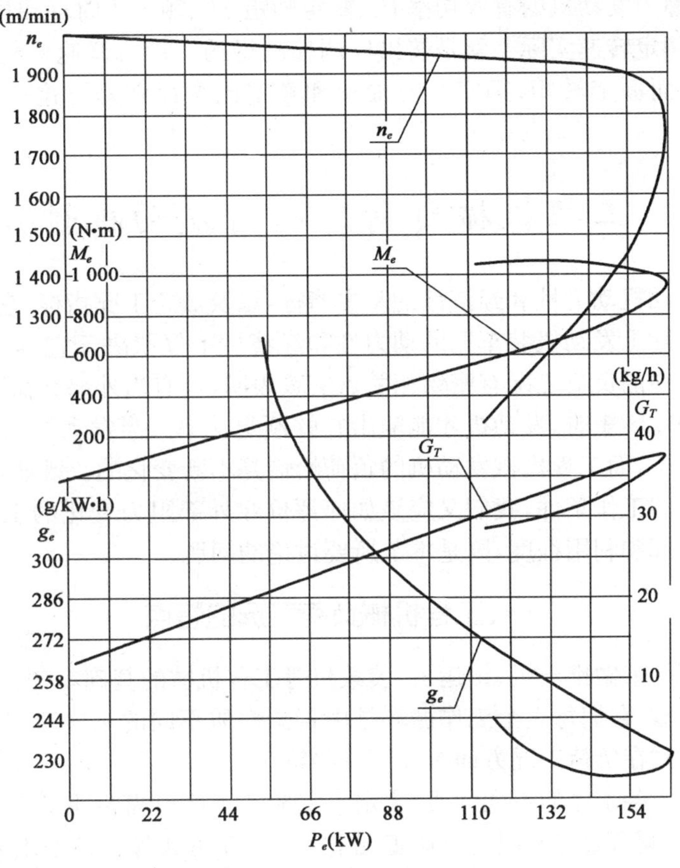


图 7-3 柴油机调速外特性

(1)发动机的最大有效功率 $P_{emax}$；

(2)发动机的最大功率转速 $n_{Pemax}$；

(3)发动机的最大功率转矩 $M_{Pemax}$；

(4)发动机的最大有效转矩 $M_{emax}$；

(5)发动机的最大转矩转速 $n_{Memax}$；

(6)发动机的空转转速 $n_x$；

(7)发动机的最低比油耗 $g_{emin}$；

(8)发动机的最大功率比油耗 $n_{ePemax}$；

(9)发动机空转时的小时耗油量 $G_{TX}$。

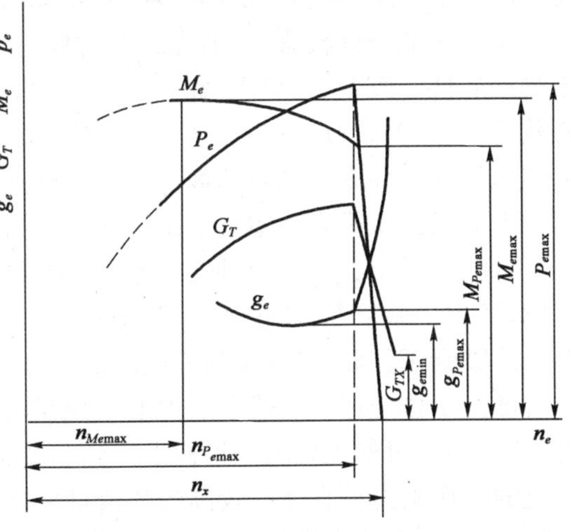


图 7-4 柴油机调速外特性

上述指标外，调速外特性的曲线形状也同样会对发动机的动力性和燃料经济性产生重要影响。通过台架试验进行标定的最大有效功率称为发动机的额定功率，是制造厂按其用途及使用特点规定的。我国国家标准规定，在进行额定功率的标定时，柴油机应装有正常使用时所必需的全部附件，包括空滤器及消音器等。发动机在进行出厂试验时，油泵供油齿条的油量限制器就是按额定功率进行调整并铅封的。与额定功率相对应的转速称为额定转速。发动机在额定功率和额定转速下运转的工况，称为发动机的额定工况。与额定工况相对应的供油量，称为额定供油量。与额定工况相对应的有效功率 $P_{eH}$、有效转矩 $M_{eH}$、小时耗油量 $G_T$、有效燃油消耗率 $g_e$ 则分别称为发动机的有效功率 $P_e$、额定转矩 $M_e$、额定小时耗油量 $G_{TH}$ 和额定比油耗 $g_{eH}$。额定功率与额定转速实际上就是按出厂调控测得的发动机调速特性上的最大有效功率和最大功率转速，而额定转矩、额定小时油耗和额定比油耗则是与这一工况相对应的各项指标。

## 第二节　工程机械负荷工况对发动机性能的影响

上节讨论了发动机动力性和经济性的基本指标，以及额定工况指标，它们都是发动机本身的特性指标。但实际上发动机装车后的动力性和经济性不仅取决于它本身的特性曲线，而且与机械在使用过程中的负荷工况有密切相关。实践表明，只有当外部载荷固定不变，且其数据相当于发动机的额定转矩时，发动机才能输出它的额定功率。当发动机在变负荷工况下工作时情况就完全不同了，而工程机械发动机的负荷恰恰是不断变化的。既然这样，发动机应如何去适应变负荷工况的工作条件，我们又应该如何评价在外部阻力变化的工况下发动机动力性和经济性指标的发挥和利用程度，则是本节所要讨论的问题。

### 一、工程机械负荷工况的特点

工程机械主要用来做推土机、铲运机、装载机等工程机械的基础车辆。此类机械多为进行循环作业的工程机械，它们每一个工作循环是由若干性质不同的工序所组成的。循环式作业方式决定了工程机械在负荷工况方面有如下一些特点：

每一工作循环中各工序的不同性质，决定了完成各工序所需克服的工作阻力往往有着很大差别，因此工程车辆需要在不同的负荷工况下工作。工程机械往往采用多级变速器，通过变换挡位来变换工程机械的工作速度，以利于改善发动机的负荷情况，适应在不同工况下作业的要求。尽管如此，在整个工作循环中，发动机的负荷仍然可能在很大范围内进行变化。

由于作业条件较恶劣，加之工作对象主要是较为坚硬的土石方和难以预测的土壤结构，土壤的均质性比较差，工程机械的负荷急剧变化。因而，机械在作业过程中常常出现短时间的峰值载荷，超负荷、行走机构完全滑转，甚至发动机强制性熄火。此外，工程机械还常常需要在很陡的包括横坡和纵坡在内的坡度上进行作业，这也是造成负荷急剧变化的一个重要因素。

下面以推土机为典型例子来分析工程机械负荷工况的特点。推土机的作业循环包括四个过程：铲土、运土、卸土和空回。铲土时铲刀以一定的铲削角切削和采集土壤，当铲刀前方集满土后，铲刀稍微抬起，停止切入，随即将堆集起来的土推移一定距离至卸土地点，然后卸土，用倒挡回驶到工作面，接着重新开始新的工作循环。

推土工作循环中切线牵引力的变化情况如图 7-5 所示。从图中不难看出，在切土和采集土壤时，推土机的工作阻力迅速上升到它的最大值，载荷出现峰值。在随后的运土工序内，推土机的工作阻力一直保持较高的数值且呈现出剧烈的波动性。在运土工序末尾，阻力才稍有下降，这时由在推土过程中集土的流失造成的。推土机通常用最低挡完成整个切土和运土工作过程，在此期间，发动机的负荷程度是比较高的，并常常发生短时间的超载，致使发动机转速急剧下降，甚至引起行走机构完全打滑或使发动机发生强制性熄火。

图 7-6 所示为发动机转矩在切土、运土、卸土工序中的变化情况。从图中可以看到，在切

入和集土阶段，发动机转矩频频出现短时间的峰值载荷，这种峰值载荷在集土阶段末尾可超出发动机额定转矩20%～30%。在卸土时，常常由于铲刀深深切入以前推集的土壤之中而引起发动机负荷的急剧增长，这种峰值载荷，甚至将超出发动机额定转矩40%～60%。

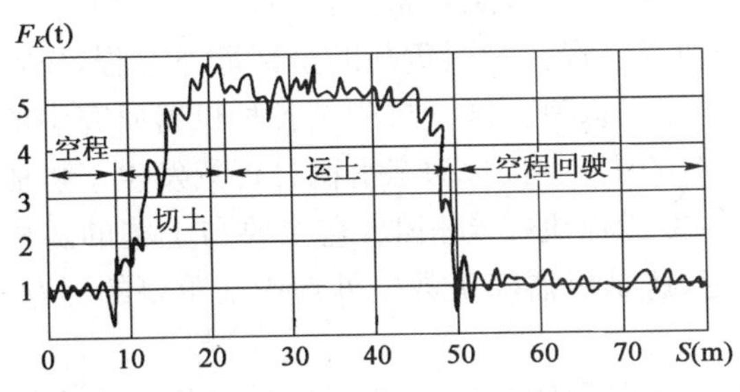


图7-5 推土机工作循环中切线牵引力的变化情况

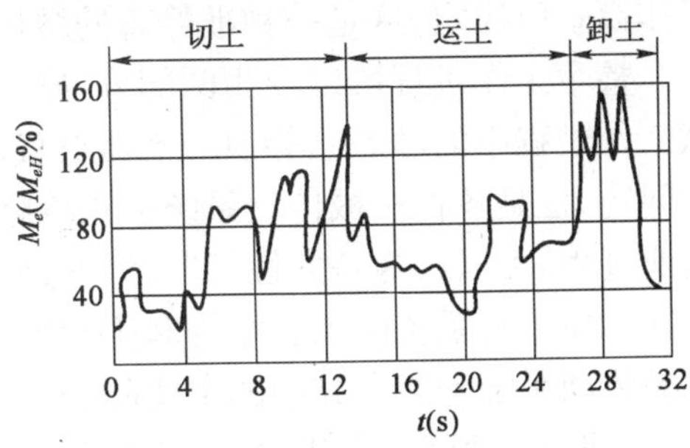


图7-6 推土机发动机转矩在工作循环中变化情况

推土机卸土后，阻力迅速下降到零，而在随后空程回驶的工序中推土机所需克服的工作阻力，仅是数值很小的行驶阻力，如图7-5所示。尽管在回驶时采用了高速挡，然而由于速度的限制，发动机的负荷程度仍然是较低的。

配装铲运机、装载机、松土器、除雪机等其他工作装置的工程机械，其工作阻力、运行速度、发动机的负荷也存在着类似的大幅度波动的情况，尤其是单斗装载机的阻力和负荷的变化更加频繁和急剧。总之，工程车辆是一种循环作业机械，其负荷工况的基本特点是载荷变化的急剧性和周期性，而这个周期又是变化的，变化范围从几十秒至1～2min不等；频繁出现的短促的峰值载荷，使发动机经常出现短时间的超载，而引起行走机构完全滑转或发动机的强制性熄火。

在急剧的变负荷工况下，发动机实际上不能输出它的最大功率，导致功率利用情况大大恶化。工程车辆这一负荷特点是：负荷变化与驾驶人对工作装置的有意识操纵之间存在着某种规律性的联系。土壤的非均质性和驾驶人操纵的随机性，使动态测试数据包含着某种非确定性分量和随机分量，可以称之为非平稳随机数据，如图7-5所示。下面以推土机为例，近一步分析工程机械变负荷的特点。

1. *动态测试数据的性质和特点*

在作业方式模型化的条件下，推土机的循环作业过程分解为铲土、运土等工序，各工序负荷大小、变化情况等都有很大差别，且每道工序反复循环进行。工作过程负荷变化与驾驶员操纵铲刀之间存在规律性的联系，工作过程的这些特点反映在各测定参数的动态测试数据上，有如下显著特点：

(1)试验样本长度很短，试验样本总体只能靠多次重复试验获得。

(2)铲土工序随机性大，试验条件难于控制，从而导致测试数据带有非平稳随机数据的性质。

(3)这类非平稳随机数据包含着某种带有确定性趋势的分量，它是一种相对随机动态分量而言缓慢变化的趋势项，且有可能从过程中分离出来。

(4)机械巨大的质量系统，决定了各项参数动态测试数据的谱长极其有限，它的频率结构属于低通窄带型，缓慢变化的直流分量在整个频谱能量中占主要地位。

实际上上述特点适用于所有循环式作业机械的牵引负荷，因为它们具有相似的作业方式和结构原理，即所有的牵引式机械牵引负荷均具有低通窄带型的频率结构。

2. 推土机负荷数据模型

工作过程中有明显趋势项的非平稳试验数据，可以分解成缓慢变化的非平稳确定性分量和平稳性随机分量来进行分析。不同类型机械的差别在于，其非平稳的确定性分量由机械的工作模式所决定，这是一种准静态的缓慢变化的分量，但不一定是常数。

整个工作过程可以分为两部分：静态过程和动态过程。牵引负荷的全部静态过程，包括机械工作过程中的静态趋势项与机器空载回驶过程的静态项。这一过程是各种机器研究中的个性问题，也是各种机械传动系统控制策略中要面对的主要问题；动态平稳过程只发生于机械的作业过程，可以认为是共性问题，即在这一过程各类工程机械均相似，它主要与土壤的随机性质和机械本身系统的动态结构和固有频率所决定，这是机器随机数据处理中最重要的问题，是机械传动系统动态研究中的主要问题。

如图 7-7 所示，为 T180 推土机铲土过程牵引力变化的一个典型历程记录样本。由图可见，牵引力变化有一定规律，即快速波动中包含有缓慢变化的成分，使测试数据带有非平稳性。

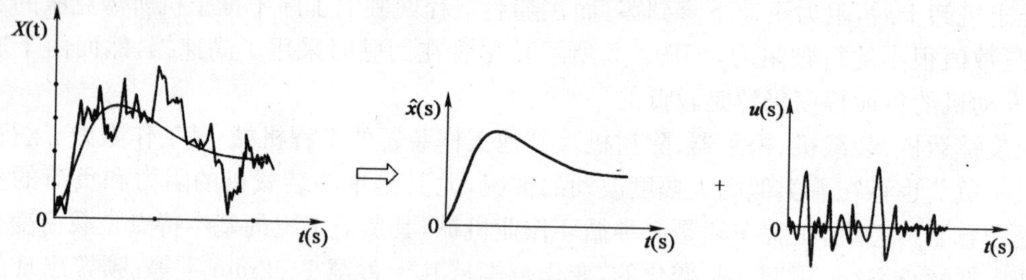

图 7-7　推土机牵引负荷及其分解

将牵引力的时间历程进行自相关分析，其自相关函数如图 7-8 所示，可见缓慢变化的趋势项位自相关系数出现较大畸变，过程为非平稳过程。

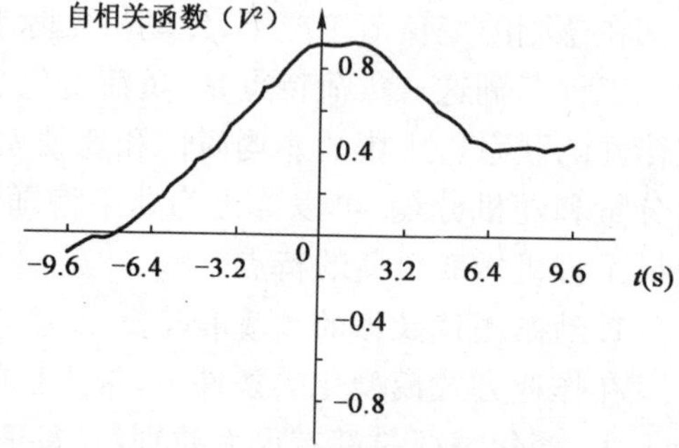

图 7-8　T180 推土机牵引力自相关系数

在严格控制驾驶人切土的工作模式条件下进行试验，取牵引力的 20 次试验样本进行平均化处理，其结果如图 7-9 所示。可见多次平均化处理后，较高频率成分相互抵消，而突出了缓慢变化的趋势项，代表了铲土过程牵引力变化的平均规律。

经消除趋势项后，对 20 次试验样本在时差域分析所得自相关函数的均值函数，如图 7-10 所示，可见消除趋势项后的随机项呈现平稳性特点。

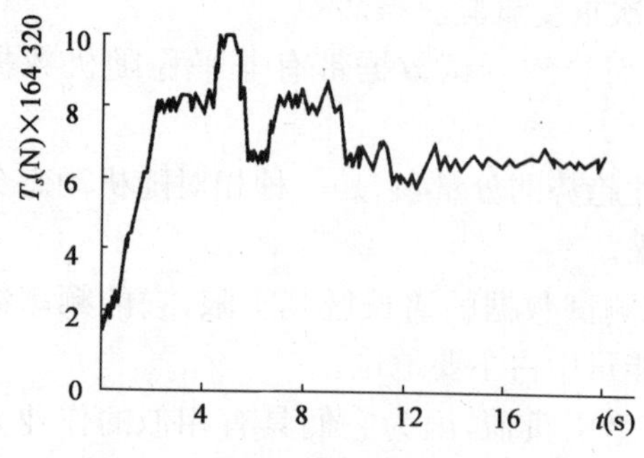

图 7-9　T180 推土机牵引力趋势项曲线

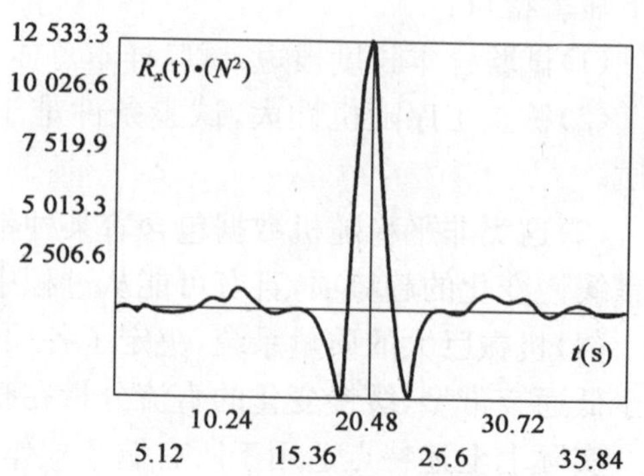

图 7-10　T180 推土机牵引力随机分量自相关函数

经对 T180 推土机 20 次样本和 TY140 推土机铲土过程牵引力的 33 次试验样本的随机项进行分析表明，牵引力随机项的分布接近正态分布，如图 7-11 所示。

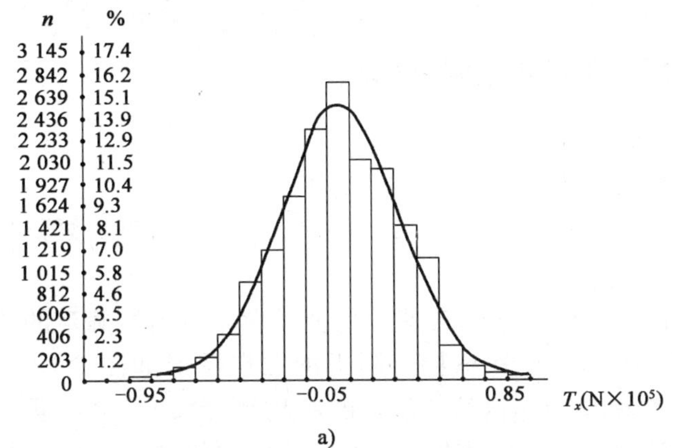


a)

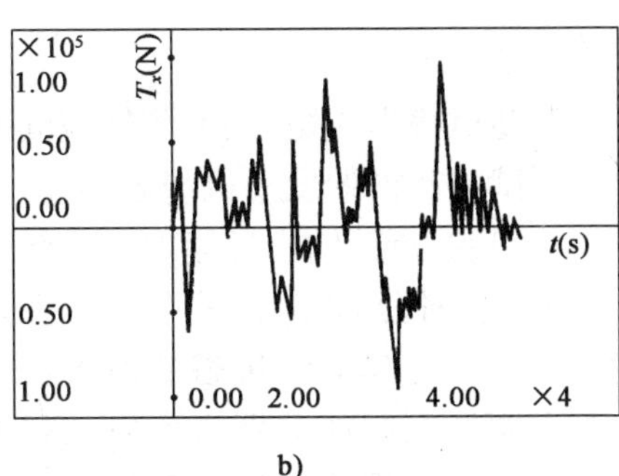


b)

图 7-11　牵引力随机项概率分布

上述结果表明：非平稳的牵引力随机过程的确可分解为一个确定的过程与一个随机过程之和。趋势项反映了机器的工作模式，其形态取决于机器类型与操作方式，随机项反映了土壤等随机因素之作用，这是一个均值为 0 的正态分布的平稳随机过程。

对上述负荷曲线进行功率谱分析表明：循环作业机械的工作模式决定趋势项，静态负荷即缓慢变量具有最多的能量分布，机器牵引系统的工作状态主要由该项负荷决定，而叠加于其上的高频随机波动从对机器动态性能的影响角度来看则处于从属地位。

3. 结论

(1)工程机械，包括履带、轮式、双桥驱动机械的牵引负荷是一个随机的动态过程，这个动态过程的特点主要由机械的工作模式和工程机械结构参数以及工作介质的随机因素所决定。

(2)分解出的随机项分量具有一低通窄带型的功率谱长，能量集中在 3Hz 以内，0Hz 附近的静态能量最大，随频率增大而递减。因此，零频能量可以作为机器负载的度量，在控制系统中作为负载反馈参数来对待。

(3)随机项分量的振动频率有可能通过机械-地面牵引系统的固有频率来求出。

(4)循环作业机械的趋势项负荷为一与机械工作模式及工序周期相应的缓慢变化负荷，频率极低但幅值变化较大，连续作业机械则为一常值。工程机械的动态性能主要受上述趋势项负荷及随机波动项中的低频分量影响。

(5)围绕着零频幅值中心高频波动的随机负荷分布能量小，对工程机械牵引系统的工作性能不会产生太大影响，它影响的主要是系统元件的疲劳寿命与可靠性，当然对传动效率会有一定影响。

(6)机械牵引动力学及其控制策略研究的主要问题应该是对上述趋势项静态负荷即缓慢变量的适应性控制问题，最多包括随机波动中的零点几赫兹低频即分量负荷，而不应该是能量分布很少的高频分量负荷。

(7)对快速波动负荷的控制，最好的方法应该是传动参数调节之外的其他辅助方法，比如补偿抑制之类的方法，而这种方法必须简单有效且保持工程机械牵引系统高效率。

(8)将循环式作业机械的非平稳总牵引负荷按工序分段，则各段的总负荷基本遵从正态分布规律，根据这一特性，有可能根据多工序的时间比例、分布规律等建立完整的载荷谱序列，由此可以在概率统计意义上采取有效的动态负荷防治措施。

(9)连续作业机械的负荷特性，与循环作业机械分段工序负荷特性相当，遵从正态分布规律。

## 二、变负荷工况对发动机性能的影响

1. 现场试验

1)发动机输出转矩、功率与转速间的相关关系

台架试验测得的发动机静态调速外特性如图7-12所示，$h$、$M_e$、$P_e$、$n_e$分别为喷油泵供油拉杆即油门的位移、输出转矩、功率、转速。

在负荷急剧波动的动态过程中，发动机的输出转矩和转速不可能按台架试验所确定的外特性进行变化。其工作状态的波形图围绕在$M_e$-$n_e$静态特性附近的散点图形如图7-13所示。如用两段回归线分别表示发动机调速和非调速区段$M_e$-$n_e$的平均统计关系，则可看到各转速下的转矩平均值均低于发动机的静态特性。这表明，由于发动机和传动系惯性引起了瞬时输出转矩和转速偏离其静态特性，而且在动态负荷条件下发动机的动力性也恶化了。

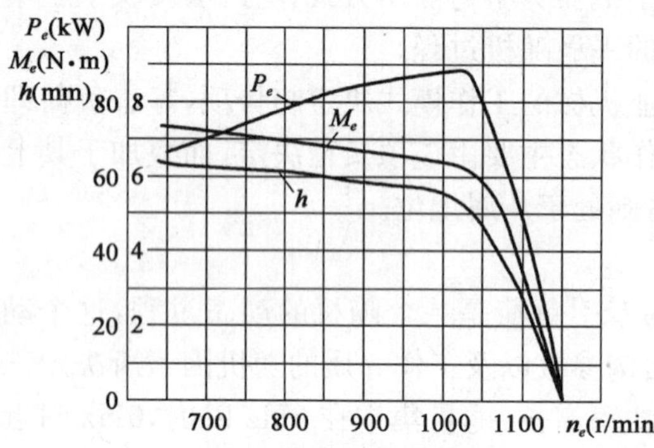


图7-12 发动机静态调速外特性

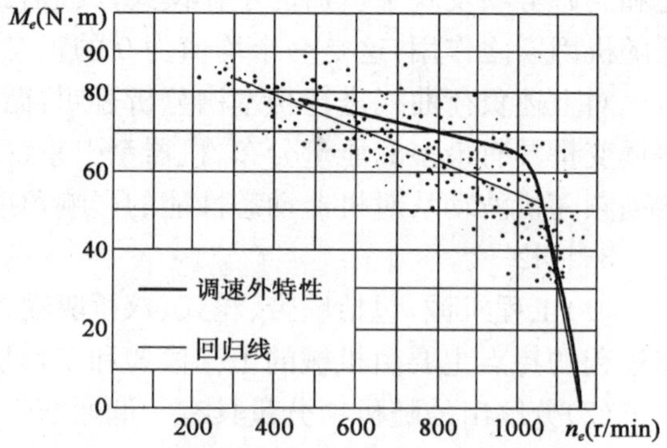

图7-13 铲土过程中发动机转矩与转速关系

图7-14为铲土工序中发动机输出轴功率和转速之间的相关关系。从图中同样可以看到发动机平均功率低于外特性功率曲线，由于发动机的转速大部分处于额定转速之下，而且各转速下的平均转矩与静态特性相比也有较大的下降，这就导致了发动机平均输出功率的大幅度下降。

发动机动态工况的试验表明：在动态波动工况下，平均阻力矩的工作点在发动机调速外特性上的配置过高，将导致发动机经常转至非调速区段工作，平均输出转矩和转速将大大低于额定值，从而严重恶化发动机的动力性和经济性指标。反之，平均阻力矩之工作点配置过低，尽管发动机在调速区间工作转速变化不大，但转矩较低，仍会使性能降低。

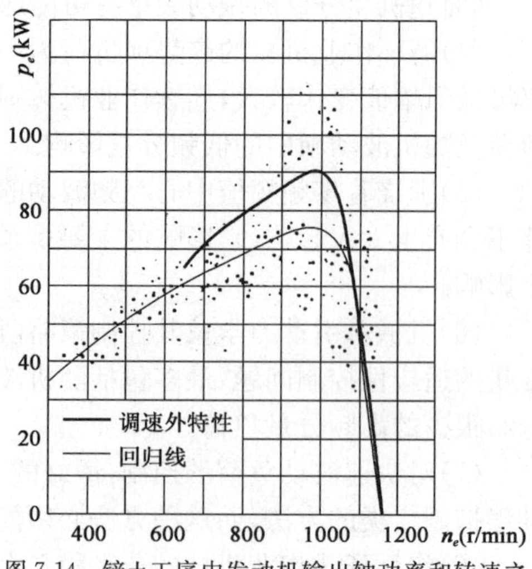


图7-14 铲土工序中发动机输出轴功率和转速之间的相关关系

2)发动机供油拉杆位移与转速间的相关关系

发动机供油拉杆位移与转速间的相关关系如图 7-15。相关分析和方差分析表明，与 $M_e$-$n_e$ 间相互关系相比，供油拉杆位移 $h$ 与 $n_e$ 间存在着更强的相关性。这一情况表明有可能利用拉杆位移与转速的关系作为动态牵引性能预测的依据。如供油和调速系统的惯性是造成发动机在负荷变化工况下的动力性、经济性变坏的主要原因，也就是说若柴油机内部工作过程变化不大，则可利用供油拉杆位移与转速关系作为确定发动机瞬时转矩的依据。此时发动机的转矩则是供油拉杆位移与转速的函数 $M_e=f(h,n_e)$，这一特性可以由发动机在稳定工况下的台架试验获得，如图 7-16 所示。

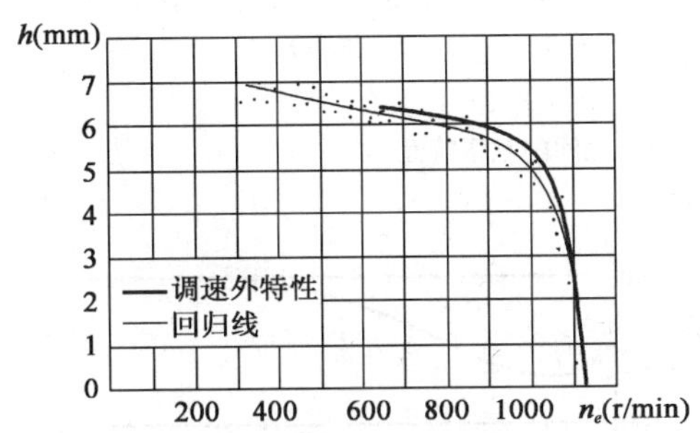


图 7-15　铲土工序中发动机供油拉杆位移和转速之间的相关关系

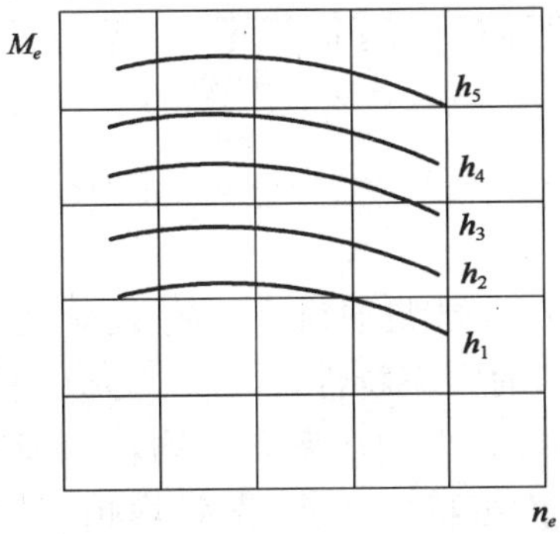

图 7-16　供油拉杆不同位置下柴油机速度特性

3）牵引功率与牵引力的相关关系

牵引负荷急剧变化对发动机和行走机构工作性能的影响，导致推土机在实际作业时牵引性能指标大幅度下降。图 7-17 是根据各参数的平均统计关系求得的铲土过程的动态牵引功率曲线。动态条件下的牵引功率曲线大大低于在稳定工况下的试验特性。计算表明：推土机在铲土过程中的平均功率只有发动机额定功率的 41.3%。

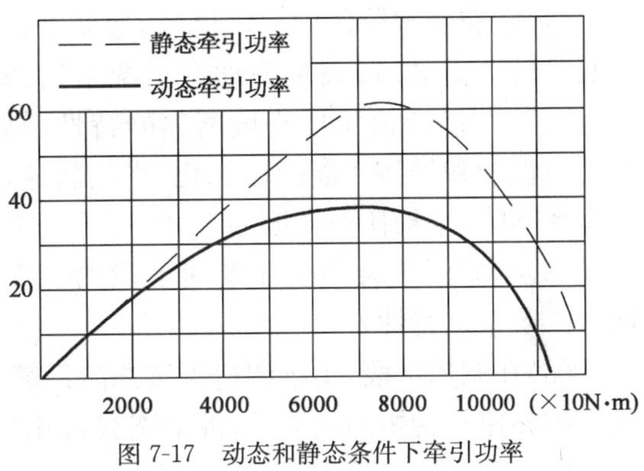


图 7-17　动态和静态条件下牵引功率

2. 发动机动态性能的台架试验

图 7-18 为正弦载荷作用下柴油机转速 $n_e$ 和齿条位移 $h$ 的时间历程。

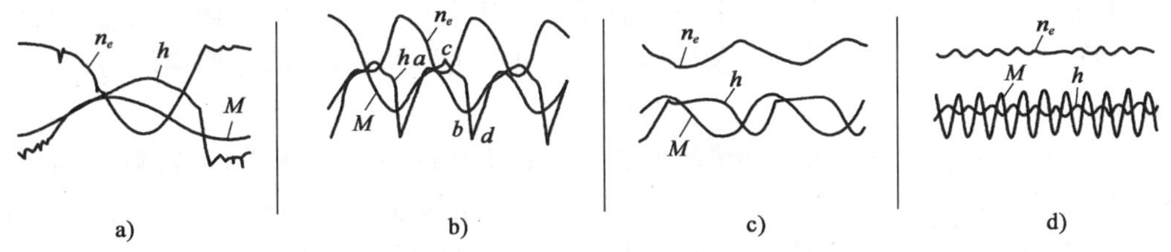


图 7-18　为正弦载荷作用下柴油机动态工作过程时域特性

a) $f=0.1$Hz；b) $f=0.3$Hz；c) $f=1$Hz；d) $f=5$Hz

由图看出，载荷频率小于 1Hz 时，载荷波动对柴油机系统产生明显的动态效应：齿条位移变化明显滞后于转矩变化，如图中 $a$ 与 $c$，$b$ 与 $d$ 点的比较所示；转速和齿条位移的动态过程呈变化明显的非线性特征；高于 1Hz 的高频载荷动态效应微弱。齿条位移滞后于转矩变化主要是由于飞轮惯性导致发动机系统的转速滞后于转矩变化，而调速系统的测速-供油惯性延迟进一步增大这种滞后。

图 7-19 是转速和齿条位移的幅频特性和相频特性。$n_{em}$ 和 $h_m$ 分别为转速和齿条位移的振幅，$\varphi_{h\text{-}M}$ 和 $\varphi_{Ne\text{-}M}$ 分别为齿条位移和转速与载荷 $M$ 的相位差。

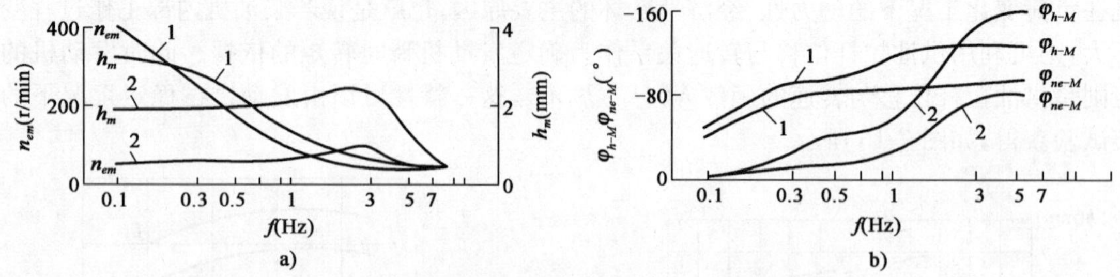


图 7-19　柴油机转速和齿条位移与载荷之间的频率特性

a）幅频特性；b）相频特性

图 7-20 是柴油机在动态载荷工况下性能指标均值的频率特性，$\overline{n_e}$、$\overline{P_e}$、$\overline{G_T}$ 分别为柴油机的平均转速、平均功率和平均耗油量与相应静态值即静态特性上与载荷均值的对应值之比值。

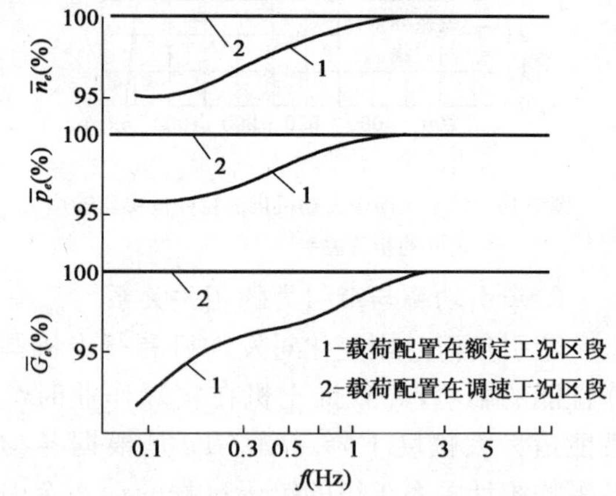


图 7-20　柴油机在动态载荷工况下性能指标均值的频率特性

分析可得出如下结论：

（1）在交变载荷作用下，机械调速柴油机具有明显的动态效应，表现为动态工况下齿条位移-转速、转矩-转速特性均偏离其静特性，结果使动力性能和经济性能指标恶化，平均转速、平均功率下降，平均比油耗增加。

（2）机械调速柴油机在调速区段的工作表现为二阶系统特性。

（3）在调速区段，由于调速器按二阶系统工作，响应迅速，尽管仍然存在着发动机系统惯量造成的转速与转矩间的滞后，但动态载荷几乎不产生明显的动态效应；说明调速段只要调速器性能良好则发动机动态效应可不考虑。

（4）柴油机动态性能恶化主要表现在额定工况和校正工况。其原因有二：一是由于该工况一阶调速系统响应缓慢，惯性造成供油量滞后于载荷变化明显；二是由于柴油机额定与校正工况的静态特性的非线性造成转速、齿条位移与载荷变化的不协调，说明非调速段的动态性能是问题的关键。

（5）不同频率的动态载荷对柴油机的性能影响各不相同：在 0.1～3Hz 范围内，频率愈低，其影响愈大；3Hz 以上的波动载荷由于发动机飞轮惯性的吸收平均而不产生明显影响；1～3Hz 的载荷使柴油机转速与载荷、齿条位移与载荷之间的相位差急剧增长。

## 三、变负荷工况下发动机的适应性能

工程机械在工作时，负荷总处在波动之中。当传动系中没有不可透性的减振装置时，负荷的波动传到发动机上引起曲轴转速和机械行驶速度的变化，这将影响机械的生产率。

图 7-21 为变负荷工况对发动机输出功率的影响，由图上可以看到，在阻力矩 $M_{c1}$ 比较稳定

的情况下，发动机特性曲线上与平均载荷相对应的工作点可以选在额定工况附近，发动机的输出功率仅有微小的波动，大部分时间内将输出额定功率。在外阻力 $M_{c2}$ 发生急剧波动的情况下，其平均阻力矩相当于 $e_2$ 点，而曲轴转速的平均值不等于 $e_2$ 点的转速，而是稍低一些，使特性发生“分层”。

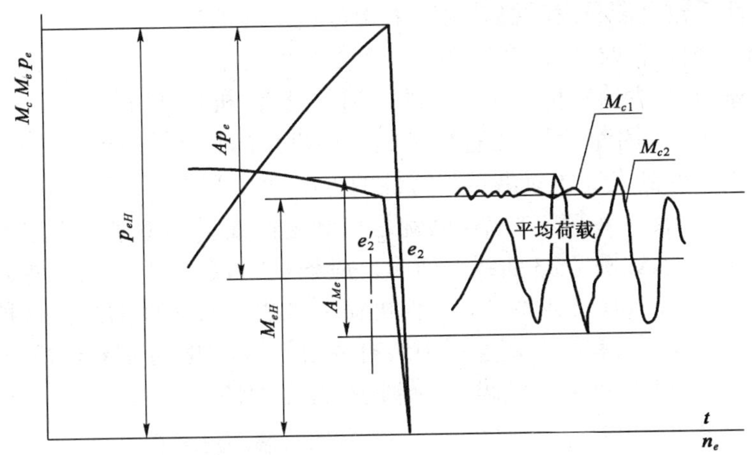


图 7-21　变负荷工况对发动机输出功率的影响

$A_{Me}$-由 $M_{c2}$ 波动导致发动机转矩波动范围；$Ap_e$-由 $M_{c2}$ 波动导致发动机功率波动范围

功率利用不足是由于发动机阻力矩波动而超过标定值，也就是发动机周期性地在特性曲线的校正段工作时开始发生的。不难看出，当负荷波动的振幅不变、而发动机的平均负荷接近于标定值时，发动机功率利用不足的程度增加。当发动机平均负荷不变时，随着负荷波动的振幅增大，功率利用不足的程度也增大。

1. 适应性能的评价指标

发动机适应变负荷工况的能力，主要与特性曲线的形状有关。从动力性的角度看，这种适应能力主要取决于转矩曲线非调速区段的平缓程度，并用发动机的转矩适应性系数 $K_M$ 和速度适应性系数 $K_V$ 来表示。

1)转矩适应性系数 $K_M$

转矩适应性系数 $K_M$ 是发动机的最大转矩 $M_{emax}$ 与额定转矩 $M_{eH}$ 之比，亦即：

$$K_M = \frac{M_{emax}}{M_{eH}} \tag{7-1}$$

图 7-22 表示了发动机具有不同转矩适应性系数时，对于变负荷工况的适应能力。当转矩变化平缓而 $K_M$ 值较小时，如图 7-27 曲线 1 所示，发动机负荷稍有超载，阻力矩就会高于发动机的最大转矩，此时驾驶人往往来不及及时做出反应，调整切土深度，就导致发动机熄火。因此，为了保证发动机不发生强制性熄火，驾驶人在操纵时就不得不适当地降低平均负荷。在这种情况下，甚至负荷波动的最大值在大部分时间内将低于发动机的额定转矩。当转矩适应性系数较大时，在同样的变负荷作业下输出功率的波动幅度较小，发动机的平均输出

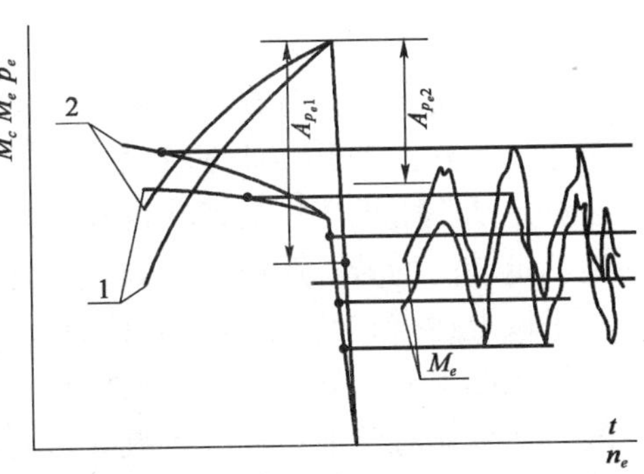


图 7-22　发动机具有不同转矩适应性系数时对变负荷工况的适应能力

$A_{Me}$-载荷波动；$A_{Pe}$-功率波动

功率将会增大，功率利用的情况则较好。

发动机的转矩储备过小，不仅使发动机的平均输出功率减少，还由于操纵感较差而使驾驶人经常处于紧张状态，容易引起驾驶人的疲劳。而且一旦发生强制停车，就会破坏作业的正常进程，损失有效工作时间。所有这些，最终都将导致机器生产率的下降。由此，对于工程车辆来说，转矩适应性系数是衡量发动机动力性能十分重要的指标。

柴油机在不装校正器时，它的转矩适应性系数一般是很低的，这是由于喷油泵的供油量随发动机转速的下降而减少这一情况所造成的。通常，柴油机自然特性的 $K_M$ 不超过 1～1.05，如图 7-23 曲线 1 所示。因而，用于工程机械的柴油机大都装有转矩校正装置。在这种情况下 $K_M$ 值的增大主要将受到发动机冒烟界限特性的限制，可以达到 1.05～1.15，如图 7-23 曲线 2 所示。如果适当地牺牲一些额定功率，也就是将额定供油量调整得低于它的冒烟界限，那么 $K_M$ 值还可进一步增大，如图 7-23 曲线 3 所示。应该指出，适当地降低一些额定功率，对于发动机可靠性和耐久性方面有较高要求的工程机械来说也是有好处的。在这种情况下，为了增大发动机的平均输出功率，有时在调速器中装有两根校正弹簧，分别对转矩曲线的高速和低速部分进行修正。图 7-24 是对柴油机调速特性进行修正的情况。

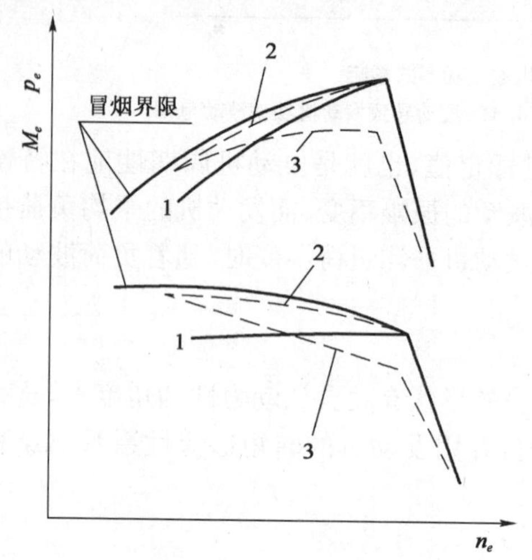


图 7-23 柴油机转矩校正特性

1-没有校正的柴油机特性曲线；2-增大低转速循环供油量特性曲线；3-增大低转速循环供油量，并减少额定工况循环供油量特性曲线

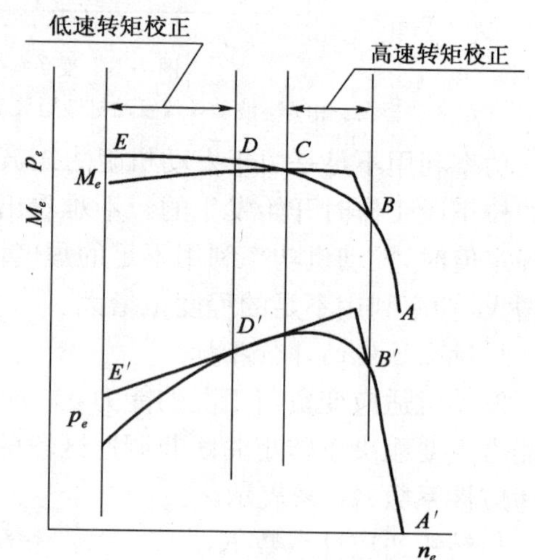


图 7-24 柴油机转矩特性分段校正特性曲线

对转矩特性进行分段校正可以使发动机的转矩曲线在高速区段变化比较急陡，亦即转矩随转速的下降而上升的速率较大，这样发动机的功率曲线在高速部分就比较平缓，从而使发动机在额定功率附近工作时能获得较高的平均输出功率，转矩曲线在低速区段的校正可以使发动机获得较高的转矩适应性系数，从而保证机器具有良好的操纵感。

采取上述措施后，柴油机的转矩适应性系数 $K_M$ 可提高至 1.20～1.25。

增压技术的发展为改善柴油机转矩适应能力提供了新的途径。一般来说，自然进气柴油机的转速变化对柴油机充气系数的影响不大，柴油机的充气系数大体上保持一定。但在涡轮增压的柴油机中，情况则不同。随着发动机转速的下降，增压压力将会显著地减小。因此，如果增压柴油机的过量空气系数按最大功率工况来确定，则当发动机转速下降时，为了保持不变的过量空气系数，就只能减少燃料的供给量。在这种情况下，增压发动机的转矩特性显然要比自然进气型的差。这是增压发动机相当长的一段时间内，在工程机械上采用较少的一个重要原因。但对涡轮增压器进行了改进，大大减少了高、低速时增压压力差，亦即空气量的差别，同时结合采用适当加大额定功率点的过量空气系数，即在额定转速时适当降低供油量，适当降低额定功率的措施，使得增压发动机的转矩特性不仅达到，而且超过了非增压柴油机的水平。因此，废气涡轮增压发动机在最近几十年间，在工程机械上获得了愈来愈广泛的应用。目前不少工程机械用的增压发动机，其转矩适应性系数 $K_M$ 可达 1.25～1.30。

值得指出的是，近年来为改善柴油机转矩特性所作的努力，例如采用可调节的涡轮增压器等，导致出现了一种所谓"等功率"发动机。这种发动机在一定的转速范围内可以保证功率为一常数，这就大大改善了机器的牵引性能和动力性能，并简化了传动系统的结构。在此类发动机中，转矩适应性系数 $K_M$ 高达 1.50 以上。

2)发动机速度适应性系数 $K_V$

发动机速度适应性系数 $K_V$ 是发动机额定转速 $n_{eH}$ 与发动机最大转矩所对应的转速 $n_{Memax}$ 之比，亦即：

$$K_V = \frac{n_{eH}}{n_{Memax}} \tag{7-2}$$

发动机的传动机构及整台机器是有一定质量的，当发动机减速时，这些运动质量中储藏的惯性能量可部分地用来克服短时增长的阻力。显然值 $K_V$ 愈大，发动机转速自额定值下降到最大转矩所对应的转速期间释放出的能量就愈大。$K_V$ 值较大还有助于改善机器的操纵感，使驾驶人能及时觉察到工作阻力的增大，从而及时调整切土深度，避免发动机发生强制性熄火。然而，速度适应性系数 $K_V$ 过大同样是不利的，由于发动机转速下降过大，同样会降低发动机的输出功率并导致机器生产率的下降。

从燃料经济性观点来看，发动机适应变负荷工况的能力主要取决于比油耗曲线的形状。在变负荷工况下，工程机械在长期使用过程中，单位土方量的燃油消耗率不仅取决于最低比油耗或额定比油耗，而且也取决于整个比油耗曲线的平坦程度。因而作为发动机的经济性指标，除了最低比油耗和额定比油耗外，还应列入表征低油耗区域宽广程度的指标，后者对工程机械来说，尤为重要。发动机在变负荷工况下的燃料经济性，一般采用以功率为横坐标的调速特性如图 7-3 所示来进行分析。

2.改善发动机适应性能的措施

1)动态工况对发动机性能的影响分析

(1)负荷波动对发动机动力性、经济性的影响，主要表现为两个方面：其一为发动机转速的波动将使平均转速 $n_e$ 低于平均转矩匹配点 $M_c$ 在调速外特性上所确定的转速值 $n_z$；其二，当平均阻力矩 $M_c$ 工作点在调速外特性上配置过高时，发动机频频进入非调速段工作而使转速大幅度波动，同时引起平均转矩输出值 $M_e$ 低于静态特性上与平均转速 $n_e$ 相对应的转矩值 $M_e'$，如图 7-25 所示。结果使其动力性和经济性指标恶化。

(2)柴油机在动态工况下性能降低的根本原因在于发动机系统的飞轮惯量使转速滞后于转矩变化，以及调速系统的齿条位移滞后于转速变化，最终使驱动转矩滞后于阻力矩变化而产生转速波动。发动机的工作状态取决于驱动转矩 $M_e$、阻力矩 $M_c$ 和惯量 $J_e$ 之间的相互关系为 $(M_e - M_c)/J_e$。从调速器自身特性看，负载波动频率增加，则齿条位移滞后增大，载荷频率达 1～3$H_Z$ 时，调速特性已大大恶化。

2)改善柴油机对动态负荷适应能力的方法

改善柴油机对动态负荷适应能力的方法主要有：

(1)合理配置动态负荷在发动机调速外特性上的工作点，使之有最高的平均输出功率。

(2)采用电子调速供油装置提高供油和调速系统的动态响应，进一步改善调速性能。

(3)改善柴油机非调速段的形状，主要是提高转矩适应性系数 $K_M$ 值。

(4)将柴油机的非调速段特性也纳入调速控制中，如将图 7-26 曲线 1 变为曲线 2，将原调速和非调速段合并为一个非线性调节特性，这一新特性整体圆滑过渡，在波动负荷作用下不存在转速的剧烈波动，并且发动机在工作区间近似为等功率输出。

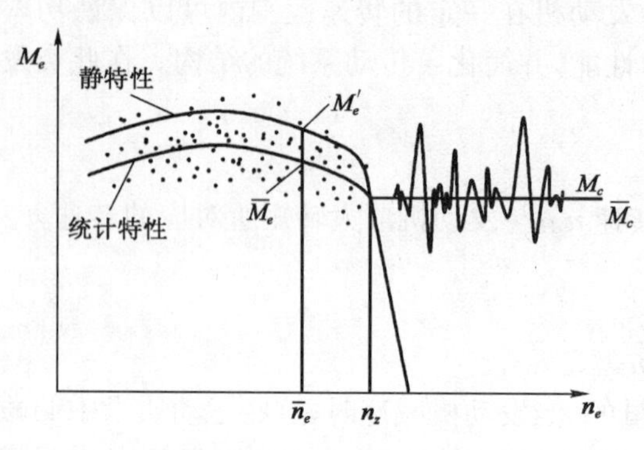


图 7-25　波动负荷的影响

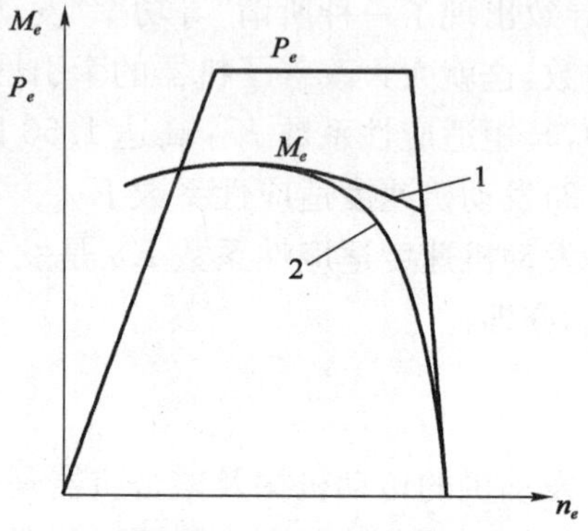

图 7-26　改良后的柴油机特性

(5)在负荷急剧变化的工况下，柴油机供油拉杆位移或 PT 供油泵压力与发动机转速之间仍然存在着很强的统计相关性，因此可以通过方便地检测供油拉杆位移和转速，并结合发动机的调速特性 $M_e=f(h,n_e)$ 来进行发动机的动态驱动转矩的预测与控制。

(6)在液力传动机械上，发动机负荷波动相对于机械传动有所减小。但由于变矩器的穿透性以及车辆循环作业特点的影响，发动机的工况仍有较大波动。这种波动同样将导致发动机动力性、燃料经济性变坏。改进发动机和变矩器的匹配，利用变矩器的调节作用吸收一部分动态负荷，可提高发动机功率利用率。

## 第三节　变负荷工况下发动机性能的评价指标

上述讨论，都是以发动机静载特性为依据的，把波动负荷下发动机功率利用不足看作是由于调速特性非线性造成的，与其他原因无关。然而，发动机在变负荷下工作时，曲轴转速的波动不利于发动机燃烧过程的形成和进展。进、排气过程中气流的惯性、发动机零件的热惯性以及供油和调速系统的惯性改变了发动机工作过程的合理结构。变负荷工况也影响润滑系统的正常工作，使发动机零件承受附加的动载荷作用，从而加大了发动机的机械损失。所有这些，最终都将使发动机动力性和经济性下降。

变负荷工况对燃料调节系统工作的影响，对于柴油机来说是最重要的。当发动机在稳定工况下运转时，对于每一种曲轴转速，调速器的杠杆系统和供油齿条的位置都有着完全确定的相应位置。与稳定工况不同，在发动机曲轴转速急剧变化的情况下，将引起调节系统严重失调，调速器和转矩校正器的动作，由于惯性的影响而滞后于转速的变化，因而使供油齿条的位置与供油量不能与发动机的瞬时转速相适应。当发动机制动时，供油量的增加慢于转速的下降，从而使发动机减速过程中的供油量少于稳定工况相应转速下的供油量。所以，在制动过程中发动机的转矩和功率将低于静载特性所确定的数值。在发动机加速的过程中，供油量减少慢于转速增高，供油量将多于稳定工况相应转速下供油量。因此，在加速过程中发动机的转矩和功率将比静载特性所确定的数值略高。

在变负荷作用下，发动机实际平均输出功率和平均比油耗会大大低于它们的额定指标。评价在变负荷工况下发动机动力性和经济性利用程度指标有动力性指标和经济性指标。

## 一、变负荷工况下发动机动力性的评价指标

1. 发动机的载荷系数 $K_Z$

用发动机曲轴上的平均阻力矩 $M_{eM}$ 与额定转矩 $M_{eH}$ 之比来表示，亦称转矩载荷系数。即：

$$K_z = \frac{M_{eM}}{M_{eH}} \tag{7-3}$$

这一系数反映了发动机在变负荷工况下的平均负载程度。

2. 发动机的功率利用系数 $K_P$

用发动机调速特性上与平均阻力矩 $M_{eM}$ 相应的发动机功率 $P^s_{eM}$ 与发动机额定功率 $P_{eH}$ 之比表示，即：

$$K_p = \frac{P^s_{eM}}{P_{eH}} \tag{7-4}$$

这一系数表明了发动机在变负荷工况下，从调速特性上显示的功率利用程度。

3. 发动机功率减小系数 $K^s_P$

用发动机实际输出的平均功率 $P_{eM}$ 与调速特性上与平均阻力矩 $M_{eM}$ 相应的发动机功率 $P^s_{eM}$ 之比表示，即：

$$K^s_p = \frac{P_{eM}}{P^s_{eM}} \tag{7-5}$$

这一系数表明了发动机在变负荷工况下，实际输出功率偏离调速特性的程度。

4. 功率输出系数 $K_B$

用发动机实际输出的平均功率 $P_{eM}$ 与发动机额定功率 $P_{eH}$ 之比表示，即：

$$K_B = \frac{P_{eM}}{P_{eH}} \tag{7-6}$$

这一系数表明了发动机在变负荷工况下，发动机额定功率的实际利用程度。

## 二、变负荷工况下发动机经济性的评价指标

1. 发动机的燃油耗利用系数 $\gamma_{ge}$

用发动机调速特性上与平均阻力矩 $M_{eM}$ 相应的比油耗 $g^s_{eM}$ 与发动机额定比油耗 $g_{eH}$ 之比表示，亦即：

$$\gamma_{ge} = \frac{g^s_{eM}}{g_{eH}} \tag{7-7}$$

这一系数表明了发动机在变负荷工况下，从调速特性上显示的燃料经济性利用程度。

2. 发动机比油耗增加系数 $\gamma^s_{ge}$

用发动机实际比油耗 $g_{eM}$ 与发动机调速特性上与平均阻力矩 $M_{eM}$ 相应的比油耗 $g^s_{eM}$ 之比表示，即

$$\gamma_{ge}^{s} = \frac{g_{eM}}{g_{eM}^{s}} \tag{7-8}$$

这一系数用来表示发动机在变负荷工况下比油耗偏离调速特性的程度。

3. 比油耗输出系数 $\gamma_B$

用发动机实际的比油耗 $g_{eM}$ 与发动机额定比油耗 $g_{eH}$ 之比表示，即：

$$\gamma_B = \frac{g_{eM}}{g_{eH}} \tag{7-9}$$

这一系数表示发动机燃料经济性的实际利用程度。

显然，在 $K_P$、$K_P^s$ 与 $K_B$ 以及 $\gamma_{ge}$、$\gamma_{ge}^s$ 和 $\gamma_B$ 之间存在着以下关系：

$$K_B = K_p^s \times K_p \qquad \gamma_B = \gamma_{ge}^s \times \gamma_{ge}$$

## 三、变负荷工况下影响发动机动力性和经济性的因素

发动机在变负荷工况下的最佳负载程度以及发动机转矩和速度适应性系数对功率和比油耗输出系数的影响，对分析发动机和机械底盘的合理匹配，以及在进行机械的牵引计算方面都有着重要的实际意义。

当发动机在变负荷工况下工作时，应该如何配置发动机平均阻力矩在其特性曲线上的位置，以获得最大输出功率？很显然，当平均阻力矩的工作点选择得远低于额定转矩时输出功率必然较低。如果使平均阻力矩的工作点沿着调速区段工作，转速的波动不大，因而功率和转矩偏离调速特性的情况并不显著，实际的平均输出功率将随着发动机负载程度的增大而提高。但是当最大负荷超过发动机的额定转矩之后，由于在负荷循环中发动机有部分时间在非调速区段上工作，转速急剧起落，调速特性上平均输出功率的增长开始减慢。这样，到一定程度时发动机的实际平均输出功率，必然随着发动机负载程度的提高而下降。

因此，在变负荷工况下代表发动机负载程度的转矩载荷系数 $K_Z$，必然会有一个最佳值 $K_{ZO}$。在此最佳值的情况下，发动机的实际输出功率将最大。图 7-27 是发动机按推土机的负荷工况进行模拟试验所获得的结果。从图中可清楚地看到，随着发动机负载的增加，发动机的功率利用系数 $K_P$ 开始时按正比例关系增大，功率减小系数 $K_P^s$ 下降甚少，因而，功率输出系数

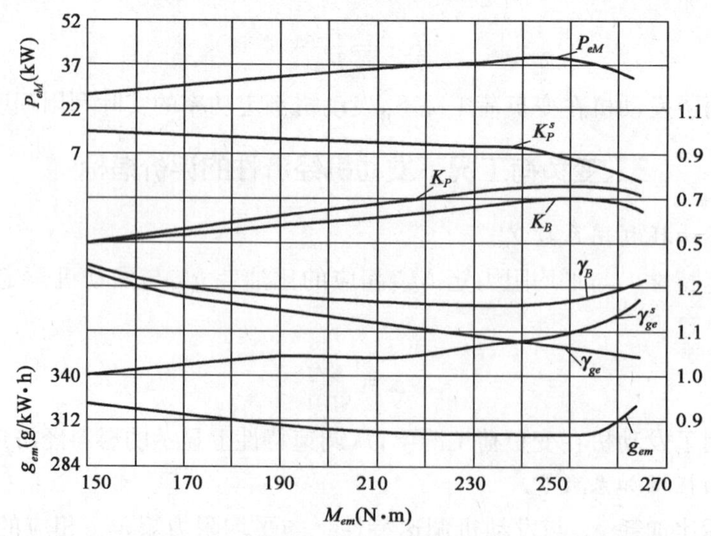


图 7-27　发动机按推土机的负荷工况工作时 $K_P$、$K_P^s$、$K_B$、$\gamma_{ge}^s$、$\gamma_{ge}$ 和 $\gamma_B$ 随发动机转矩负载变化曲线

$K_B$ 和平均输出功率 $P_{eM}$ 在这种情况下也随着 $M_{eM}$ 之增大而增大。当 $M_{eM}$ 增大至一定程度后，$K_P$ 增长开始变得平缓，而 $K_P^s$ 的下降则愈加急剧，于是对应某一 $K_Z$ 值可获得 $K_B$ 和 $P_{eM}$ 之极大值。从图中还可以看到，当发动机具有最大输出功率时，发动机的平均输出比油耗 $g_{eM}$ 和输出比油耗系数 $\gamma_B$ 也接近它们的最佳值。改善发动机适应变负荷工况能力的有效措施是提高它的转矩适应系数 $K_M$。

图 7-28 为发动机在负荷工况下，最佳转矩载荷系数 $K_{ZO}$、最佳输出功率系数 $K_{BO}$、最佳输出比油耗系数 $\gamma_{BO}$ 随转矩适应性系数 $K_M$ 的增大而变化的情况，从图中可以看出，当转矩适应性系数 $K_M$ 达到 1.35～1.40 时，发动机的最佳输出功率系数可达到 0.90 以上。

图 7-29 表示系数 $K_{ZO}$、$K_{BO}$ 以及 $\gamma_{BO}$ 与速度适应性系数 $K_V$ 之间的关系。从图中可以看出，对推土机的负荷工况来说，$K_M$ 最适宜的范围在 1.3～1.55 之间。

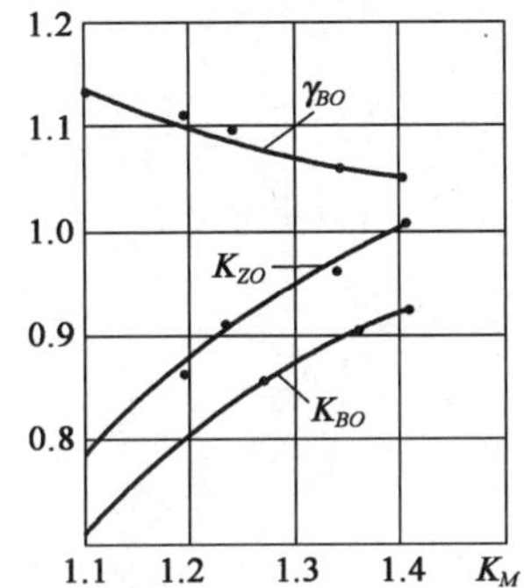


图 7-28　发动机在负荷工况下，$K_{ZO}$、$K_{BO}$、$\gamma_{BO}$ 随 $K_M$ 变化情况

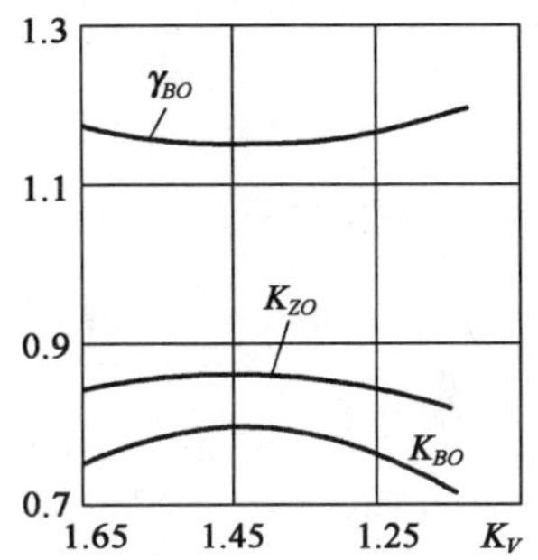


图 7-29　发动机在负荷工况下，$K_{ZO}$、$K_{BO}$、$\gamma_{BO}$ 随 $K_V$ 变化情况

# 第二篇　工程机械底盘理论

# 第八章　履带工程机械行驶理论

履带式工程机械附着力强，爬坡性能好，适应性强，近年来很多大型工程机械均采用履带行走装置，以期降低接地比压，支撑机械重量。履带式工程机械的行驶理论研究，对提高机械的牵引性、工作安全性及工程机械通过性等使用性能具有重要意义。

本章主要内容为履带行走机构的运动学和动力学，履带接地比压及接地平面核心域理论，以及履带工程机械的滚动阻力及附着性能等。

## 第一节　履带工程机械行驶原理

履带机械行驶原理主要介绍履带行走机构驱动力的产生原因及影响因素，从而为后续讨论打下基础。

### 一、驱动力矩与传动系效率

1. 驱动力矩 $M_K$

发动机通过传动系传到驱动轮上的力矩称为驱动力矩 $M_K$。

2. 传动系效率 $\eta_m$

工程机械等速直线行驶时传到驱动轮的功率 $P_K$ 与发动机有效功率 $P_e$ 之比。

即：

$$\eta_m = \frac{P_K}{P_e} = \frac{M_K \omega_K}{M_e \omega_e} \tag{8-1}$$

式中：$\omega_K$——驱动的角速度，$s^{-1}$；

$\omega_e$——发动机曲轴的角速度，$s^{-1}$；

$M_K$——驱动力矩，N·m；

$M_e$——发动机的有效力矩，N·m。

履带机械的传动系效率 $\eta_m$ 实质上表示了发动机的功率经过传动系传往驱动轮时的损失程度，这一功率损失主要由齿轮啮合的摩擦阻力、轴承间摩擦阻力、油封和轴间摩擦阻力以及齿轮搅油阻力等原因所造成。

假定离合器不打滑，则式(8-1)可表示为：

$$\eta_m = \frac{M_K}{M_e i_m} \tag{8-2}$$

式中：$i_m$——传动系总传动比，它是变速器、中央传动和最终传动比的乘积。

$$i_m = \frac{\omega_e}{\omega_K} \tag{8-3}$$

由以上分析可知，当车辆在水平地段上作等速直线行驶时，其驱动力矩 $M_K$ 可由下式求得：

$$M_K = M_e \eta_m i_m \tag{8-4}$$

## 二、履带工程机械的行驶原理

履带工程机械是靠履带卷绕时地面对履带接地段产生的反作用力推动车辆前进的。如图8-1所示，可将履带分成几个区段。1～3为驱动段，4～5为上方区段、6～8为前方区段，8～1为接地段或称支承段。

工程机械行驶时，在驱动力矩 $M_K$ 作用下，驱动段内产生拉力 $F_t$，$F_t$ 的大小等于驱动力矩 $M_K$ 与驱动轮动力半径 $r_K$ 之比，即

$$F_t = \frac{M_K}{r_K}$$

对机械来说，拉力 $F_t$ 是内力，它力图把接地段从支重轮下拉出，致使土壤对接地段的履带板产生水平反作用力。这些反作用力的合力 $F_K$ 称为履带式工程机械的驱动力，其方向与行驶方向相同。履带式机械就是在这个驱动力 $F_K$ 作用下行驶的。

实际上，由于动力从驱动轮经履带驱动段传到接地段时，中间有动力损失，如果此损失用履带驱动段效率 $\eta_r$ 表示，则履带式工程机械的驱动力亦或称为切线牵引力的 $F_K$ 可表示为：

$$F_K = \eta_r F_t = \eta_r \eta_m \frac{i_m M_e}{r_K} \tag{8-5}$$

对于轮式工程机械，$\eta_r = 1$。

下面分析驱动力 $F_K$ 是如何传到工程机械上的。由理论力学的分析可知，在驱动轮轴上加两个大小相等，方向相反的力 $F_t$，不会影响驱动轮的受力效果。并令其中一个力与驱动段内拉力 $F_t$ 形成力偶，其值等于驱动力矩 $M_K$；另一个力分解成平行和垂直于路面的两个分力，如图8-2所示。其中：

$$F'_t = F_t \cos\psi$$

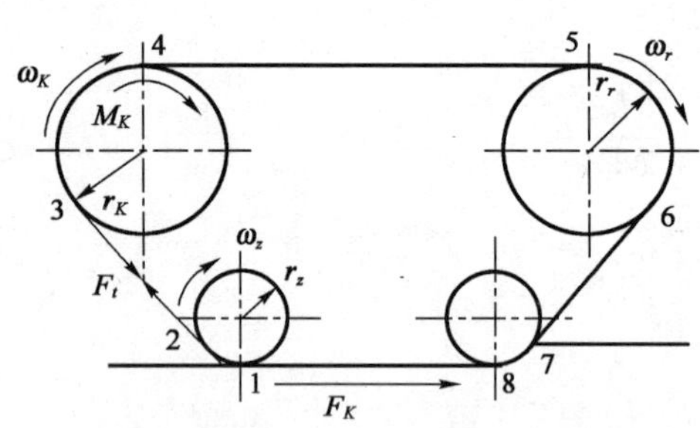


图8-1　履带式机械行驶原理图

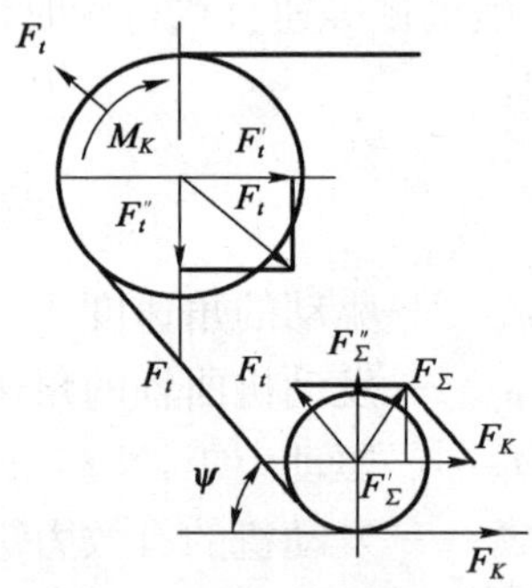


图8-2　履带驱动力的传递简图

同理，将作用在后支重轮上的两个力：一个是驱动段内的拉力 $F_t$，另一个是土壤的反作用力 $F_K$，都分别移到该支重轮轴线上，从而得到一个合力 $F_\Sigma$。将合力 $F_\Sigma$ 分解成平行与垂直于路面的两个分力，那么则有：

$$F'_\Sigma = F_K - F_t \cos\Psi$$

显然，推动机体前进的力应该是 $F'_t$ 与 $F'_\Sigma$ 之和，即：

$$F'_t + F'_\Sigma = F_t \cos\Psi + F_K - F_t \cos\Psi = F_K$$

综上所述，如果假定履带销子和销孔间的摩擦损失等可略去不计，则推动机体前进的力 $F_K$ 即等于履带驱动段内的拉力 $F_t$，它并不随驱动段的倾角 $\Psi$ 的变化而变化。

但实际上，因为履带销和销孔间有摩擦，所以存在履带驱动段效率 $\eta_r$，故推动机体前进的驱动力 $F_K$ 比驱动段的内拉力 $F_t$ 要小些。

# 第二节　履带行走机构运动学和动力学

## 一、履带行走机构的运动学

履带式行走机构的运动学先以讨论等速直线行驶这一典型工况为主，然后对其他工况进行分析。

在水平地面上作等速直线行驶时，履带行走机构在水平地面的直线运动，可以看成是台车架相对于接地链轨的相对运动和接地履带对地面的滑转运动即牵连运动合成的结果。

根据相对运动的原理，台车架相对接地链轨的运动速度与链轨相对于台车架的运动速度在数值上应相等，在方向上则相反。因此，完全可以通过考察链轨对静止的台车架的运动来求取两者之间的相对运动速度。这样就可将台车架，亦即驱动轮、导向轮、支重轮、托链轮的轴线看成是静止不动的，而履带则在驱动轮的带动下以一定的速度围绕着这些轮子作“卷绕”运动。由于履带链轨是由一定长度的链轨节所组成的，因此问题可以转化为链传动的运动分析。

1. 行驶速度

与通常的链传动一样，履带的卷绕运动速度即使在驱动轮等速旋转下，亦不是一常数，如图 8-3 所示。从图 8-3 中可以看到，当履带处于图中所示的位置 1 时，速度达最大值 $v_1$；当履带处于图中所示的位置 2 时，速度达最小值 $v_2$。则 $v_1$、$v_2$ 的大小可由式(8-6)和(8-7)来确定：

$$v_1 = r_0\omega_K \tag{8-6}$$

$$v_2 = r_0\omega_K\cos\frac{\beta}{2} = v_1\cos\frac{\beta}{2} \tag{8-7}$$

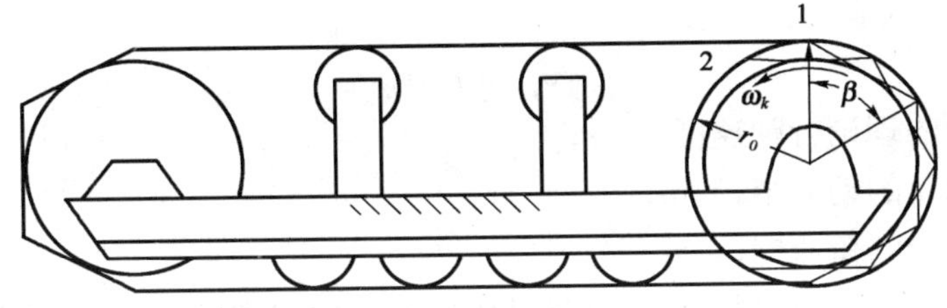


图 8-3　履带相对于台架的绕转运动

式中：$r_0$——驱动链轮的节圆半径，m；

$\omega_K$——驱动链轮的角速度，$s^{-1}$。

$\beta$——驱动链轮的分度角，则有：$\beta=360°/ Z_K$；

$Z_K$——驱动链轮的有效啮合齿数。

由此可见，即使驱动轮作等角速旋转即 $\omega_K = const$，台车架的相对运动也不是匀速运动，而是呈现周期性的变化，从而使工程机械的行驶速度也带有周期变化的性质，因此实际分析中常用平均速度这一指标来表示其速度。

2. 平均速度

履带卷绕运动的平均速度 $v_m$ 可通过驱动轮每转一圈所转过的链轨节的总长来计算，则有：

$$v_m = \frac{Z_K l_t}{2\pi}\omega_K = \frac{Z_K l_t n_K}{60} \quad (\mathrm{m/s}) \tag{8-8}$$

式中：$l_t$——链轨节距，m；

$n_K$——驱动轮转速，r/min；其他符号意义同前。

3. 理论速度

不难看出，当履带在地面上作无滑动行驶时，工程机械的行驶速度就等于台车架相对于接地链轨的运动速度，后者在数值上等于履带卷绕运动的速度。通常，将履带在地面上没有任何滑移时，机械的平均行驶速度称为理论行驶速度 $v_T$，它在数值上应等于履带卷绕运动的平均速度 $v_m$，亦即：

$$v_T = \frac{Z_K l_t}{2\pi}\omega_K = \frac{Z_K l_t n_K}{60} \quad (\mathrm{m/s}) \tag{8-9}$$

由式(8-7)可知，增加驱动链轮的有效啮合齿数 $Z_K$，可减小驱动链轮的分度角 $\beta$，则降低履带卷绕运动速度的波动。若使 $Z_K \to \infty$ 或 $\beta \to 0$，则有：$v_1 = v_2 = v_m$，这表明当驱动轮啮合齿数增加时，履带卷绕时的速度趋近于其平均速度，并趋向于某一常数。

为了简化履带行走机构运动学分析，常将上述极限状态作为计算工程机械行驶速度的依据。对于履带式工程机械而言，当驱动轮齿数相当多时，此种假设是可以容许的。此时，假设履带节为无限小，可将履带看成是一条挠性钢带。并且假设这一挠性钢带既不伸长也不缩短，且相对于驱动轮无任何滑动，履带就具有图 8-4 所示简化后的形状。

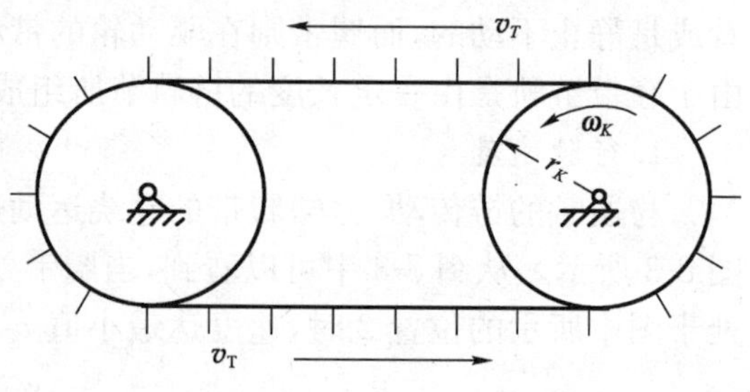


图 8-4　履带与台车相对运动简化示意图

从图 8-4 可以看出，当驱动轮作等角速度旋转时，履带卷绕运动的速度，也就是车辆的理论行驶速度，可用下式表示：

$$v_T = r_K \omega_K \tag{8-10}$$

式中：$v_T$——车辆的理论行驶速度，m/s；

$r_K$——驱动轮的动力半径，m；

$\omega_K$——驱动轮的角速度，$\mathrm{s}^{-1}$。

式(8-10)中驱动轮动力半径 $r_K$ 是从运动学的角度提出来的，确切地应该称之为驱动链轮的滚动半径。驱动轮的动力半径 $r_K$ 是一个假设的半径，它在驱动轮上实际并不存在。应该说明的是，动力半径 $r_K$ 与链轮的节圆半径 $r_0$ 是两个完全不同的概念，不能混淆。

$r_K$ 物理意义可以解释如下：

在驱动轮相对于履带没有滑转的情况下，假设它以半径为 $r_K$ 的圆沿链轨作纯滚动，那么驱动轮轴心的速度即作为车辆的理论行驶速度。由表达式(8-9)和式(8-10)可知：

$$r_K = \frac{Z_K l_t}{2\pi} \tag{8-11}$$

所谓动力半径是切线牵引力线到轮心的距离，但对于履带行走机构来说，驱动轮的滚动半径和动力半径接近一致，故无论作运动学或动力学分析时均使用 $r_K$，并统称为动力半径。

4. 实际速度

当工程机械在实际工作时，即使牵引力没有超过履带与地面的附着能力，履带与地面之间还是存在着少量滑转的。这是因为履带挤压土壤并使它在水平方向有滑转的趋向。在履带存在滑转的情况下，车辆的行驶速度称为实际行驶速度 $v$。显然它应该是履带的滑转速度和台车架对接地链轨的相对速度的合成速度，亦即：

$$v = v_{\mathrm{T}} - v_j$$

式中：$v$——履带工程机械的实际行驶速度，m/s；

$v_j$——履带在地面上的滑转速度，m/s。

滑转速度 $v_j$ 可由式(8-12)求得：

$$v_j = l_j/t = (l_T - l)/t \tag{8-12}$$

式中：$l$——在时间 $t$ 内，机械的实际行驶距离，m；

$l_j$——在时间 $t$ 内，履带相对地面的滑转距离，m；

$l_T$——在时间 $t$ 内，机械的理论行驶距离，m。它可通过式(8-13)计算：

$$l_T = r_K \omega_K t = \frac{Z_K l_t}{2\pi} \omega_K t \tag{8-13}$$

5. 滑转率

通常用滑转率 $\delta$ 来表示履带对地面的滑转程度，它表明了由于滑转而引起的工程机械行程或速度的损失，并可由式(8-14)或式(8-15)计算：

$$\delta = (l_T - l)/ l_T \tag{8-14}$$

或

$$\delta = (v_T - v)/ v_T = 1 - v/ v_T \tag{8-15}$$

在滑转率试验中，常用式(8-15)进行试验数据的计算和试验结果分析。

## 二、履带行走机构的动力学

履带工程机械在水平地面上作等速直线行驶时，其上作用着抵抗机械前进的各种外部阻力和推动机械前进的驱动力即切线牵引力 $F_K$，下面讨论它们之间的关系及其对履带工程机械性能的影响。

1. 两种平衡关系

如前所述，切线牵引力是由驱动链轮上的驱动力矩 $M_K$ 产生的。当履带工程机械在等速稳定工况下工作时，存在着两种平衡关系：将履带机械作为一个整体来考察时，作用在履带机械上的各种外部阻力应与切线牵引力相平衡；对履带单独进行考察时，作用在履带上的各力和力矩之间的平衡关系。

(1)将履带工程机械作为整体进行考察，其受力简图如图 8-5 所示。根据其平衡关系则有：

$$\sum F = F_K \tag{8-16}$$

式中：$\sum F$——各种外部阻力的总和，N；

$F_K$——切线牵引力，N。

(2)单独考察履带其受力情况如图 8-6 所示，图中未画出作用在履带法线方向上的诸力。在这一情况下，为了简化分析，也将履带看成是一条由无限小链轨节组成的挠性钢带，并考察沿着履带长度方向各力的平衡关系。如若忽略链传动中周期性变化的动载荷的作用，则可将履带张力对驱动轮轮轴的力臂看成一常数，并等于其动力半径 $r_K$。

从图 8-6 中可以看到，如果履带行走机构不存在任何内部阻力，则当工程机械静止时在履带的各区段中应具有相同的预加张紧力 $F_0$。当机械在等速稳定工况下工作时，驱动轮对履带作用有驱动力矩 $M_K$，而在履带的驱动段内则相应的产生一附加张紧力 $F_t$，从而引起了地面对履带的反作用力。根据履带等速运转的平衡条件，在驱动力矩 $M_K$ 与切线牵引力之间显然存在着以下的平衡关系：

$$\frac{M_K}{r_K} = F_t = F_K \tag{8-17}$$

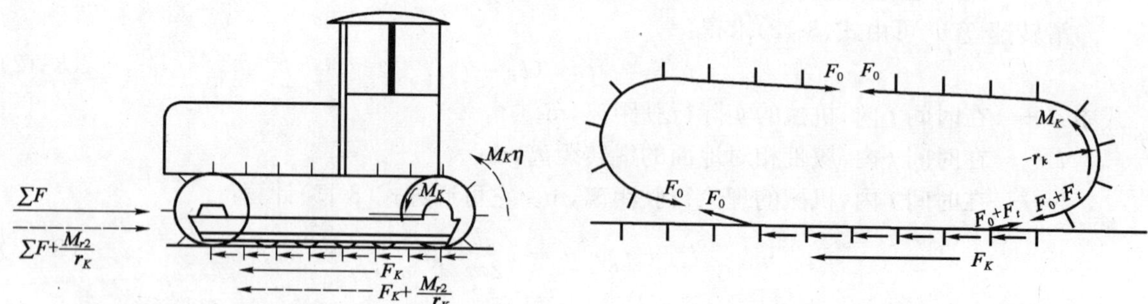


图 8-5　履带行走机构在土壤上工作时的受力简图

图 8-6　履带各区段的受力情况

2. 履带行走机构摩擦损失

上面所述之平衡关系，没有考虑履带行走机构内部的摩擦损失。而实际上这些损失是存在的，比如各节链轨节铰链中的摩擦；驱动轮与链轨啮合时的摩擦；导向轮和拖链轮轴承的摩擦；支撑轮轴承中的摩擦和支重轮在链轨上的滚动摩擦等，因此计算时应予以扣除这些摩擦损失产生的力矩。则有：

$$\frac{M_K - M_r}{r_K} = F_K$$

式中：$M_r$——履带行走机构内部摩擦力矩，N · m；其他符号意义同前。

根据实际情况，行走机构摩擦力矩 $M_r$，又可分为 $M_{r1}$、$M_{r2}$ 两组：

(1)由履带的预加张紧力 $F_0$ 和机器重量 $G$ 所产生不变的法向压力，这部分摩擦力矩与驱动力的大小无关，它可用 $M_{r2}$ 来表示。

(2)由履带的附加张紧力即前面所述的内拉力 $F_t$ 所引起的损失，这部分摩擦力矩 $M_{r1}$ 近似地与驱动力矩成正比，并可方便地用驱动段效率 $\eta_r$ 来表示。

通过以上分析，履带车辆工作时，实际切线牵引力可通过式(8-18)确定：

$$\frac{M_K - M_{r1}}{r_K} - \frac{M_{r2}}{r_K} = F_K \tag{8-18}$$

将式(8-18)代入式(8-16)可知，履带车辆工作时，所受各种外部阻力之和可通过式(8-19)确定：

$$\sum F = \frac{M_K - M_{r1}}{r_K} - \frac{M_{r2}}{r_K} \tag{8-19}$$

3. 驱动段效率

履带驱动段效率是指由履带内部摩擦 $M_{r1}$ 引起的驱动力矩 $M_K$ 的损失程度，用 $\eta_r$ 表示。则有：

$$\eta_r = \frac{M_K - M_{r2}}{M_K} \tag{8-20}$$

将式(8-20)代入式(8-18)和式(8-19)，经移项整理后就可以得到以下两个与关系式(8-16)和式(8-17)相似的新平衡关系式：

$$\left.\begin{aligned}\sum F+\frac{M_{r2}}{r_K}=F_K+\frac{M_{r2}}{r_K}\\ \frac{\eta_r M_K}{r_r}=F_K+\frac{M_{r2}}{r_K}\end{aligned}\right\} \tag{8-21}$$

从关系式(8-21)中可以看出，如果假想换算的摩擦力矩 $M_{r2}$ 是由某一作用在工程机械上的等效外部阻力 $M_{r2}/r_K$ 形成的，将扣除了换算的摩擦力矩 $M_{r1}$ 后的驱动力矩 $\eta_r M_K$ 看成为一等效的驱动力矩，则地面对履带作用着一等效的切线牵引力 $F_K+M_{r2}/r_K$，如图 8-5 中虚拟线所示，那么就可以认为履带行走机构中并不存在任何内部摩擦阻力。此时作用在工程机械上各力的平衡关系显然是等效的，并完全可以用式(8-16)和式(8-17)的形式来表示。这就是说，完全可以利用图 8-5 作为等效的计算示意图来考察履带行走机构在等速稳定工况下的动力学，只是外部阻力、切线牵引力和驱动力矩应以它们相应的等效值来代替。

4. 等效平衡方程

从以上的讨论可以看到，由于等效的摩擦阻力 $M_{r2}/r_K$ 可以在拖动试验中与由土壤变形而引起的外部行驶阻力一起测出，而等效的驱动力矩 $\eta_r M_K$ 则可用一简单的效率来考虑。所以，上述等效计算示意图 8-5 在实际使用中很有用。

按照通常习惯，等效的切线牵引力 $F_K+M_{r2}/r_K$ 就直接称之为切线牵引力，并以符号 $F_K$ 来表示。这样，履带工程机械在水平地面上作等速直线行驶时作用在机械上诸力的平衡方程仍可用式(8-16)和式(8-17)的形式来表示：

$$\sum F=F_K \tag{8-22}$$

$$F_K=\frac{\eta_r M_K}{r_K} \tag{8-23}$$

显然，在外部阻力之总和$\sum F$ 中包括有等效摩擦阻力 $M_{r2}/r_K$，而切线牵引力 $F_K$ 则比地面实际作用于履带上的水平反作用力要大。

# 第三节　履带接地比压和接地平面核心域

履带接地比压是研究履带与地面附着力矩的基础；履带接地平面核心域理论，能够从力学观点科学地解释履带接地比压随工程机械重心位置的改变而变化的规律；履带接地比压和沉陷深度的关系，则是土壤参数和机械参数在统一系统中的有机结合。这 3 个方面是研究工程机械履带接地区段与地面法向作用的主要内容。

## 一、履带接地比压

1. 履带平均接地比压

履带单位接地面积所承受的垂直荷载，称为履带接地比压。它是履带式工程机械的一个非常重要的技术参数，直接决定机械的行驶通过性和工作稳定性，也是研究履带-面附着力矩的先决条件。

对于具有两条履带的工程机械来说，当工作合力与垂直外载荷所构成的合力在水平地面上的投影同履带接地区段的几何中心相重合时，履带接地比压便呈均匀分布状态，称为平均接地比压，则有：

$$p_a=\frac{G}{2bL} \tag{8-24}$$

式中：$p_a$——履带平均接地比压，kPa；

$G$——机械工作重力与垂直外载荷所构成的合力，kN；

$b$——履带接地宽度，m；

$L$——履带接地区段长度，m。

当机械重心在水平地面上的投影与履带接地区段的几何中心相重合，且履带接地区段面积和地面都很近似于水平状态时，按式(8-24)计算的结果与实际情况非常接近。平均接地比压 $p_a$ 是履带机械的一个重要指标，在工程机械的使用说明书中一般都要注明。

设计履带式工程机械时，在总体布置上要尽量使垂直载荷对称并均匀地作用于履带整个接地区段上，这是保证履带机器具有良好的行驶通过性和工作稳定性的必要条件。

因为在实际工作中机械重心在水平地面上的投影，一般不会恰好与履带接地区段的几何中心相重合，所以平均接地比压并不代表机械的实际接地比压。因此必须研究机械的最大接地比压和最小接地比压；最大接地比压才能反映机械的实际行驶通过性和工作稳定性。

2. 偏心距对接地比压的影响

假设履带行驶装置两条履带接地区段的几何中心为 $O$ 点，通过该点引出相互垂直的纵向与横向中心线 $x$ 和 $y$。在一般情况下，重心的投影总是落在该直角坐标系的某个象限内，如图8-7表示在第一象限。$C$ 为机械横向偏心距，$e$ 为机械纵向偏心距。

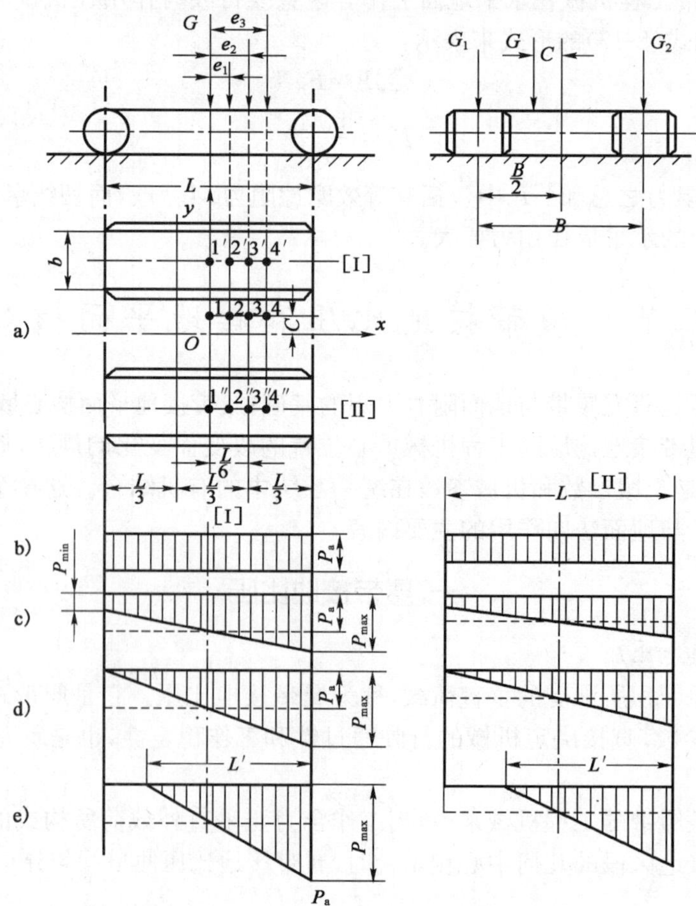

图 8-7　不同偏心距时的履带接地比压分布

1)横向偏心距 $C$ 的影响

由于横向偏心距 $C$ 的影响，机械重力与垂直外载荷所构成的合力，对两条履带的作用不是平均的。假设履带 I 所承受的重力为 $G_1$，履带 II 所承受的重力为 $G_2$，则可列出以下方程式

$$G_1 + G_2 = G \tag{8-25}$$

$$G_1\left(\frac{B}{2} - C\right) = G_2\left(\frac{B}{2} + C\right) \tag{8-26}$$

由此得两条履带所承受的不同载荷的计算式为：

$$G_1 = \frac{G}{2}\left(1 + \frac{2C}{B}\right) \tag{8-27}$$

$$G_2 = \frac{G}{2}\left(1 - \frac{2C}{B}\right) \tag{8-28}$$

式中：$B$——履带轨距，m。

根据式(8-27)、式(8-28)可知，由于机械存在横向偏心距 $C$ 的原因，距重心较近的履带 I 所承受的载荷 $G_1$ 较大，因而机械的最大接地比压必然发生在履带 I 的下部；履带 II 的接地比压分布形式与履带 I 相同，但相应的数值较小，当 $C=0$ 时，则 $G_1=G_2$，即机械重心的投影恰好落在履带接地区段的纵向中心线 x 轴上。此时两条履带的接地比压分布形式及数值完全相同：

2)纵向偏心距 $e$ 的影响

下面通过四个典型工况分析横向偏心距为 $C$ 时，纵向偏心距 $e$ 的变化对接地比压的影响。

(1)当 $e=0$，即机械重心位于图 8-7a)点 1 时，则两条履带的接地比压都呈均匀分布状态，如图 8-7b)所示压力图为矩形。

履带 I、II 的平均接地比压为：

$$P_a^{\mathrm{I}} = \frac{G_1}{bL} = \frac{G}{2bL}\left(1 + \frac{2C}{B}\right) \tag{8-29}$$

$$P_a^{\mathrm{II}} = \frac{G_2}{bL} = \frac{G}{2bL}\left(1 - \frac{2C}{B}\right) \tag{8-30}$$

(2)当 $e=0 \sim L/6$，即机械重心位于如图 8-7a)所示点 2 时，则接地比压如图 8-7c)所示压力图为梯形。在此情况下，履带 I 的最大和最小接地比压为：

$$P_{\max}^{\mathrm{I}} = P_a^{\mathrm{I}} + \frac{G_1 e}{W} \tag{8-31}$$

$$P_{\min}^{\mathrm{I}} = P_a^{\mathrm{I}} - \frac{G_1 e}{W} \tag{8-32}$$

式中：$W$——履带接地平面模量，$\mathrm{m}^3$。

根据图 8-8 可以求出 $W$ 之计算式。即：

$$W = \frac{\int_{-\frac{L}{2}}^{\frac{L}{2}} x^2 b dx}{\frac{L}{2}} = \frac{\frac{bL^3}{12}}{\frac{L}{2}} = \frac{bL^2}{6} \tag{8-33}$$

将式(8-27)、式(8-29)、式(8-33)分别代入式(8-31)、式(8-32)得

$$P_{\max}^{\mathrm{I}} = \frac{G}{2bL}\left(1 + \frac{2C}{B}\right)\left(1 + \frac{6e}{L}\right) \tag{8-34}$$

$$P^{\mathrm{I}}_{\min}=\frac{G}{2bL}\left(1+\frac{2C}{B}\right)\left(1-\frac{6e}{L}\right) \tag{8-35}$$

由图 8-9 所示的几何关系求出履带 I 接地区段任意部位接地比压的计算式为：

$$P^{\mathrm{I}}_{x}=(P^{\mathrm{I}}_{\max}-P^{\mathrm{I}}_{\min})\left(\frac{1}{2}+\frac{x}{L}\right)+P^{\mathrm{I}}_{\min} \tag{8-36}$$

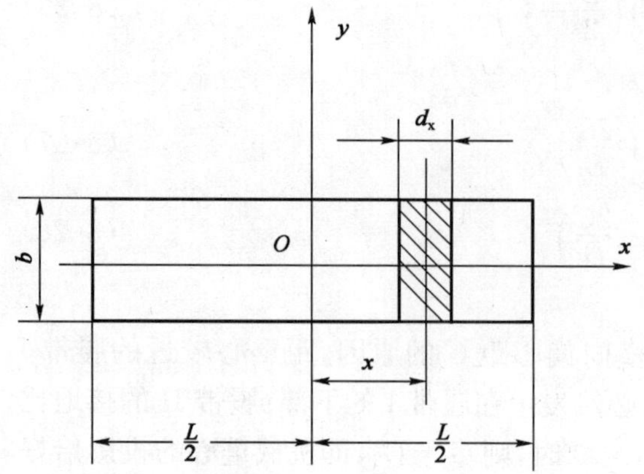


图 8-8　履带接地平面模量计算示意图

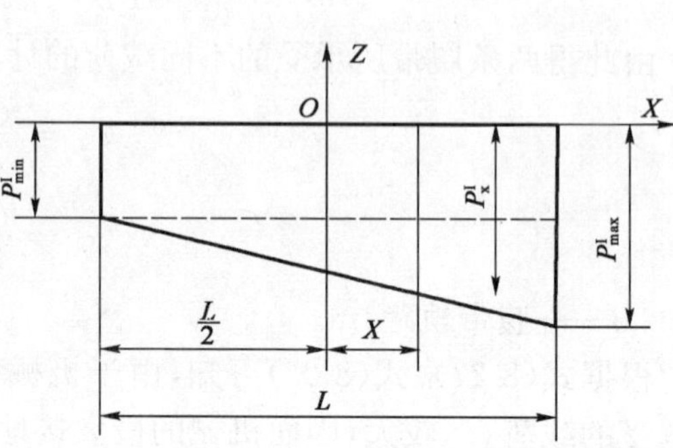


图 8-9　履带接地比压呈梯形分布时其任意部位接地比压计算的几何示意图

将式(8-34)、式(8-35)代入式(8-36)，得履带 I 接地区段任意部位的接地比压式为：

$$P^{\mathrm{I}}_{x}=\frac{G}{2bL}\left(1+\frac{2C}{B}\right)\left(1+\frac{12e}{L^2}x\right) \tag{8-37}$$

在上式中，$x$ 的定义域为 $\left[-\frac{L}{2},\frac{L}{2}\right]$。

同理，求出履带 II 接地区段最大、最小和任意部位的接地比压：

$$P^{\mathrm{II}}_{\max}=\frac{G}{2bL}\left(1-\frac{2C}{B}\right)\left(1+\frac{6e}{L}\right) \tag{8-38}$$

$$P^{\mathrm{II}}_{\min}=\frac{G}{2bL}\left(1-\frac{2C}{B}\right)\left(1-\frac{6e}{L}\right) \tag{8-39}$$

$$P^{\mathrm{II}}_{x}=\frac{G}{2bL}\left(1-\frac{2C}{B}\right)\left(1+\frac{12e}{L^2}x\right) \tag{8-40}$$

这种情况下，如果 $C=0,e=L/12$，则两条履带接地比压的分布与数值相同。即：

$$P_{max}=\frac{3}{2}\frac{G}{2bL}=\frac{3}{2}P_{a} \tag{8-41}$$

$$P_{min}=\frac{1}{2}\frac{G}{2bL}=\frac{1}{2}P_{a} \tag{8-42}$$

$$P_{x}=\frac{G}{2bL}\left(1+\frac{x}{L}\right) \tag{8-43}$$

显然，在这种情况下两条履带的最大接地比压均为平均接地比压的 1.5 倍；最小接地比压均为平均接地比压的 1/2。

(3)当 $e=L/6$，即机械重心位于如图 8-7a)所示的点 3 时，则接地比压如图 8-7d)所示压力图为三角形。应该注意的是，此时的三角形分布于整个履带接地段长度。

由式(8-34)、式(8-35)、式(8-37)求出的履带 I 接地区段最大、最小和任意部位接地比压为：

$$P_{max}^{I} = 2\frac{G}{2bL}\left(1+\frac{2C}{B}\right) = 2P_{a}^{I} \tag{8-44}$$

$$P_{min}^{I} = 0 \tag{8-45}$$

$$P_{x}^{I} = \frac{G}{2bL}\left(1+\frac{2C}{B}\right)\left(1+\frac{2x}{L}\right) \tag{8-46}$$

由式(8-38)、式(8-39)式(8-40)求出的履带 II 接地区段最大、最小和任意部位的接地比压为

$$P_{max}^{II} = \frac{G}{2bL}\left(1-\frac{2C}{B}\right) = 2P_{max}^{II} \tag{8-47}$$

$$P_{min}^{II} = 0 \tag{8-48}$$

$$P_{x}^{II} = \frac{G}{2bL}\left(1-\frac{2C}{B}\right)\left(1+\frac{2x}{L}\right) \tag{8-49}$$

(4)当 $e>L/6$,即机械重心位于图 8-7a)所示的点 4 时,则接地比压如图 8-7e)所示压力图为三角形。应该注意的是,此时的三角形分布于部分履带接地段长度。此时履带接地区段只有部分接地面积承受重力载荷,最大接地比压显然会大幅度增加。

履带接地区段承受压力部分的长度,可根据直角三角形重心原理求出。计算式为:

$$L' = 3\left(\frac{L}{2}-e\right) < L \tag{8-50}$$

式中:$L'$——履带接地区段承受压力部分的长度。

由式(8-46)、式(8-49)可知,当履带接地比压呈直角三角形分布状态时,最大接地比压为平均接地比压的 2 倍。当履带工作长度为 $L'=3(\frac{L}{2}-e)$时,则履带 I 平均接地比压为:

$$P_{a}^{I} = \frac{G_1}{3b\left(\frac{L}{2}-e\right)} = \frac{\frac{G}{2}\left(1+\frac{2C}{B}\right)}{3b\left(\frac{L}{2}-e\right)} = \frac{G}{3b(L-2e)}\left(1+\frac{2C}{B}\right) \tag{8-51}$$

将式(8-51)乘以 2,则得最大接地比压为:

$$P_{max}^{I} = \frac{2G}{3b\left(\frac{L}{2}-e\right)}\left(1+\frac{2C}{B}\right) \tag{8-52}$$

由图 8-7e)知,此时最小接地比压为零。即:

$$P_{min}^{I} = 0 \tag{8-53}$$

在此情况下,可通过式(8-54)及图 8-10 所示的相关几何关系,求出履带 I 接地区段承受压力部分任意部位的接地比压:

由图 8-10 所示的几何关系可得:

$$P_{x}^{I} = \frac{P_{max}^{I}}{3\left(\frac{L}{2}-e\right)}(L-3e+x) \tag{8-54}$$

将式(8-52)代入式(8-54)得:

$$P_{x}^{I} = \frac{G}{9b\left(\frac{L}{2}-e\right)^2}\left(1+\frac{2C}{B}\right)(L-3e+x) \tag{8-55}$$

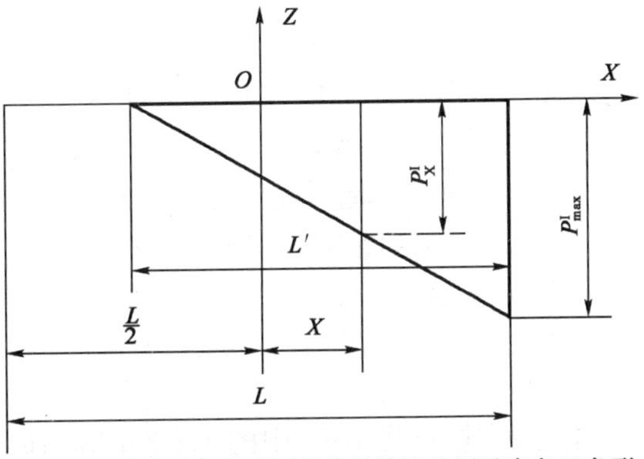

图 8-10 履带接地区段承压部分的接地比压呈直角三角形分布时其任意部分接地比压计算的几何示意图

在上式中，$x$ 的定义域为 $\left[-(L-3e),\dfrac{L}{2}\right]$。

同理，可求得履带 II 接地区段承受压力部分的最大、最小和任意部位接地比压计算式：

$$P_{\min}^{\mathrm{II}}=\frac{2G}{3b(L-2e)}\left(1-\frac{2C}{B}\right) \tag{8-56}$$

$$P_{\min}^{\mathrm{II}}=0 \tag{8-57}$$

$$P_{x}^{\mathrm{II}}=\frac{G}{9b\left(\dfrac{L}{2}-e\right)^{2}}\left(1-\frac{2C}{B}\right)(L-3e+x) \tag{8-58}$$

通过以上分析不难看出，双履带机械工作重心的横向偏心距影响接地比压在两条履带上分布的大小，而纵向偏心距影响接地比压在履带沿接地段长度的分布形状。

## 二、履带接地平面核心域

通过对履带接地比压的分析可以看出，在机械纵向偏心距 $e$ 达到某定值以前，履带接地区段全部接地面积都不同程度地承受压力；但当机械纵向偏心距超过某定值以后，则履带接地区段只有部分接地面积承受压力，这将造成履带最大接地比压迅速增大，从而影响履带工程机械的工作安全性。

履带接地平面核心域，是履带装置两条履带接地区段几何中心周围的一个区域。只要机械重心作用在这个区域以内，履带接地区段沿长度都能承受一定的载荷；但当机械重心超出这个区域时，则履带接地区段沿长度方向只有一部分接地面积承受载荷。在此情况下，最大接地比压必然大幅度增加。因此，用履带接地平面核心域理论研究履带接地比压随机械纵向偏心距 $e$ 的改变而变化的规律，对设计履带式工程机械是有实用价值的。

研究履带接地平面核心域，主要是确定它的 4 条边界线。根据具有两条履带的机械的结构特点，可知其横向边界为两条履带接地区段面积纵向中心线 $O_1$—$O_1$ 和 $O_2$—$O_2$；纵向边界为垂直于横向边界的两条平行线。因此，履带接地平面核心域必然是一个矩形。纵向边界可根据下式求得：

$$a_x=\frac{i_y^2}{e_0}=\frac{L^2}{12e_0}=\pm\frac{L}{2} \tag{8-59}$$

式中：$a_x$——零压力线在 $x$ 轴上的截距，m；即图 8-11 所示接地区段面积纵向端边与 $y$ 轴间的距离；

$i_y$——履带接地区段几何平面对于 $y$ 轴的惯性半径，m；

$e_0$——履带接地平面核心域纵向边界至中心线 $y$ 轴的距离，m。

由式(8-59)可得：

$$e_0=\pm\frac{L}{6} \tag{8-60}$$

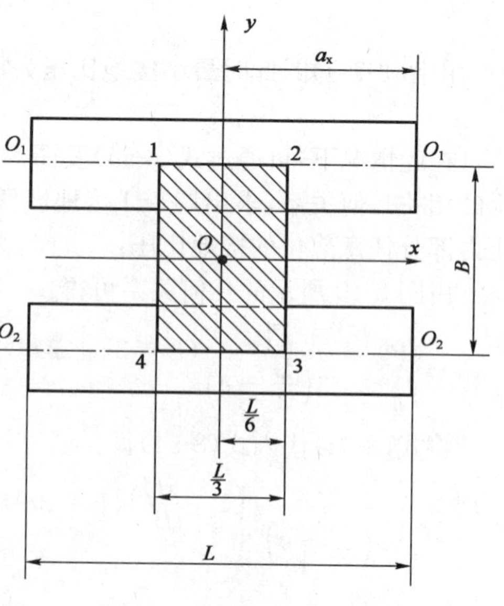

图 8-11 履带接地平面核心域

综上所述，如图 8-11 中的 1-2-3-4 所围成的矩形面积。履带接地平面核心域是由两条履带接地区段的纵向中心线，以及位于履带装置横向中心线 $y$ 轴左右各$L/6$的两条平行线所组成的一个矩形，其边长为$L/3$和$B$。只要机械重心在地面上的投影落在这个矩形面积以内，则两条履带接地区段沿全部长度均不同程度地承受载荷，即在履带接地平面核心域以内，不会使最大接地比压大幅度增加，从而提高履带工程机械的行驶通过性和工作安全性。

## 三、履带接地比压与沉陷深度的关系

1. M. G. Bekker 经验式

履带接地比压能引起土壤法向变形，使履带由地面向下沉陷。

美国学者 M. G. Bekker 在长期的研究工作中，发现土壤变形指数$n$与土壤类别有关，与载荷面积的大小和形状无关；土壤变形模量$K$不仅与土壤类别有关，而且是载荷面积大小的函数。他通过大量试验，提出了垂直载荷与土壤变形关系的经验式。即：

$$P=(\frac{K_C}{b}+K_\varphi)Z^n \tag{8-61}$$

式中：$p$——试验压板接地比压，kPa；

$K_C$——土壤黏性成分所决定的变形模量，$kN/m^{n+1}$；

$K_\varphi$——土壤摩擦性成分所决定的变形模量，$kN/m^{n+2}$；

$b$——试验压板宽度，m；

$n$——土壤变形指数。

M. G. Bekker 认为，$K_C$、$K_\varphi$、$n$与试验压板尺寸大小无关，是一组表征土壤特性的常数，就是通常所说的“贝氏值”。对确定的土壤和特定的土壤压板或履带而言，由于宽度$b$是不变的，因而式(8-61)中的系数($K_C/b+K_\varphi$)为定值；接地比压$p$与沉陷深度$Z$之间呈幂函数关系。

2. 履带沉陷深度的简化计算方法

近年来，对履带沉陷深度的研究，更多地采用以下简化式：

$$Z=\frac{p}{p_0} \tag{8-62}$$

式中：$p$——履带接地区段部位的接地比压，kPa；

$p_0$——土壤抗陷系数，kPa/m，即履带接地区段沉陷1m所需要的接地比压，对一定的土壤来说，$p_0$是常数，其值由试验测定。表8-1给出几种常见土壤的抗陷系数和最大容许比压，仅供参考。

**各种常见土壤的抗陷系数和最大容许比压** 表8-1

| 土壤种类 | $p_0$(kPa/m) | [$p_{max}$](kPa) |
|---|---|---|
| 沼泽 | 490.33～980.67 | 39.23～56.84 |
| 沼泽土 | 1 176.80～1 471.00 | 78.45～98.07 |
| 湿黏土、松砂、耕过的土地 | 1 961.33～2 942.00 | 196.13～392.27 |
| 大粒砂、湿的中等黏土 | 2 942.00～4 412.99 | 392.27～588.40 |
| 中等黏土和湿实黏土 | 4 903.33～5 883.99 | 588.40～686.47 |
| 中等湿度的湿黏土、湿泥灰土、湿黄土 | 6 846.66～9 806.65 | 784.53～980.67 |
| 干实黏土、干泥灰土、干黄土 | 10 787.32～12 748.65 | 1 078.73～1 471.00 |

试验表明，对于砂土这类干松土壤，$K_C=0$；对于塑性过饱和水分黏土，$K_\varphi=0$；对于塑性过饱和水分黏土$K_\varphi=0$；土壤变形指数$0<n<2$；如果土壤底部为坚硬基础，则$n$随受载截面陷入土中的深度而变化。由于履带式工程机械多在软硬之间的自然土上工作，故可对土壤变形

指数 $n$ 取平均值1,即 $n=1$,并将系数($K_C/b+K_\varphi$)简化为 $p_0$,$p_0$ 通过试验取得,因而应用式(8-62)既简便又具有足够的准确性。

当接地比压呈均匀分布状态时,将式(8-24)代入式(8-63)可得:

$$Z=\frac{p_\alpha}{p_0}=\frac{G}{2bLp_0} \tag{8-63}$$

当履带接地比压分布不均匀时,分以下2种情况:

(1)机械重心位于履带接地平面核心域以内的履带沉陷深度,如图8-12所示。

假设机械横向偏心距为 $C$,纵向偏心距为 $e$,则两条履带最大和最小接地比压不同,两条履带接地区段两端的沉陷深度也不一致。

将式(8-34)、式(8-35)、式(8-37)代入式(8-62),可以分别求出机械重心位于履带接地平面核心域以内时,履带I、II接地区段的最大、最小和任意部位的沉陷深度。计算式为:

$$Z_{\max}^{\mathrm{I}}=\frac{G}{2bLp_0}\left(1+\frac{2C}{B}\right)\left(1+\frac{6e}{L}\right) \tag{8-64}$$

$$Z_{\min}^{\mathrm{I}}=\frac{G}{2bLp_0}\left(1+\frac{2C}{B}\right)\left(1-\frac{6e}{L}\right) \tag{8-65}$$

$$Z_x^{\mathrm{I}}=\frac{G}{2bLp_0}\left(1+\frac{2C}{B}\right)\left(1+\frac{12e}{L}x\right) \tag{8-66}$$

将式(8-38)、式(8-39)、式(8-40)代入式(8-62),可以分别求出机械重心位于履带接地平面核心域以内时,履带II接地区段的最大、最小和任意部位的沉陷深度。计算式为:

$$Z_{\max}^{\mathrm{II}}=\frac{G}{2bLp_0}\left(1-\frac{2C}{B}\right)\left(1+\frac{6e}{L}\right) \tag{8-67}$$

$$Z_{\min}^{\mathrm{II}}=\frac{G}{2bLp_0}\left(1-\frac{2C}{B}\right)\left(1-\frac{6e}{L}\right) \tag{8-68}$$

$$Z_{\mathrm{x}}^{\mathrm{II}}=\frac{G}{2bLp_0}\left(1-\frac{2C}{B}\right)\left(1+\frac{12e}{L}x\right) \tag{8-69}$$

在式(8-66)、式(8-69)中,$x$ 的定义域为 $\left[-\frac{L}{2},\frac{L}{2}\right]$。

(2)机械重心位于履带接地平面核心域以外的履带沉陷深度如图8-13所示。

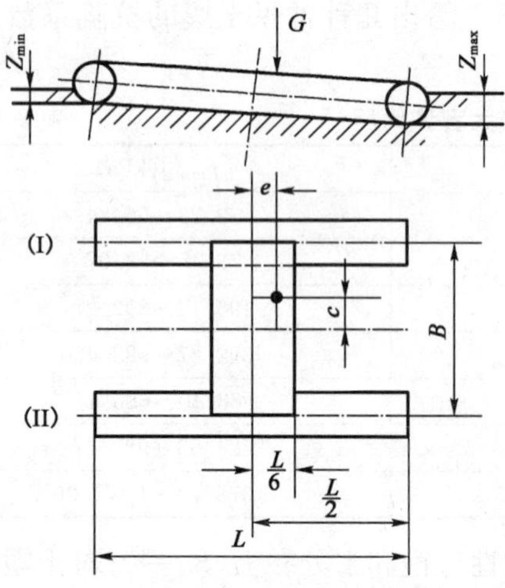

图8-12　机器重心位于履带接地平面核心域以内的履带的沉陷情况

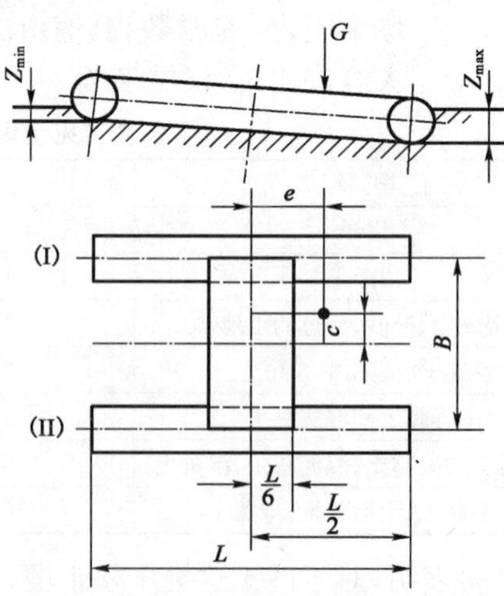

图8-13　机器重心位于履带接地平面核心域以外的履带沉陷情况

将式(8-52)、式(8-53)、式(8-55)代入式(8-62)可分别求得机械重心位于履带接地平面核心域以外时，履带Ⅰ接地区段承受压力部分的最大、最小和任意部位的沉陷深度，计算式为：

$$Z_{\max}^{\mathrm{I}} = \frac{2G}{3b(L-2e)p_0}\left(1+\frac{2C}{B}\right) \tag{8-70}$$

$$Z_{\min}^{\mathrm{I}} = 0 \tag{8-71}$$

$$Z_x^{\mathrm{I}} = \frac{G}{9b\left(\frac{L}{2}-e\right)^2 p_0}\left(1+\frac{2C}{B}\right)(L-3e+x) \tag{8-72}$$

将式(8-56)、式(8-57)、式(8-58)代入式(8-62)可分别求得机械重心位于履带接地平面核心域以外时，履带Ⅱ接地区段承受压力部分的最大、最小和任意部位的沉陷深度，计算式为：

$$Z_{\max}^{\mathrm{II}} = \frac{2G}{3b(L-2e)p_0}\left(1-\frac{2C}{B}\right) \tag{8-73}$$

$$Z_{\min}^{\mathrm{II}} = 0 \tag{8-74}$$

$$Z_x^{\mathrm{II}} = \frac{G}{9b\left(\frac{L}{2}-e\right)^2 p_0}\left(1-\frac{2C}{B}\right)(L-3e+x) \tag{8-75}$$

在式(8-72)、式(8-75)中，$x$ 的定义域为$\left[-(L-3e),\frac{L}{2}\right]$。

式(8-64)～式(8-75)全面反映了具有两条履带的工程机械在重心位置不同情况下有关参数与沉陷深度之间的关系。由这一组公式可以看出，影响履带沉陷深度的主要因素有 7 个。其中，$p_0$ 是表征土壤特性的参数；$L$、$b$、$B$、$e$、$C$、$G$ 是表征机器结构特性的参数。

影响履带沉陷深度诸多有效参数各自产生的作用不同。其中，土壤参数 $p_0$ 增大时，说明土壤变硬，沉陷深度 $Z$ 变小；机器重力 $G$ 增大时，使沉陷深度变大；横向偏心距 $C$ 增大时，使靠近重心的履带最大、最小和任意部位的沉陷深度均变大；纵向偏心距 $e$ 大时，使最大沉陷深度变大，最小沉陷深度变小。也就是说，只要纵向偏心距 $e$ 存在，则履带接地区段的沉陷深度就是不均匀的，靠近重心的端部产生最大沉陷深度，远离重心的端部产生最小沉陷深度；履带宽度 $b$、履带接地区段长度 $L$ 和履带轨距 $B$ 增大时，沉陷深度变小；而轨距 $B$ 对沉陷深度的影响，只有横向偏心距 $C$ 存在时才能发生。总之，影响履带沉陷深度诸有效参数的作用，是相互制约的。为了减小沉陷深度，应该按其内在规律和外部条件综合分析，单纯提高履带宽度 $b$ 是不适宜的。

为了减小履带沉陷深度，降低接地比压是最直接的手段。影响沉陷深度诸有效参数，是有着内在联系并相互制约的。例如，履带接地长度 $L$ 和履带宽度 $b$ 之间，就存在着最佳的匹配比例关系。当机器重力和垂直外载荷所构成的合力，以及履带宽度和接地长度都已确定时，履带沉陷深度主要取决于纵向偏心距 $e$ 和抗陷系数 $p_0$。若 $e$ 增大时，最大沉陷深度 $Z_{\max}$ 亦增大；$p_0$ 增大时，说明土壤变硬，因而最大沉陷度减小。

这样就使土壤参数和机械结构参数有机地站合起来，形成一个统一的计算系统，因而能够更加真实地反映履带与地面相互作用的关系。

## 第四节 履带工程机械的行驶阻力

履带工程机械的行驶阻力,一般包括内部阻力和外部阻力两部分。内部阻力,指驱动轮、引导轮、支重轮和拖链轮转动时轴承内部产生的摩擦力;上述各轮与履带轨链接触和卷绕时所产生的摩擦力;卷绕履带时轨链销轴和销套之间所产生的摩擦力等。由于机械内部各运动工件相互摩擦而产生的阻力与地面土壤性质无关,在履带式工程机械的设计中,为简化计算过程,一般取内摩擦阻力系数为0.07。外部阻力,主要指地面土壤受到履带挤压而产生的变形阻力。这是履带式机械行驶阻力的主要部分。行驶阻力系数就是履带挤压土壤而产生的变形阻力的水平分力与包括垂直外载荷的机器重力之比值以及内摩擦阻力系数之和,通常用计算式表示为式为:

$$f = \frac{F'_R}{G} + f_0 \tag{8-76}$$

式中:$f$——行驶阻力系数;

$F'_R$——土壤水平变形阻力,N;

$G$——机械重力与垂直外载荷的合力,N;

$f_0$——机械内摩擦阻力系数,$f_0=0.07$。

应用式(8-76)确定履带式工程机械的行驶阻力系数必须首先确定土壤变形阻力。机械行驶时所产生的履带接地比压的分布,与土壤变形阻力直接相关。

工程机械的履带行驶装置按结构可分为具有接近角和离去角的履带行驶装置和没有接近角和离去角的履带行驶装置。由于履带式工程机械一般行驶速度较低,故多采用后者。下面仅以这种行驶装置为例,推导机械重心位于履带行驶装置几何中心之前的行驶阻力和行驶阻力系数,说明其计算方法和过程。图8-14是这种履带行驶装置的结构示意图。其特点是:驱动轮、引导轮的下轮缘与支重轮的下轮缘位于同一水平面上。

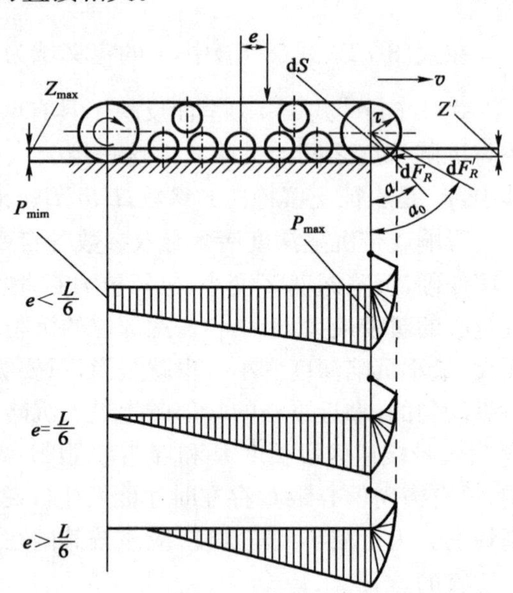


图 8-14 没有接近角和离去角的履带行驶装置

由履带接地比压与机械纵向偏心距之间的函数关系知:以行驶方向为准,当机械重心位于履带行驶装置几何中心之前时,最大接地比压必然产生在履带接地区段的最前端;由最前沿履带接地区段向后,接地比压逐次减少;最小接地比压产生在履带接地区段承压部分的最后端;最大沉陷深度产生在接地比压最大的履带部位,即在履带接地区段的最前端;由此向后由于接地比压逐渐减小,则不能产生附加沉陷。因此,土壤变形阻力只产生在履带接地区段的最前端,其他部位则不能产生附加土壤变形阻力。

根据图8-14,可以建立引导轮或驱动轮前端挤压入土壤内部的弧形面积上所承受的土壤变形阻力的微分方程式。

设 $dF_R$ 为土壤受到履带前端挤压而产生的微元变形阻力。该力作用于引导轮或驱动轮挤压入土壤内部的微元面积上，并呈法线方向。由此可建立微分式为：

$$dF_R = p'bdS \tag{8-77}$$

式中：$p'$——计算范围内任意部位的履带接地比压，kPa；

$b$——履带宽度，m；

$dS'$——导向轮或驱动轮的部挤压入土壤内的微元弧长。

由图 8-14 又知：

$$dS = rd\alpha \tag{8-78}$$

式中：$r$——引导轮或驱动轮半径，m；

$d\alpha$——引导轮或驱动轮任意部位半径与垂直于地面的引导轮或驱动轮半径之间的微元夹角，(°)。

由图 8-14 还可以看出以下关系：

$$Z' = r\cos\alpha - r\cos\alpha_0 = r(\cos\alpha - \cos\alpha_0) \tag{8-79}$$

式中：$\alpha_0$——引导轮或驱动轮与地表面接触部位半径和垂直于挤压后的地面的半径之间的夹角，(°)。

将式(8-79)代入式(8-77)得：

$$p' = \left(\frac{K_C}{b} + K_\varphi\right) r^n (\cos\alpha - \cos\alpha_0)^n \tag{8-80}$$

土壤水平变形阻力的微分方程式为

$$dF'_R = dR_R \sin\alpha = p'b\sin\alpha dS \tag{8-81}$$

将式(8-78)、式(8-80)代入式(8-81)，即可求出土壤水平变形阻力微分方程式

$$dF'_{R1} = b\left(\frac{K_C}{b} + K_\varphi\right) r^{n+1} (\cos\alpha - \cos\alpha_0)^n \sin\alpha d\alpha \tag{8-82}$$

对式(8-82)进行积分，可求得土壤水平变形阻力为

$$\begin{aligned} F'_{R1} &= \int_0^{\alpha_0} b\left(\frac{K_C}{b} + K_\varphi\right) r^{n+1} (\cos\alpha - \cos\alpha_0)^n \sin\alpha d\alpha \\ &= \frac{b}{n+1}\left(\frac{K_C}{b} - K_\varphi\right) r^{n+1} (1 - \cos\alpha_0)^{n+1} \end{aligned} \tag{8-83}$$

由图 8-14 又知：

$$\cos\alpha_0 = \frac{r - Z_{max}}{r} \tag{8-84}$$

将式(8-84)代入式(8-83)得：

$$F'_{R1} = \frac{b}{n+1}\left(\frac{K_C}{b} + K_\varphi\right) Z_{max}^{n+1} = \frac{b}{n+1} p_{max} Z_{max} \tag{8-85}$$

式(8-85)表示没有接近角和离去角的履带行驶装置一条履带所承受的土壤水平变形阻力。同理可以推导和计算出具有接近角和离去角的履带行驶装置一条履带所承受的土壤水平变形阻力，其表达形式与式(8-85)相同。因此，在其他条件相同时，这类装置与具有接近角和离去角的履带行驶装置，承受着相同的土壤水平变形阻力。

式(8-85)是计算上述两类履带行驶装置所承受的土壤水平变形阻力的一般方程式。为了使机器和土壤的有关参数用一个计算系统，根据机器重心坐标的不同，分别如下讨论。

1. 机械重心位于履带接地平面核心域以内的行驶阻力和行驶阻力系数

根据图 8-15 所示，将式(8-36)、式(8-72)和式(8-40)、式(8-75)代入式(8-85)，则可求出具有两条履带的机械所承受总的土壤水平变形阻力。即：

$$F'_R=\frac{b}{(n+1)\left(\dfrac{K_C}{b}+K_\varphi\right)^{\frac{1}{n}}}\left[\frac{G}{2bL}\left(1+\frac{6e}{L}\right)\right]^{\frac{n+1}{n}}\left[\left(1+\frac{2c}{B}\right)^{\frac{n+1}{n}}+\left(1-\frac{2c}{B}\right)^{\frac{n+1}{n}}\right] \tag{8-86}$$

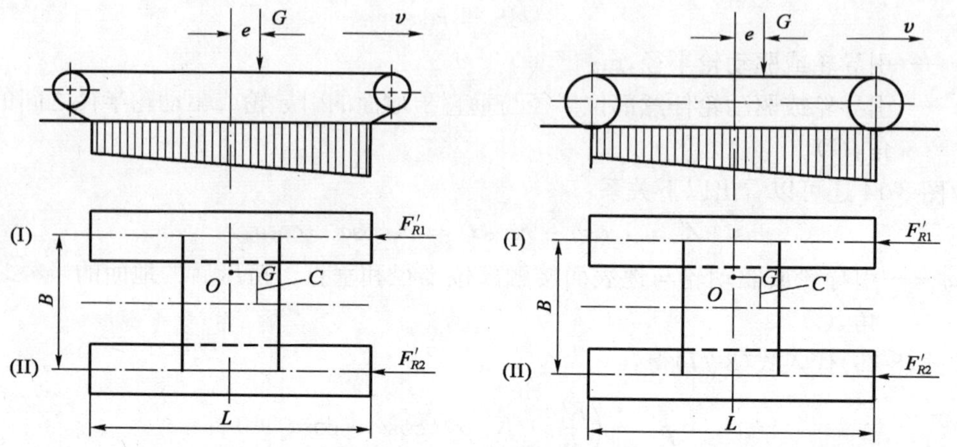

图 8-15 机械重心位于履带接地平面核心域以内时两类履带行驶装置的土壤水平变形阻力

行驶阻力系数为：

$$f=\frac{b\left[\dfrac{G}{2bL}\left(1+\dfrac{6e}{L}\right)\right]^{\frac{n+1}{n}}}{G(n+1)\left(\dfrac{K_C}{b}+K_\varphi\right)^{\frac{1}{n}}}\left[\left(1+\frac{2c}{B}\right)^{\frac{n+1}{n}}+\left(1-\frac{2c}{B}\right)^{\frac{n+1}{n}}\right]+f_0 \tag{8-87}$$

2. 机械重心位于履带接地平面核心域以外的行驶阻力和行驶阻力系数

如图 8-16 所示，将式(8-53)、式(8-78)、和式(8-57)、式(8-70)代入式(8-85)，则可求出具有两条履带的机械在此情况下所承受总的土壤水平变形阻力。

$$F'_R=\frac{b}{(n+1)\left(\dfrac{K_C}{b}+K_\varphi\right)^{\frac{1}{n}}}\left[\frac{2G}{3b(L-2e)}\right]^{\frac{n+1}{n}}\left[\left(1+\frac{2c}{B}\right)^{\frac{n+1}{n}}+\left(1-\frac{2c}{B}\right)^{\frac{n+1}{n}}\right] \tag{8-88}$$

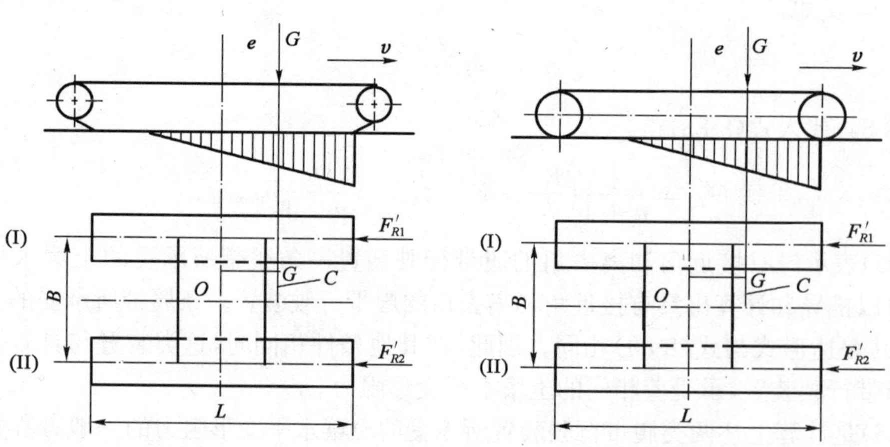


图 8-16 机械重心位于履带接地平面核心域以外时两条履带行驶装置的土壤水平变形阻力

行驶阻力系数为：

$$f=\frac{b}{G(n+1)\left(\frac{K_C}{b}+K_\varphi\right)^{\frac{1}{n}}}\left[\frac{2G}{3b(L-2e)}\right]^{\frac{n+1}{n}}\left[\left(1+\frac{2c}{B}\right)^{\frac{n+1}{n}}+\left(1-\frac{2c}{B}\right)^{\frac{n+1}{n}}\right]+f_0 \quad (8\text{-}89)$$

由上述分析可知，土壤参数 $K_C$、$K_\varphi$、$n$ 增大，均能引起行驶阻力和行驶阻力系数变小。这说明土壤较硬时，行驶阻力变小；土壤较软时，行驶阻力增大。机械参数 $G$、$e$ 增大，则能引起行驶阻力和行驶阻力系数增大；$L$ 增大，则能引起行驶阻力和行驶阻力系数变小。从降低机械行驶阻力的要求出发，在履带宽度不变时，增大履带接地长度较为有利。

如果其他条件不变，机械重心由履带接地平面核心域以内或以外移动到纵向边界上时，两种计算式所得行驶阻力相同，行驶阻力系数也相同。这完全符合履带接地平面核心域理论。

同理，可以推算出当机械重心与履带行驶装置几何中心重合时及机械重心位于履带行驶装置几何中心之后时的行驶阻力和行驶阻力系数与式(8-85)的表达形式相同。这说明履带式工程机械行驶时所承受的土壤水平变形阻力，主要取决于最大接地比压所引起的最大沉陷深度；如果最大沉陷深度相同，则机器重心位于履带装置几何中心之前或之后对土壤水平变形阻力的影响是相同的。这种现象的物理意义为：

机械在行驶过程中，重心位于履带装置几何中心之前或之后所产生的车辙深度、宽度和长度如对应相等，则说明履带挤压土壤所做的功也相等，因而土壤水平变形阻力必然是相等的。表 8-2 提供的对各种常见地面的履带行驶阻力系数的试验值，可供理论计算对照参考之用。

**履带式机器行驶阻力系数** 表 8-2

| 路 面 条 件 | 行驶阻力系数 $f$ | 附着系数 $\varphi$ |
|---|---|---|
| 铺砌道路 | 0.05 | 0.6～0.8 |
| 干土道路 | 0.07 | 0.8～0.9 |
| 柔软道路 | 0.10 | 0.6～0.7 |
| 深泥土地 | 0.10～0.15 | 0.5～0.6 |
| 细砂土地 | 0.10 | 0.45～0.55 |
| 开垦的田地 | 0.10～0.12 | 0.7～0.9 |
| 冻结的道路 | 0.03～0.04 | 0.2 |

## 第五节　履带工程机械的附着性能

### 一、土壤的剪切应力与位移的关系

土壤在剪切力的作用下，有使土粒与土粒间，一部分土壤与另一部分之间产生相对位移的趋势，这种相对位移受土壤抗剪强度的制约。当土壤受到剪切力时，就会在剪切表面出现抗剪应力 $\tau_0$ 当土壤因受剪切而失效时，抗剪应力达最大值 $\tau_m$，称之为抗剪强度。

土壤抗剪强度是决定车辆在野外上作时发挥多大牵引力的主要因素。土壤抗剪强度是土壤物理机械性质的函数。同一种土壤，当含水量不同或密实程度不同时，抗剪强度也随之变化。

1. 库伦剪切强度公式

土壤是一种很复杂的介质，纯理论分析很困难，为此要作些假设，但假设后理论和实际结果往往脱节。因此，将理论和实际观察相结合的半经验公式，是既简单又比较实用的。库伦根据平面直剪试验结果，把土壤抗剪强度表示为土壤粒子间的黏着和摩擦两项组成的半经验公式，即：

$$\tau_m = c + \sigma\tan\varphi \tag{8-90}$$

式中：$\tau_m$——土壤抗剪强度，kPa；

$\sigma$——剪切面上的垂直压强，kPa；

$\varphi$——土壤内摩擦角，(°)；

$c$——土壤内聚力，kPa。

2. *剪切应力—位移曲线*

土壤的剪切应力—位移曲线（$\tau$-$j$ 曲线）如图 8-17 所示。

在脆性土壤上（未经搅动的紧密土壤，如坚实的砂、粉土、壤土和冻结的雪等）抗剪应力出现"驼峰"后，再降低到恒定的值，即为剩余剪切应力 $\tau_r$。在塑性土壤上（松散的土壤，如干砂、饱和黏土；大多数搅动过的土壤以及干雪等），则剪应力达到一定值后，基本上不变。对于这类土，Janosi 提出了一个用指数来表示剪切应力与变形关系的公式：

$$\tau = \tau_m[1 - e^{-j/K}] = (c + \sigma\tan\varphi)[1 - e^{-j/K}] \tag{8-91}$$

式中：$j$——土壤的剪切位移，cm；

$K$——土壤的水平剪切变形模量，cm。

对上式微分，求出原点处的斜率为：

$$\frac{\mathrm{d}\tau}{\mathrm{d}j}\Big|_{j=0} = \frac{\tau_m}{K}e^{-j/K}\Big|_{j=0} = \frac{\tau_m}{K} \text{ 或 } \tan\alpha = \frac{\tau_m}{K}$$

如图 8-18 所示，可知 $K$ 就是曲线在原点处的切线与过 $\tau_m$ 所作水平线的交点 $A$ 的横坐标值。$K$ 可作为发生最大剪切应力时相应的土壤变形里的一个度量值，其值决定于土壤的坚实度。对松砂而言，$K\approx2.5$cm，对压实无摩擦力的黏土，$K\approx0.6$cm。

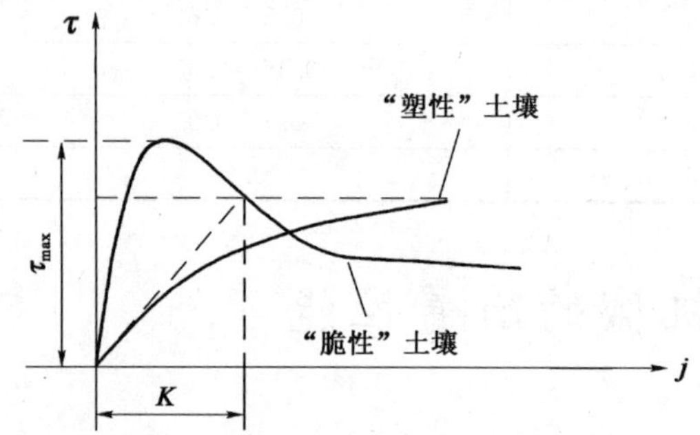


图 8-17 土壤剪切应力—剪切位移曲线

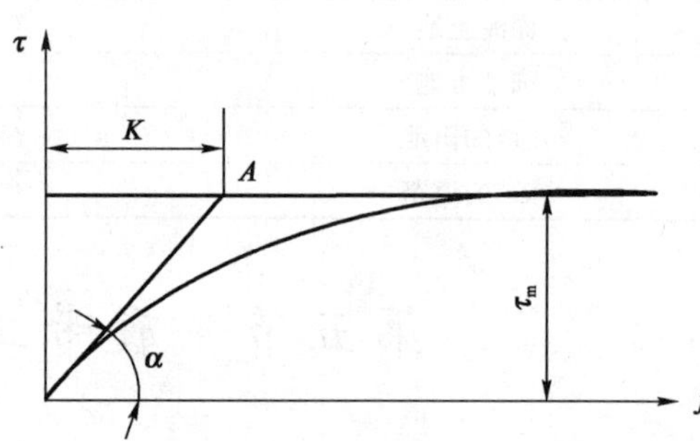


图 8-18 典型塑性土壤剪切应力—剪切位移曲线上确定 $K$ 值

## 二、切线牵引力与土壤剪切应力的关系

工程机械行驶时，在驱动力作用下，履带与土壤接触的各个微小部分都产生土壤反作用力。所有土壤反力的水平分力，可以用沿着机械方向作用的切线牵引力来表示，如图 8-19 所示。

工程机械在松软的路面上行驶时，履刺嵌入土内，切线牵引力主要由土壤的抗剪力产生。设履带支撑面为 $A$，土壤的剪切应力为 $\tau$，则其相应的切线牵引力 $F_k$ 应为：

$$F_K = \int_A \tau \mathrm{d}A = 2b\int_0^L (c + \sigma\tan\varphi)(1 - e^{-\delta x/K})\mathrm{d}x$$

$$= 2b\left(c + \frac{Gs}{2bL}\tan\varphi\right)\left(\int_0^L \mathrm{d}x - \int_0^L e^{-\delta x/K}\right)\mathrm{d}x \tag{8-92}$$

式中：$j$——剪切位移，cm，在支承段上沿 $x$ 坐标轴方向各点 $j$ 不相等，$j=\delta x$；

$x$——支承段上任意一点距前缘的距离，cm，如图 8-19 所示。

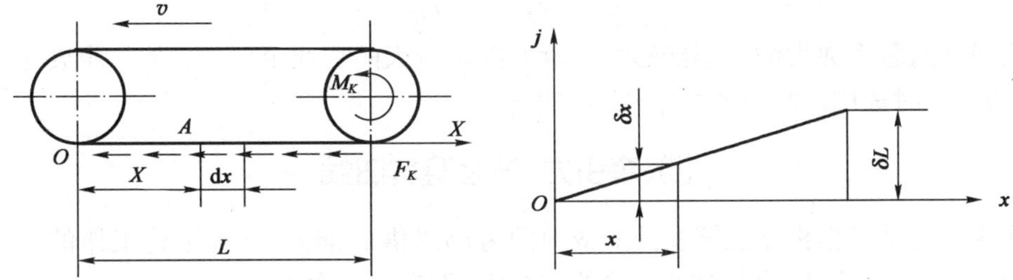


图 8-19　土壤剪切位移沿履带支撑段的变化

由于土壤能提供的最大切线牵引力可由 $F_{K\max}=2\left(bcL+\frac{Gs}{2}\tan\varphi\right)$来表示，故切线牵引力 $F_K$ 还可以用下式表示：

$$F_K = F_{K\max}\left[1 - \frac{K}{\delta L}(1 - e^{-\delta x/K})\right] \tag{8-93}$$

## 三、切线牵引力与滑转率的关系

式(8-93)表示的切线牵引力与滑转率的关系，可以用图 8-20 来表示。曲线表明，开始阶段切线牵引力增加时，滑转率大致与其成比例增加，但切线牵引力达到某一值后，对切线牵引力的微小增量，滑转率都有一个很大的增量与之对应。切线牵引力达到某一最大值时不再增加，这是由于土壤被剪切破坏的缘故。

切线牵引力与滑转率的关系曲线称为滑转曲线，它表示行走机构与地面之间的附着性能。对于两条滑转曲线，当滑转率相同时，显然切线牵引力较大者附着性能好；或者在地面能够提供相等的切线牵引力时，滑转率较小者附着性能较好。

为了使不同重量的机械具有可比性，这里引出无因次滑转曲线的概念。将图 8-20 的横坐标 $F_K$ 除以机器的附着重力 $G_\varphi$，即

$$\varphi'_x = \frac{F_K}{G_\varphi} \tag{8-94}$$

$\varphi'_x$称为单位附着重力的团线牵引力或相对切线牵引力，把 $\delta-\varphi'_x$的关曲线称为无因次滑转曲线，如图 8-21 所示。

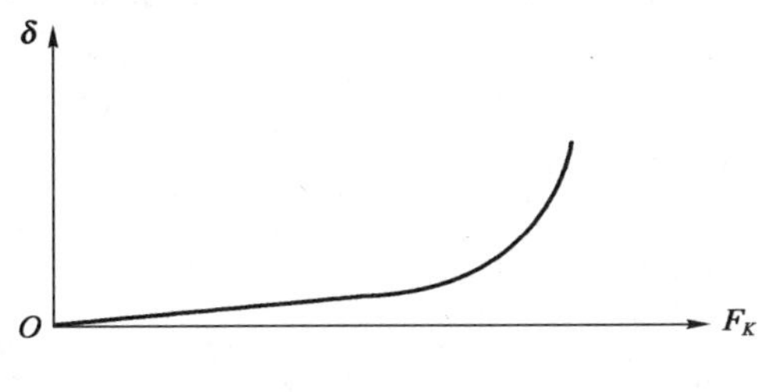


图 8-20　切线牵引力与滑转率关系

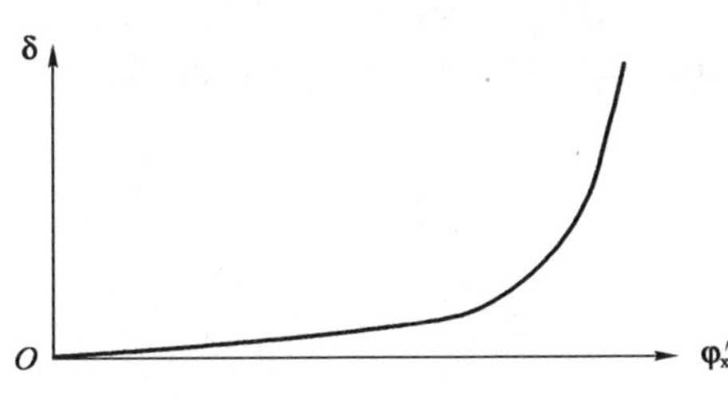


图 8-21　无因次滑转曲线

为了能够定量地说明附着性能，规定在容许滑转率时，车辆能够发挥的最大切线牵引力 $F_{k\max}$ 称为理论附着力 $F'_{\varphi}$。容许滑转率视不同的机械有不同的要求。如推土机在推土时要求短时间能够提供最大牵引力，而且可以100％滑转来防止发动机熄火，所以容许滑转率可达100％。

允许滑转率时的相对牵引力称为理论附着系数，即：

$$\varphi' = \frac{F'_{\varphi}}{G_{\varphi}} = \frac{F_{K\max}}{G_{\varphi}} \tag{8-95}$$

显然理论附着系数大的土壤能够使车辆发挥出较大的切线牵引力。容许滑转率是人为给定的，机器设计时选用的滑转率应小于容许滑转率。

## 四、牵引力、试验滑转曲线

切线牵引力是工程机械能够发挥的或地面可以提供的推力，不是进行工作的有效力。切线牵引力减去行驶阻力后才是对外工作的有效力，称为牵引力 $F_{Kp}$。

工程机械牵引试验时的牵引力实际上是 $F_{Kp}$，将 $F_{Kp}$ 与滑转率的关系称为试验滑转曲线，一般把试验滑转曲线也称为滑转曲线。与以切线牵引力为横坐标的滑转曲线相比，试验滑转曲线可以图8-22所示。

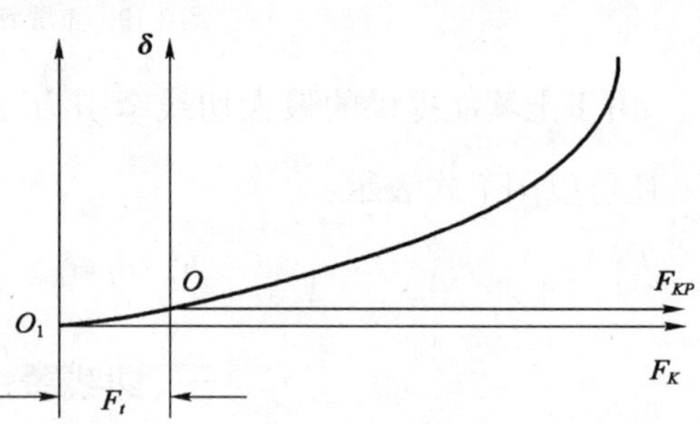

图8-22　两种滑转曲线的关系

当机械空载等速行驶时 $F_{Kp}=0$，行驶阻力 $F_f=F_K$，理论上这时有滑转率存在，但很小。以曲线牵引力试验为基础的试验滑转曲线，把 $F_{Kp}=0$ 时的滑转率以零来看待，就是说 $F_{Kp}=0$ 时的车速就认为是理论车速。

如推土机容许滑转率可达100％，所以它的附着系数 $\varphi$ 可以用下式表示。

$$\varphi = \frac{F_{\varphi}}{G_{\varphi}} = \varphi_{x\max} = \frac{F_{KP\max}}{G_{\varphi}} \tag{8-96}$$

式中：$F_{\varphi}$——附着力，即最大有效牵引力，kN。

表8-2中列出了与各种地面条件相应的附着系数 $\varphi$ 的实验数据。机械设计时选用的滑转率应小于容许滑转率，通常取 $\delta_H=10\%\sim15\%$。

在额定滑转率 $\delta_H$ 下的相对牵引力 $F_{KPH}/G_{\varphi}$ 称为额定相对牵引力并以 $\varphi_H$ 表示。试验资料表明，对于工业履带拖拉机，$\varphi_H$ 与 $\varphi$ 之间存在着以下关系：

$$\varphi_H = (0.86 \sim 0.92)\varphi \tag{8-97}$$

即：

$$F_{KPH} = (0.86 \sim 0.92) F_{KP\max} \tag{8-98}$$

试验滑转曲线的横坐标 $F_{KP}$ 除以机器的附着重力 $G_{\varphi}$ 表示的滑转曲线称为无因次试验滑转曲线，或称为无因次滑转曲线。

# 第九章 轮式工程机械的行驶理论

轮式工程机械因具有行驶速度快、机动性好，转移场地方便迅速且不损坏路面等特点，特别适合城市建设和道路维修工程中使用。因此，轮式行走机构作为工程机械的主要行走机构之一，其行驶理论的研究对提高机械的工作可靠性和操纵安全性具有重要的意义，轮式工程机械的行驶理论是进行工程机械底盘理论研究的一个重要方面。

本章主要内容为轮式行走机构的运动学和动力学，轮式工程机械的滚动阻力及附着性能，轮式机械动力学分析等。

## 第一节 轮式行走机构运动学和动力学

轮式行走机构的运动学和动力学是分析和研究轮式工程机械行驶理论的基础，同时为提高工程机械的使用性能和正确设计工程机械提供一定的理论依据。

### 一、轮式行走机构的运动学

轮式工程机械的车轮通常分为从动轮和驱动轮两种，当车轮运动是由轮轴上的水平推力作用而发生时，该车轮称为从动轮，如果车轮的运动是在驱动力矩作用下发生时，则该轮称为驱动轮。从动轮和驱动轮的运动简图分别如图 9-1 和图 9-2 所示。

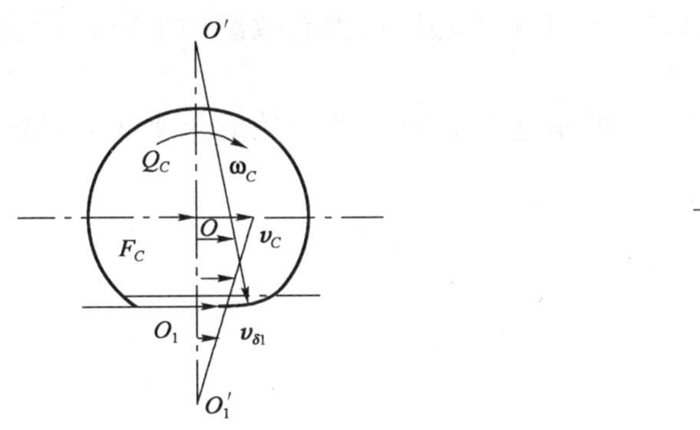


图 9-1 从动轮的运动简图

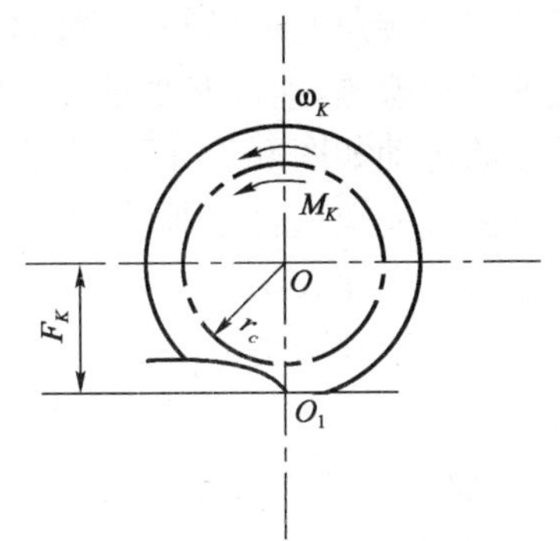


图 9-2 驱动轮的运动简图

驱动轮的运动学和从动轮运动学基本相同，因此我们主要借助于分析从动轮的运动学来讨论一般车轮的运动学问题。

当从动轮在土壤上滚动时，其状态如图 9-1 所示。在垂直载荷 $Q_c$ 包括自重的作用下，土壤和轮胎都发生了变形。变形后的轮胎与土壤间形成的接触面通常称之为支承面。

为了便于研究，常将支承面的几何形状作如下假设：位于轮子几何中心垂直面 $OO_1$ 的左方部分，可认为是一个水平面。而位于垂直面 $OO_1$ 的右方部分，则可以认为是一个圆柱面。此圆柱面的中心线位于 $OO_1$ 垂直平面内，并在轮子几何轴线 $O$ 的上方。

1. 车轮运动的3种状态

当车轮回转运动时，整个车轮的回转瞬心轴$O'_1$，可具有下述几种不同的位置，从而导致车辆的运动状态发生改变。如果在无限小的时间内，瞬心轴的位置在$O_1$点，则车轮的支承表面保持静止不动，这时工程机械作纯滚动；当瞬心轴$O'_1$低于$O_1$时，则车轮的支承表面将沿机械的运动方向移动，这种现象称为滑移现象；当瞬时中心轴高于$O_1$时则车轮的支承面将沿机械相反的运动方向移动，这种现象称为滑转现象。

2. 实际速度

当从动轮滑移时，几何中心的速度方向应与连线$OO_1$相垂直，其值可由式(9-1)表示：

$$v = \overline{OO_1}\omega_c = r_e\omega_c \tag{9-1}$$

式中：$v$——从动轮的实际速度，m/s；

$\omega_c$——从动轮的角速度，1/s；

$r_e$——从动轮的有效滚动半径，其值等于瞬时中心轴到几何中心轴的距离，m。

车轮的有效滚动半径是个变化的假想半径，其大小随车轮的滑移程度而变。

3. 从动轮理论速度

当车轮纯滚动时，$r_e = OO_1$，此时的有效半径为滚动半径，以$r_g$表示。而此时几何中心的速度称为理论速度$v_T$表示。即：

$$v_T = \overline{OO_1}\omega_c = r_g\omega_c \tag{9-2}$$

式中：$v_T$——理论速度，m/s；

$r_g$——有效滚动半径，m，其他符号意义同前。

有效滚动半径$r_g$通常可用试验方法确定。方法如下：首先令机械在试验路段上沿直线等速行驶距离为$S$，同时测量出在该试验路段距离为$S$上被测车轮的轮数$n$，然后即可根据式(9-3)确定被测机械的有效滚动半径$r_g$：

$$r_g = S/(2n\pi) \tag{9-3}$$

当车轮的回转角速度已知时，按理论力学中的方法即可由有效滚动半径$r_g$，去决定车轮上任一点的运动轨迹，速度和加速度。

驱动轮的运动如图9-2所示，将从动轮的角速度$\omega_c$换为驱动轮的角速度$\omega_k$，则上述从动轮的运动学公式完全适合于驱动轮。

4. 驱动轮运动学分析

当驱动轮无滑移或滑移地滚动时，其理论速度$v_T$可由下式表示：

$$v_T = r_g\omega_K = r_K\omega_K \tag{9-4}$$

式中：$r_K$——驱动轮的动力半径，m；

$\omega_K$——驱动轮的角速度，1/s。

驱动轮的动力半径$r_K$，等于驱动轮几何中心的驱动力作用线的距离。由于驱动力的作用线位置通常很难确定，因此通常用轮胎的静力半径$r_j$来代替动力半径。

轮胎的静力半径$r_j$是指车轮在静止状态下受法向载荷、轮胎有径向变形时，车轮几何中心到路面的距离。其值可由下式近似确定：

$$r_j = (0.45 \sim 0.47)D \tag{9-5}$$

$$r_j = r_0 - N/2\Delta$$

式中：$D$——轮胎的自由直径，即轮胎气压为规定值，无载荷作用时的直径，m；

$R_0$——轮胎自由半径，m；

Δ——刚度系数,kN/m;

$N$——轴载荷,kN。

综上所述,车轮在运动中可处于三种状态:纯滚动、滑移、滑转。驱动轮经常有滑转,而从动轮可能产生滑移,车轮在制动时也会产生滑移。

5.滑转率

与履带式工程机械相同,可以用滑转率 $\delta$ 来描述轮式机械的实际速度与理论速度之间的关系。

$$\delta=\frac{v_T-v}{v_T}=1-\frac{v}{v_T} \tag{9-6}$$

或:

$$\delta=1-\frac{r_e}{r_g} \tag{9-7}$$

实际速度与理论速度的关系可表示为:

$$v=(1-\delta)v_T \tag{9-8}$$

## 二、轮式行走机构的动力学

如图 9-3a)所示是车轮在驱动力矩 $M_K$ 作用下作直线行驶的情形;图 9-3b)是自由轮行驶的情形;图 9-3c)是从动轮行驶的情形。

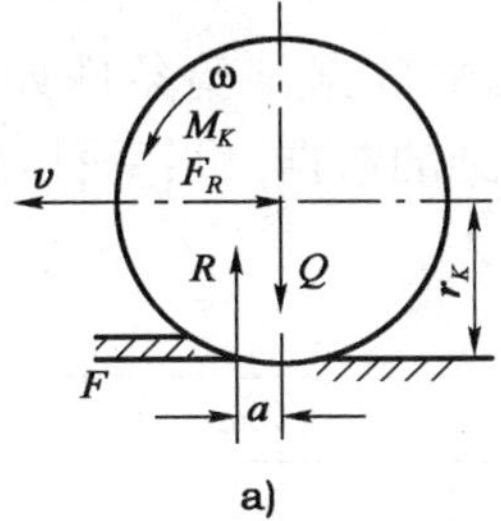


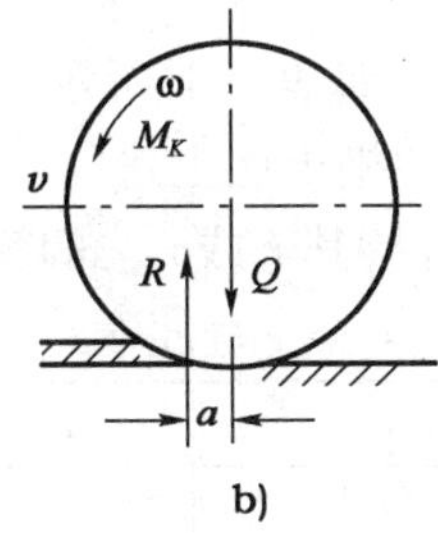


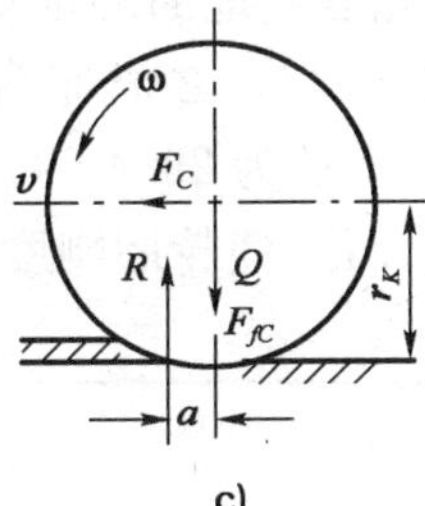


图 9-3　轮胎滚动受力情况

(1)驱动轮力矩平衡方程式,如图 9-3a)所示。

$$M_K-Fr_K-Ra=0 \tag{9-9}$$

式中:$Ra$——滚动阻力矩,kN·m;

$R$——地面垂直反力,kN,$R=Q$。

将上式(9-9)除以车轮动力半径 $r_k$ 得:

$$\frac{M_K}{r_K}-F-R\frac{a}{r_K}=0$$

式中:$M_K/r_K$——驱动轮转矩所产生的圆周力,kN,它在数值上等于切线牵引力 $F_K$;

$a/r_K$——驱动轮力系数,用 $f_K$ 表示;

$R\cdot a/r_K$——滚动阻力,kN,用 $F_{fk}$ 表示。

所以式(9-9)所表示的力矩平衡关系也可表示为下式:

$$F_K-F-F_{fK}=0 \tag{9-10}$$

上式说明,驱动轮的牵引力 $F$ 是切线牵引力 $F_k$ 与滚动阻力 $F_{fk}$ 之差。

如果驱动轮滚动阻力矩 $Ra$ 用 $M_{fK}$ 表示,显然有:

$$M_{fK}=Ra=F_{fk}r_K \tag{9-11}$$

(2)自由轮力矩平衡方程式，如图 9-3b)所示。

所谓自由轮是指车轮上只作用有轴负荷 $Q$ 和仅用以克服滚动阻力所需要的驱动力矩 $M_K$，它不具有牵引任何负荷的能力，因此有：

$$M_K = Ra \quad 或 \quad F_K = F_{fC} \tag{9-12}$$

自由轮在实用上价值较小，因此仅作为一种受力分析加以介绍，不予以深入探讨。

(3)从动轮的力矩平衡方程，如图 9-3c)所示。

从动轮被机架推着前进，其力矩平衡方程为：

$$F_C r_K - Ra = 0 \quad 或 \quad F_C = R \cdot a / r_K = R f_C = F_{fC} \tag{9-13}$$

式中：$f_C$——从动轮滚动阻力系数；

$F_C$——机架对从动轮的推力，kN；

$F_{fC}$——从动轮滚动阻力，kN。

$Ra$ 称为滚动阻力矩，如果从动轮滚动阻力矩用 $M_{fc}$ 表示，则：

$$M_{fc} = Ra = F_C r_K = F_{fC} r_K \tag{9-14}$$

$r_K$ 是车轮的动力半径，是动力学参数，它等于车轮几何中心到牵引力力线的距离，参见图 9-4。一般计算时可取 $r_K = r$，$r$ 为轮心到地面的垂直距离。

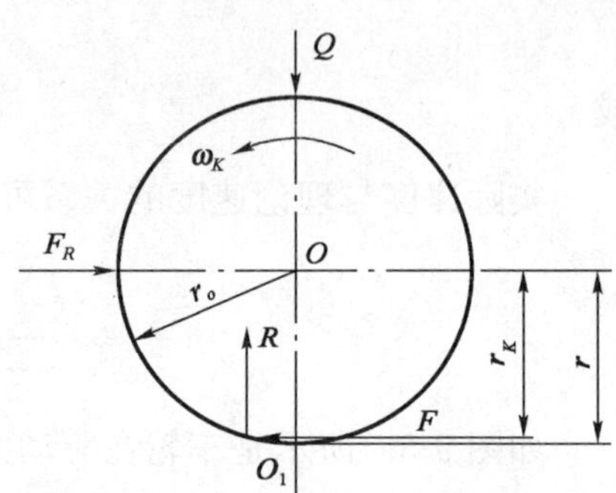


图 9-4　车轮的 $r_K$ 与 $r$ 值示意图

试验表明 $r_K$ 和 $r$ 之值非常接近，如表 9-1 所示。该表中数据试验条件如下：选用轮胎 14.00-20，施加负荷为 29.4kN，在黏性松土层上进行试验得到的数据。当牵引力 $F$ 增大时，由于转矩 $M_K$ 的作用，使轮胎刚度增加，故其 $r$ 或 $r_K$ 都略有增大。

**$r$ 与 $r_K$ 值**　　表 9-1

| $F$(kN) | $r_K$(cm) | $r$(cm) | $F$(kN) | $r_K$(cm) | $r$(cm) |
|---|---|---|---|---|---|
| 0 | 57.9 | 58.5 | 11.3 | 58.5 | 59.2 |
| 3.6 | 58.4 | 58.9 | 12.8 | 58.6 | 59.2 |
| 4.8 | 58.7 | 59.4 | | | |

# 第二节　轮式工程机械的滚动阻力及附着性能

## 一、滚动阻力及滚动阻力系数

1. 车轮的滚动阻力

车轮滚动时产生滚动阻力，一般包括土壤变形的滚动阻力 $F_{fl}$ 及轮胎变形引起的滚动阻力 $F_{ft}$。

1)轮胎压实土壤引起的滚动阻力

弹性轮胎通过松软的土壤滚动时，土壤被压实变形，所引起的滚动阻力可按贝克法计算。假设轮胎和地面变形如图 9-5 所示。承载面平均接地比压 $p$ 为：

$$p = \frac{Q}{lb} \tag{9-15}$$

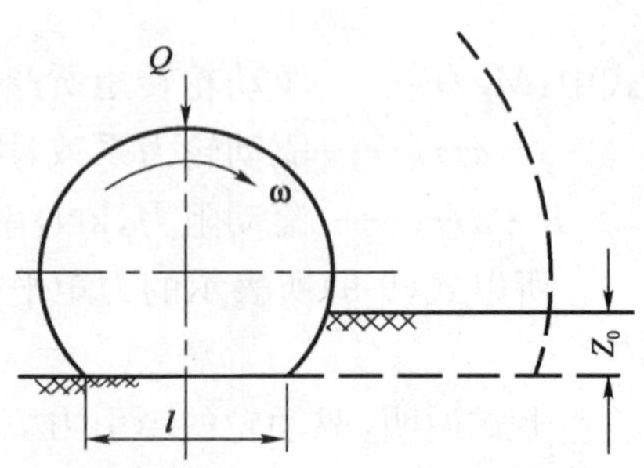


图 9-5　轮胎在松软地面上滚动变形

式中：$Q$——轮胎荷载，kN；

$L$——接地平面长度，m；

$b$——轮胎接地平面长度，m。

土壤变形是在轮胎接地比压 $p$ 作用下产生的。由土壤承载后的沉陷公式可知，土壤变形 $z_0$ 为：

$$z_0 = \left(\frac{p}{\frac{K_c}{b} + K_\varphi}\right)^{\frac{1}{n}} \tag{9-16}$$

或

$$z_0 = \left[\frac{Q}{l(K_c + bK_\varphi)}\right]^{\frac{1}{n}} \tag{9-17}$$

根据功能转换原理，可通过计算得：

$$F_{f1} = \left[\frac{(K_c + bK_\varphi)^{-\frac{1}{n}}}{n+1}\right]\left(\frac{Q}{l}\right)^{\frac{n+1}{n}} \tag{9-18}$$

因为：

$$Q = pbl = (p_i + p_c)bl$$

式中：$p_i$——轮胎气压，kPa；

$p_c$——胎壁刚度换算的气压，kPa。

所以：

$$F_{f1} = \frac{[b(p_i + p_c)]^{\frac{n+1}{n}}}{(K_c + bK_\varphi)^{\frac{1}{n}}(n+1)} \tag{9-19}$$

2)轮胎变形引起的滚动阻力

轮胎变形引起的滚动阻力可按贝克的半径经验法确定，它是在实验和理论分析的基础上建立的。根据经验提出轮胎变形引起的滚动阻力 $F_{ft}$ 与载荷 $Q$ 成正比，从而可得：

$$F_{ft} = Qf_t \tag{9-20}$$

式中：$f_t$——轮胎变形引起的滚动阻力系数。

经验表明，系数 $f_t$ 随轮胎气压 $p_i$ 而变化。$p_i$-$f_t$ 变化规律可通过试验求得。

试验方法是选用某一种轮胎，如果轮胎不同，则试验结果有差别。在涂有润滑剂的水泥地面上，施以一定的负荷 $Q$，通过改变气压来分别测定滚动阻力。试验结果可得到一系列 $p_i$-$f_t$ 参数。由于 $f_t = F_{ft}/Q$，且 $F_{ft} = F$ 是试验时的牵引力。所以根据试验结果可绘制如图 9-6 所示的 $p_i$-$f_t$ 曲线。当改变所施负荷 $Q$ 时，试验曲线不变。曲线可用下式表达：

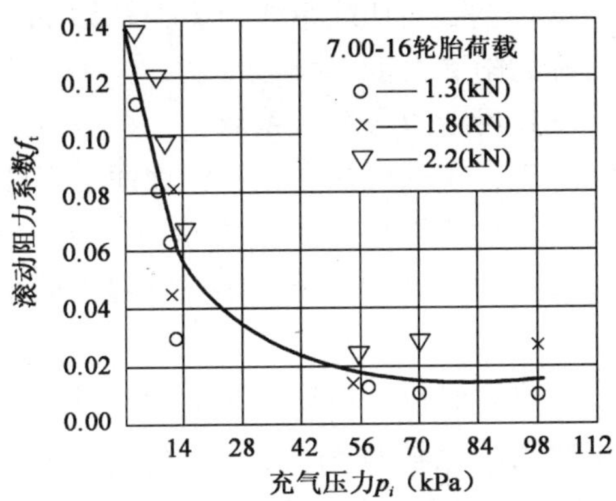


图 9-6 $p_i$-$f_t$ 曲线

$$f_t = \frac{u}{p_i^a} \tag{9-21}$$

式中：$u$、$a$——与轮胎结构有关的系数，借助 $f_t$-$p_i$ 曲线，取其两点不难求出 $u$、$a$ 的数值。

2. 滚动阻力系数

对单个车轮而言，滚动阻力可用下式表示：

$$F_f = F_{f1} + F_{ft}$$

对轮式机械来说，滚动阻力是驱动轮和从动轮滚动阻力之和，即：

$$F_f = F_{fK} + F_{fC} = G_\varphi f_K + G_C f_C$$

当 $f=f_K=f_C$ 且 $G_s=G_\varphi+G_C$ 时，则：

$$F_f = G_s f$$

式中：$f$——综合的滚动阻力系数，可由试验测得，作为机械设计或性能预测时使用；

$G_\varphi$、$G_c$——驱动轮和从动轮载荷，kN。

例如，一般轮胎气压在 0.1～0.5MPa 时，滚动阻力系数与地面状况的关系见表 9-2。表中 $\varphi$ 为附着系数。

**$f$、$\varphi$ 与路面的关系**　　表 9-2

| 地 面 状 况 | 轮 式 车 辆 | |
|---|---|---|
| | $f$ | $\varphi$ |
| 沥青路面 | 0.02～0.03 | 0.7～0.9 |
| 已耕田地 | 0.12～0.18 | 0.5～0.7 |
| 沼泥地 | 0.22～0.25 | 0.1～0.2 |

影响滚动阻力的因素较多且与附着性能有密切关系，下面将同时讨论影响附着性能及滚动阻力的各因素。

## 二、附着性能及其影响因素

驱动轮在地面上滚动时，在驱动力矩的作用下，车轮与地面接触面上各微小单元都产生微观滑转，即地面各微小单元面上都产生抗滑转反力，这些抗滑转反力的水平合力就是切线牵引力 $F_K$。

车轮在坚硬地面上滚动时，切线牵引力主要由轮胎与地面之间的摩擦所产生；车轮在松软地面上滚动时，轮胎花纹嵌入土壤，切线牵引力主要来自土壤的抗剪切反力。地面对车轮产生抗剪切反力或切线牵引力 $F_K$ 作用的同时，车轮对地面产生相对滑转，滑转程度用滑转率 $\delta$ 来表示，显然，当切线牵线力 $F_K$ 一定时，$\delta$ 越小，地面的抗滑转能力就越高，地面这种抗滑转的能力称为附着性能。

### 1. 附着力与附着系数

土方工程机械多在土壤地面上工作，因此地面能够提供的切线牵引力由土壤的抗剪切力产生。轮式工程机械切线牵引力 $F_K$ 的理论计算与履带式工程机械没有原则的区别，可按 *Janosi* 公式处理。施工中较常遇到的塑性土壤，一般当滑转率 $\delta=100\%$时，可产生最大切线牵引力。

轮式机械在运输工况下，多在较好的硬路面上行驶，如沥青路面等。此时切线牵引力主要由路面的摩擦反力提供。由于路面或土壤情况的复杂性，滑转率 $\delta$ 和牵引力 $F$ 之间的关系，即滑转曲线，多由试验取得。这里需要说明的是，试验时的牵引力是切线牵引力 $F$ 克服了驱动轮滚动阻力后可以对外做功的有效牵引力，即驱动轮试验的滑转曲线如图 9-7 所示。牵引力 $F$ 最初随滑转率 $\delta$ 成比例地增长，然后以稍快的速度增长到一个最大值 $F_{\max}$。当滑转率继续增长时，牵引力下降，当滑转率 $\delta$ 达到 100%，牵引力达到 $F_g$，$F_{\max}$ 到 $F_x$ 以

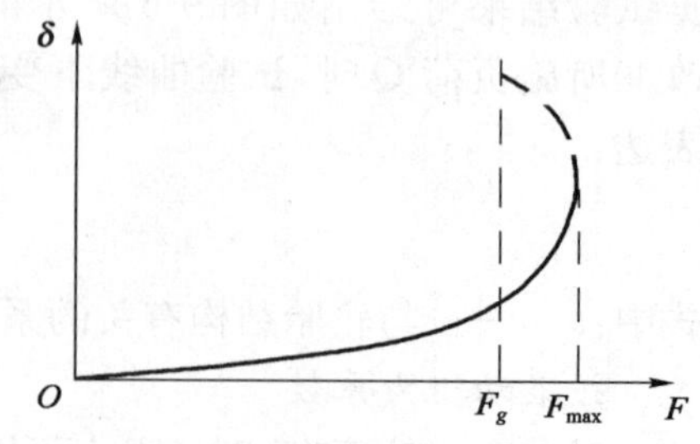


图 9-7　驱动轮试验滑转曲线

虚线表示,表示这一过程是不稳定的。图 9-7 是驱动轮在硬质地面上试验的滑转曲线。驱动轮滑转曲线和轮胎的类型、路面的材料以及路面的状况如干湿情况都有关系,道路条件对其影响较大。由图 9-7 可见,牵引力 $F$ 有极值出现,一般可用动摩擦系数小于静摩擦系数来解释。

为了定量地说明附着性能,和履带工程机械一样,规定在容许滑转车时,驱动轮所发挥的牵引力称为附着力 $F_\varphi$。附着力与附着重量之比值称为附着系数,即:

$$\varphi = \frac{F_\varphi}{G_\varphi} \tag{9-22}$$

轮式工程机械的附着系数如表 9-2 所示。

2. 影响滚动阻力和附着系数性能的因素

通过对轮式工程机械滚动阻力和附着性能影响因素的分析可知,轮式机械较履带式机械附着系数小,且后桥驱动的工程机械,不能利用整机重量作为附着重量,所以提高附着性能显得尤为重要。

1)土壤条件

土壤抗剪强度越大,附着性越好。土壤抗剪强度又受湿度变化的影响,土壤越潮湿,轮胎的附着性能就越差。土地表层强度很低,而底层强度较高时,采用的高花纹轮胎可提高附着性能。

如果土壤过于软烂,则工程机械就将下陷过深,滚动阻力就大。在这种情况下,可装用船体,承受部分重量,从而减少车轮或履带的荷重,以减少滚动阻力。

2)路面条件

当轮式工程机械进行运输作业,在硬质路面上行驶时,其附着性能取决于轮胎和地面的外摩擦系数。必要时,可装设防滑链,来防止打滑。

3)附着重力

在摩擦性土壤中,增加附着重力,可以提高附着力。但当土壤抗剪应力达到最大值后,如再增加附着重力,可能会降低驱动力。在纯黏聚性土壤中,不能仅靠增加附着重量来改善附着性能。在松软土壤中,如过度地增加附着重力,则轮胎下陷且增加,滚动阻力增大,挂钩牵引力反而降低。

采用四轮驱动,使整个工程机械重力都成为附着重力性能的一项有效措施。

4)轮胎充气压力

由图 9-8 可以看出,当轮胎的充气压力 $p_i$ 从较大值开始降低时,附着力随 $p_i$ 降低而增加。但当 $p_i$ 进一步降低时,驱动轮滚动阻力 $F_{fK}$ 就要增加。这是因为滚动阻力是由轮胎和土壤两者变形所引起的。在田间,土壤变形一般起决定性影响,因此在一定范围内降低 $p_i$,从而使土壤的垂直变形减小,也就降低了滚动阻力。但当 $p_i$ 降低到一定值以后,再进一步降低时,由于轮胎变形对滚动阻力起了决定性的影响,反而会使滚动阻力增加。

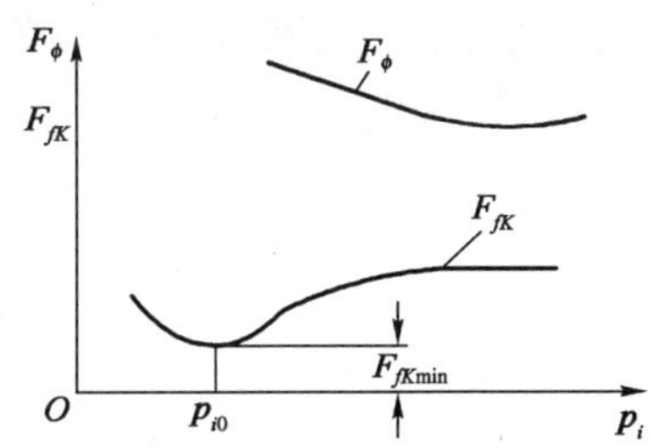


图 9-8 附着力与滚动阻力随轮胎气压变化的关系

图 9-8 所示的试验曲线是在松砂土上取得的。其中轮胎 14.00-18,8 层,$Q=14.7\text{kN}$。如果地面或土壤条件发生变化,则试验曲线的趋向就会有所变化。例如,在硬质光滑路面上或石子路上,与最小滚动阻力对应的最佳气压力 $p_{i0}$ 点就要向高的 $p_i$ 方向移动。

由上面分析可知,在确定驱动轮胎的气压时,应从土壤条件,附着力和滚动阻力等多方面来考虑。

应该指出，当 $p_i$ 降低时，轮胎变形将增加，因而增加了胎壁内部的摩擦，从而将引起轮胎磨损和破裂。因此，为提高轮式工程机械牵引附着性能而降低 $p_i$ 时，还要兼顾轮胎的使用期限。

5)轮胎尺寸

增大轮胎直径，可以增加轮胎支承长度，使附着力增加，滚动阻力降低。但轮胎直径的增加受到某些参数，例如机械重心高度的限制。近年来，为了能在不加大轮胎外径情况下提高轮胎承载能力，在适当条件下，可装用加宽型驱动轮胎。普通车辆轮胎断面的高宽比即 $H/b$ 通常为 1；而加宽型轮胎断面的高宽比则降到 0.85 左右。在增加轮胎的同时，最好同时适当降低轮胎的充气压力，使轮胎的接地面积增加，否则轮胎宽度增加，轮胎刚度比也要随之相应增加，因而径向变形较小，轮胎接地面积并不一定能增加。近年来，某些工程机械也并排安装了双轮胎。

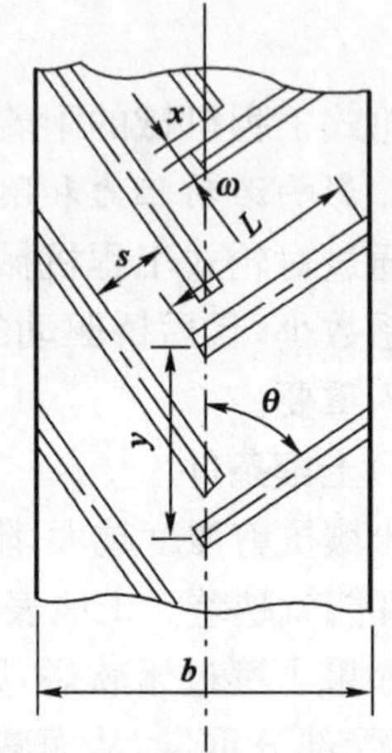

图 9-9 轮胎花纹布置简图

θ-花纹布置角；s-花纹间距；y-花纹节距；x-花纹端部间隙；b-轮胎宽度；ω-花纹宽度；L-花纹长度

6)轮胎花纹

越野轮胎的花纹多为人字形如图 9-9 所示，在砂壤土上进行的模型试验表明：花纹长度相同时，适当增加花纹布置角，可以提高车辆的附着性能。

我国目前多采用 45°花纹布置角。

花纹的形状和布置会影响轮胎的压力分布，因而也将影响附着力。轮胎的设计应使接地压力能够近似于均匀分布。

花纹的布置与轮胎的自洁性能有关，而轮胎的自洁能力又会影响附着力的发挥。

7)轮胎结构

轮胎的刚度、帘布层数、帘布排列方法等对附着力和滚动阻力的大小也有不同程度的影响。

## 第三节 轮式工程机械总体动力学

为了正确地设计和使用工程机械，使之达到预期的性能，必须了解其受力状态及其对机械性能的影响。为了便于分析问题，设有一台后桥驱动的双轴牵引车，在水平地面上进行匀速牵引作业，如图 9-10 所示。

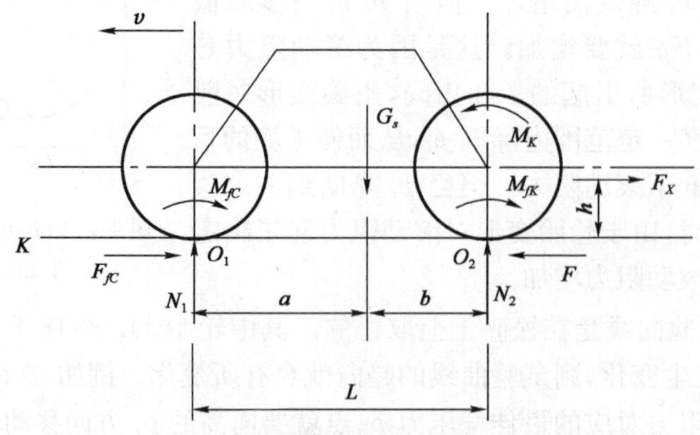

图 9-10 轮式车辆在纵垂面内的受力图

$F_X$-水平工作阻力；$h$-水平工作阻力到地面的垂直距离；$G_s$-机械使用重量；$F_{fC}$-从动轮滚动阻力；$N_1$、$N_2$-从动轮和驱动轮的轴负荷反力；$F$-牵引力；$M_{fC}$、$M_{fK}$-从动轮、驱动轮滚动阻力矩

根据受力平衡条件，建立以下平衡方程式：

$$G_s = N_1 + N_2 \tag{9-23}$$

$$F_X = F - F_{fC} \tag{9-24}$$

$$N_2 L = G_s a + M_{fK} + M_{fC} + F_X h \tag{9-25}$$

由式(9-25)得：

$$N_2 = G_s \frac{a}{L} + \left(\frac{M_{fK} + M_{fC}}{L} + F_X \frac{h}{L}\right) \tag{9-26}$$

同理：

$$N_1 = G_s \frac{b}{L} - \left(\frac{M_{fK} + M_{fC}}{L} + F_X \frac{h}{L}\right) \tag{9-27}$$

式(9-24)中的 $F\text{-}F_{fC}$ 表示整机可以对外输出的牵引力，称为挂钩牵引力，一般以 $F_{KP}$ 表示。在稳定牵引时它与工作阻力 $F_X$ 相平衡。

式(9-26)及式(9-27)表明轮式工程机械在牵引负荷时，轴负荷 $N_1$、$N_2$ 发生了变化，因为静止的轴负荷 $N_1 = G_s \cdot b/L, N_2 = G_s \cdot a/L$。由于牵引负荷的存在，驱动轮轴荷增加，我们称之为增重，同时前轮轴荷减少。由于驱动轮的增重与前轮轴荷的减小量相同，又称重量转移。

图 9-10 中 $M_{fK}$ 与 $M_{fC}$ 分别为驱动轮和从动轮的滚动阻力矩，当桥荷分配发生变化时，一般应重新计算。附着重力分配系数 $\lambda$ 一般用附着重量除以机械使用重量来表示，即：

$$\lambda = \frac{N_2}{G_s} \tag{9-28}$$

当驱动桥荷载发生变化时，附着重力分配系数亦随之变化。显然，全桥驱动或履带式车辆 $\lambda = 1$。

# 第四节　双桥驱动工程机械运动学和动力学

四轮驱动车辆与两轮驱动工程机械相比，具有不同的特点，下面就其动力学和运动学分析如下：

## 一、双桥驱动工程机械的特点

### 1. 牵引附着性有显著的改善

双桥驱动工程机械的牵引附着性能得到改善的原因有两个：

(1)机械前后轮的负荷皆可利用作为附着重量，因此当前后轮上附着力皆得到充分利用时，其附着力 $F_\varphi$ 达到：

$$F_\varphi = \varphi(N_1 + N_2) \tag{9-29}$$

(2)在前后轮距相同的四轮驱动工程机械上，后轮沿前轮轮辙滚动，减少了后轮的滚动阻力，并改善了后轮的附着性能。实验表明，在松土上，当后轮滑转率为 $\delta = 16\%$ 时，其附着重力利用系数 $\varphi_X$ 提高了 25%～30%。当为 $\delta = 40\%$ 时，$\varphi_X$ 提高 14%～20%。在承载能力差的土壤上如沼泽、烂泥田等，附着重力利用系数提高得更为显著。

由于上述原因，所以四轮驱动工程机械的牵引附着性能较两轮驱动优越，图 9-11 即为一例。图示说明，在干燥土壤留茬地上，当 $\delta = 20\%$ 时，四轮驱动机械的牵引力较两轮驱动的大 27%；在 $\delta = 50\%$ 时，牵引力大 20%，其最佳牵引效率，四轮驱动的为 77%，而两轮驱动的为 70%。

2. 较好的操纵性和纵向稳定性

四轮驱动工程机械在前桥上有较大的重力分配。因此上坡时纵向稳定性较好，前轮也不会因载荷过小而使操纵性变坏。由于前轮上存在驱动力，即可减少前轮的滚动阻力，又具有把机械引导到正常轨迹上去的能力，在上坡时这一效果表现的较为明显。

3. 较好的通过性

四轮驱动工程机械与两轮驱动机械相比，在附着性能较差的地区例如泥泞的土地、雪地，具有较好的通过能力。在附着系数低到 0.1～0.3 的土壤上，仍然可以通过并进行作业。

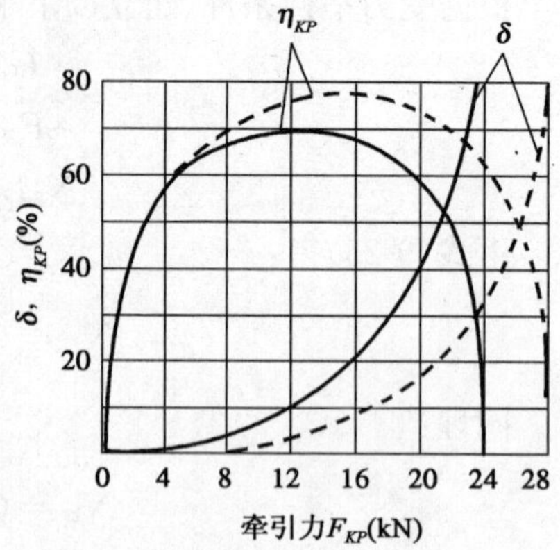


图 9-11　四轮驱动车辆与两轮驱动车辆牵引附着性的比较

虚线为四轮驱动；实线为两轮驱动

双桥驱动工程机械也有其缺点，如在一定的使用条件下传动系将产生寄生功率。寄生功率存在不但将增加发动机功率的消耗，还会加速传动系和轮胎的磨耗。因此，设计和使用双桥驱动工程机械时，必须注意到这一点。

## 二、双桥驱动工程机械的运动学和动力学

在四轮驱动的工程机械中，前后驱动桥间传动系为刚性闭锁式连接时，为了使前后轮运动协调，必须使前后轮的理论速度相等 $v_{T1}=v_{T2}$。因为 $v_{T1}$ 和 $v_{T2}$ 皆为车轮滚动半径的函数，而驱动轮的滚动半径在机械使用过程中是会变化的，所以即使在设计时做到了 $v_{T1}=v_{T2}$，实际工作时也仍会出现差异。

在工作过程中驱动轮滚动半径 $r_g$ 近似等于动力半径 $r_K$，当受到下列因素的影响时也会发生变化。如前后轮载荷的变化；充气程度的不同；轮胎磨损程度的不同等，但前后轮皆安装在同一个车辆上，其实际速度必须相等，即：

$$v_1 = v_2 = v \tag{9-30}$$

式中：$v_1$，$v_2$——前、后轮的实际速度，m/s；

$v$——机械行驶的实际速度，m/s。

由于：

$$v_1 = v_{T1}(1-\delta_1)$$

$$v_2 = v_{T2}(1-\delta_2)$$

式中：$v_{T1}$、$v_{T2}$——前、后轮的理论速度，m/s；

$\delta_1$、$\delta_2$——前、后轮的滑转率。

由式(9-31)、式(9-32)和式(9-33)可以得出：

$$1-\delta_1 = \frac{v_{T2}}{v_{T1}}(1-\delta_2) \tag{9-31}$$

由于前、后轮角速度 $\omega_K$ 相等，故式(9-32)可以表示为：

$$1-\delta_1 = \frac{r_{g2}}{r_{g1}}(1-\delta_2) \tag{9-32}$$

式(9-32)及式(9-33)称为双桥驱动运动学方程式。参看图 9-12，当外部工作阻力为 $F_X$ 时，前后轮牵引力之和应与之平衡，即：

$$F_X = F_1 + F_2 \tag{9-33}$$

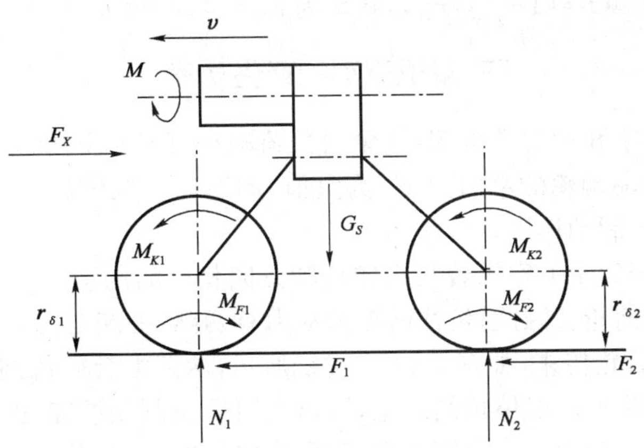

图 9-12　四轮驱动车辆受力分析示意图

式(9-34)称为双桥驱动动力学方程式。

若已知前、后轮的滑转率曲线，就可以相应定量确定前、后轮的牵引力 $F_1$、$F_2$ 和滑转率 $\delta_1$、$\delta_2$。根据以上的讨论，就可对双桥驱动工程机械行驶过程中可能出现的一些情况进行分析。

为便于分析，假设前后桥荷重相等，这时只有当 $r_{g1}=r_{g2}$ 时才有 $\delta_1=\delta_2$。如两条滑转曲线相同，当负荷 $F_X$ 增加时，不计因重量转移引起的滚动半径变化，则可以使 $\delta_1$、$\delta_2$ 同时达到额定值 $\delta_H$，前、后轮附着力均能得到充分发挥。

如果 $r_{g1}\neq r_{g2}$ 时，这里假定 $r_{g1}>r_{g2}$，根据运动学方程式 $\delta_1>\delta_2$。当外负荷 $F_X$ 一定时，根据动力学方程式 $F_X=F_1+F_2$，$F_1$ 与 $F_2$ 一定不等，且保持一定比例。下面按照负荷 $F_X$ 的变化情况进行分析。

(1)增加负荷 $F_X$，使 $\delta_2$ 达到 $\delta_{2H}$ 时，后轮能发挥较大的牵引力，附着力能得到较充分发挥，但前轮滑转率过大 $\delta_1>\delta_{2H}$，滑转损失过大。反之，当 $F_X$ 增加到使 $\delta_1=\delta_{2H}$ 时，前轮附着力能得到充分发挥，而后轮 $\delta_1<\delta_{2H}$，附着力得不到充分发挥。

(2)当负荷 $F_X$ 增加到 $\delta_1=100\%$ 时，$\delta_2$ 也一定等于 100%，前、后轮同时滑转，前后轮都发挥出百分之百滑转时的牵引力。

(3)当 $F_X$ 减小到 $\delta_2=0$ 时，这时前轮发挥的牵引力与负荷相平衡，即 $F_X=F_1$。根据运动力学方程式，此时：

$$\delta_1 = 1 - \frac{r_{g2}}{r_{g1}}$$

(4)当负荷继续减少到 $\delta_1<1-r_{g2}/r_{g1}$ 时，根据运动学方程式，可以求得：

$$\delta_2 < 0$$

则后轮牵引力 $F_X<0$，为负值，故：

$$F_X = F_1 - F_2$$

以上分析，可以用 $\delta_1$-$\delta_2$ 系曲线更清楚地看出。图 9-13 是根据运动学方程绘出的，图中曲线①表示 $\delta_1=\delta_1(\delta_2)$，曲线②表示滑转率 $\delta_2$，根据 $\delta_2$ 由负值到正值以及到 100%的变化，可以明显地看出 $\delta_1$ 的变化规律。结合前后轮的滑转曲线，不难分析前、后轮牵引力的变化规律。

直线①的方程是：

$$\delta_1=\left(1-\frac{r_{g2}}{r_{g1}}\right)+\frac{r_{g2}}{r_{g1}}\delta_2 \tag{9-34}$$

可见直线①的截距 $AO=(1-r_{g2}/r_{g1})$，斜率为 $r_{g2}/r_{g1}$。

## 三、双桥驱动的寄生功率

从双桥驱动的运动学和动力学可知，当牵引负荷减小到 $\delta_1<1-r_{g2}/r_{g1}$ 时，前桥驱动轮的牵引力 $F_1$ 为正值，后桥驱动轮的牵引力 $F_2$ 为负值，即后轮在机体的推动下，一边向前滚动，一边向前滑移，并且起了制动作用。

在这种状态下，由于后轮上作用着与机械行驶方向相反的制动力 $F_2$，它所造成的力矩将经分动箱中央传动传给前轮。因此，传往前轮的动力有两路：一路是由发动机传来，如图 9-14 中实线所示，另一路由后轮传来，如图 9-14 中虚线所示，两路汇合后传到前轮，使前轮的驱动力增大。其增大部分仍将通过机体传给后轮，用以克服后轮制动所需的力。实际上前轮驱动力的增加并不产生有效的牵引力。由制动力 $F_2$ 所形成的功率 $P_2$ 将在下列闭路中循环：由后轮经其主传动器到分动器，再经前桥主传动器到前轮，然后经机体重新传给后轮。这种现象称为功率循环，被循环的那部分功率称为寄生功率。

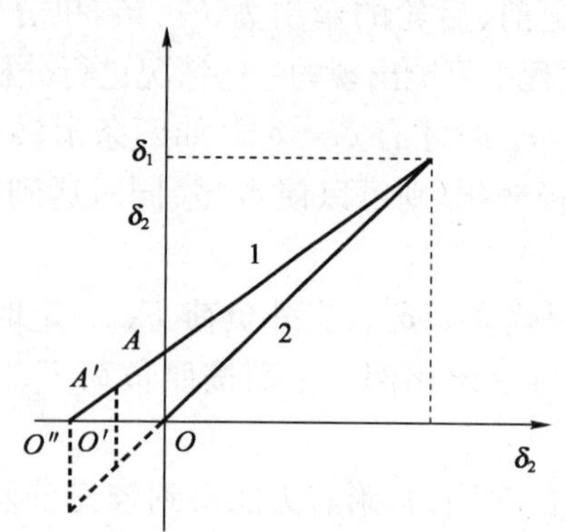

图 9-13　$\delta_1$-$\delta_2$ 变化规律

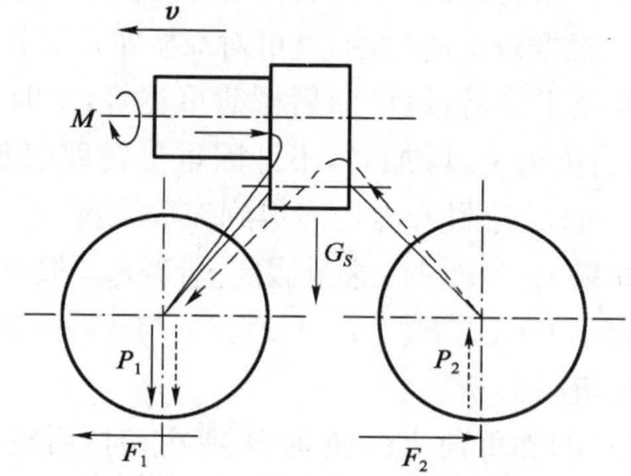

图 9-14　双桥驱动寄生功率图

寄生功率并不能增加驱动功率或驱动力，而且会使传动系零件过载，使轮胎出现过多滑动而加速磨损，也降低传动系效率及牵引效率。所以在设计和使用时，要尽量防止产生寄生功率。

为了防止双桥驱动工程机械产生寄生功率，可以在结构上采用一些措施，例如可以在分动箱通往某个驱动桥的传动路线上，加装一个超越离合器，超越离合器的主动部分连接分动器，从动部分连接驱动桥。超越离合器的特点是：在正常情况下，通过超越离合器，动力可由主动部分传往从动部分；当从动部分的转速超过主动部分时，从动部分可自由转动，不受主动部分转速的限制。因此，当机械的实际速度 $v$ 大于该桥车轮的理论速度时，其车轮可按速度 $v$ 自由滚动，这时如同从动轮一样，因而避免了寄生功率的产生。

这种在通往一个驱动桥例如前桥的传动系中安装超越离合器的办法，只能防止一种情况下产生的寄生功率，例如能防止在 $v_{T2}>v>v_{T1}$ 情况下产生的寄生功率，而不能防止在 $v_{T1}>v>v_{T2}$ 情况下产生的寄生功率。因此在设计时必须注意，如果在通往前驱动桥的传动路线上装有超越离合器，则必须使 $v_{T2}>v_{T1}$，即后轮滑转超前。但超前率 ε 不宜取得过大，否则，当后轮滑转率已很大时，前轮仍自由滚动，而不能发挥驱动作用。这样就失去了四轮驱动的优越性。

此外也可以在前后桥间安装轴间差速器，这样的话，当前后桥的车轮间有速度差，便可自动适应，因此就不会产生寄生功率。然而装设轴间差速器会降低牵引附着性能，这是因为当有一个驱动桥陷入附着系数很低的土壤中时，另一个驱动桥上驱动力的发挥也会受到限制。所以四轮驱动极少应用这种机构。

### 四、四轮驱动工程机械的滑转效率

设前后驱动滚动半径各为 $r_{g1}$ 和 $r_{g2}$。当滑转不大时，传递的牵引力与滑转率成正比例关系，即：

$$F_1 = K_1\delta_1$$

$$F_2 = K_2\delta_2$$

式中：$F_1$、$F_2$——分别为前、后轮的牵引力，kN；

$K_1$、$K_2$——分别为前、后轮滑转曲线中线性部分 $F/\delta$ 的比值。

由此可列出四轮驱动车辆的牵引力为：

$$F = F_1 + F_2 \quad 或 \quad F = K_1\delta_1 + K_2\delta_2 \tag{9-35}$$

根据滑转效率的定义，在四轮驱动的情况下，滑转效率可表示为：

$$\eta_\delta = \frac{P_V}{P_V + P_{\delta1} + P_{\delta2}} \tag{9-36}$$

式中：$P_V$——行走机构传给机架的功率，kW；

$P_{\delta1}$、$P_{\delta2}$——分别为前、后轮滑转损失的功率，kW。

因为：

$$P_V = (F_1 + F_2)v = (K_1\delta_1 + K_2\delta_2)v$$

$$P_{\delta1} = F_1 v_{T1}\delta_1 = K_1\delta_1 \frac{v}{1-\delta_1}\delta_1 = \frac{K_1\delta_1^2 v}{1-\delta_1}$$

$$P_{\delta2} = F_2 v_{T2}\delta_2 = K_2\delta_{21} \frac{v}{1-\delta_2}\delta_2 = \frac{K_2\delta_2^2 v}{1-\delta_2}$$

将上式代入式(9-37)可得：

$$\eta_\delta = \frac{K_1\delta_1 + K_2\delta_2}{K_1\delta_1 + K_2\delta_2 + \dfrac{K_1\delta_1^2}{1-\delta_1} + \dfrac{K_2\delta_2^2}{1-\delta_2}} \tag{9-37}$$

当 $K_1$ 和 $K_2$ 已知时，就可将前、后轮上的滑转率或牵引力代入式(9-38)中，即可求出车辆的滑转效率。

双桥驱动车辆负荷及行驶工况不同，其滑转效率也有所不同，要根据具体情况具体分析。比如当车辆在轻负荷、大的超前率 $\varepsilon$ 时，还不如切断通往前桥的动力，这样反而会提高滑转效率 $\eta_\delta$。也就是说，此时采用四轮驱动还不如采用二轮驱动效果好。

## 第五节　轮式工程机械的通过能力

轮胎式机械在不同地面上的通过能力，除了取决于轮胎对地面的单位面积压力外，还取决于行走系的若干几何尺寸参数。因为工程机械常行驶在无路地带，常遇到各种障碍物，故应合理确定这些几何尺寸参数。

(1)最小离地间隙 $h$。$h$ 是指机械除车轮以外的最低点与路面的距离。设计工程机械时，从提高通过能力考虑，应选取较大的 $h$ 值；但从提高整机稳定性考虑，则应将机构部件布置得较低，从而使 $h$ 值减小。因此，应根据工程机械的不同用途，合理确定最小离地间隙 $h$ 值。

(2)接近角 $\alpha$ 和离去角 $\beta$。从车架前后最低点向前后车轮作切线，此切线与路面的夹角，分别为接近角 $\alpha$ 和离去角 $\beta$，用以表示工程机械接近和离开诸如小土堆、小土坑等障碍物时，不发生碰撞的可能性。

(3)纵向通过半径 $r_1$。在轴距相同的情况下，$r_1$ 越小，显示通过能力越好。

(4)横向通过半径 $r_2$。在轮距相同的情况下，$r_2$ 越小，显示通过能力越好。

几何通过能力简图如图 9-15 所示，一般汽车通过能力的几何参数值如表 9-3 所示。工程机械则需根据不同的机械、不同的用途，在设计时按对比法确定。

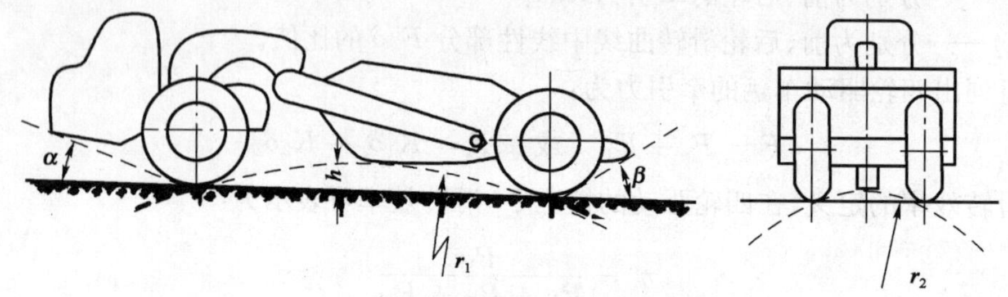


图 9-15　轮式车辆几何通过能力简图

**一般汽车显示汽车通过能力的几何参数**　　表 9-3

| 类　型 | 最小离地间隙(mm) | 接近角 $\alpha$(°) | 离去角 $\beta$(°) | 纵向通过半径 $r_1$(m) |
|---|---|---|---|---|
| 载货汽车 | 245～285 | 40～60 | 19～43 | 2.7～5.5 |
| 越野汽车 | 260～310 | 45～50 | 35～40 | 1.9～3.6 |

# 第十章　液力变矩器及其与发动机共同工作的特性

近年来，随着液压与液力技术的发展，以及工程机械设计制造水平的提高，诸如推土机、装载机、铲运机等铲土运输机械广泛采用液力传动，即采用液力变矩器和发动机联合而成的复合动力装置。因此，液力变矩器与发动机共同工作的特性，以及二者的匹配是否合理直接影响机械的动力性和经济性，有必要对其进行探讨和研究。

本章主要内容为液力变矩器的输入、输出特性及其与发动机共同工作的特性，发动机与液力变矩器的合理匹配等。

## 第一节　液力变矩器特性

液力传动是以液体为工作介质的涡轮式传动机械。它的基本工作原理是通过和输入轴相连接的泵轮，把输入的机械能转变为液体的动能，使液体动量矩增加，和输出轴相连接的涡轮，把液体的动能转变为机械能输出，并使液体的动量矩减小。

液力传动具有如下特点，使其在工程机械上得以广泛应用。自动适应性：液力变矩器具有自动变矩、变速的特性；涡轮转矩能随着外界的负载转矩自动增加，同时其转速自动降低；负载转矩减小时，涡轮转矩随之自动减小，同时其转速自动增加。其特性接近理想传动装置的特性，即 $M_n = const$。对载荷波动较大的铲土运输机械，平均输出功率较大、可提高生产率；防振隔振作用：液力机械传动能减弱动力机扭振和隔离载荷振动；良好的启动性：由于泵轮转矩与其转速的平方成正比，故动力机启动时，其载荷甚微，启动时间短；限矩保护性：在一定的泵轮转速下，泵轮、涡轮及导轮的转矩只能在一定范围内随着工况而改变，如果外载荷转矩超过涡轮转矩，各个叶轮的转矩也不会超过其固有的变化范围。当涡轮在制动工况下，发动机不致熄火，这对操纵性和提高生产率都有重要意义；变矩器效率：变矩器的效率随工况而变化，最高效率约为 85%～92%。

液力变矩器的特性是表示变矩器各输出和输入参数之间函数关系的曲线。这些函数之间的相互关系，即液力变矩器的特性曲线实际上是通过台架试验来获得的。液力变矩器的特性曲线主要有以下四种：输出特性、原始特性、输入特性和透穿性。

### 一、液力变矩器的输出特性

液力变矩器的输出特性是表示输出参数之间关系的曲线，也称作外特性曲线。通常是由试验和计算得出的下列关系曲线：

(1)使泵轮轴的转速 $n_1$ 保持不变，即 $n_1 = const$，在此工况下测量以涡轮轴转速 $n_2$ 为自变量的涡轮转矩 $M_2$，泵轮转矩 $M_1$，变矩器效率 $\eta$ 随 $n_2$ 而变化的关系，即 $M_2 = f(n_2)$，$M_1 = f(n_2)$，并按式(10-1)计算 $\eta=f(n_2)$，如图 10-1a)所示为具有不同透穿性的液力变矩器的输出特性。

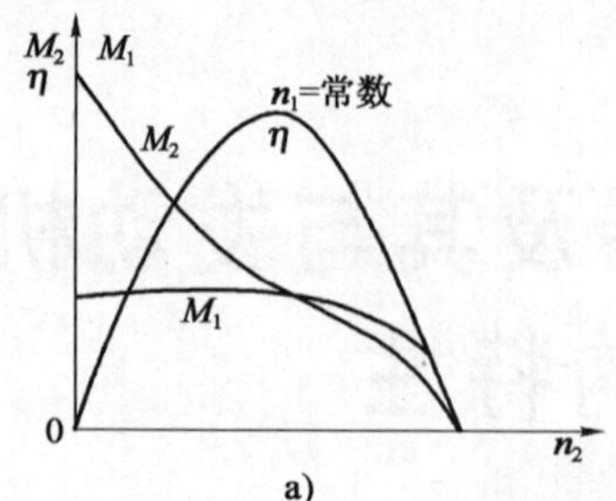

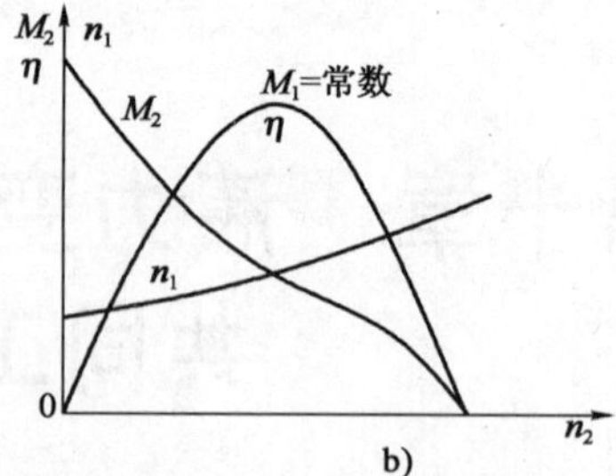


图 10-1　变矩器输出特性曲线

$$\eta=\frac{M_2n_2}{M_1n_1}=Ki \tag{10-1}$$

式中：$K$——变矩系数、亦即动力学传动比，$K=M_2/M_1$；

$i$——传动比，亦即运动学传动比，$i=n_2/n_1$。

(2)使泵轮轴的转矩 $M_1$ 保持不变，即 $M_1=const$，在此工况下测量以涡轮轴转速 $n_2$ 为自变量的涡轮转矩 $M_2$，泵轮转速 $n_1$，变矩器效率 $\eta$ 随 $n_2$ 而变化的关系，即 $M_2=f(n_2)$，$n_1=f(n_2)$，并按式(10-1)计算 $\eta=f(n_2)$，如图 10-1b)所示。

显然，当 $n_2=0$ 时，$\eta=0$；当 $n_2$ 增大时，$\eta$ 随之增大。当涡轮轴转速增至一定值时，$\eta$ 可达到最大值；然后当 $n_2$ 继续增大时，由于 $M_2$ 的急剧下降而使 $\eta$ 值随 $n_2$ 之增大而减小。变矩器的效率曲线见图 10-1。

## 二、液力变矩器的原始特性

原始特性或称无因次特性，是表示在循环圆内液体具有完全相似稳定流动现象的若干变矩器之间共同特性的函数曲线。所谓完全相似流动现象指两个变矩器中液体稳定流动的几何相似、运动相似和动力相似。

(1)几何相似：变矩器液流通道对应尺寸成比例、对应角相等，几何相似的变矩器称为同一系列的变矩器。

(2)运动相似：几何相似的变矩器中液流对应点的速度三角形相似。运动相似时，称为变矩器在相似工况下工作。

(3)动力相似：同一系列的变矩器在相似工况下工作时，液流对应点作用着方向一致、大小成比例的同名力，亦即动力相似，雷诺数 $R_e$ 相等。

根据相似理论，可以建立以变矩器传动比 $i$ 为自变量，泵轮转矩系数 $\lambda_1$、变矩系数 $K$ 和变矩器效率 $\eta$ 随 $i$ 而变化的关系，即：$\lambda_1=f(i)$，$K=f(i)$，$\eta=f(i)$的关系曲线称为原始特性曲线或无因次特性曲线，但实际上 $\lambda_1$ 是有因次的。原始特性曲线通常是用台架试验测得的，方法如下：令 $n_1=const$，测出变矩器此时的输出特性后，任意选取某一涡轮轴转速 $n_2$ 值，并通过输出特性曲线确定出与之对应的泵轮和涡轮转矩 $M_1$、$M_2$，然后利用式(10-2)计算得到与该 $n_2$ 对应的 $\lambda_1$、$K$ 和 $\eta$ 值。这样求得多个不同的 $n_2$ 也就是 $i$ 时的 $\lambda_1$、$K$ 和 $\eta$ 值，就可得到这一变矩器的原始特性。

$$\left.\begin{aligned}i&=\frac{n_2}{n_1}\\ \lambda_1&=\frac{M_1}{\gamma n_1^2D^5}\\ K&=\frac{M_2}{M_1}\\ \eta&=Ki\end{aligned}\right\} \tag{10-2}$$

式中：$\gamma$——变矩器工质的重度，N/m³，其他符号意义同前。

对一定的工质来说，$\gamma$ 近似地看作是一常数。所以在具体的变矩器原始特性试验时，有时不用泵轮转矩系数 $\lambda_1$ 为纵坐标，而是用 $\lambda_1 \cdot \gamma$ 为纵坐标。显然用 $\lambda_1 \cdot \gamma$ 作纵坐标将给计算带来更大的方便。如仍以 $\lambda_1$ 表示 $\lambda_1 \cdot \gamma$ 的乘积，则以下式：

$$\lambda_1 = \frac{M_1}{n_1^2 D^5} \tag{10-3}$$

表示 $\lambda_1$ 仍然正确。

同一系列所有变矩器的原始特性都一样，有了原始特性曲线，就可以做该系列的任一变矩器的输出特性曲线，不需要每一个都去做试验。在变矩器的原始特性上，可以列出以下一些表征一组相似变矩器工作性能的特性参数，如图 10-2 所示。

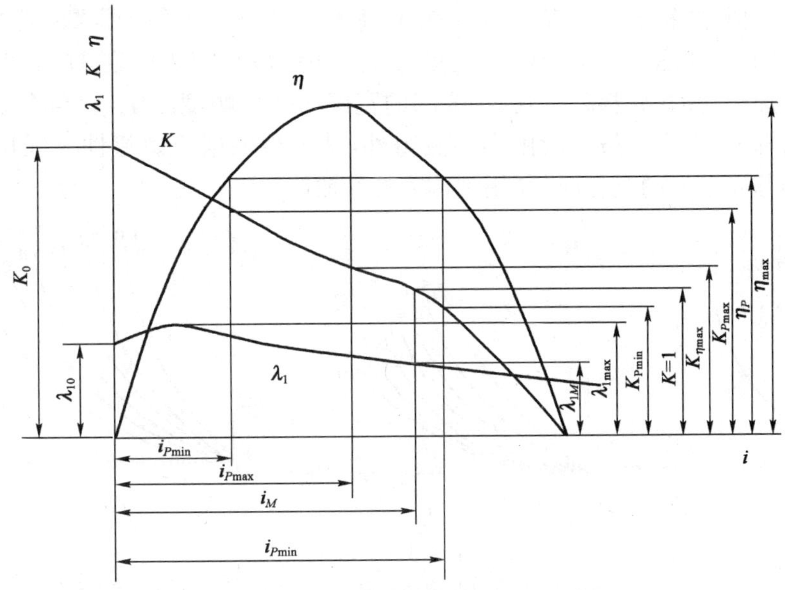


图 10-2　液力变矩器的原始特性

(1)变矩器启动变矩系数 $K_0$——传动比 $i=0$ 时的变矩系数；

(2)变矩器泵轮起动转矩系数 $\lambda_{10}$——传动比 $i=0$ 时的泵轮转矩系数；

(3)变矩器工作效率 $\eta_p$——机器正常工作允许的最低效率，工程车辆一般取 $\eta_p=0.75$；

(4)变矩器工作变矩系数 $K_{\mathrm{p}}$——与 $\eta_p$ 相对应的变矩系数 $i$；

(5)变矩器工作传动 $i_{\mathrm{p}}$——与 $\eta_p$ 相对应的传动比；

(6)变矩器最大效率 $\eta_{\max}$；

(7)变矩器最大效率变矩系数 $K_{\eta\max}$——与 $\eta_{\max}$ 相对应的变矩系数；

(8)变矩器最大效率传动比 $i_{\eta\max}$——当 $\eta=\eta_{\max}$ 时的传动比；

(9)变矩器的耦合器工况传动比 $i_M$——当 $K=1$ 时的传动比；

(10)变矩器在耦合器工况下的泵轮转矩系数 $\lambda_{1M}$——当 $K=1$ 时的泵轮转矩系数；

(11)变矩器透穿性系数 $\Pi$。

通常在变矩器特性曲线上取 3 个工况：$i=0$ 时的制动工况、$i=i_{\eta\max}$ 时的最高效率工况和 $i=i_M$ 时的耦合器工况作为变矩器的评价特性。但上述三个工况不足以评价变矩器的全部特性，所以引入工作变矩器变矩系数 $K$ 这一概念。工作变矩器变矩系数相应于机械主要运转工况所允许的最低效率值如图 10-2 所示，工程机械取 $\eta_p=75\%$，汽车通常取 $\eta_p=80\%$。

综上所述，可以总结出评价变矩器特性的主要参数有：表示变矩性能的 $K_0$、$K_p$ 和 $K_{\eta\max}$；表示经济性能的 $\eta_{\max}$、$i_M$；表示泵轮转矩系数的 $\lambda_{10}$、$\lambda_{1\max}$ 和 $\lambda_{1M}$；以及表示穿透性能的 $\Pi$。这些参数除 $\Pi$ 以外一般越高越好，而且高效区 $\eta_p\geqslant75\%$的范围要宽。

## 三、液力变矩器的输入特性

以泵轮转矩系数 $\lambda_1$ 作为参数而绘制的泵轮轴转矩 $M_1$ 与转速 $n_1$ 间函数关系的曲线称为液力变矩器的输入特性或负载抛物线，如图 10-3 所示。如前所述，在关系式 $M_1=\lambda_1\cdot\gamma D^5 n_1^2$ 中 $\lambda_1$ 并非一常数，而是一相似不变量，因此 $M_1=\lambda_1\cdot\gamma D^5 n_1^2$ 代表了同一系列变矩器在相似工况下工作时的泵轮轴转矩 $M_1$ 与转速 $n_1$ 之关系。当给定了变矩器的有效直径 $D$ 后，用给定工作液体即 $\gamma$ 为一定值，在给定的工况下即 $\lambda_1$ 为定值，此时 $\lambda_1\cdot\gamma D^5$ 等于常数，就可画出一条通过坐标原点的抛物线，如图 10-3a)所示。在变工况下，因为 $\lambda_1=f(i)$。这样，在曲线图上将绘出一组通过坐标原点的抛物线族。该抛物线族的宽度由变化幅度决定，即与变矩器的透穿性有关。输入特性除 $i=0$ 的一条一般由实验测得外，其余均根据原始特性曲线用计算方法得出。研究变矩器与发动机的配合时，要用到输入特性曲线。

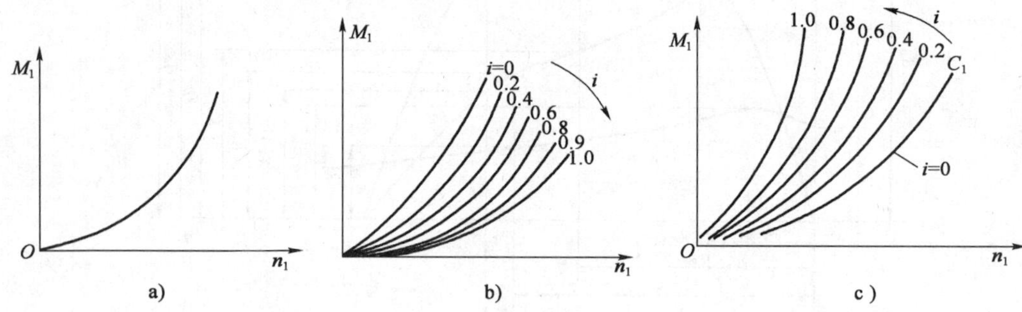


图 10-3　液力变矩器输入特性

a)不透性变矩器输入特性；b)正透性变矩器输入特性；c)负透性变矩器输入特性

对于透穿性的变矩来说，通常以 $i=0.1$ 的间隔来绘制输入特性就已足够了。有时为了使用方便，在输入特性上还可以绘出与 $\lambda_1=\lambda_{1\max}$；$\lambda_1=\lambda_{1\eta\max}$ 等特性参数相应的特征性抛物线。随着透穿性系数的下降，输入特性上的抛物线将相互靠近。对于绝对不透的变矩器 $\lambda_1=$常数，输入特性上只有一条抛物线，如图 10-3a)所示。

## 四、液力变矩器的透穿性

变矩器输出轴负荷对输入特性的影响程度称为变矩器的透穿性，透穿性用透穿系数 $\Pi$ 表示。

$$\Pi=\frac{\lambda_{10}}{\lambda_{1M}} \tag{10-4}$$

按透穿性能可分为：正透性、不透性和负透性三种，如图 10-4 所示。

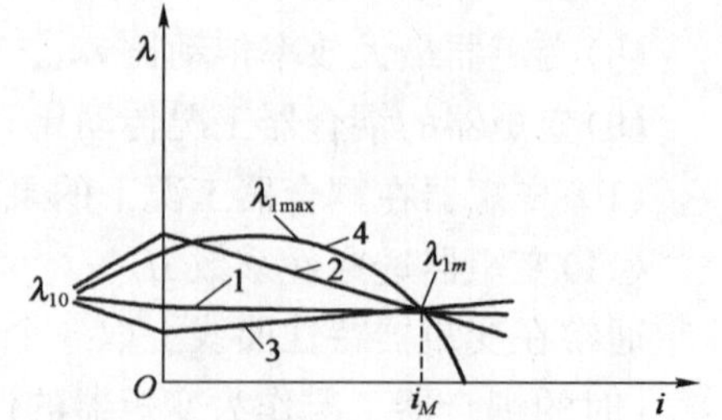


图 10-4　变矩器的透穿性

1. 正透性

$\lambda_1$ 随 $i$ 的减小而增大的特性称为正透性，正透性的透穿系数 $\Pi>1$，如图 10-4 中的曲线 2 所示。

2. 不透性

$\lambda_1$ 不随 $i$ 的变化而变化的特性称为不透性，不透性的透穿系数 $\Pi=1$，如图 10-4 中的曲线 1 所示。

3. 负透性

$\lambda_1$ 随 $i$ 的减小而减小的特性称为负透性，负透性的透穿系数 $\Pi<1$，如图 10-4 中的曲线 3 所示。

不少向心涡轮具有混合透性，就是在 $i$ 小于某一值的工况下为负透性，在 $i$ 大于该值以后为正透性。这种变矩器的透穿系数，常用 $\Pi=\lambda_{1max}/\lambda_{1M}$ 表示，$\lambda_{1max}$ 最大泵轮力矩系数，如图 10-4 中的曲线 4 所示。

变矩器的结构形式不同，其透穿性也有所不同，从而导致变矩器的特性不同。图 10-5 所示为不同结构形式的变矩器的透穿性对输出性能的影响。

图 10-5a) 所示，当涡轮呈向心布置时，液力变矩器具有正透性。泵轮转矩 $M_1$ 随涡轮轴转速 $n_2$ 的增大而减少，即泵轮转矩作随负荷减小而减小的同向变化。

图 10-5b) 所示，当涡轮呈轴向布置时，液力变矩器具有不透性。液流在涡轮中受到的附加离心力几乎不影响液流的速度，因此轴向式的变矩器，往往具有较大的不透性，即泵轮转矩 $M_1$ 基本上不随负荷变化而变化，即 $M_1 \approx const$。

对于图 10-5c) 所示，当涡轮呈离心布置时，涡轮与泵轮布置在同一侧，且涡轮在泵轮的前方，此时液流在涡轮中产生的附加离心力将增大液体的流量，液力变矩器有负透性。因此，泵轮转矩 $M_1$ 将随涡轮轴转速增大而增大，即泵轮转矩随负荷减小而增大的反向变化。

如果将其他性能均相同，只是透穿性不同的具有不透性和正透性两种变矩器的原始特性以同一比例画在同一坐标内，如图 10-6 所示。从图中不难看出，实线表示的正透性变矩器，比虚线表示的不透性变矩器有许多优点。例如高效区域变宽，变矩系数增大，在一定的 $M_2$ 下可以使涡轮轴得到较大的转速 $n_2$，使车辆在传动系速比一定的情况下，具有较大的速度。在一定的泵轮转矩 $M_1$ 下使涡轮力矩 $M_2$ 增大，改善了车辆的牵引性能，有利于车辆起步。目前工程机械上多采用具有不大的正透性、不透性和混合透性的液力变矩器，极少采用负透性变矩器。

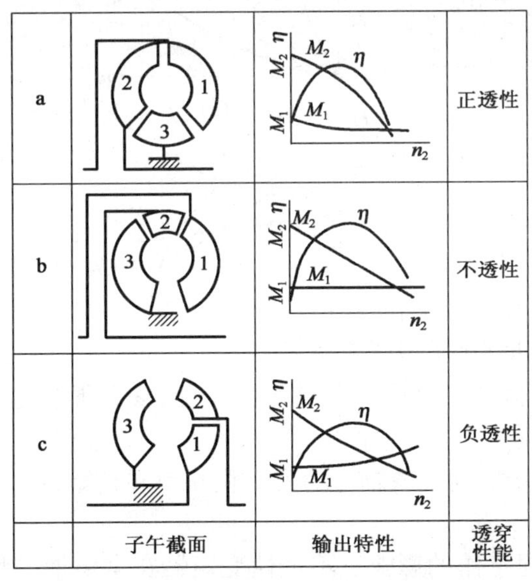


图 10-5 具有不同透性液力变矩器的输出特性

a-正透性；b-不透性；c-负透性

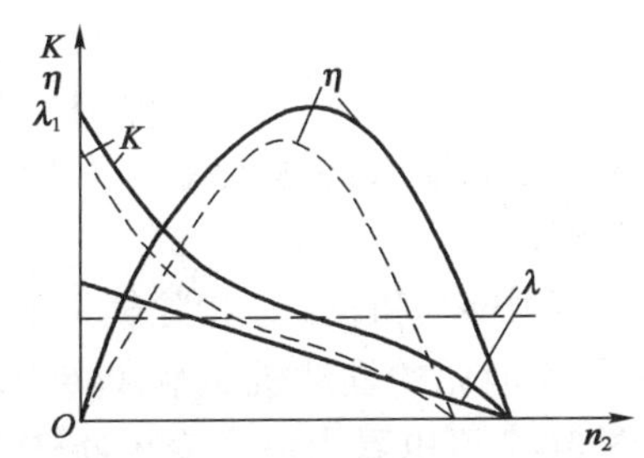


图 10-6 不透和正透变矩器原始特性曲线比较

实线-正透性变矩器；虚线-不透性变矩器

# 第二节　液力变矩器与发动机共同工作特性

液力变矩器作为动力机械与工作机械之间的一个传动元件，总是与一定的动力机械联合工作的。一般来讲，工程机械用液力变矩器，大多是与柴油机共同工作的。发动机与液力变矩器配合后，可以看成是一种新的动力装置，它具有新的外特性。实践证明，一台性能良好的发动机与一台性能良好的液力变矩器相匹配，不一定获得优良性能的动力装置；如果匹配不当，反而是性能变坏。液力变矩器与发动机共同工作特性包括共同工作的输入特性与共同工作的输出特性。

## 一、液力变矩器和发动机共同工作的输入特性

当液力变矩器和发动机共同工作时，在变矩器和发动机的特性之间存在一定的相互制约关系。这种关系可以用变矩器和发动机共同工作的输入特性来表示。

把发动机转矩曲线和液力变矩器负荷抛物线按照同一比例画在一起，它们的交点即是发动机与变矩器的共同工作点。若发动机已选定，则其特性曲线为已知，只要把已选定变矩器的输入特性曲线，也就是负荷抛物线按照同一比例画在其上即得。该变矩器与发动机共同工作的输入特性曲线，如图 10-7②所示。

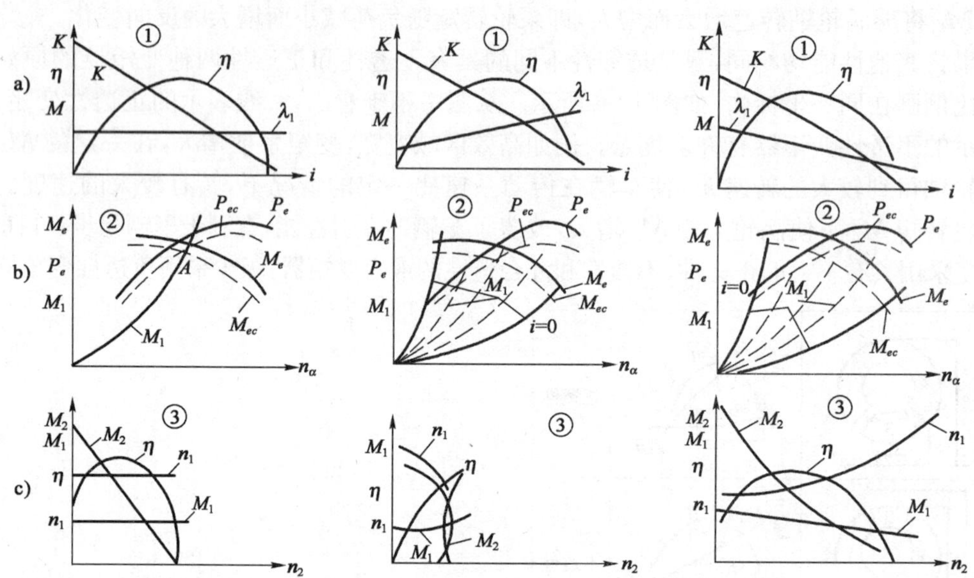


图 10-7　变矩器与发动机的共同工作图

a)不透性变矩器；b)负透性变矩器；c)正透性变矩器

共同工作的输入特性曲线用以评价液力变矩器与发动机匹配的优劣，可以核查所选变矩器是否合理。

图 10-7 中 $P_{ec}$ 和 $M_{ec}$ 是扣除辅助装置消耗后转换到泵轮轴上的发动机功率和转矩，$P_a$ 和 $M_a$ 是未扣除消耗的发动机功率和转矩。

从图 10-7 可以看出液力变矩器透穿性对共同工作的影响。不透性变矩器在全供油的情况下有一个工作点，即 $A$ 点，部分供油下，工作点沿此抛物线变化，共同工作范围为该抛物线上的一段线段。可透变矩器共同工作范围较大，为发动机全供油时的力矩曲线与最外两条抛

物线所围成的面积。

图 10-7②所示给出了发动机的外特性，为变矩器与发动机在上述工况下共同工作的动力性和经济性，提供了一个新的概念。但图 10-7②只能表明共同工作的工况范围，却不能表现发动机在部分内供油状态下与变矩器共同工作时的经济性。因此，在共同工作特性的特性上常用发动机的通用特性代替调速特性，如图 10-8 所示。从图中可以清楚的看出变矩器与发动机共同工作的全部工况下，发动机的燃料经济性，并阐明发动机最经济的燃料消耗区是否被充分利用。

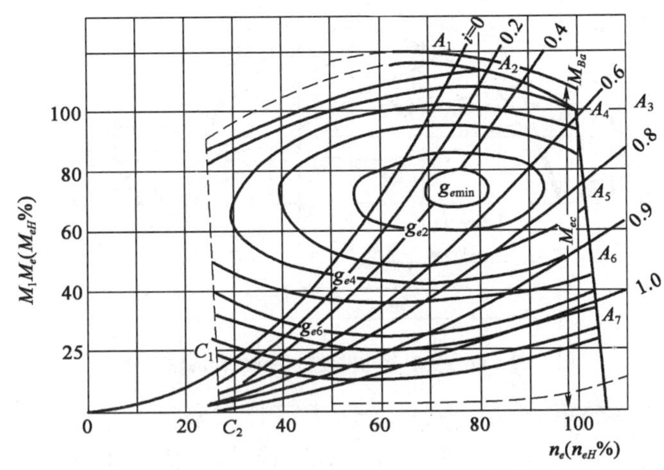


图 10-8　液力变矩器与发动机共同工作的输入特性

## 二、液力变矩器与发动机共同工作的输出特性

是指液力变矩器与发动机共同工作的输入特性反映了两者特性参数之间的相互制约关系，而这种联合工作的结果，则使得液力变矩器输出轴上的功率、转矩、转速以及发动机在共同工作下的燃料经济性等参数之间存在着完全确定的函数关系。此种函数关系用液力变矩器与发动机共同工作的输出特性来表示。实际上当液力变矩器与发动机联合工作时，它们总是可以看成是某种能对外输出一定功率，并具有一定的转矩和转速调节范围，以及有自己燃料经济性的复合动力装置。此时，变矩器与发动机共同工作的输入特性可看作这种复合动力装置的内部特性，而共同工作的输出特性则以外部特性的形式显示两者联合工作的最终结果。通常液力变矩器与发动机共同工作的输出特性包括下列特性参数间函数关系的曲线图形：

$$M_2 = f(n_2)、P_2 = f(n_2)、\eta_2 = f(n_2)、G_{T2} = f(n_2)、g_{e2}f(n_2)$$

有时为了使用方便，在输出特性还画出变矩器泵轮轴上转矩随$n_2$而变化的曲线$M_1 = f(n_2)$。

作为某种复合动力装置的外特性，发动机与变矩器共同工作的输出特性，全面地反映了这种动力装置的动力性和燃料经济性。因此，在与其他类型的原动机相比较时，共同工作的输出特性将成为评价动液传动的动力性和经济性的基础。对于配备动液传动的各类牵引机械来说，它们是进行机器牵引计算的原始依据。

与发动机的外特性相似，在共同工作的输出特性曲线上，可以列出某些表示其动力性和经济性的基本指标如图 10-9 所示。

(1)涡轮轴上最大输出转矩 $M_{2max}$——涡轮转速为零时的输出转矩；

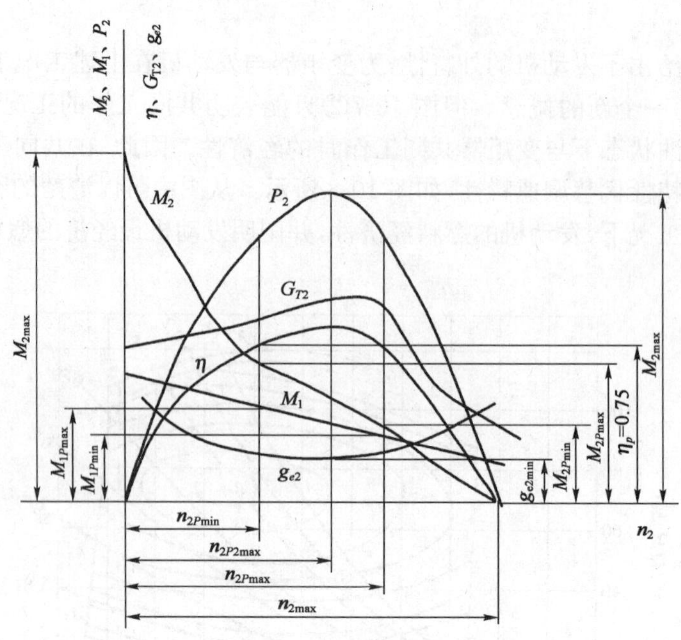

图 10-9　液力变矩器与发动机共同工作的输出特性

(2)最大和最小工作转矩 $M_{2P\max}$、$M_{2P\min}$——与工作效率为 75%相对应的输出转矩；

(3)动力学工作范围 $d=M_{2P\max}/M_{2P\min}$——在不换挡，且效率不低于 75%时所能克服的阻力变化范围；

(4)最大和最小工作转速 $n_{2P\max}$、$n_{2P\min}$——与工作效率为 75%相对应的涡轮轴转速；

(5)运动学工作范围 $d_r=n_{2P\max}/n_{2P\min}$——在工作效率区域内转速自动变化的范围；

(6)最大输出功率 $P_{2\max}$；

(7)最大功率转速 $n_{2P2\max}$——输出功率最大时涡轮轴转速；

(8)最高空转转速 $n_{2\max}$——输出转矩为零时的涡轮轴转速；

(9)最低比油耗 $g_{e2\min}$。

液力变矩器与发动机共同工作的输出特性曲线按下列方式作出：

根据共同工作输入特性曲线的工作点，求得对应于每一个传动比 $i$ 的一系列 $M_1$ 和 $n_1$，再由原始特性曲线求出对应于每一个传动比 $i$ 的变矩系数 $K$ 和效率 $\eta$。按公式 $n_2=in_1$，$M_2=KM_1$，即可求得 $M_2=f(n_2)$和 $\eta_2=f(n_2)$等曲线，如图 10-7③所示。图 10-7①所示为原始特性曲线。

同理，找出对应于每一个传动比 $i$ 的小时耗油量 $G_{T2}$，可以绘出 $G_{T2}=f(n_2)$曲线，并按公式 $P_2=M_2n_2$、$g_{e2}=G_{T2}/P_2$，即可求得 $P_2=f(n_2)$、$g_{e2}=f(n_2)$曲线。

## 第三节　液力变矩器与发动机的合理匹配

因为一台效率高，性能良好的变矩器往往需要经过多次反复的设计、试验、修改之后才能获得，因此在设计工程机械时，很少需要重新设计变矩器的情况。通常总是希望在现有的产品内选择一台经过试验，性能良好，已经成熟的变矩器作为基型，并在它的基础上按相似设计的原则去扩大变矩器的系列，以满足整机性能的要求。当某类型变矩器已有其系列时，则这一任务可归结为怎样选择一台适用的变矩器，并使变矩器和发动机能合理的匹配。本节将讨论如何按相似原则来设计变矩器和解决它与发动机的合理匹配问题。

应当指出，发动机与变矩器的合理匹配是按相似原则设计变矩器所必须解决的基本问题。发动机与变矩器共同工作的工况是由发动机的调速特性即转矩曲线和变矩器的输入特性即负载抛物线束所共同包围的区域来确定的，如图 10-7②所示。随着输入特性与发动机转矩特性相对位置的不同，两者共同工作的结果也会有所不同。

所谓合理匹配就是指如何选择变矩器与发动机共同工作的工况，亦即确定发动机转矩特性和变矩器输入特性在共同工作输入特性图上的相对位置，以保证两者的共同工作能获得最佳的效果。具体讲，变矩器与发动机共同工作时的匹配包括功率匹配和速度匹配两个方面。

## 一、功 率 匹 配

工程机械的发动机，除把功率传给变矩器外，同时还有一部分功率要传给其他装置，如传给工作液压泵和转向液压泵等。只有输入到变矩器泵轮轴上的那部分发动机转矩和功率才参与两者的共同工作，因此首先必须解决应按多大的发动机功率和转矩研究发动机和变矩器的匹配问题，即所谓全功率匹配还是部分功率匹配。

在工程机械上总有一些辅助装置必须由发动机直接传给工作机构。显然这些不通过变矩器而直接消耗的发动机转矩和功率必须从发动机的有效转矩和功率中加以扣除，否则，在实际工作中两者共同工作的工况就有可能大大偏离预定的匹配工况。

*1. 确定发动机自由转矩 $M_{ec}$ 和自由功率 $P_{ec}$*

发动机自由转矩 $M_{ec}$，即扣除辅助装置和功率输出轴的消耗后余下的发动机转矩；自由功率 $P_{ec}$，即扣除辅助装置和功率输出轴的消耗后的发动机功率。可按照式(10-5)和式(10-6)确定发动机自由转矩 $M_{ec}$ 和自由功率 $P_{ec}$：

$$M_{ec} = M_e - M_{Ba} - M_{PTO} \tag{10-5}$$

$$P_{ec} = P_e - P_{Ba} - P_{PTO} \tag{10-6}$$

式中：$M_{Ba}$、$P_{Ba}$——消耗在驱动辅助装置上的发动机转矩，Nm 及功率，kW；

$M_{PTO}$、$P_{PTO}$——分别为消耗在驱动功率输出轴上的发动机转矩，Nm 及功率，kW，其他符号意义同前。

对于推土机来说，由于在作业时铲刀提升液压泵不是经常和变矩器共同工作，因此可以认为这一油泵处于空载状态，也就是说：

$$M_{PTO} = 0, P_{PTO} = 0$$

消耗于辅助装置中的转矩和功率可以分成两部分：一部分为空载油泵，如主离合器、转向离合器油泵等的消耗，这一消耗可以近似地认为与转速的一次方和平方成正比；另一部分是变矩器冷却油泵的消耗，它是按工作负载变化的。因此，$M_{Ba}$ 和 $P_{Ba}$ 可按式(10-7)、式(10-8)进行计算：

$$M_{Ba} = (0.03 \sim 0.05) M_{eH} \left(\frac{n_e}{n_H}\right) + M_{BaT} \tag{10-7}$$

$$P_{Ba} = (0.03 \sim 0.05) P_{eH} \left(\frac{n_e}{n_H}\right)^2 + P_{BaT} \tag{10-8}$$

式中：$M_{eH}$、$P_{eH}$、$n_e$——发动机的额定转矩(N·m)功率(kW)和转速(r/min)；

$M_{BaT}$、$P_{BaT}$——变矩器油泵所消耗的转矩(N·m)及功率(kW)；

$n_H$——变矩器油泵空载转速，r/min。

$M_{BaT}$、$P_{BaT}$可按式(10-9)和式(10-10)计算：

$$M_{BaT} = \frac{pq_T}{2\pi\eta_{bm}} \tag{10-9}$$

$$P_{BaT} = \frac{pQ_T}{\eta_{bm}} \tag{10-10}$$

式中：$p$——油泵工作压力，MPa；

$Q_T$、$q_T$——油泵理论流量，L/s 和排量，mL/r；

$\eta_{bm}$——油泵机械效率，$\eta_{bm}=85\%\sim88\%$。

推土机消耗于辅助装置中的转矩和功率相对较小，因此可以按全功率匹配，否则功率将有较大浪费。

对于装载机来说，工作装置液压泵经常和变矩器共同工作，即装载机一面前进，铲斗一边铲装物料。它是依靠整机的牵引力和铲斗的提升力同时作用，因此在挖掘和装载作业的过程中，发动机除了把功率传给变矩器外，同时还带动液压工作系统的主泵，工作装置液压泵往往要消耗发动机很大的一部分转矩和功率，约占额定转矩和功率的 35%～40%。亦即：

$$M_{PTO} = (0.35 \sim 0.40)M_{eH}、P_{PTO} = (0.30 \sim 0.40)P_{eH}$$

因此，在这一场合下，与变矩器应按扣除 35%～40%的发动机转矩和功率来进行匹配。但是考虑到装载机属于一种万能的机械，还可能被用来进行其他作业，例如拖挂铲运斗，换装其他工作装置等，如按 30%～40%来扣除发动机的转矩和功率，则在进行其他牵引作业时，变矩器的匹配功率会感到不足。因此为了兼顾其他作业的需要，对于装载机可以扣除 20%的发动机转矩和功率作为与变矩器的匹配转矩和功率，亦即：

$$M_{PTO} = 0.2M_{eH}、P_{PTO} = 0.2P_{eH}$$

在这种情况下，如果仍按全功率匹配来选择装载机的变矩器，由于变矩器和主工作泵同时工作，就会压低发动机转速，使发动机功率得不到充分发挥，从而使装载机的生产率降低。为了清楚，以图 10-10 为例加以说明。

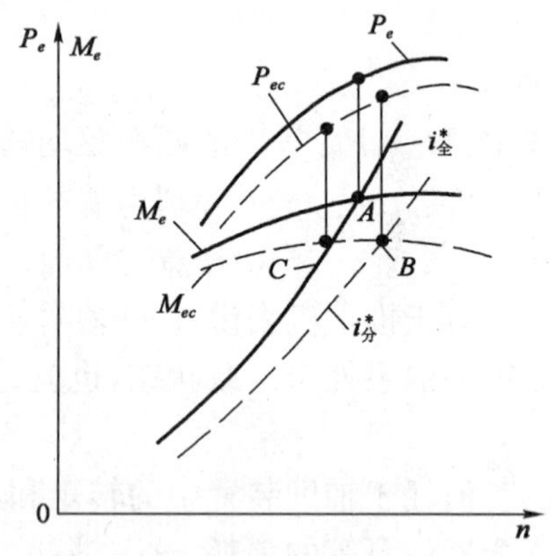


图 10-10　变矩器与发动机全功率、部分功率匹配

图中 $P_{ec}$、$M_{ec}$为扣除了辅机及其他工作装置消耗后的发动机功率和转矩。

从图 10-10 中可以看出：如果希望充分利用发动机功率，按全功率匹配的观点选择了一个变矩器，其负荷抛物线中相应高效率的一条，即 $i=i^*_全$的一条与发动机转矩曲线即 $M_e$ 实线交于 $A$ 点。但实际上由于辅机及其他液压工作泵等消耗了一部分功率，功率曲线和转矩曲线都降低到图上的 $P_{ec}$及$M_{ec}$虚线所示位置。这时若还按全功率匹配观点选择变矩器，图中最高效率时的负荷抛物线不可能与 $A$ 点相结合，而是交于 $C$ 点。$C$ 点对应的实际发动机功率较小。也就是说，发动机的最大功率不能充分利用。

按部分功率匹配时，图中虚线 $i=i^*_分$所示的方案，就是扣除了实际的辅机及其他工作液压泵等装置消耗的功率，然后根据发动机剩下的功率来选的变矩器。所得 $B$ 点就较 $A$ 点功率利用合理。这对装载机变矩器与发动机的匹配是较为合适的。

但是，实际工作中，液压工作主泵等也不可能经常满载工作，即工作过程中的曲线不可能完全与虚线重合，也就是说变矩器与发动机即使按部分功率匹配也不能达到较理想的匹配之目的，更不能有能按机械实际工作情况自动实现合理匹配的可能。

所以，较为理想的匹配方案是，当全功率牵引即液压主泵不工作时，使 $i^*$ 工况的负荷抛物线如图中的实线所示，而部分功率牵引即液压主泵工作时，使 $i^*$ 工况的负荷抛物线为虚线所示，介于全功率匹配和部分功率匹配时的工况，处在实线与虚线之间所围的面积内。

双泵轮液力变矩器的发展解决了这个难题。它能根据实际功率牵引情况而自动的改变泵轮力矩系数，从而改变泵轮力矩，实现与发动机的理想匹配。

这种结构的液力变矩器如图 10-11 所示。导轮 $D$ 与支座固连，主泵轮 $B_1$ 即内泵轮与外壳连在一起并通过齿圈与发动机相连，使动力输入，在外壳里装一活塞，油可通入其中，并且油压可调。另一个辅助泵轮 $B_2$ 即外泵轮，与主泵轮间设置离合器，接合时与主泵轮一起传递力矩；不接合时则空转。接合与否可人为操纵，可使此操纵与工作泵联动。$B_2$ 通过滚针轴承支承在轴上。$B_2$ 的外环背面与离合器被动盘连接，被动盘置于活塞与主动盘之间，主动盘即为 $B_1$ 外环的背面，并与 $B_1$ 固联。涡轮 $T$ 通过轴支承在支座上。轴向力由止推轴承承受。

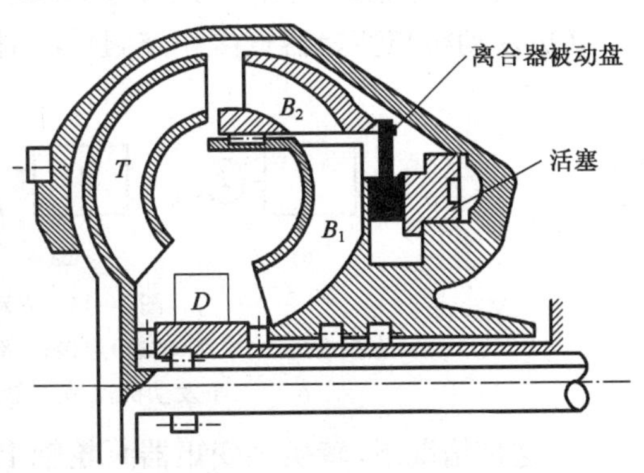

图 10-11　双泵轮变矩器结构简图

工作时根据地面附着性调定离合器最大操纵油压。当活塞缸通入压力油时，$B_1$ 就与 $B_2$ 结合在一起共同传递力矩。调整油压，则可改变活塞施于摩擦片的正压力，即可调整传到 $B_2$ 上的最大力矩。

当工作液压泵工作时，比如装载机提铲时，活塞缸的压力油卸压，$B_2$ 空转。此时的输入特性如图 10-12 中虚线所示。当工作液压泵不工作时，压力油进入活塞缸，$B_1$ 与 $B_2$ 结合。此时输入特性如图上的实线所示。图 10-13 是该种变矩器泵轮的力矩特性。

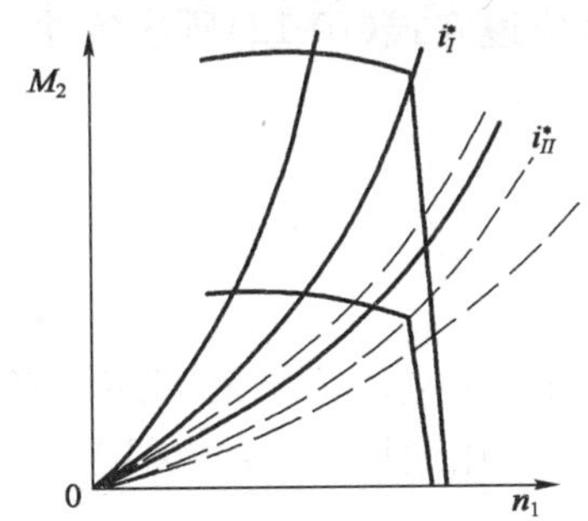

图 10-12　双泵轮变矩器工作特性图

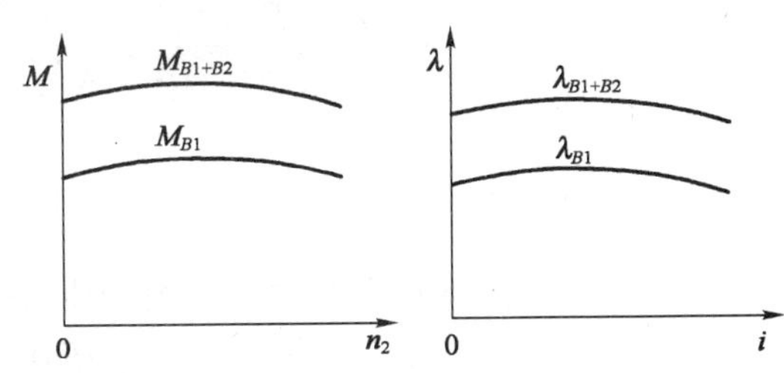

图 10-13　双泵轮变矩器的力矩特性

2. 变矩器和发动机的连接方式对功率匹配的影响

变矩器和发动机还可能存在着各种不同的连接方式，从原则上可将其分为两种型式：串联连接和并联连接。连接方式不同，输入变矩器的转矩和功率也不同。因此在研究两者的合理匹配时，有必要讨论一下不同连接方式下，将自由转矩和自由功率转换到变矩器输入轴上的方法。

当发动机与变矩器作串联连接时，发动机传递给驱动轮的功率全部通过液力变矩器，因而也称串联功率流式。从传动系的型式来看，则属于液力-机械的串联复合传动。

当发动机和并联传动机构连接时，即发动机传给驱动轮的功率分别由几条并联的功率流传递。其中经过液力变矩器的仅为一部分功率，所以也称并联功率流式。按传动系型式来分类，则称为液力—机械的并联复合传动。

本节仅以串联功率流式和并联功率流式作为重点，讨论这两种型式的变矩器与发动机共同工作时，将自由转矩和自由功率转换到变矩器输入轴上的方法。

1)串联功率流式

在串联功率流的形式中，又可分为以下 4 种情况来讨论。

(1)发动机与变矩器直接相连，且发动机全部功率通过液力变矩器，如图 10-14a)所示。

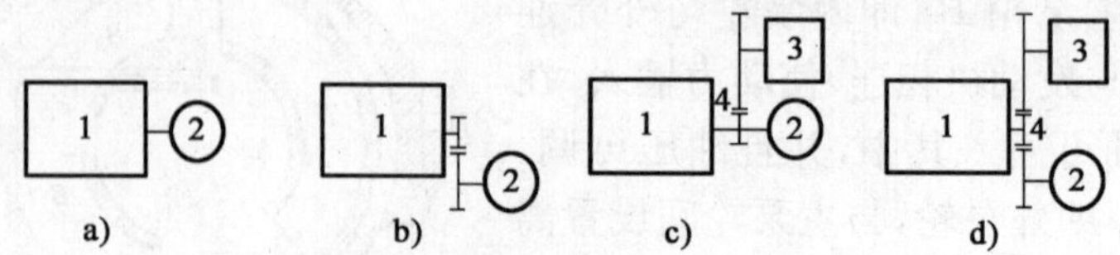


图 10-14　发动机与变速器的串联连接

a)直接连接；b)减速(增速)连接；c)部分功率直接连接；d)部分功率减速(增速)连接

1-发动机；2-变速器；3-分动器；4-减速(增速)装置

在这种情况下，转换至变矩器泵轮轴上发动机调速特性即为发动机本身的调速特性。很显然，发动机与变矩器共同工作的必要条件是：

$$M_e = M_1, n_e = n_1 \tag{10-11}$$

式中：$M_e$、$M_1$——输入转矩，N·m；

$n_e$、$n_1$——分别为发动机与变矩器泵轮轴的转速，r/min。

如果在变矩器输入特性上同时等比例绘出发动机的调速特性，那么满足上述条件的发动机与变矩器共同工作的全部可能工况就可清楚地表现出来。

(2)发动机与变矩器直接相连，且在发动机和变矩器之间采用减速器或增速器。如图 10-14b)所示。

在这种情况下，转换至变矩器泵轮轴上发动机调速特性应遵守式(10-12)所述条件：

$$\begin{aligned} &n'_e = \frac{n_e}{i_g}, M'_e = M_e i_g \eta_g, P'_e = P_e \eta_g \\ &G'_T = G_T, g'_e = \frac{g_e}{\eta_e} \end{aligned} \tag{10-12}$$

式中：$M'_e$、$n'_e$、$P'_e$——换算到泵轮轴上的发动机有效转矩，N·m、转速，r/min 和有效功率，kW；

$G'_T$、$g'_e$——换算到泵轮轴上的发动机小时燃油耗，g/h、比油耗，g/(kW·h)；

$i_g$、$\eta_i$——中间减速器或增速器的传动比和效率。

图 10-15 所示为转换至泵轮轴上的发动机调整特性。图中实线是发动机本身的调速特性，虚线和点划线则分别表示装有中间减速器和增速器时，转换到泵轮轴上的发动机调速特性。

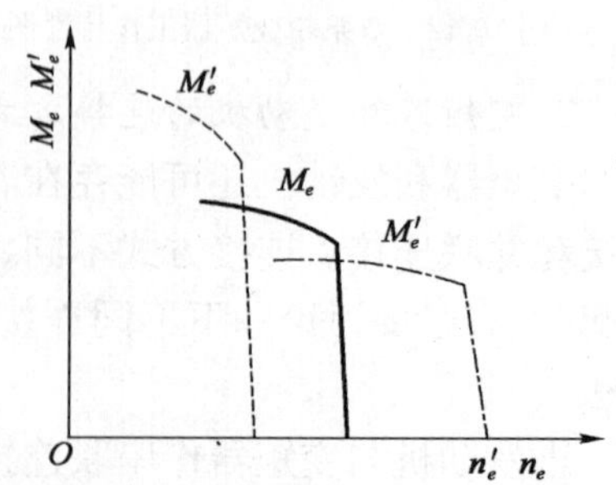


图 10-15　转换至泵轮轴上的发动机调整特性

从图 10-15 中可以看到，安装中间减速器后，转换至泵轮轴上的发动机转矩 $M'_e$增大了，其变化范围也相应扩大。但换算后的发动机转速 $n'_e$则减小了，其变化范围也相应缩小。当安装中间增速器后，情况正好相反，$M'_e$在数值和变化范围上都缩小，而 $n'_e$的数值和变化范围则相应增大。

由此可见，利用中间减速器或增速器的方法可在一定范围内调节发动机与变矩器共同工作的区域。在获得了转换至泵轮轴上的发动机调速特性后，按同一比例尺将它绘在变矩器的输入特性上，就不难得到两者共同工作的输入特性。此时，变矩器与发动机共同工作的必要条件是：

$$M_1 = M'_e, n_1 = n'_e$$

(3)发动机直接与变矩器相连，但在变矩器之前，发动机分出一部分功率来驱动机器的辅助装置和功率输出轴，如图 10-14c)所示。

从原则上来说应尽可能避免在液力变矩器前接入任何消耗发动机功率的装置。但在大多数工程车辆上仍有许多辅助装置必须由发动机直接驱动，这些装置包括操纵系和制动系用的油泵、气泵、冷却润滑系统用的油泵等。此外在某些场合下，例如对于装载机，驱动工作装置用的功率输出轴也往往需要直接由发动机来驱动。

在这种情况下，将发动机的调速特性转换至泵轮轴上时，必须从发动机的转矩和功率中扣除辅助装置和功率输出轴的消耗。调速特性的换算应遵守式(10-13)所述条件：

$$\left.\begin{aligned} n'_e = n_e, M'_e = M_{ec}, P'_e = P_{ec} \\ G'_T = G_T \frac{P_{ec}}{P_e}, g'_e = g_e \end{aligned}\right\} \tag{10-13}$$

辅助装置所消耗的发动机转矩通常不是一个常量，它将随着发动机转速的增大而增大，如图 10-8 所示。利用关系式(10-5)、式(10-6)和式(10-13)，可作出转换至泵轮轴上的发动机调速特性。据此，即可绘出变矩器与发动机共同工作的输入特性。此时两者共同工作条件为：

$$M_1 = M'_e, n_1 = n'_e$$

(4)发动机通过中间减速器或增速器与变矩器相连，而在变矩器前发动机分出部分功率驱动辅助装置和功率输出轴，如图 10-14d)所示。

在此种情况下，对发动机调速特性进行换算的条件为：

$$\begin{aligned} n'_e = \frac{n_e}{i_g}, M'_e = M_{ec} i_g \eta_g, P'_e = P_{ec} \eta_g \\ G'_T = G_T \frac{P_{ec}}{P_e}, g'_e = \frac{g_e}{\eta_g} \end{aligned} \tag{10-14}$$

$M_{ec}$和 $P_{ec}$可按式(10-5)和式(10-6)计算。根据关系式(10-14)，按前述方法即可作出转换至泵轮轴上的调速特性，并绘制变矩器与发动机共同工作的输入特性。共同工作的条件仍为：

$$M_1 = M'_e, n_1 = n'_e$$

最后应当指出，由于液力变矩器和发动机共同工作的区域取决于液力变矩器的输入特性和转换至泵轮轴上的发动机调速特性，双方参数的变化即可引起共同工作偏离最佳的匹配指标。这一点对不透性的变矩器来说，尤为敏感。因此在计算液力变矩器与发动机的共同工作时要求有较高的精确性。对于一切可能在变矩器前消耗的功率则应尽可能地给予正确的考虑。

2)并联功率流式

采用并联功率流式液力机械传动的目的是为了改进液力传动效率较低的缺点。由于在并联复合传动中，发动机的功率只有一部分流经效率较低的液力变矩器，而另一部分则通过效率较高的机械传动来传递。因此，液力-机械并联复合传动的最高效率总是要比单一的动液传动的最高效率要高。而由于液力变矩器的无级调速性能，使此种传动又具有一定的自动变扭、变速的能力。也就是说，液力-机械的并联复合传动兼顾着动液传动和机械传动的特点。

最简单、常见的并联功率流式液力机械传动是双流式液力机械传动。按照差速器在变矩器输入端还是输出端安装位置的不同，双流式液力机械传动又可分为输入分配式和输出总合式两种，如图 10-16 所示。

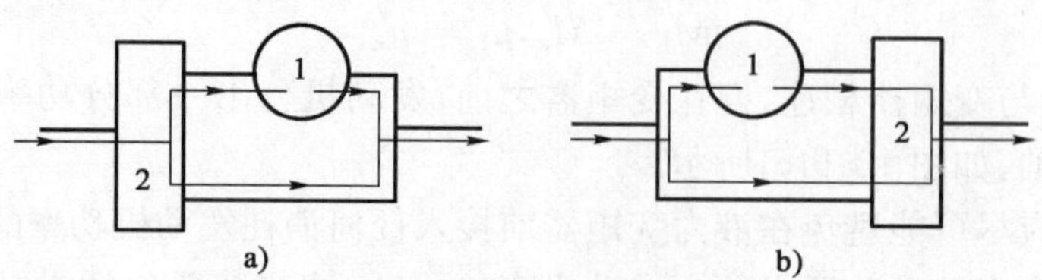


图 10-16　液力变矩器的并联连接

a)输入分配式，b)输出总和式

1-变矩器；2-行星排

由于行星排具有 3 个基本元件，即太阳轮、行星架和齿圈，如果选择任意两个元件与功率流的分支相连，而另一元件与总功率流相接，对于以上两种情况，显然可分别列出 6 种不同的传动方案。因此，从理论上来说，双流式液力机械传动可具有 12 种传动方案。其中，如图 10-17所示的 4 种方案不存在功率循环问题，它们是双流式液力机械传动最基本的形式。

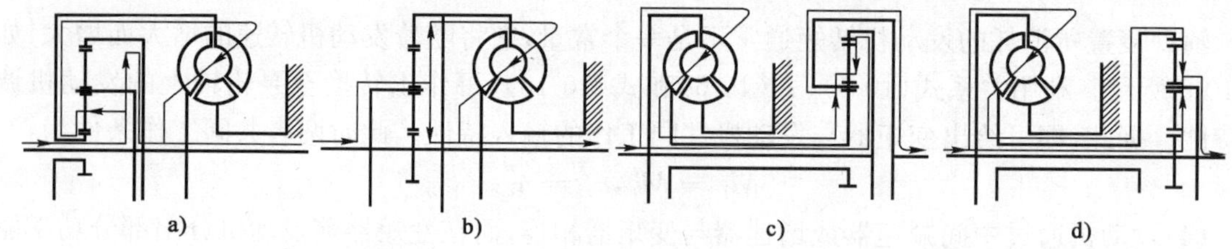


图 10-17　双流式液力机械传动的 4 种传动方案

如图 10-17 所示，根据功率输入方式的特点，可将这 4 种方案分成 2 组：

(1)总的驱动功率由行星架输入，然后分为两路传到输出轴上。

在图 10-17a)中，一路通过太阳轮接到液力变矩器的泵轮上，再经涡轮传至输出轴，另一路则经齿圈直接接到输出轴上。在图 10-8b)中，一路通过齿圈与变矩器泵轮相接，另一路由太阳轮直接传至输出轴。

(2)总的驱动功率分两路输入行星排。

在图 10-17c)中，一路经变矩器接到太阳轮上，另一路则直接与齿圈相连。在图 10-17d)中，一路经变矩器输至齿圈，另一路则直接传至太阳轮上。然后，两功率流在行星差速器中汇合成为一支总的功率流，由行星架输出。

本节以图 10-17a)为例来考虑一下功率分流式液力机械传动的无因次特性。

从行星传动的力矩平衡关系以及通过运动分析可知，不考虑传动中的机械损失时，在太阳轮、行星架、齿圈的传动转矩之间存着以下关系：

三者的转速之间则存在着以下关系：

$$n_t + \beta n_q = (1+\beta) n_j \qquad (10\text{-}15)$$

式中：$n_t$——太阳轮转速，r/min；

$n_j$——行星架转速，r/min；

$n_q$——齿圈转速，r/min。

三者的转矩之间则存在着以下关系：

$$\left.\begin{aligned}\frac{M_q}{M_t}&=\beta\\\frac{M_q}{M_j}&=\frac{\beta}{1+\beta}\\\frac{M_t}{M_j}&=\frac{1}{1+\beta}\end{aligned}\right\}\tag{10-16}$$

式中：$M_q$——齿圈上的传动转矩，N·m；

$M_t$——太阳轮上传动转矩，N·m；

$M_j$——行星架上的传动转矩，N·m；

β——行星排的特性参数，$\beta=Z_q/Z_t$；为保证构件间安装的可能，$4/3\leqslant\beta\leqslant4$；

$Z_q$——齿圈的齿数；

$Z_t$——太阳轮的齿数。

令 $M_A$ 和 $M_B$ 分别表示双流式液力机械传动的输入轴和输出轴转矩；令 $n_A$ 和 $n_B$ 分别表示输入轴和输出轴转速，则从图 10-17a)中可得出以下关系式：

$$\left.\begin{aligned}M_j&=M_A\\M_t&=M_1\\M_q+M_2&=M_B\end{aligned}\right\}\tag{10-17}$$

$$\left.\begin{aligned}n_j&=n_A\\n_t&=n_1\\n_q&=n_2=n_B\end{aligned}\right\}\tag{10-18}$$

式中：$M_1$、$n_1$——分别为变矩器泵轮轴上的输入转矩，N·m 与转速 r/min。

并联功率流式液力机械传动的变矩器系数 $K_T$ 和传动比 $i_T$ 可以用下式表示：

$$\left.\begin{aligned}K_T&=\frac{M_B}{M_A}\\i_T&=\frac{n_B}{n_A}\end{aligned}\right\}\tag{10-19}$$

由于 $M_2=M_1K$，考虑到关系式(10-15)和式(10-17)，可得：

$$K_T=\frac{M_K+M_2}{M_j}=\frac{M_q+M_1K}{M_j}=\frac{M_q}{M_j}+\frac{M_1}{M_j}K=\frac{\beta+K}{1+\beta}\tag{10-20}$$

由于 $n_2=in_1$，考虑到关系式(10-16)和式(10-18)，可得：

$$n_A=n_j=\frac{n_t+\beta n_q}{1+\beta}=\frac{n_1+\beta in_1}{1+\beta}=n_1\frac{1+i\beta}{1+\beta}\tag{10-21}$$

由此可得 $i_T$ 之表达式：

$$i_T=\frac{n_B}{n_A}=\frac{n_2}{n_1}\frac{1+\beta}{1+i\beta}=i\frac{1+\beta}{1+i\beta}\tag{10-22}$$

式中：$M_2$、$n_2$——分别为变矩器涡轮轴上的转矩，N·m 与转速 r/min。

由于 $M_1=\lambda_1\cdot\gamma D^5n_1^2$，考虑到关系式(10-15)，式(10-17)和式(10-21)，则输入轴转矩 $M_A$ 可以下式表示：

$$M_A=\lambda_1\frac{(1+\beta)^3}{(1+i\beta)^2}D^5n_A^2$$

令：
$$\lambda_T = \frac{(1+\beta)^3}{(1+i\beta)^2}\lambda_1 \tag{10-23}$$
则：
$$M_A = \lambda_T D^5 n_A^2 \tag{10-24}$$
并联功率流式液力机械传动的效率 $\eta_T$ 可用下式表示：
$$\eta_T = \frac{M_B n_B}{M_A n_A} = K_T i_T \tag{10-25}$$
同理可得：
$$\eta_T = i\frac{\beta+K}{1+i\beta} \tag{10-26}$$
从以上的讨论中可以看到，并联功率流式液力机械传动的无因次特性十分类似于通常液力变矩器的无因次特性。因此，只要进行相应的换算后，并联功率流式液力机械传动就可以用一等效的变矩器来代替。这一等效变矩器具有相同的有效直径 $D$ 和不同的无因次特性，而在与外界的输入和输出关系上则和原有的液力机械传动完全等同。

图 10-18 是根据原来变矩器的无因次特性，按式(10-20)，式(10-22)，式(10-23)，式(10-26)进行换算后绘制的双流式液力机械传动的无因次特性，按图 10-17a)所示结构方案，并取 $\beta$=2.1。

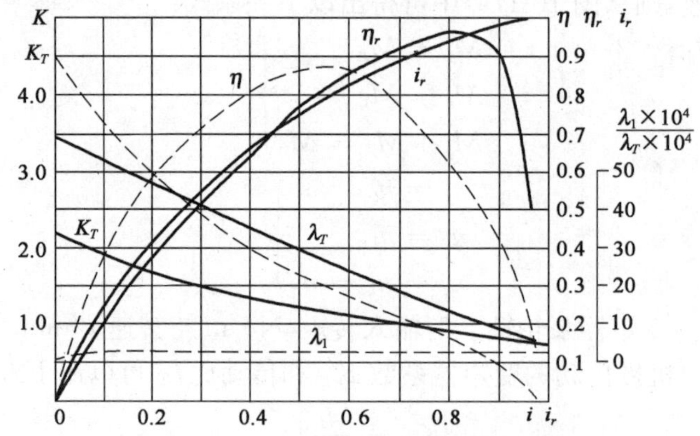


图 10-18　双流式液力机械传动的无因次特性

实线为双流式液力机械传动；虚线为原有变矩器

从图中可以看到，在低速区域，液力机械传动效率将低于原有变矩的效率。这是因为，尽管有一部分功率经过高效率的机械传动，但由于 $i<i_T$，如图 10-18 所示，变矩器将在低效率区工作，此时通过变矩器的功率损失大大增加，因而总的传动效率将低于原有的变矩器。在高速区域，由于一方面变矩器将转入高效率区工作，而另一方又有一部分功率通过高效率的机械传动实现，因此总的传动效率将大大超过原有变矩器的传动效率。同时，这种液力机械传动的最高效率显然也高于原有变矩器。

从图 10-18 中还可看出，与原有变矩器相比，这种传动的变矩性能降低了，而它的透穿性则显著地增大了。由此可见，并联功率流式液力机械传动改善最高效率的优点是依靠牺牲变矩器的变矩性能和显著增大透穿性而获得的。

显然，通过选择不同的 $\beta$ 值，可以使具有同一液力机械传动获得一系列不同的无因次特性。因此，并联功率流式液力机械传动常常用来与变矩系数较高的多级变矩器连用，以改善后者高速区效率，并通过调整差速器的参数来满足特性曲线的不同要求。这种简化只适用于不存在功率循环的行星差速器，即图 10-17 所示的各种结构，因为在此种场合下，行星传动的效率大大高于变矩器本身的效率。

在将并联功率流式液力机械传动转换成一等效变矩器之后，则它与发动机共同工作输入特性的分析讨论就完全和串联功率流式的液力机械传动一样了，共同工作的条件则为：

$$M_A = M'_e, n_A = n'_e$$

## 二、速度匹配

速度匹配是指变矩器最大效率工况匹配在发动机特性曲线上某一点，该点是匹配在高转速处的额定效率点，还是匹配在低转速处的最大转矩点？说得直观些就是使图10-19上的 $i^*$ 的一条抛物线与发动机力矩曲线交于 $C$ 点还是交于 $A$ 点还是交于 $B$ 点。

实际上目前主要是从动力性和经济性两个方面来衡量匹配的优劣。从动力性方面要求共同工作时涡轮轴平均输出功率最大；从经济方面要求共同工作时燃料消耗最少的匹配——称为最合理的匹配。要达到最合理的匹配，需要准确地知道工作机的负荷变化规律，这在目前还很难做到。此外，匹配时还应考虑共同工作时的噪声、发热等问题。要同时满足这些要求，一般是不易达到的。由于工程机械所用柴油机转矩曲线较平坦，所用变矩器大部分具有不大的正透性或混合透性。因此，目前匹配时大都是使发动机最大功率点位于为 $\eta=0.75$ 时的传动比 $i_p$ 的两条负荷抛物线之间的范围内。因为这样，在正常工作范围内，可以利用发动机功率。

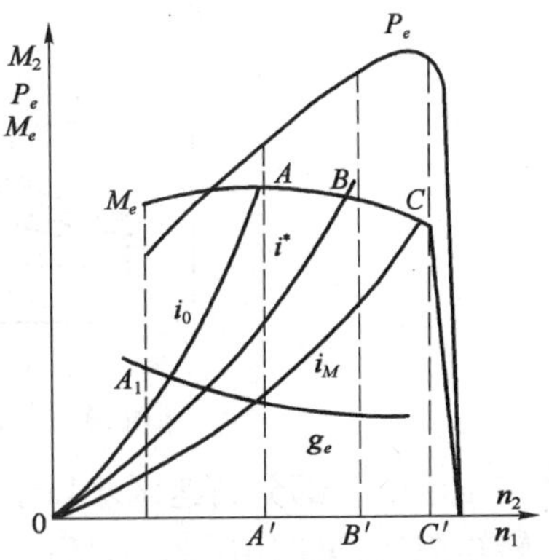

图 10-19　变矩器的高速、低速匹配

由于变矩器主要用于改善牵引性能，因此，匹配必须和牵引计算结合进行，以使能达到最好的牵引性能。液力变矩器与发动机的匹配问题是比较重要的问题，这个问题的解决还有待进一步实验，实践和必要的理论研究。

## 三、变矩器与发动机合理匹配的原则

综上所述，可以将变矩器与发动机的合理匹配原则概括为以下 3 点：

(1)应以转换到变矩器输入轴上的发动机调整特性作为解决两者合理匹配的基础。

(2)保证涡轮轴具有最大的输出功率。这是由要求机器具有最大的牵引功率这一条件所决定的。应当指出，在发动机的调速特性上，最大转矩、最大功率和最低比油耗的工况并不是一致的，因此在解决两者合理匹配时，满足最大起动转矩和满足最大牵引功率以及满足最低油耗这三方面要求之间往往存在着一定的矛盾。然而对于以牵引性能作为主要使用性能的工业拖拉机来说，保证最大的牵引功率无疑是研究合理匹配时首先应满足的要求。现在来讨论怎样才能使涡轮轴具有最大的输出功率。

在图 10-20 中表示了同一发动机与两个容量不同的变矩器匹配工作的情况。这两个变矩器只有相同变矩系数、效率和泵轮转矩系数，如图 10-20a)所示。它们与发动机共同工作的输入特性分别由图 10-20b)和图 10-20c)来表示。图 10-14b)表示容量的变矩器 1 在效率较高的耦合器工况与发动机额定功率匹配。在图 10-20c)中的小容量变矩器 2，大部分中小传动比的负载抛物线则配置在发动机的最大功率附近。图 10-20d)是两者与发动机共同工作的输出特性曲线。

从图中可以看到，变矩器 1 的最高输出功率大于变矩器 2，但是功率曲线窄而尖，而且只

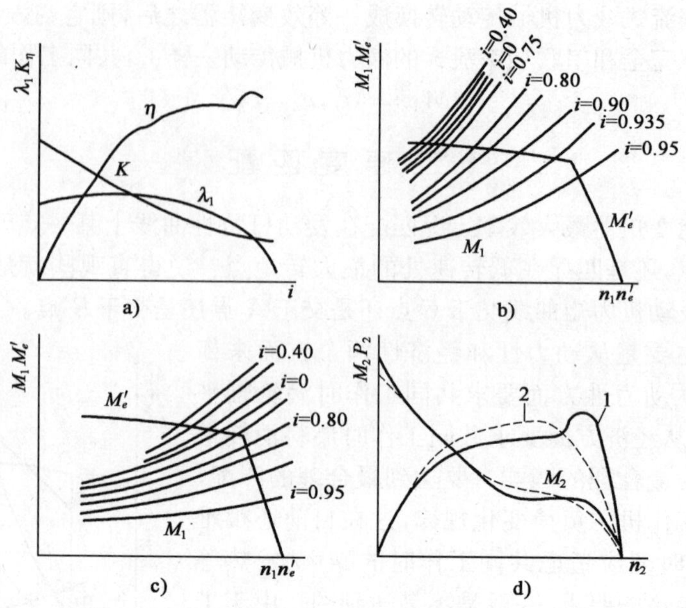

图 10-20　容量不同的变矩器与同一发动机匹配工作的情况

是在很窄的一部分高速区才高于变矩器 2。此外，由于低传动比的抛物线束通过发动机的最高转矩附近，见图 10-20b)，所以变矩器 1 的起动转矩亦较变矩器 2 为大。变矩器 2 的功率曲线宽而平，尽管最大输出功率小于变矩器 1，但是在转速的大部分区间，输出功率大于变矩器 1。

对于高速运行的运输车辆来说，变矩器 1，即图 10-20b)所示的匹配情况是比较合适的。因为这样的匹配一方面可以使车辆获得较高的加速性能；另一方面由于车辆在路面上行驶阻力一般比较稳定，数值也较小，变矩器将转入高效率的耦合器工况工作。因此这样的匹配能使变矩器在大部分工作时间内吸收发动机的最大功率。所以图 10-20b)的匹配比较适用于高速运行的运输车辆。

显然，对于工业拖拉机来说，图 10-20c)的匹配情况更为有利，因为后者在阻力急剧变化的情况下能提供较大的平均输出功率。

(3)适当地兼顾燃料经济性的要求，亦即应尽量使变矩器的输入特性即负载抛物线束能通过低油耗区。轮式机械发动机处于部分负荷下工作的比重较大，因而在解决匹配问题时，考虑燃料经济性的比重亦应较履带式机械为大。有时为了满足部分负荷下工作的燃料经济性，甚至不得不适当地牺牲一点动力性方面的指标。

# 第十一章　工程机械牵引性能及其参数的合理匹配

一般来说，施工机械的工作过程有着2种典型工况：牵引工况和运输工况。机械在牵引工况下工作时，需要克服由铲土而产生的巨大工作阻力，因而要求机器能发挥强大的牵引力。当机械在运输工况下工作时，它需要克服的仅是数值不大的行驶阻力，此时主要要求机器在越野条件下能具有高的速度性能：加速性能、运行稳定性和机动性。但是，对于运行速度较低的铲土运输机械来说，最主要的工况乃是牵引工况。

工程机械在牵引工况下的工作能力和燃料消耗的多少称为机器的牵引性能和牵引工况下的燃料经济性。为了有效地完成牵引工况，必须使机器在低挡工作时保证发动机的功率高效率地转换成作业用的牵引功率，并发挥出必要的牵引力，同时所消耗的燃料则应尽可能的低。

牵引性能参数是指机器总体参数中，直接影响机器牵引性能的发动机、传动系、行走机构、工作装置的基本参数。由于牵引性能是车辆的基本性能，这些参数的确定也就决定了所设计机器的基本性能指标。

工程机械的牵引性能和燃料经济性通常是用机器的牵引特性来评价的。本章将着重讨论工程车辆的牵引特性，以及牵引性能参数的合理匹配等。

## 第一节　牵引力平衡和牵引功率平衡

如前所述，推动履带工程机械前进的驱动力是地面作用在履带上的切线牵引力。产生这一切线牵引力的原动力是由发动机传至驱动轮上的驱动力矩，而驱动力矩本身又需依靠履带与土壤之间的附着作用才能得以充分发挥。因此，车辆的切线牵引力可按两种限制条件来计算，即按发动机的功率和地面的附着条件。发动机的特性和地面的附着条件是牵引力平衡和牵引功率平衡计算的基础。

### 一、驱动力的确定

*1. 机械直接传动的工程机械驱动力的确定*

在确定驱动力矩 $M_K$ 时，应注意，对大多数现代工业车辆来说，发动机的功率在输入变速器之前，必须分出一部分来驱动机器的辅助装置。对装载机一类的机械，还需分出相当大的一部分功率来驱动工作机构。因此在计算驱动力矩时应将这一部分转矩或功率从发动机的转矩 $M_e$ 或功率 $P_e$ 中扣除。

设 $M_{Ba}$ 和 $M_{PTO}$ 分别为消耗在驱动辅助装置和功率输出轴上的发动机转矩，$P_{Ba}$ 和 $P_{PTO}$ 分别为消耗在驱动辅助装置和功率输出轴上的发动机功率，则输入变速器的发动机自由转矩 $M_{ec}$ 和自由功率 $P_{ec}$ 可按下式计算：

$$M_{ec} = M_e - M_{Ba} - M_{PTO} \tag{11-1}$$

$$P_{ec} = P_e - P_{Ba} - P_{PTO} \tag{11-2}$$

对履带推土机来说,这种辅助装置主要是操纵主离合器、转向离合器和工作装置用的工作油泵和润滑油泵。在推土机作业时,操纵系统只有短暂性的工作,因此辅助装置的消耗可按液压系统的空载回路的阻力消耗来计算。此时,转矩的损失可近似地认为与发动机转速成正比。当发动机在额定转速工作时,这种损失约占发动机额定转矩的3%～5%,亦即:

$$M_{Ba} = (0.03 \sim 0.05) M_{eH} \left(\frac{n_e}{n_{eH}}\right) \tag{11-3}$$

式中:$M_{eH}$——发动机的额定转矩,N·m;

$n_{eH}$——发动机的额定转速,r/min;

$n_e$——发动机转速,r/min。

对于轮式装载机来说,则驱动工作机构消耗的转矩 $M_{PTO}$ 则可按发动机额定转矩的20%～40%来考虑。

在等速稳定运转的工况下,驱动轮上的力矩 $M_K$ 可按下式计算:

$$M_K = M_{ec} i_m \eta_m \tag{11-4}$$

式中:$i_m$——自发动机至驱动轮的传动系总传动比;

$\eta_m$——传动系总效率。

在一般情况下,

$$i_m = i_g \times i_0 \times i_s = \frac{n_e}{n_K} = \frac{\omega_e}{\omega_K} \tag{11-5}$$

式中:$i_g$——变速器各挡的传动比;

$i_0$——主减速器传动比;

$i_s$——侧减速器传动比;

$n_e$、$\omega_e$——发动机转速和角速度;

$n_K$、$\omega_K$——驱动轮转速和角速度。

传动系的总效率则可按下式计算:

$$\eta_m = \eta_1^{m_1} \cdot \eta_2^{m_2} \tag{11-6}$$

式中:$\eta_1$——圆柱齿轮的传动效率,$\eta_1 = 0.985$;

$\eta_2$——圆锥齿轮的传动效率,$\eta_2 = 0.97$;

$m_1$——传动系中圆柱齿轮的对数;

$m_2$——传动系中圆锥齿轮的对数。

切线牵引力 $F_K$ 可按下式计算:

$$F_K = \frac{\eta_r M_K}{r_K} = \frac{M_{ec} i_M \eta_m \eta_r}{r_K} \tag{11-7}$$

式中:$r_K$——驱动轮动力半径,m;

$\eta_r$——履带驱动段效率,$\eta_r = 0.96 \sim 0.97$。

当工作阻力突然减小或增大时,机器处于减速或加速的不稳定过程。此时由于发动机飞轮、传动系以及整车质量惯性力的作用,驱动力矩和切线牵引力都会发生变化。尤其是在减速过程中,此种惯性力可用来增大车辆的驱动力,以克服铲掘阻力的短时增大即所谓冲击铲掘。此点对机械传动的工业拖拉机是有实用意义的。

在不稳定工况下，履带车辆的切线牵引力 $F'_K$ 可按下式计算：

$$F'_K = F_K \pm \left(\frac{G}{g} + J_e \frac{i_m^2}{r_K^2}\eta_m\eta_r\right)\frac{\mathrm{d}v}{\mathrm{d}t} \tag{11-8}$$

式中：$G$——机器重力，kN；

$g$——重力加速度，$\mathrm{m/s^2}$；

$J_e$——发动机运动质量换算至曲轴上的转动惯量（传动系的转动惯量很小，通常忽略不计）；

$\mathrm{d}v/\mathrm{d}t$——机器前进的减速度或加速度，$\mathrm{m/s^2}$。

由附着条件决定的最大有效牵引力 $F_\varphi$ 亦称附着力可按下式确定：

$$F_\varphi = \varphi G \tag{11-9}$$

由附着条件决定的最大切线牵引力（最大附着力）$F_{K\varphi}$ 可按下式计算：

$$F_{K\varphi} = (\varphi + f)G \tag{11-10}$$

式中：$G$——机器重力，kN；

$\varphi$——履带与地面的附着系数；

$f$——由履带行走机构的波动阻力系数。

2. *液力机械传动工程机械驱动力的确定*

如前所述，在液力机械传动中可将发动机和液力变矩器看成是某种复合的动力装置。因此，对于这种传动形式的机械传动部分，只要给出了变矩器与发动机共同工作的输出特性，则驱动力计算与机械直接传动的情况并无原则的区别，但计算的原始依据应是涡轮输出轴的转矩 $M_2$。

需要注意的是：当计算变矩器的输出特性时，在发动机的有效功率中必须扣除由发动机直接驱动的功率输出轴，例如装载机的驱动工作机构的油泵和辅助装置所消耗的功率。

和机械直接传动的情况不同，在液力机械传动中，辅助装置的消耗不仅包括主离合器、转向等油泵的空载消耗，而且还有变矩器冷却油泵的消耗，该油泵是按照工作负荷运转的。辅助装置的转矩消耗 $M_{Ba}$ 按下式计算：

$$M_{Ba} = (0.03 \sim 0.05)M_{eH}\left(\frac{n_e}{n_{eH}}\right) + M_{BaT} \tag{11-11}$$

式中：$M_{BaT}$——变短器油泵所消耗的转矩，N·m。

$M_{BaT}$ 可按下式计算：

$$M_{BaT} = \frac{pq_T}{2\pi\eta_{bm}}(\mathrm{N\cdot m}) \tag{11-12}$$

式中：$p$——油泵工作压力，MPa；

$q_T$——油泵理论排量，mL/r；

$\eta_{bm}$——油泵机械效率，$\eta_{bm}=0.85\sim0.88$。

对于推土机而言，$M_{PTO}=0$。对于装载机而言，可取 $M_{PTO}=(0.20\sim0.40)M_{eH}$。

在车辆等速稳定行驶的工况下，驱动力短 $M_K$ 可按下式计算：

$$M_K = M_2 i_m \eta_m \tag{11-13}$$

式中：$M_2$——涡轮输出转矩，N·m；

$i_m$——机械传动部分自变矩器输出轴至驱动轮的总传动比；

$\eta_m$——机械传动部分的总效率。

$i_m$和$\eta_m$仍可按式(11-5)和式(11-6)进行计算，只是$n_e$和$\omega_e$应用相应的$n_2$和$\omega_2$来代替。需要注意的是，如果采用动力换挡变速器，其功率损失不只是齿轮的啮合损失，但主要的损失还是各离合器中的回转损失。对于此种损失尚无精确的计算办法，在实用计算中，对于10～20t级的机器，动力换挡变速器的转矩损失可按30～50N·m来考虑，并将其在变速器的输出转矩中扣除。

切线牵引力$F_K$可按下式计算：

$$F_K = \frac{M_2 i_m \eta_m \eta_r}{r_K} \tag{11-14}$$

由附着条件决定的最大牵引力$F_\varphi$与最大切线牵引力$F_{K\varphi}$的计算公式与机械传动时相同。

当液力机械传动的履带工程机械在不稳定工况下工作时，由于变矩器对发动机负荷的隔离作用，利用发动机飞轮惯性来增大切线牵引力的可能性大大降低。但变矩器的变矩作用通常能保证机器具有足够大的牵引力以克服临时增大的切削阻力。因此，利用机器在减速时的惯性来增大牵引力的问题，在这种场合，没有太大实用意义，故本书不再多作讨论。

## 二、牵引力平衡和牵引功率平衡

工程机械的牵引力平衡和功率平衡表明了当机器工作时它的切线牵引力和发动机的有效功率是怎样分配、消耗和被利用的。机器的牵引力平衡方程和牵引功率平衡方程是计算牵引力和牵引功率的基本方程。

*1. 牵引力平衡方程*

等速行驶工况下工程机械牵引力平衡方程为：

$$F_K = \sum F$$

在稳定行驶的牵引工况下，作用在工程机械上的外部阻力，包括：

1)滚动阻力$F_f$

$$F_f = fG\cos\alpha \tag{11-15}$$

式中：$\alpha$——运动表面对水平面的倾角，°；

$G$——机器重量，kN。

2)坡道阻力$F_i$

$$F_i = \pm G\sin\alpha \tag{11-16}$$

式中正号表示上坡，负号表示下坡。

3)工作阻力$F_X$

工作阻力$F_X$即作用在工作装置上的铲掘阻力。

这样，作用在工程机械上的外部阻力的总和$\sum F$即等于：

$$\sum F = F_f + F_i + F_X \tag{11-17}$$

于是，机械的牵引平衡方程具有以下形式：

$$F_K = F_f + F_i + F_X \tag{11-18}$$

机械作等速运行时，有效牵引力$F_{KP}$的一般表达式为：

$$F_{KP} = F_K - G(f\cos\alpha \pm \sin\alpha) \tag{11-19}$$

当机器在水平地面上作等速行驶时，

$$F_{KP} = F_K - G \cdot f \tag{11-20}$$

机械在不稳定工况下运动时，对于机械直接传动的车辆，需要考虑运动质量惯性力的影响，此时牵引平衡方程为：

$$F_K = F_f + F_i + F_j + F_X \tag{11-21}$$

式中：$F_j$为惯性阻力，可按下式计算：

$$F_j = \pm\left(\frac{G}{g} + J_e \frac{i_m^2}{r_K^2}\eta_m\eta_r\right)\frac{\mathrm{d}v}{\mathrm{d}t} \tag{11-22}$$

式中正号表示加速惯性力，负号表示减速惯性力，其他符号意义同前。

此时工程机械的有效牵引力 $F_{KP}$ 的表达式：

$$F_{KP} = P_K - \left\{G(f\cos\alpha \pm \sin\alpha) \pm \left(\frac{G}{g} + J_e \frac{i_m^2}{r_K^2}\eta_m\eta_r\right)\frac{\mathrm{d}v}{\mathrm{d}t}\right\} \tag{11-23}$$

2. 牵引功率平衡方程——牵引功率和牵引效率的计算

1)机械传动

当机械传动的工程机械在等速牵引工况下工作时，发动机的有效功率 $P_e$将按以下各部分分配。

(1)驱动辅助装置消耗的功率 $P_{Ba}$，这部分功率主要消耗在克服操纵和润滑系统油泵的空载回路阻力中，它可按下列公式计算：

$$P_{Ba} = M_{Ba} n_e = (0.03 \sim 0.05) P_{eH}\left(\frac{n_e}{n_{eH}}\right)^2 \tag{11-24}$$

式中：$P_{eH}$——发动机的额定功率，kW。

如用 $\eta_{Ba}$ 表示驱动辅助装置的效率，则：

$$\eta_{Ba} = \frac{P_e - P_{Ba}}{P_e} \tag{11-25}$$

(2)驱动功率输出轴所需的功率 $P_{PTO}$，这部分功率计算需视车辆所带工作装置的类型决定。对于推土机可认为在推土时，工作装置等操纵系统基本上是不工作的，此时 $P_{PTO}=0$。

对于装载机可取：

$$P_{PTO} = (0.20 \sim 0.40) P_{eH}$$

输入变速器的功率，亦即发动机的自由功率 $P_{ec}$：

$$P_{ec} = P_e - (P_{Ba} + P_{PTO}) \tag{11-26}$$

(3)传动系中的功率损失 $P_m$：

$$P_m = P_{ec}(1 - \eta_m) \tag{11-27}$$

驱动轮上的驱动功率 $P_K$则可按下式计算：

$$P_K = P_{ec} - P_m = P_{ec}\eta_m \tag{11-28}$$

(4)履带驱动段上的功率损失 $P_r$：

$$P_r = P_K(1 - \eta_r) = P_{ec}\eta_m(1 - \eta_r) \tag{11-29}$$

履带上的理论切线牵引功率 $P'_{PK}$ 可按下式计算：

$$P'_{PK} = P_K - P_r = P_K\eta_r = P_{ec}\eta_m\eta_r \tag{11-30}$$

当切线牵引力 $F_K$ 和车辆的理论速度 $v_T$ 为已知时，则 $P'_{PK}$ 亦可直接按 $F_K$ 与 $v_T$ 计算：

$$P'_{PK} = F_K v_T \tag{11-31}$$

(5)履带滑转引起的功率损失 $P_\delta$：

$$P_\delta = F_K v_j = F_K v_T \delta \tag{11-32}$$

如果用滑转效率 $\eta_\delta$来表示由于滑转而引起的理论切线牵引功率的损失，则：

$$\eta_\delta = \frac{P'_{PK} - P_\delta}{P'_{PK}} = \frac{F_K v_T - F_K v_j}{F_K v_T} = \frac{v}{v_T} \tag{11-33}$$

上式表明，$\eta_\delta$实际上代表了由于滑转而引起的理论速度的损失，所以也称速度效率。

$P'_{PK} - P_\delta$表示了切线牵引力实际产生的推动工程机械前进的功率，称为实际切线牵引功率 $P_{PK}$。并可按下式计算：

$$P_{PK} = P'_{PK} - P_\delta = P'_{PK}\eta_\delta = P_{ec}\eta_m\eta_r\eta_\delta \tag{11-34}$$

$P_{PK}$也可用切线牵引力 $F_K$与机器实际行驶速度 $v$ 之乘积来表示：

$$P_{PK} = F_K v \tag{11-35}$$

(6)消耗在克服滚动阻力上的功率 $P_f$：

$$P_f = F_f v = fGv\cos\alpha \tag{11-36}$$

式中：$G$——机械重量，kN；

$\alpha$——工作面坡角(°)；

$f$——滚动阻力系数。

如机器在水平面上工作，则：

$$P_f = F_f v \tag{11-37}$$

式中：$F_f$——滚动阻力，kN。

如果用效率 $\eta_f$表示由于克服滚动阻力而造成的实际切线牵引功率之损失，则：

$$\eta_f = \frac{P_{PK} - P_f}{P_{PK}} = \frac{F_K - F_f}{F_K} = 1 - \frac{F_f}{F_K} \tag{11-38}$$

式中$\eta_f$称为滚动效率。它实际上代表了因克服滚动阻力而引起的切线牵引力之损失，所以 $\eta_f$ 也称力效率。

$P_{PK} - P_f$为实际切线牵引功率扣除滚动阻力消耗的功率之后，所剩余的可供克服有效阻力用的功率。当机器在水平地段上工作时，它即为车辆的有效牵引功率 $P_{PK}$。

$$P_{KP} = P_{PK} - P_f = P_{PK}\eta_f = P_{ec}\eta_m\eta_r\eta_\delta\eta_f \tag{11-39}$$

(7)消耗在克服坡道阻力上的功率 $P_i$：

$$P_i = \pm Gv\sin\alpha \tag{11-40}$$

(8)消耗在克服工作阻力上的功率，即有效牵引功率 $P_{KP}$

$$P_{KP} = F_X v \tag{11-41}$$

在上述各项计算公式中，机器的理论行驶速度 $v_T$和实际行驶速度 $v$ 用以下公式计算：

$$v_T = 0.337\frac{r_K n_e}{i_m}(\text{km/h}) \tag{11-42}$$

$$v = v_T(1-\delta) = 0.337\frac{r_K n_e}{i_m}(1-\delta)(\text{km/h}) \tag{11-43}$$

这样，工程机械的功率平衡方程可列式如下：

$$P_e = P_{Ba} + P_{PTO} + P_m + P_r + P_\delta + P_f + P_i + P_X \tag{11-44}$$

从以上方程中可得有效牵引功率 $P_{KP}$的一般表达式如下：

$$P_{KP} = P_e - P_{Ba} - P_{PTO} - P_m - P_r - P_\delta - P_f - P_i \tag{11-45}$$

式(11-44)和式(11-45)表达了牵引功率的物理意义，即工程机械的牵引功率是发动机的有效功率中扣除了各种损失后所剩余的，可供进行有效作业的功率。

由于：$P_e - P_{Ba} - P_{PTO} - P_m - P_r - P_\delta - P_f = P_{PK}$

机械在水平地面作业时有效牵引功率 $P_{KP}$ 的基本计算公式可表达如下：

$$P_{KP} = P_{PK} - P_f = P_{ex}\eta_m\eta_r\eta_\delta\eta_f \tag{11-46}$$

工程机械牵引功率在发动机功率中所占的百分比称为车辆的牵引效率 $\eta_{KP}$。

对于无功率分出的情况，例如推土机，$\eta_{KP}$ 可用有效牵引功率 $P_{KP}$ 与发动机有效功率 $P_e$ 之比来表示，在此情况下，工程机械的总效率 $\eta_0$：

$$\eta_{KP} = \frac{P_{KP}}{P_e} = \frac{P_{ex}}{P_e} \times \frac{P_{KP}}{P_{ex}} = \eta_{Ba}\eta_m\eta_r\eta_\delta\eta_f \tag{11-47}$$

对于有功率分出的情况，例如装载机，$\eta_{KP}$ 可用牵引功率 $P_{KP}$ 与 $(P_e - P_{PTO})$ 之比来表示：

$$\eta_{KP} = \frac{P_{KP}}{P_e - P_{PTO}} = \eta_{Ba}\eta_m\eta_r\eta_\delta\eta_f \tag{11-48}$$

在此种情况下，工程机械的总效率 $\eta_0$ 用机器输出的全部有效功率与发动相应的有效功率之比来表示。总效率 $\eta_0$ 可用下式表示：

$$\eta_0 = \frac{P_{KP} + \eta_{PTO}P_{PTO}}{P_e} \tag{11-49}$$

式中：$\eta_{PTO}$——功率输出轴驱动系统的效率。

在许多场合下，牵引效率 $\eta_{KP}$ 也常常用牵引功率 $P_{KP}$ 与发动机的额定功率 $P_{eH}$ 之比来表示，即：

$$\eta_{KP} = \frac{P_{KP}}{P_{eH}} \tag{11-50}$$

2）液力机械传动

对于液力机械传动的工程机械，发动机有效功率的分配和消耗略有不同。此时除机械传动的各项损失外，还需增加液力传动中的功率损失。在这种场合下，机械的功率平衡方程可列如下：

$$P_e = P_{Ba} + P_{PTO} + P_{Te} + P_m + P_r + P_\delta + P_f + P_i + P_X \tag{11-51}$$

式中：$P_{Te}$——液力变矩器的功率损失，kW；

$P_m$——机械传动部分的功率损失，kW。

在式（11-51）中，需要注意的是，辅助装置消耗的功率 $P_{Ba}$ 不仅包括各油泵回路的空载阻力损耗，而且还应包括带工作负荷的变矩器冷却油泵所消耗的功率，此时 $P_{Ba}$ 可按下式计算：

$$P_{Ba} = (0.03 \sim 0.05)P_{eH}\left(\frac{n_e}{n_{eH}}\right) + P_{BaT} \tag{11-52}$$

式中：$P_{BaT}$——变矩器油泵所消耗的功率，kW。

$P_{BaT}$ 可按下式计算：

$$P_{BaT} = \frac{pQ_T}{\eta_{bm}}(\text{kW}) \tag{11-53}$$

式中：$p$——油泵工作压力，MPa；

$Q_T$——油泵理论流量，L/s。

变矩器的功率损失 $P_{Te}$ 可按下式计算：

$$P_{Te} = P_1 - P_2 = P_1(1-\eta) = P_{ex}(1-\eta) \tag{11-54}$$

式中：$\eta$——变矩器效率；

$P_1$——变矩器的输入功率，kW；

$P_2$——变矩器的输出功率，kW。

机械传动部分的功率损失 $P_m$：

$$P_m = P_2(1-\eta_m) \tag{11-55}$$

对采用动力换挡的变速器，当计算机械传动部分效率 $\eta_m$ 时，变速器的传动效率可按在变速器输入转矩中扣除 30～50N·m 的条件来考虑。

机械在水平地段工作时的牵引功率 $P_{KP}$，牵引效率 $\eta_{KP}$ 和总效率 $\eta_0$ 可分别按式(5-56)～式(5-60) 计算。

$$P_{KP} = P_{ec}\eta\eta_m\eta_r\eta_\delta\eta_f \tag{11-56}$$

对于无功率分出的情况：

$$\eta_{KP} = \frac{P_{KP}}{P_e} = \frac{P_{KP}}{P_{eH}} = \eta_{Ba}\eta\eta_m\eta_r\eta_\delta\eta_f \tag{11-57}$$

对于有功率分出的情况：

$$\eta_{KP} = \frac{P_{KP}}{P_e - P_{PTO}} = \eta_{Ba}\eta\eta_m\eta_r\eta_\delta\eta_f \tag{11-58}$$

## 第二节　牵 引 特 性

牵引特性是反映工程机械牵引性能和燃料经济性最基本的特性。牵引特性以图解曲线的形式表示了机器在一定的地面条件下，在水平地段以全油门作等速运动时，机器各挡的牵引功率 $P_{KP}$、实际速度 $v$、牵引效率 $\eta_{KP}$、小时燃油耗 $G_{KP}$、比油耗 $g_{KP}$、滑转率 $\delta$ 和发动机功率 $P_e$ 或曲轴转速 $n_e$ 随牵引力 $F_{KP}$ 而变化的函数关系，亦即：$P_{KP}=f(F_{KP})$，$v=f(F_{KP})$，$\eta_{KP}=f(F_{KP})$，$G_{KP}=f(F_{KP})$，$g_{KP}=f(F_{KP})$，$\delta=f(F_{KP})$，$P_e=f(F_{KP})$的图解形式。

### 一、理论牵引特性

牵引特性可分为理论特性和试验特性两种。理论牵引特性是根据机器的基本参数，通过牵引计算来绘制的。由于计算时不可避免要引入某些假设，所以理论牵引特性与实际情况总会有某些出入。最能真实地表明工程机械实际牵引性能和燃料经济性的是通过牵引试验测得的试验牵引特性。牵引特性曲线是工程机械的基本技术指标，无论在机器的设计还是使用中，它们都是十分有用的。

在工程机械设计过程中，牵引特性被广泛地用来研究和检查发动机、传动系、行走机构和工作装置各参数之间匹配的合理性。在比较各种设计方案以及与现有机型作对比时，牵引特性则成为一种重要的手段。

在机器的使用过程中，了解机器的牵引特性有助于合理地使用机器，有效地发挥它们的生产率。在组织机械化施工时，牵引特性也常常是解决各种机种进行合理配合的基本依据。

在牵引特性图上可以标出在机器最低挡的某些特征性工况下各项牵引参数的具体数值，作为表征机器牵引性能和燃料经济性的基本指标，如图 11-1 所示。

这些特征性的工况为：

(1)最大有效牵引功率 $P_{KP\max}$工况；

(2)最大牵引效率 $\eta_{KP\max}$工况；

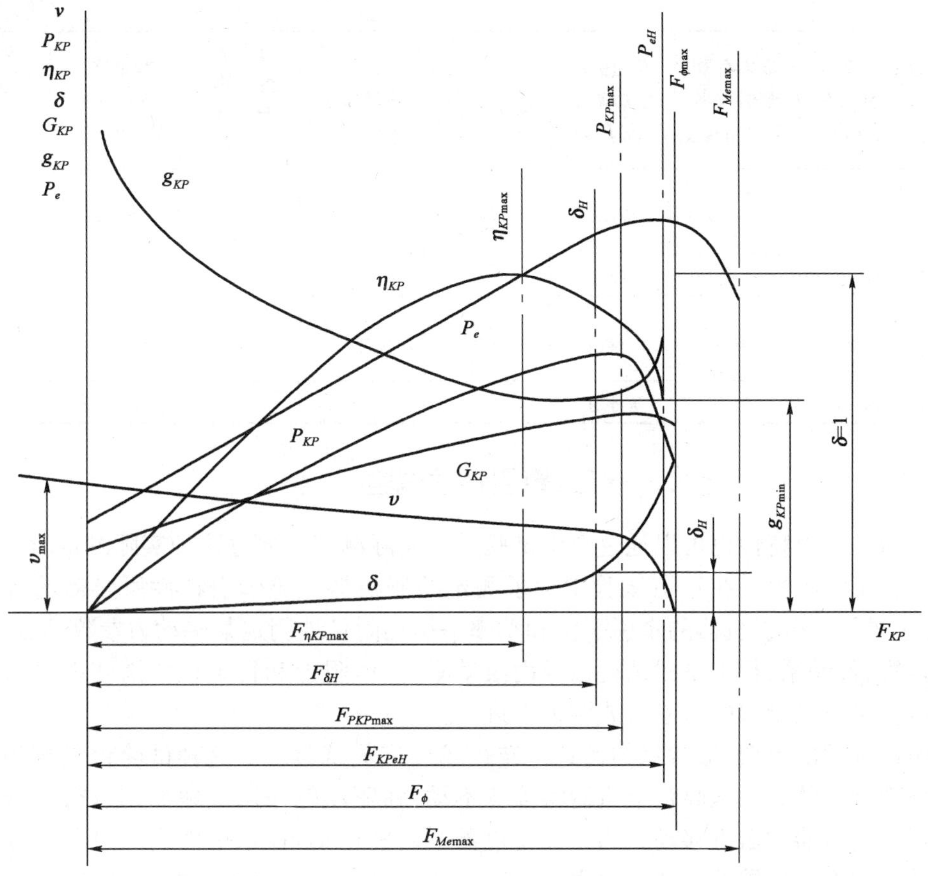


图 11-1　履带底盘牵引特性

(3)发动机额定功率 $P_{eH}$ 工况；

(4)额定滑转率 $\delta_H$ 工况；

(5)由发动机转矩决定的最大牵引力 $F_{Me\max}$工况；

(6)由附着条件决定的最大牵引力 $F_{\varphi}$ 工况；

对于液力机械传动的机器还应补充：

(7)变矩器最大输出功率 $P_{2\max}$工况；

(8)变矩器工作转矩定的最大牵引力 $F_{M2P\max}$工况。

在上述各特征工况下的各项牵引指标可以列成表 11-1，此种表格在研究发动机与底盘的匹配时，使用比较方便。

**各特征工况下的牵引性能和燃料经济性的基本指标**　　表 11-1

| 特征工况＼指标 | 最大有效牵引功率工况 $P_{kP\max}$ | 最大有效牵引效率工况 $\eta_{KP\max}$ | 发动机额定功率工况 $P_{eH}$ | 额定滑转率工况 $\delta_H$ | 发动机最大转矩工况 $M_{e\max}$ | 附着条件决定的最大牵引工况 $F_{\varphi}$ | 变矩器最大输出功率工况 $P_{2\max}$ | 变矩器转矩决定的最大牵引力工况 $F_{M2\max}$ |
|---|---|---|---|---|---|---|---|---|
| 牵引力 $F_{KP}$ | $F_{PKP\max}$ | $F_{\eta KP\max}$ | $F_{KPeH}$ | $F_{KP\delta H}$ | $F_{Me\max}$ | $F_{\varphi}$ | $F_{P2\max}$ | $F_{M2\max}$ |
| 实际速度 $v$ | $v_{PKP\max}$ | $v_{\eta KP\max}$ | $v_{KPeH}$ | $v_{\delta H}$ | — | — | $v_{P2\max}$ | $v_{M2\max}$ |
| 牵引功率 $P_{KP}$ | $P_{PKP\max}$ | $P_{\eta KP\max}$ | $P_{KPeH}$ | $P_{KP\delta H}$ | — | — | $P_{P2\max}$ | $P_{M2\max}$ |

续上表

| 特征工况 / 指标 | 最大有效牵引功率工况 $P_{kP\max}$ | 最大有效牵引效率工况 $\eta_{KP\max}$ | 发动机额定功率工况 $P_{eH}$ | 额定滑转率工况 $\delta_H$ | 发动机最大转矩工况 $M_{e\max}$ | 附着条件决定的最大牵引工况 $F_\varphi$ | 变矩器最大输出功率工况 $P_{2\max}$ | 变矩器转矩决定的最大牵引力工况 $F_{M2\max}$ |
|---|---|---|---|---|---|---|---|---|
| 牵引效率 $\eta_{KP}$ | $\eta_{PKP\max}$ | $\eta_{\eta KP\max}$ | $\eta_{KPeH}$ | $\eta_{\delta H}$ | — | — | $\eta_{P2\max}$ | $\eta_{M2\max}$ |
| 滑转率 $\delta$ | $\delta_{PKP\max}$ | $\delta_{\eta KP\max}$ | $\delta_{eH}$ | $\delta_H$ | — | — | $\delta_{P2\max}$ | $\delta_{M2\max}$ |
| 小时燃油耗 $G_T$ | $G_{PKP\max}$ | $G_{\eta KP\max}$ | $G_{KPeH}$ | $G_{\delta H}$ | — | — | $G_{P2\max}$ | $G_{M2\max}$ |
| 比油耗 $g_e$ | $g_{PKP\max}$ | $g_{\eta KP\max}$ | $g_{KPeH}$ | $g_{\delta H}$ | — | — | $g_{P2\max}$ | $g_{M2\max}$ |

## 二、牵引特性试验

工程机械的牵引特性也可以通过牵引试验进行实际测定。通过这种实际测定所得的牵引特性称为试验牵引特性。在牵引试验中除了测定绘制机器试验牵引特性所必需的各项参数外，有的为了进一步分析机器的牵引平衡和功率平衡还附带地测定某些动力参数，以便确定机器的辅助装置、传动系、行走系的消耗以及由滚动阻力、风阻力和行走机构滑转率等引起的损耗。牵引试验可以在专门的试验台或跑道上进行。

供牵引试验用的台架，最常见的型式是鼓式或履带式试验台。这种试验台是按相对运动的可逆性原理制成的。在试验台上机器将停着不动，在驱动轮作用下地面则以行驶着的转鼓或履带的形式向机器的后方移动。为了保持机器不向前运动，在水平面内通过测力计将它固结在不动的机架上。机器的有效牵引力即由这一测力计来感受，而在鼓轮或履带链轮的输出轴上则装有制动装置，包括各种类型的测功器，可进行加载和测功。

在试验台上进行机器牵引试验的最大缺点是不能很好地反映行走机构与地面相互作用的真实情况。即使在刚性路面的情况下，用转鼓或履带的运动来代替车辆在真实路面上的行驶也会由于诸如轮胎变形、滑转方面的差别和高速运行引起振动和不稳定性等原因而造成较大误差。对于在土质地面上作业的铲土运输机械来说，这种差别就更为严重。因此，跑道试验在目前仍然是世界各国进行牵引试验的标准方法。

在跑道上牵引试验时，机器的牵引负荷是由拖挂在机器后面的负荷车来加载的。这种加载工程机械可以采用专门设计的负荷车，也可利用大功率的拖拉机来代替，前者能保证给试验车施加比较稳定的载荷。在试验时一般至少应测定以下数值：有效牵引力 $F_{KP}$，试验车实际行驶距离 $L$，通过这一距离所用的时间 $t$，相应的燃料消耗 $G_{KP}$ 和左右驱动轮的转速 $n_{KL}$、$n_{KP}$ 以及发动机的转速 $n_g$。有时为了进一步分析牵引效率的组成还可以附加测定发动机的输出转矩和左右驱动轮的驱动力矩。目前在牵引试验中广泛采用各种电测仪器，图 11-2 是牵引试验中所采用的电测仪器和连接线路实例。

图中用环形测力计来测定有效牵引力，牵引力由粘贴在拉力环 1 内圆面上的大功率应变片感受，它们组成一个测量全桥，并由一组专用的电池供电。由于应变片容许通过很大的工作电流，因而电桥输出的测量信号可以不经放大器而直接记录在光线示波器 9 上。机器的实际行驶距离由安装在后部的五轮仪来测定。在五轮仪上装有感应式计数器，每转可给出 6 个电脉冲信号。左右驱动轮的转数分别由安装在驱动轮上的感应式计数器 3 来测定。燃油消耗量

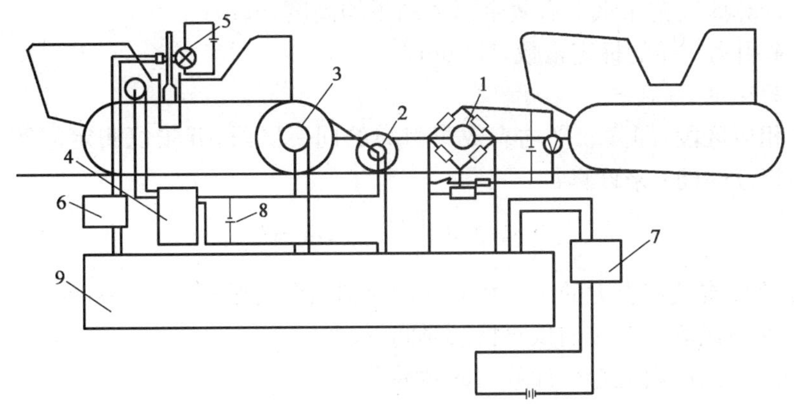


图 11-2　牵引试验用的测试仪器和连接线路框形示意图

1-拉力环；2-五环仪；3-驱动轮转速计数器；4-发动机数字转速计；5-小灯；6-光电计数器；7-时间讯号发生器；8-计数器电源；9-光线示波器

由测量油筒束测定，并由带穿孔量标随浮子移动来感受，通过光电计器 6 转换成电脉冲信号。发动机的转速由感应式计数器 4 测定，一般测定柴油机高压泵驱动轴转速输出脉冲信号。试验的时间讯号电脉冲由一台时间讯号发生器 7 供给。所有的电信号同时记录在一台光线示波器的纸带上。

牵引试验一直是机器性能试验中最容易产生结果不一致的一种试验。影响试验结果不一致的因素很多，其中最主要的有以下几个方面：地面附着性能的不一致；牵引力点高度和配重选择和分布的不一致；轮胎状态的不一致包括环境温度的影响；所加牵引力负荷稳定性的差别。

对于铲土运输机械来说，目前不少国家已规定牵引试验必须在土质地面上进行，并要求严格控制地面状态、土质条件和牵引点的高度。对于这样的牵引试验虽然不应期待其有十分精确的可比性，例如小于牵引性能指标的百分之几，然而至少可对机器在作业条件下的实际牵引性能作出一定程度的评价。

为了提高牵引试验的可比性，必须严格地控制试验条件。

首先，试验场地应尽可能地接近于实际作业中有代表性的典型土质条件，例如有的国家规定牵引试验应在黏性的新切土上进行，并严格控制诸如含水量、密实度、剪切强度等土的物理机械性质和地面的坡度。

其次，牵引点的高度应尽量符合在实际作业时铲土阻力的作用高度。试验样机的技术状态应符合造厂的要求，并在试验前进行必要的磨合，以便各总成达到稳定的工作性能，特别是发动机性能和轮胎的磨损应达到稳定状态。此外，在每次试验开始前还应进行适当的预热。对于测量仪器，除要求具有一定的精确度外. 应尽可能在现场进行标定。特别是五轮仪应严格控制胎压，并在每次试验前后进行现场标定。在给试验车加载时，应尽可能保持牵引负荷的稳定性。

根据牵引试验所获得的测试记录数据，经过整理即可绘制试验牵引持性。此时可按下述程序确定所需的各项数值。

1. 有效牵引力 $F_{KP}$

应选择牵引负荷稳定区段按下式进行计算：

$$F_{KP}=H_K m_K \qquad (\text{N})$$

式中：$H_K$——计算区段记录纸上有效牵引力的平均高度，mm；

$M_K$——牵引力 $F_{KP}$ 的标定常数，N/mm。

2. 实际行驶速度 $v$

可根据在相应区段，即读取平均有效牵引力的同一区段，五轮仪测定的实际行驶距离 $L$ 和相应的试验持续时间 $t$ 来计算：

$$v = 3.6\frac{T}{t} \qquad (\text{km/h})$$

式中：$L$——与读取有效牵引力的区段相对应的机器实际行驶距离，$L = k_L m_L m$；

$t$——与这一区段相对应的试验持续时间，s；

$k_L$——与这一区段内五轮仪计数器的脉冲数；

$m_L$——五轮的标定常数，即每一脉冲代表的行驶距离，m。

3. 小时燃油耗 $B$

可根据在相应区段内由油耗仪测得的燃料消耗量 $G_L$ 来计算：

$$B_{KP} = 3.6\frac{B_L}{t} \qquad (\text{kg/h})$$

式中：$B_L$——在读取挂钩牵引力的区段内的燃料消耗量，g；$B_L = k_G m_v \rho$；

$t$——与这一区段相对应的试验持续时间，s；

$k_G$——在这一区段内油耗仪光电计数器的脉冲数；

$m_v$——油耗仪的标定常数，即每一脉冲所代表的容积，$\text{cm}^3$；

$\rho$——燃料的密度，$\text{g/cm}^3$。

4. 滑转率 $\delta$

可按空载和牵引负荷下通过相应的实际行驶距离 $L$ 时，左右驱动轮平均转数 $n_0$ 和 $n_K$ 来计算：

$$\delta = \frac{n_K - n_0}{n_K}$$

5. 发动机的功率 $P_e$

可根据相应区段内的发动机平均转速 $n_e$ 在发动机调速外特性上取得。

6. 有效牵引功率 $P_{KP}$

牵引效率 $\eta_{KP}$，比油耗 $g_{KP}$ 是派生的数值，它们可按以下公式计算：

$$P_{KP} = \frac{F_{KP} v}{3\,600} \qquad (\text{kW})$$

$$\eta_{KP} = \frac{P_{KP}}{P_e}$$

$$g_{KP} = 1\,000\frac{G_{KP}}{P_{KP}} \qquad (\text{g/kW}\cdot\text{h})$$

在对不同牵引负荷的试验结果进行上述计算后，即可在坐标纸上绘出试验牵引特性。

## 第三节　牵引性能参数的合理匹配

牵引性能参数是指机器总体参数中，直接影响机器牵引性能的发动机、传动系统、行走机构、工作装置的基本参数。由于牵引性能是机械的基本性能，这些参数的确定也就决定了所设计机器的基本性能指标。

## 一、牵 引 性 能

施工机械在作业时,发动机、传动系、行走机构、工作装置既相互联系又相互制约。机器的整机性能不仅取决于总成本身的性能,而且也与各总成之间的工作是否协调有着密切的关系。因此,在机器的总体参数之间存在着相互匹配是否合理的问题。只有正确的选择发动机、传动系、行走机构、工作装置的参数,并保证它们之间具有合理的匹配,才能充分发挥各总成本身的性能,从而使机器获得较高的技术经济指标。

对机械传动的工程机械来说,机器作业时通过发动机、传动系统、行走机构和工作装置的共同工作来完成的。在这种共同工作的过程中,机器的每个总成性能的发挥都将受到其他总成性能的制约,而机器的牵引特性则将以机器外部输出特性的形式显示出各总成共同工作的最终结果。因此,在选择各总成的参数时,必须充分注意到它们之间的相互制约关系。这种制约关系主要反映在切线牵引力与发动机调速特性之间的相互配置,以及发动机的最大输出功率和工作阻力与行走机构滑转曲线之间的相互配置上。下面将着重讨论上述配置关系对各总成和整机性能的影响,以及如何保证机器牵引性能参数之间的合理匹配问题。

### 1. 切线牵引力在发动机调速特性上的配置

铲土运输机械的工作对象大多是较为坚硬的土石方,其中常常还有巨大的石块、树根,土的非均质性比普通耕地恶劣得多。因此,在作业过程中工作阻力将急剧地的变化,并常常出现短时间的高峰载荷以及行走机构完全滑转等情况。这是大部分铲土运输机械负荷工况的显著特点。工作阻力的急剧变化使得机器的切线牵引力也随之发生急剧变化,后者通过传动系反映发动机曲轴上来,就形成了曲轴急剧波动的阻力矩。许多研究表明,这种急剧波动的负荷对发动机的性能将产生很大的影响。

因此,在负荷工况下,发动机的实际平均输出功率和平均比油耗会大大偏离它们的额定指标。平均输出功率和比油耗的数值,与曲轴阻力 $M_c$ 在调速特性上的配置位置有关。对于同样变化的切线牵引力,当选择不同的传动系传动比时,可以在发动机曲轴上获得一系列相似的负荷循环。因此通过调节传动比的方法就可以改变发动机负荷循环在调速特性上的位置。这就产生了应该如何配置曲轴阻力矩在调速特性上的位置,以获得最大的平均输出功率的问题,如图 11-3 所示。

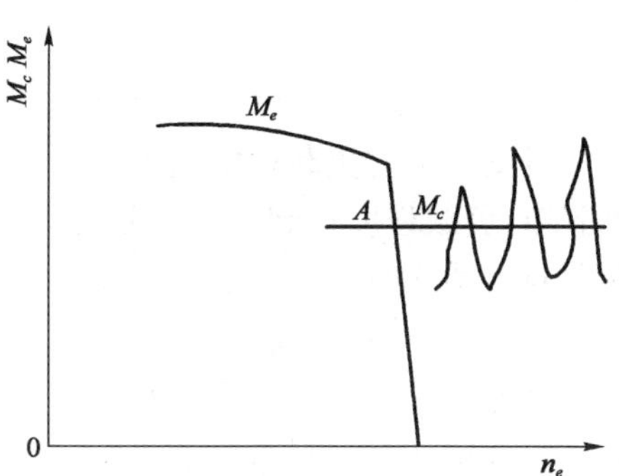

图 11-3 曲轴阻力矩在发动机调速特性上的配置

很明显,当阻力矩的配置远低于发动机的额定转矩时,平均输出功率必然是较低的。这是因为在大部分时间内发动机将在负载程度很低的情况下工作,所以调速特性上的平均输出功率较低。如果使阻力矩的配置位置沿着调速区段逐步上升,如图 11-3 中 $A$ 为平均阻力矩工作点,则调速特性上的平均输出功率也随之提高。此时发动机在整个负荷循环中都在调速区段上工作,转速的波动不大,也即减速度和加速度不大,因而功率和转矩偏离调速特性的情况并不显著,实际的平均输出功率将随发动机的负荷程度的增大而提高。但是,当最大负荷超过发动机额定转矩后,由于在负荷循环中发动机有部分时间在非调速区段上工作,转速急剧起落,调速特性上平均输出功率的增长速度开始减慢。这样,到一定程度时,发动机的实际平均输出功率，必然将随着发动机的负载程度的提高而下降。由此可见，在变负荷工况下代表发动机负荷程度的转矩载荷系数，即发动机曲轴上的平均阻力矩 $M_c$ 与额定转矩 $M_{eH}$ 之比，必然存在一最佳值，在此最佳值下，发动机的实际输出功率将最大。如果发动机的负载程度超过其最佳值而继续增长，并使负荷循环阻力矩的最大值超过发动机的最大转矩时，发动机的工作将呈现不稳定状态。如再进一步增大负荷，将导致发动机熄火。图 11-4 是发动机在按推土机的负荷循环进行模拟试验时获得的结果。从图中可以看到，随着发动机负载程度的增大，在开始发动机偏离静载荷调速特性甚小，发动机的平均输出功率 $P_e$ 随着平均阻力矩 $M_c$ 之增大而增大。但是当 $M_c$ 增至一定程度后，发动机偏离调速特性的程度愈大。于是，在某一负载程度下可获得最大的平均输出功率。这一最佳负载程度下的发动机转矩 $M_{ePmax}$ 和最大平均输出功率 $P_{emax}$ 可以用最佳转矩负载系数 $k_{Zo}$ 和最佳输出功率系数 $k_{Po}$ 来表示：

$$M_{eP\max} = k_{zo} M_{eH} \tag{11-59}$$

$$\overline{P}_{e\max} = k_{po} P_{eH} \tag{11-60}$$

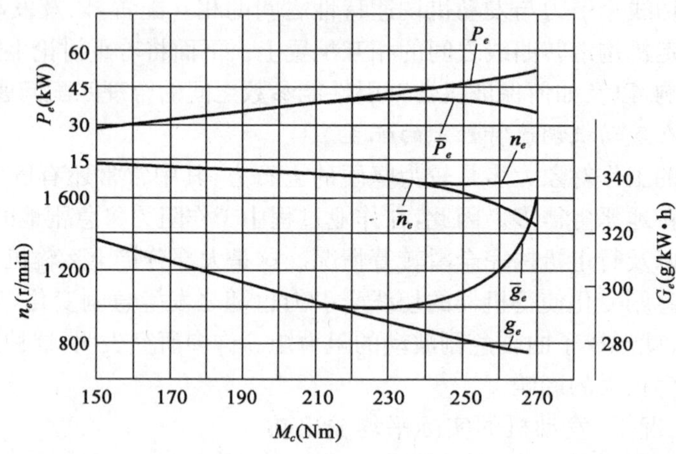


图 11-4　柴油机在推土机负荷循环工作时，发动机平均输出指标随平均负载程度变化的情况

当发动机的负载程度达到这一最佳值时，发动机的平均输出功率将随着负载程度的增大而下降，负载程度达到某一极限时，发动机将不稳定工作。从图中还可以看到，当发动机具有最大输出功率时，发动机的平均输出比油耗也接近它的最佳值。

以上讨论表明，发动机只有在稳定工况下工作时才能输出额定功率，而平均阻力矩的工作点才以能配置得等于其额定转矩。当阻力矩发生波动时，发动机的最大平均输出功率总是小于它的额定功率。只有当适当配置阻力矩在发动机调速特性上的位置，才能获得最大的平均输出功率。

然而，图 11-4 所显示的仅仅是在某一特定负荷循环下，对某一特定发动机所作试验的结果。而在机器实际工作中获得最大的平均输出功率，问题将变得复杂得多。这是因为不仅在每一负荷循环中工作阻力的变化是随机的，而且负荷循环本身由于土的条件、操作、发动机、行走机构、工作装置的匹配关系等方面因素的不同，也不可能同样重复。对于发动机来说。不仅存在着结构因素的影响，而且即使同一台发动机，在不同的负荷循环下其最佳负载程度也是不同的。因此，在机器的实际工作中要精确地确定发动机调速特性与切线牵引力之间的合理匹配，以保证获得最大平均输出功率是十分复杂而困难的。然而，通过以上讨论，至少可以从定性方面对确定此种匹配关系提出如下 2 条指导性的原则：

(1)要确定负荷循环在发动机调速特性上的位置时，应该保证工作循环中可能出现的最大阻力矩不超过发动机的最大输出转矩。如果不能满足这一条件，则当机器遇到突然增大的阻力时就有可能造成发动机熄火。出现突然超负荷的情况，往往来不及及时调整切削深度，而不得不脱开主离合器，此时不仅发动机熄火或脱开离合器本身会损失机器的有效工作时间，而且频繁地操作控制手把也会加重劳动强度和紧张状态，容易引起工作人员的疲劳，这些最终都将导致机器生产率下降。

(2)为了获得较大的平均输出功率，应该使发动机在工作循环的大部分时间处在调速区段上工作。这样可保证发动机的转速在整个工作循环中不致发生剧烈的波动，从而减少由于负荷的不稳定性而引起发动机动力性和经济性的恶化。

为了实现上述两项要求，最简单的方法是适当地配置发动机的最大输出功率在行走机构滑转曲线上的位置。正确地配置这一位置不仅能保证发动机在作业过程中不会强制熄火，而且还可以利用行走机构的滑转来保护发动机不至于过分超载，从而保证发动机经常处在调速区段上工作。对于工作阻力急剧变化的铲土运输机械来说，这一点对发动机动力性和经济性得到充分的发挥将产生积极的影响。因此，正确地配置发动机的最大输出功率在行走机构滑转曲线上的位置将是解决牵引性能参数合理匹配的一个重要问题。

2.发动机最大输出功率在滑转曲线上的配置

滑转曲线是反映行走机构牵引元件与地面相互作用最基本的特性曲线，它表示了牵引元件的滑转 $\delta$ 随其输出的牵引力 $F$ 而变化的函数关系。对履带机械或全轮驱动的轮式机械来说，牵引力 $F$ 就等于有效牵引力 $F_{kp}$，而对非全轮驱的轮式机械，$F$ 与 $F_{kp}$ 之间仅相差一数值很小的从动轮滚动阻力，所以滑转曲线也往往用 $\delta=\delta(F_{kp})$ 的形式来表示。滑转曲线不仅与行走机构本身工作性能的一些基本指标，如滚动效率、滑转效率、附着能力等有着密切关系，而且也和机器的牵引效率、有效牵引率、生产率等许多重要的整机性能指标有关。

(1)行走机构的牵引效率与滑转曲线的关系。

行走机构的牵引效率 $\eta_x$ 可以由滚动效率 $\eta_f$ 与滑转效率 $\eta_\delta$ 的乘积来表示。履带式行走机构的牵引效率是 $\eta_f$、$\eta_\delta$ 和 $\eta_r$ 三者的乘积。由于履带驱动段效，$\eta_r$ 可近似地认为是一常量。所以为简化讨论起见未予计入，但这并不影响问题讨论的实质。亦即：

$$\eta_x = \eta_f\eta_\delta = \frac{F}{F+F_f}(1-\delta) = \frac{\varphi_x}{\varphi_x+f}(1-\delta) \tag{11-61}$$

式中：$\varphi_x$——相对牵引力，$\varphi_x=f/G_\varphi$；

$f$——滚动阻力系数；

$\delta$——滑转率。

从式(11-61)中可以看到，当牵引力 $F$ 从零开始逐渐增大时，滚动效率 $\eta_f$ 亦将从零逐步变大，然而滑转效率 $\eta_\delta$ 却由于滑转串的上升而逐渐减小。如图 11-5 所示，从滑转曲线上可以看到，在牵引力逐步增长的开始阶段，滑转率上升十分缓慢。此时 $\eta_f$ 的增长速率大大超过 $\eta_\delta$ 的下降速率。因而行走机构的牵引效率 $\eta_x$ 将随着牵引力的增大而增大。当牵引力继续增长时，滑转效率的下降速率，将由于滑转率 $\delta$ 的迅速增长而变快，而滚动效率的增长速率则逐步减慢。于是在某一

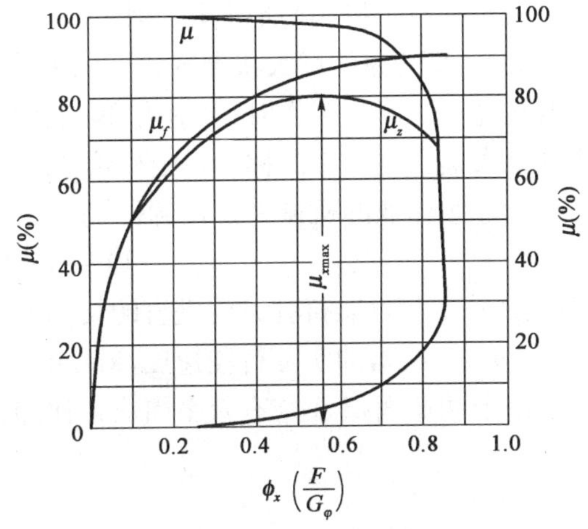

图 11-5 行走机构的牵引效率曲线

牵引力下，行走机构的牵引力效率可出现最大值。当牵引力超过这一值而继续增大时，$\eta_x$ 将随着牵引力的增长而下降。当滑转率达 100%时，$\eta_x$ 等于零。

(2)行走机构的最大牵引效率工况。

滑转曲线用下列方程式表示：

$$\delta = A\tilde{\omega}_x + B\tilde{\omega}_x^n$$

式中：$A$、$B$、$n$——与地面条件、行走机构型式和参数有关的常数，它们可通过对试验测定的滑转曲线进行统计归纳而求得。则有：

$$\eta_x = \frac{\varphi_x - A\varphi_x^2 - B\varphi_x^{n+1}}{\varphi_x + f} \tag{11-62}$$

对 $\varphi_x$ 求 $\eta_x$ 之微商，可得：

$$\frac{d\eta_x}{d\varphi_x} = \frac{f - 2Af\varphi_x - A\varphi_n^2 - (n+1)Bf\varphi_x^n - nB\varphi_{n+1}x}{(\varphi_x + f)^2}$$

当 $\eta_x = \eta_{max}$时，应满足下列条件：

$$f - 2Af\varphi_x - A\varphi_n^2 - (n+1)Bvf\varphi_x^n - nB\varphi_x^{n+1} = 0 \tag{11-63}$$

由此可求出与 $\eta_{xmax}$对应的相对牵引力 $\varphi_{\eta xmax}$和滑转率 $\delta_{\eta xmax}$。这一特征工况称为行走机构的最大牵引效率工况，并可用垂线在滑转曲线上标出，如图 11-5 所示。

由牵引功率的表达式可知：

$$P_{KP} = P_e \eta_{Ba} \eta_{mr} \eta_x$$

由于 $\eta_{Ba}$ 和 $\eta_{mr}\eta_x$ 可近似地认为是常量，因此，如果使 $p_e$ 和 $\eta_x$ 同时达到最大值，则 $P_{KP}$ 具有最大值。这就是说，当发动机的最大输出功率 $P_{emax}$与行走机构的最大牵引效率 $\eta_{xmax}$匹配在一起时，机器将获得最大有效牵引功率。

当铲土运输机械在黏性的新切土上工作时，对于轮式机械来说，最大牵引效率工况大约在 $\delta$=10%，对于履带机械，大约在 5%。

(3)机器生产率与行走机构滑转曲线之间的关系。

铲土运输机械的生产率是用单位时间所完成的土方作业量来表示的。显然，作业量的多少与牵引力有直接的关系，而作业时间则与机器的作业速度有关。因此，机器的生产率 $Q$ 将是有效牵引力和实际行驶速度的函数。亦即：

$$Q = f(F_{KP}, v)$$

由于在行走机构与地面相互作用中，有效牵引力 $F_{KP}$ 与实际行驶速度 $v$ 之间存在着某种制约关系，即 $F_{KP}$ 的增大将伴随着 $v$ 的下降。因此，在滑转曲线上总可以找到某一工况点，当机器在这一工况下工作时，牵引力和实际速度两方面因素作用的综合结果可使机器的生产率达到最大值。这一工况称为行走机构的最大生产率工况。

对连续作业的机械来说，机器的生产率 $Q$ 可用下式表示：

$$Q = 1\,000Av \quad (m^3/h) \tag{11-64}$$

式中：$A$——与机器行驶方向垂直的切削截面积，$m^2$；

$v$——机器的实际行驶速度，km/h。

由于切截面积 $A$ 与有效牵引成正比即：

$$A = \frac{F_{KP}}{K_b}$$

式中：$K_b$——切削比阻力，$N/m^2$。

机器的实际行驶速度可用 $v_T(1-\delta)$ 表示。如将 $A$ 和 $v$ 的表达式代入式(11-64),则:

$$Q=1\,000\frac{F_{KP}v_T}{K_b}(1-\delta)=\frac{F_Kv_T}{K_b}\eta_f\eta_\delta=1\,000\frac{F_Kv_T}{K_b}\eta_x \tag{11-65}$$

式(11-65)中的乘积 $F_Kv_T$ 实际上代表了输送给行走机构的理论切线牵引功率 $P'_{PK}$,因此当输送给行走机构的理论切线牵引功率一定时,机器的生产率将与行走机构的牵引效率成正比。

由此可见,对于连续作业的机械来说,行走机构的最大牵引效率工况和最大生产率工况是一致的。

对于循环作业的机械来说,机器的生产率可用下式表示:

$$Q=\frac{3\,600q}{t_1+t_0}\qquad (\mathrm{m^2/h}) \tag{11-66}$$

式中:$q$——机器每一工作循环所完成的土方量,或铲斗容量,$\mathrm{m^3}$;

$t_1$——工作循环中铲土工序的时间,s;

$t_0$——工作循环中其余工序的时间,s。

式(11-66)中 $q$ 可认为与有效牵引力 $F_{KP}$ 成正比,而 $t_1$ 则与铲土时的实际行驶速度 $v$ 成反比,亦即:

$$q=kF_{KP};t_1=\frac{l_1}{v}$$

考虑到 $v=v_T(1-\delta)$,$\frac{F_{KP}}{F_K}(1-\delta)=\eta+\eta_\delta=\eta_x$ 则上式可改写为:

$$Q=\frac{3\,600k}{\dfrac{l_1}{F_{KP}v}+\dfrac{t_0}{F_{KP}}}=\frac{3\,600k}{\dfrac{l_1}{\eta_xF_Kv_T}+\dfrac{t_0}{F_{KP}}} \tag{11-67}$$

如令 $\alpha=3\,600K$,$\beta=l_1/P'_{PK}$,则生产率 $Q$ 的表达式可写成:

$$Q=\frac{\alpha}{\dfrac{\beta}{\eta_x}+\dfrac{t_0}{F_{KP}}} \tag{11-68}$$

从式(11-64)中可知:

$$\eta_x=\frac{\phi_x}{\phi_x+f}(1-\delta)$$

当滑转曲线 $\delta=f(F_{kp})$ 为已知时,即可给出机器生产率 $Q$ 随有效牵引力 $F_{kp}$ 而变化的曲线 $Q=f(F_{kp})$,如图 11-6 所示。

显然,对于循环作业的机械来说,行走机构的最大效率工况和最大生产率工况是不一致的,而且两者偏离的情况显然与工作循环中其余工序的时间 $t_0$ 之值有关。当 $t_0=0$ 时,亦即为机构变为连续作业时,$Q_{max}$ 工况与 $\eta_{xmax}$ 工况相重合。$t_0$ 愈大,即铲土工序的时间在整个工作循环中所占的比重愈小,则在滑转曲线上 $Q_{max}$ 工况将愈向 $\eta_{xmax}$ 工况方向偏离。

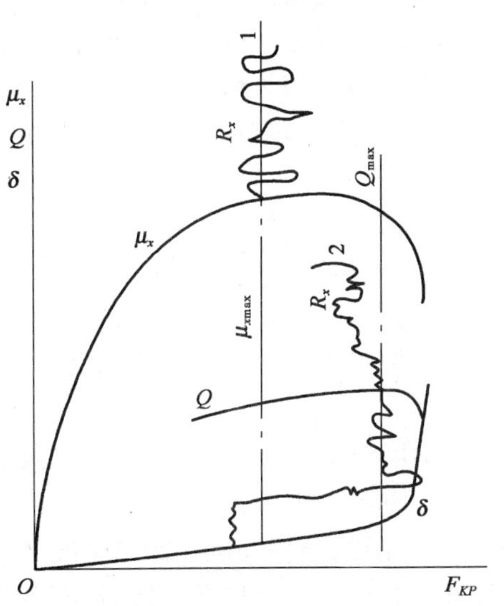


图 11-6 行走机构的最大牵引效率和最大生产率工况

对于连续作业的机械,不论从充分利用发动机,还是充分发挥机器生产率的角度来看,均应将作业过程中的平均工作阻力配置在最大牵引效率工况附近，如图 11-6 的曲线 1 所示。

但是，对于循环作业的机械来说，为了使机器获得最大的生产率，则应将工作循环中的平均最大工作阻力，配置在最大生产率工况附近，这一阻力通常出现在铲土过程的末尾。如图 11-6 的曲线 2 所示。因此，根据行走机构的最大生产率工况来确定循环作业机械的额定滑转率 $\delta_H$ 将是合理的。按照这一观点，轮式机构的额定滑转率一般可定为$\delta_H=20\%\sim25\%$，对于轮式装载机由于铲装工序时间在整个循环中所占比例很小，所以 $\delta_H=30\%\sim35\%$，而履带式机械的额定滑转率则可定为 $\delta_H=10\%\sim15\%$。

## 二、牵引性能参数合理匹配的条件

从上述的分析中可以得出以下结论：铲土运输机械牵引性能参数的合理匹配应保证充分利用发动机功率，发挥机器的最大生产率。

对于自行式平地机等接近于连续作业的机械，发动机负荷的变化带有稳定随机过程的性质，影响发动机最佳负荷程度的因素相对较少。因此，对于此类机械，牵引性能参数应根据发动机的最大平均输出功率、行走机构的额定滑转率和工作装置的平均工作阻力之间的合理匹配关系来确定。此时应该保证当工作装置以设计要求的平均阻力 $F_x$ 连续作业时，发动机正好在最大平均输出功率 $\overline{P}_{emax}$工况下工作，而行走机构则在最大生产率的工况下工作即额定滑转率 $\delta_H$ 工况。上述条件可以表示如下：

$$F_{KP\overline{P}emax}=F_H=F_x$$

式中：$F_{KP\overline{P}emax}$——发动机最大平均输出功率相对应的有效牵引力，kN；

$F_H$——与行车机构额定滑转率 $\delta_H$ 相对应的额定牵引力，kN；

$F_x$——工作装置在连续作业过程中的平均工作阻力，kN。

对于推土机、铲运机、装载机这一类的循环作业机械来说，不仅铲掘工序的工作阻力变化急剧，而且不同工序的工作阻力也是不同的。各工序时间长短，所采用的挡位等因素又都带有随机变化的性质。因而影响发动机负荷循环的因素将更为复杂，曲轴阻力矩的变化则呈现为某种非稳定的随机过程，确定发动机的最佳负荷程度也显得十分困难。在这种情况下，比较简单的解决办法是根据发动机的额定功率工况、行走机构的最大生产率工况、工作装置的平均最大工作阻力工况之间的合理配置来确定牵引性能参数。

1.机械传动的机械牵引性能参数的合理匹配应满足下列条件：

(1)由发动机转矩决定的最大牵引力 $F_{Memax}$应大于地面附着条件所决定的最大牵引力即附着力 $F_\Phi$。

这样匹配可以保证机器在突然超负荷时，首先发生行走机构的滑转，而不应导致发动机熄灭，此时发动机决定的最大牵引力相对于地面的附着力而言应留有适当的储备。当机器在此种条件下工作时，行走机构的滑转起着一种自动保护作用。它一减轻了司机的操作，另一方面自动地保护了发动机不致严重超载。亦即：

$$F_{Memax}>F_\phi$$

(2)由发动机额定功率决定的有效牵引力 $F_{KPPeH}$ 与由行走机构额定滑转率决定的额定牵引力 $F_H$ 应相等。

这就是说，当发动机在额定工况下工作时，机器的行走机构将在额定滑转率工况下工作。机器在这样的匹配条件下工作时，有效牵引力稍大于额定牵引力 $F_H$，例如大 10%左右，即会引起行走机构完全滑转。这样，便于司机在铲土过程中掌握切土深度，使机器尽可能在接近额定牵引力的范围内作业。此时，由于行走机构滑转的自动保护作用将防止发动机在铲土过程中发生严重超载。同时，在工作循环的大部分时间内，发动机在负荷急剧变化的工况下能得到较好的动力性和经济性。亦即：

$$F_{KPPeH} = F_H$$

(3)铲土过程末尾的平均最大工作阻力 $F_x$ 应等于机器的额定牵引力 $F_H$。

这是从工作装置的容量应与额定牵引力相适应的角度提出来的。如前所述，为了使机器获得较高的生产率.应该保证当铲土过程中发动最大的铲掘力时，它通常发生在铲土过程的末尾，行走机构能在额定滑转率工况附近工作。当满足这一匹配条件时，工作装置的容量将按滑转曲线上额定牵引力来选择，因而可以使机器具有较大的生产率指标。而在工作循环的大部分时间内，则由于有效牵引力的减小，行走机构仍可在较高的效率区工作。亦即：

$$F_x = F_H$$

上述三个匹配条件也可利用牵引特性图来表示，如图 11-7 所示。

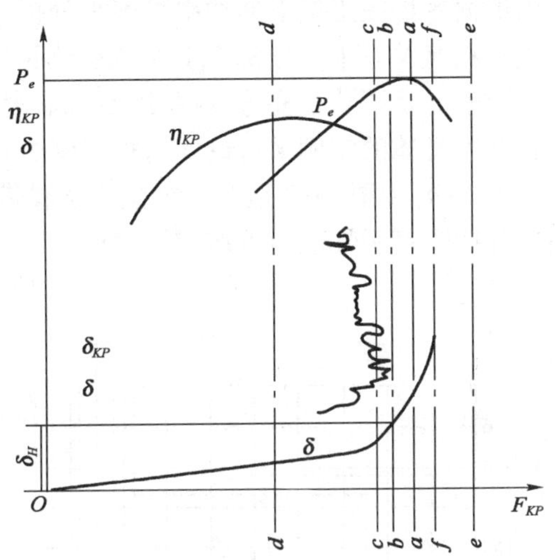


图 11-7 利用牵引特性评价参数匹配的合理性

*a*—*a*：发动机额定功率工况；*b*—*b*：行走机构额定滑转率工况；*c*—*c*：平均最大工作阻力工况；*d*—*d*：最大牵引效率工况；*e*—*e*：由发动机转矩决定的最大牵引力工况

当满足这些条件时，牵引特性上代表发动机额定功率工况的 *a*—*a* 线与代表行走机构额定滑转率工况的 *b*—*b* 线和代表平均最大工作阻力工况的 *c*—*c* 线应接近或吻合。代表最大牵引效率工况的 *d*—*d* 线则应在它们的左方。而代表由发动机转矩决定的最大牵引力工况的 *e*—*e* 则应在代表行走机构的最大附着能力的 *f*—*f* 线之右方。

2. 液力机械传动的机械牵引性能参数的合理匹配条件

(1)对于液力机械传动的铲土运输机械来说，利用行走机构的滑转来防止发动机熄火显然是没有意义的。在这种场合下，重要的问题是防止变矩器经常处在效率很低的效率区工作。因为变矩器经常处在效率很低的工况下，一方面会大大降低发动机和变压器共同工作的输出功率，另一方面将导致变矩器过热。因此，行走机构的滑转应该起到防止变矩器进入低效区工作的作用。这样，合理匹配的第一条件可表述为：由发动机与变矩器共同工作输出特性上最大工作转矩 $M_{2P\max}$，即与 $\eta_P=75\%$相对应的变矩器输出轴最大转矩所决定的牵引力 $F_{M2P\max}$应大于由附着条件决定的最大牵引力 $F_\varphi$，亦即：

$$F_{M2P\max} > F_\varphi$$

(2)发动机与变矩器共同工作输出特性的最大功率工况应与行走机构的最大生产率工况相一致。此时，与变矩器输出轴最大功率工况相适当的有效牵引力 $F_{KPPeH}$应等于与行走机构额定滑转宰相对应的额定牵引力 $F_H$，亦即：

$$F_{KPP2\max} = F_H$$

(3)机器在铲土过程中末尾的平均最大工作阻力 $F_x$ 应等于额定牵引力 $F_H$，亦即：

$$F_x = F_H$$

## 第四节　工程机械牵引性能和燃料经济性的分析

牵引特性是评价铲土运输机械的牵引性能和燃料经济性的基本依据。在牵引特性图上不仅可以看到不同挡位下机器的动力性和经济性各项指标的具体数据，而且还可从各挡特性曲线的形状、定向和分布中获知不同牵引负荷下机器牵引性能和燃料经济性能的变化规律，以及各挡传动比的分配是否合理和牵引力、速度的适应性能。当对牵引特性作进一步的研究时，还可以根据各特征工况下的功率平衡来分析发动机额定功率的分配情况，以及从各特征工况的位置和相互关系中来分析牵引性能参数匹配的合理性。通过这些分析，我们便可获知各总成的工作性能是否获得充分发挥，以及机器牵引性能和燃料经济性良好或欠佳的原因。下面将结合某些具体的实例来讨论如何根据牵引特性来评价机器的牵引性能和燃料经济性。

图 11-8 和图 11-9 是 2 台机械传动履带推土机的牵引特性，机器的主要参数列于表 11-2 内。在研究牵引性能时可作如下讨论：

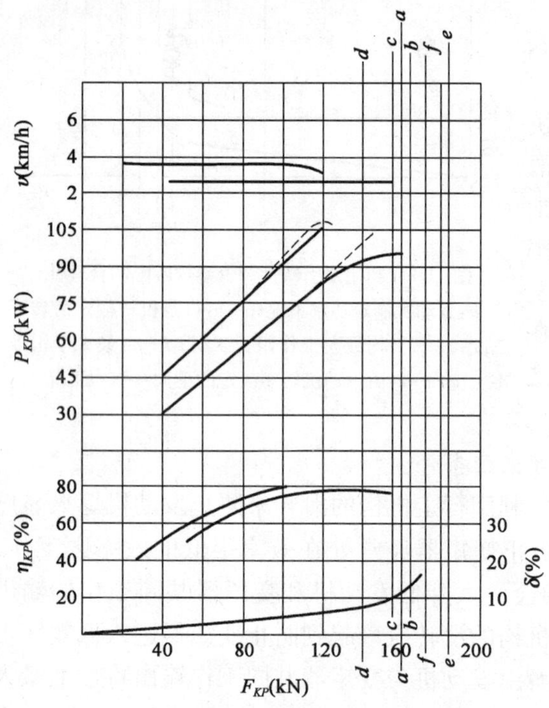


图 11-8　机械传动履带推土机试验牵引特性

$a$—$a$：$P_{eH}$ 工况；$b$—$b$：$\delta_H$ 工况；$c$—$c$：$F_x$ 工况；$d$—$d$：$\eta_{KP\max}$ 工况

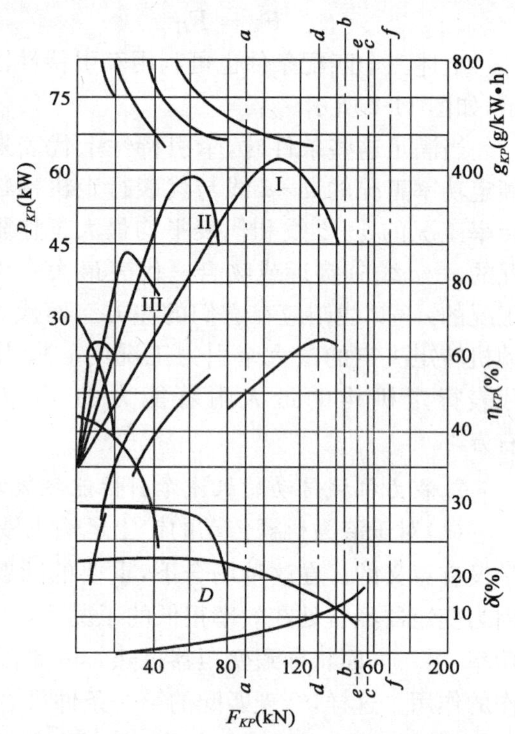


图 11-9　机械传动履带推土机试验牵引特性

$a$—$a$：$P_{eH}$ 工况；$b$—$b$：$\delta_H$ 工况；$c$—$c$：$F_x$ 工况；$d$—$d$：$\eta_{KP\max}$ 工况

试验牵引特性图 11-8、图 11-9 得出的牵引性能和燃料经济基本指标如表 11-2 所示。

**试验推土机(图 11-8、图 11-9)的主要参数**　　表 11-2

| 参 数 名 称 | 图 11-8 | 图 11-9 |
|---|---|---|
| 发动机额定功率(kW) | 136 | 112.5 |
| 发动机额定转速(r/min) | 1 850 | 1 800 |
| 发动机额定转矩(N·m) | 716 | 610 |

续上表

| 参数名称 | 图 11-8 | 图 11-9 |
|---|---|---|
| 发动机最大转矩(N·m) | 800 | 680 |
| 发动机最大转矩转速(r/min) | 1 150 | 1 100 |
| 发动机空转最高转速(r/min) | 2 000 | 2 000 |
| I 挡总传动比 | 120 | 120 |
| II 挡总传动比 | 78.9 | 78.9 |
| 履带节距(m) | 0.216 | 0.216 |
| 驱动轮啮合齿数 | 12.5 | 12.5 |
| 推土装置高度(mm) | 1 060 | 1 100 |
| 推土装置宽度(mm) | 4 260 | 4 170 |
| 推土机使用质量(N) | 213 700 | 202 000 |
| 推土机滚动阻力(N) | 14 000 | 21 680 |

(1)首先可按表 11-3 的形式列出各特征工况下机器牵引性能和燃料经济性的基本指标。根据这些基本指标和牵引特性图即可对机器的牵引性能和燃料经济性作出初步的分析与评价。例如对比表 11-3 中的数据可以看到图 11-8 所示的推土机各项牵引性能指标普遍较高，而图 11-9 所示的推土机各项牵引性能指标则普遍较低。对于后者来说，如图 11-9 所示，I 挡是机器发挥最大的效率牵引功率的挡位，但最大有效牵引力只有 61.8kW；从牵引特性可以看到 II、III 挡的最大有效牵引功率更低，而四挡的最大有效牵引功率为 24.3kW；在发动机额定转速下的有效牵引力只有 90kN，而牵引效率仅为 49%；在 10%的滑转率下，虽然有效牵引力可增大到 140kN，但有效牵功率只有 42kW，此时推土机速度下降到 1.1km/h。因此，可以得出初步结论。即图 11-9 所示推土机的牵引性能和燃料经济性欠佳，而图 11-8 则较好。

**由试验牵引特性图 11-8、图 11-9 得出的牵引性能和燃料经济基本指标** 表 11-3

| 特征工况 | | 有效牵引力 $F_{KP}$(kN) | 实际行驶速度 $v$ (km/h) | 有效牵引功率 $P_{KP}$ (kW) | 牵引效率 $\eta_{KP}$(%) | 滑转率 $\delta$(%) | 小时燃油耗 $G_{KP}$(kg/h) | 比油耗 $g_{KP}$ g/(kW·h) |
|---|---|---|---|---|---|---|---|---|
| $P_{KP\max}$ 工况 | 图 11-8 | 150 | 2.25 | 95 | 72 | 7 | 31.5 | 510 |
| | 图 11-9 | 107 | 2 | 61.8 | 56 | 5 | | |
| $\eta_{KP\max}$ 工况 | 图 11-8 | 140 | 2.35 | 90.5 | 75 | 5 | 24.5 | 463 |
| | 图 11-9 | 130 | 1.5 | 53 | 66.5 | 8 | | |
| $P_{eH}$ 工况 | 图 11-8 | 160 | 2.1 | 92 | 68 | 10 | 31.5 | 570 |
| | 图 11-9 | 90 | 2.3 | 55 | 49 | 4 | | |
| $\delta_H$ 工况 | 图 11-8 | 160 | 2.1 | 92 | 68 | 10 | — | — |
| | 图 11-9 | 140 | 1.1 | 42 | 65 | 10 | | |
| $F_{Me\max}$ 工况 | 图 11-8 | 184 | — | — | — | — | — | — |
| | 图 11-9 | 150 | | | | | | |
| $F_{\varphi}$ 工况 | 图 11-8 | 176.5 | — | — | — | — | — | — |
| | 图 11-9 | 165 | | | | | | |

(2)其次可根据各挡有效牵引功率曲线和行驶速度曲线的分布情况来考察各挡传动比的分配和牵引力与行驶速度的适应性能。此时应检查各挡有效牵引功率曲线之间不应有深谷存在，同时应注意速度曲线上高一挡的最大有效牵引点应在低一挡速度曲线之下，如图 11-9 所

示之 $D$ 点。此时当牵引力增大到必须换挡时，机器的车速仍能接近于换挡前的数值，此点对于保证司机良好的操纵感是很有必要的。对于牵引力则应有适当的储备，以便有可能克服阻力的短时增大。

对于上述要求，两台推土机均能较好地满足。

(3)在进一步研究牵引特性时，可根据各特征工况下的牵引效率、滚动效率和滑转率对发动机额定功率的分配和牵引效率的组成作出分析如表 11-4 和表 11-5 所示。在表 11-4 中可以看到对于图 11-9 所示的推土机，各部分消耗和相应的效率都处在正常范围内。然而在表 11-5 中却显示出明显的不正常情况。例如，在发动机额定功率工况下，滚动阻力和机械传动部分，辅助装置消耗计入传动损失中的消耗高达 41.7kW，其相应效率仅为 63.5%。由于传动系、滚动阻力的消耗过大，导致有效牵引力降低到只有 90kN 左右，表 11-3 所示。当机器在额定滑转率工况下工作时，有效牵引力不能满足满铲作业的要求。发动机在最大转矩附近工作时，机器的有效牵引功率只有 42kN，亦即发动机的额定功率只有 37.3%被转化为完成有效作业的牵引功能。

**试验推土机的功率平衡和牵引力效率组成** 表 11-4

| 工况 | 项目 | | | | | | | |
|---|---|---|---|---|---|---|---|---|
| 额定功率工况 | 功率(kW) | $P_{eH}$ | $P_e$ | $P_f+P_{mr}$ | $P_\delta$ | $P_f$ | $P_{KP}$ | $P_{eH}-P_e$ |
| | | 136 | 136 | 24.2 | 11.4 | 8.5 | 92 | 0 |
| | 效率(%) | | $P_e/P_{eH}$ | $\eta_f\eta_{mr}$ | $\eta_\delta$ | $\eta_f$ | $\eta_{KP}$ | $P_{KP}/P_{eH}$ |
| | | | 100 | 82 | 90 | 92 | 68 | 68 |
| 额定滑转率工况 | 功率(kW) | $P_{eH}$ | $P_e$ | $P_f+P_{mr}$ | $P_\delta$ | $P_f$ | $P_{KP}$ | $P_{eH}-P_e$ |
| | | 136 | 136 | 24.2 | 11.4 | 8.5 | 92 | 0 |
| | 效率(%) | | $P_e/P_{eH}$ | $\eta_f\eta_{mr}$ | $\eta_\delta$ | $\eta_f$ | $\eta_{KP}$ | $P_{KP}/P_{eH}$ |
| | | | 100 | 82 | 90 | 92 | 68 | 68 |

**试验推土机的功率平衡牵引效率的组成** 表 11-5

| 工况 | 项目 | | | | | | | |
|---|---|---|---|---|---|---|---|---|
| 额定功率工况 | 功率(kW) | $P_{eH}$ | $P_e$ | $P_f+P_{mr}$ | $P_\delta$ | $P_f$ | $P_{KP}$ | $P_{eH}-P_e$ |
| | | 112.5 | 112.5 | 41.7 | 2.3 | 13.4 | 55 | 0 |
| | 效率(%) | | $P_e/P_{eH}$ | $\eta_f\eta_{mr}$ | $\eta_\delta$ | $\eta_f$ | $\eta_{KP}$ | $P_{KP}/P_{eH}$ |
| | | | 100 | 63.5 | 96 | 80.5 | 49 | 49 |
| 额定滑转率工况 | 功率(kW) | $P_{eH}$ | $P_e$ | $P_f+P_{mr}$ | $P_\delta$ | $P_f$ | $P_{KP}$ | $P_{eH}-P_e$ |
| | | 112.5 | 64 | 10.7 | 5.15 | 6.25 | 42 | 48.5 |
| | 效率(%) | | $P_e/P_{eH}$ | $\eta_f\eta_{mr}$ | $\eta_\delta$ | $\eta_f$ | $\eta_{KP}$ | $P_{KP}/P_{eH}$ |
| | | | 57 | 83 | 90 | 86.6 | 65 | 37.3 |

(4)为了进一步提高牵引性能参数匹配的合理性，可在牵引特性图上用图纸标出各特征工况的位置。

首先可检查发动机额定功率工况、行走机构额定滑转率工况($\delta_H=10\%\sim15\%$)和工作装置满铲作业工况在牵引持性图上的标线是否接近或吻合。

从图 11-9 中可以看到标志上述 3 种工况的标线都很接近，这表明当推土机铲满土时，行走机构将在最大生产率工况下工作，而发动机则将在额定功率附近工作。此时合理匹配的条件：$F_H\approx F_{KPPeH}$ 和 $F_H\approx F_x$ 均能很好地满足。

图 11-9 所示则是匹配较差的实例。从图上可以看出标志发动机额定功率工况的标线

$a—a$位于标志额定滑转率工况的标线$b—b$及标志满铲作业工况的标线$c—c$之左方，且$a—a$与$b—b$、$c—c$相离甚远，亦即$F_{KPPeH}<F_H$和$F_H<F_x$，这表明，图11-9所示的匹配其牵引性能参数之间存在着严重失调的情况。

其次应检查$F_{Memax}$和$F_\varphi$工况之间的相互关系。从图11-8上可以看到$F_{Memax}>F_\varphi$的条件可获得很好满足，且有5%左右的储备。因此，当推土机在作业中发生突然超载时，履带将完全滑转，而不至于使发动机熄火。

图11-9的情况则恰恰相反，$F_{Memax}$位于履带打滑界限内，因此当机器发生突然超载时，发动机有强制熄火的可能。

(5)在进行上述考察的基础上，即可进一步分析牵引性能和燃料经济良好或欠佳的原因，并对机器的动力性和经济性作出更为全面的评价。

对于图11-8所示的推土机，由于将发动机的额定功率和工作装置满铲作业时的工作阻力配置在滑转率较高的区域$\delta_H=10\%\sim15\%$，因而整个牵引特性向右扩展。从动力性的角度看，一方面当铲掘阻力增大时，行走机构将在额定滑转率的范围内$\delta_H=10\%\sim15\%$工作，因而可以输出较大的有效牵引力，而发动机则将在额定功率附近工作，因而可以提供较大的输出功率；另一方面当铲掘阻力超过这一范围内，履带将迅速滑转，使发动机不至于超载从而起到保护发动机的作用。这样在铲土和运土过程的大部分时间内，发动机将基本上在调速区段工作。此时发动机转速不致发生急剧的变化，因而它的功率和比油耗偏离静载调速特性较小，而发动机的动力性和经济性将获得较好的发挥。

从经济性的角度看，即在正常情况下它和最大牵引效率工况大体上是一致的牵引特性向右扩展将使行走机构最大效率工况，到满铲作业工况之间的区域相应扩展。由于在最大效率点右方的行走机构效率曲线进展比较平缓，因而机器高效区的工作范围也随之扩大。从图11-8中可以看到牵引效率在有效牵引力等于80～160kN的区间内变化十分平缓，因而高效率区的范围就比较大。与这种情况相一致，比油耗曲线在这一区间的变化也比较平缓，低油耗区的范围也相应扩大，上述情形意味着机器在铲土和运土工序的大部分时间内将在较高牵引效率和较低的比油耗下工作。

此外，牵引特性向右扩展必然会导致一挡的有效牵引功效相应减小，而高挡牵引功率则相应增大。从图11-8上可以看到机器最大的有效牵引功率出现在二挡上，这是由于改善了低牵引负荷下的牵引效率之故。由此可见，机器在高挡工作时，例如在运输工况下工作时的牵引效率和燃料经济性均可获得相应改善。

综上所述，图11-8所示的推土机之所以具有良好的牵引指标，不仅是由于各总成本身的性能较好，而且还因为它们之间能相互协调地进行工作，因而各总成的工作性能得以充分发挥。

当分析第二台推土机各项牵引指标偏低的原因时，首先可以指出，此台推土机总成性能与第一台相比普遍较差。例如发动机的动力性、经济性、辅助装置、传动系、行走系的效率、滚动阻力系数等均不如第一台。特别是在发动机转速较高时，辅助装置、传动系的功率消耗剧增，相应的效率下降到63.5%。这说明辅助装置和传动系在高速下的工作极不正常，这种情况很可能是由于液压系统的空载损失和传动齿轮的搅油损失过大而引起的。

当进一步分析辅助装置、传动系，行走机构过大对机器牵引性能的影响时。可以看出，这些消耗的增大不仅反映这些总成本身的工作性能较差，而且还由于发动机额定工况牵引力数值的过分降低而使各牵引参数匹配不合理程度加剧。因此，从这一意义上来说，机器性能欠佳的原因，在很大程度上要归结为牵引参数之间匹配关系的严重失调。

参数选择不当，也可从这二台推土机的主要参数对比中明显地看出，如表 11-2 所示。例如，尽管第二台推土机功率比第一台小 243kW，然而工作装置的容量和一挡的传动比却几乎和第一台完全一样，而单位功率的机器重量也大大偏高。

这种参数匹配的不合理性反映在牵引特性图上，则表现为整个牵引特性呈现向左方压缩的趋势，从而将发动机的额定功率配置在滑转率很低的区域，即 $\delta=4\%$。这样配置发动机额定功率的后果，首先表现为使 $P_{eH}$工况下的有效牵引力下降到 90kN 左右。因此如不能相应地缩小工作装置的容量，则在铲掘较硬的土壤时必然会感到牵引力严重不足，而在牵引特性图上就会出现工作装置的满铲作业工况远离发动机额定功率工况的情况。这就意味着迫使发动机经常在非调速区段上工作，而且还可能造成发动机熄火。发动机经常转入非调速区段工作，不仅使发动机额定功率得不到充分利用，而且还由于转速急剧变化而造成输出功率和输出比油耗大大偏离调速特性，从而使发动机的动力性和经济性进一步恶化。

这样配置发动机额定功率的另一后果是迫使发动机调速区段完全配置在牵引效率很低的位置上。从图 11-9 上可见最大牵引效率点在额定功率工况点之右方，且偏离量甚大，因而使机器大部分时间在牵引效率很低的情况下工作。这一特点同样反映在比油耗曲线上，使图 11-9 中各挡比油耗曲线均陡峭，甚至没有出现比油耗的“盆谷”点。这表明机器的燃料经济性是很差的。

此外，各挡牵引功率曲线向左方压缩的结果还必然会因牵引效率的迅速降低而导致高挡牵引功率的急剧下降，因而最大牵引功率将出现在第一挡上，而且随着挡次的增高而逐渐下降。这就必然会大大恶化高挡工作的动力性和经济性。从图 11-9 中可以看到，最高挡上的最大有效牵引功率仅为 243kW，而比油耗很高。这一功率甚至还不能满足平地行驶的需要。这表明最高挡的额定有效牵引力甚至比机器的滚动阻力还小。此时稍遇障碍或坡度，车速就会急剧下降，甚至导致发动机熄火。因此，推土机在最高挡上将不能正常行驶，也无能力满足平地作业的要求。

从以上的分析中可以清楚地看到，由于参数匹配不合理而造成各总成不能协调地工作，并将严重地影响机器动力性和经济性的充分发挥。

## 第五节　牵引性能参数的计算步骤

### 一、机械传动工程机械牵引性能参数的计算步骤

我国施工机械中如推土机系列，是按功率来分级的，发动机的选型通常在总体设计时是首先要解决的问题，因此在各项总体参数中，发动机的参数可以认为是已知的。现以履带推土机为例，参数计算按以下程序进行：

(1)选择拖拉机最低挡和最高挡的理论行驶速度：

$v_{T\min}$和 $v_{T\max}$：$v_{T\min}=2.4\sim2.8$km/h，$v_{T\max}=8.5\sim10.5$km/h。

(2)按式(11-30)计算理论切线牵引功率 $P'_{PK}$：

$$P'_{PK}=P_{ec}\eta_m\eta_r=P_{eH}\eta_{Ba}\eta_m\eta_r\,(\text{kW})$$

在初步计算时可取 $\eta_m\eta_r=0.86\sim0.90$；$\eta_{Ba}=0.95\sim0.97$

(3)按式(11-31)计算额定切线牵引力 $F_{KH}$：

$$F_{KH}=\frac{3\,600P_{PK}'}{v_{T\min}} \quad (\mathrm{N})$$

(4)按下列公式绘制出相对牵引力 $\phi_x$ 为横坐标的无因次滑转率曲线：

$$\delta=0.05\phi_x+3.92\phi_x^{14.1}$$

求出 $\delta=12\%$时的相对牵引力 $\phi_x$ 之数值，并以 $\phi_H$ 表示即：

$$\phi_H=\phi|_{\delta=12\%}$$

在初步计算时 $\phi_H$ 的数值也可直接通过以下关系式求出：

$$\phi_H=(0.92\sim0.86)\phi$$

式中：$\phi$——附着系数。

(5)按下列关系式求出推土机的使用质量 $G_s$ 和额定牵引力 $F_H$：

$$G_s=\frac{F_{KH}}{\phi_H+f} \quad (\mathrm{N})$$

$$F_H=F_{KH}-G_sf \quad (\mathrm{N})$$

(6)确定拖拉机的使用重量 $G_t$：

$$G_t=G_s-G_d \quad (\mathrm{N})$$

式中：$G_d$——推土装置的重量，N。

在初步计算时 $G_t$ 可按下式计算：

$$G_t=\frac{G_s}{(1.18\sim1.23)}$$

(7)求驱动轮的动力半径 $r_K$：

$$r_K=\frac{Z_Kl_t}{2\pi} \quad (\mathrm{m})$$

(8)计算最低挡和最高挡的传动比 $i_{m\min}$和 $i_{m\max}$：

$$i_{m\min}=0.377\frac{r_Kn_{eH}}{v_{T\min}}$$

$$i_{m\max}=0.377\frac{r_Kn_{eH}}{v_{T\max}}$$

(9)按下式计算运输工况功率是否足够，如功率不够可适当降低运输速度：

$$P_{KP}=\frac{v_{T\max}}{3\,600}(F_f+F_w) \quad (\mathrm{kW})$$

(10)计算最大切线牵引力 $F_{K\max}$、最大有效牵力 $F_{KP\max}$、附着条件决定的最大牵引力 $F_\phi$，并校核合理匹配的第一条件：

$$F_{K\max}=\frac{M_{e\max}i_{m\min}\eta_{Ba}\eta_m\eta_r}{r_K}$$

$$F_{KP\max}=F_{K\max}-fG_s$$

$$F_\phi=\phi G_s$$

此时应满足下列条件：

$$F_{KP\max}>F_\phi$$

(11)按推土机铲掘土壤工况，计算取土阶段末尾的铲土阻力 $F_x$ 并校核合理匹配的第三条件：

$$F_x\approx F_H$$

## 二、 液力机械传动工程机械牵引性能参数的计算步骤

液力机械传动工业拖拉机总体参数匹配计算可按以下程序进行：

(1)按下列公式选择拖拉机与变矩器涡轮轴最大功率相对应的最低挡理论工作速度和 $v_{T\min}$ 与涡轮轴最大转速相对应的最高挡理论行驶速度 $v_{T\max}$：

$$v_{T\min}=2.4\sim2.8 \qquad (\mathrm{km/h})$$

$$v_{T\max}=9.0\sim10.5 \qquad (\mathrm{km/h})$$

(2)按以下公式计算理论切线牵引功率 $P_{PK}{}'$：

$$P_{PK}{}'=P_{2\max}\eta_m\eta_r \qquad (\mathrm{kW})$$

当采用动力换挡变速器时，变速器效率的计算可按在变速器输出转矩中扣除 30～50Nm 的条件来考虑。

(3)按下式计算与 $P_{2\max}$ 相对应的切线牵引力 $F_{KP2\max}$：

$$F_{KP2\max}=\frac{3\,600P_{PK}{}'}{v_{T\min}}$$

(4)按下列公式绘制以相对牵引力 $\phi_x$ 为横坐标的无因次滑转率曲线：

$$\delta=0.05\phi_x+3.9\phi_x^{14.1}$$

求出 $\delta=12\%$时的相对牵引力 $\phi_x$ 之数值，并以 $\phi_H$ 表示。即：

$$\phi_H=\phi\,|_{\delta=12\%}$$

在初步计算 $\phi_H$ 值时也可直接从以下关系式求出：

$$\phi_H=(0.92\sim0.86)\phi$$

(5)按下列关系式求出推土机的使用质量 $G_s$ 和额定牵引力 $F_H$：

$$G_s=\frac{F_{KP2\max}}{\phi_H+f} \qquad (\mathrm{N})$$

$$F_H=F_{KP2\max}-G_sf \qquad (\mathrm{N})$$

(6)确定拖拉机的使用重量 $G_t$；

$$G_t=G_s-G_d$$

$$\text{或}\,G_t=\frac{G_s}{(1.18\sim1.23)} \qquad (\mathrm{N})$$

(7)求出驱动轮动力半径 $r_K$：

$$r_K=\frac{Z_Kl_t}{2\pi} \qquad (\mathrm{m})$$

(8)计算最低挡和最高挡的传动比 $i_{m\min}$和 $i_{m\max}$：

$$i_{m\min}=\frac{0.377r_Kn_{2P2\max}}{v_{T\min}}$$

$$i_{m\max}=\frac{0.377r_Kn_{2P2\max}}{v_{T\max}}$$

式中：$n_{2P2\max}$——与涡轮轴最大输出功率相对应的涡轮轴转速，r/min。

(9)按下列公式计算与 $M_{2P\max}$ 相对应的切线牵引力 $F_{KM2P\max}$、有效牵引力 $F_{KPM2P\max}$ 以及由附着条件决定的最大牵引力 $F_\Phi$，并校核合理匹配第一条件：

$$F_{KM2P\max}=\frac{F_{2P\max}\eta_m\eta_r}{r_K} \qquad (\mathrm{N})$$

$$F_{KPM2P\max} = F_{KM2P\max} - f G_s \qquad (\text{N})$$

$$F_{\phi} = \phi G_s \qquad (\text{N})$$

此时应满足下列条件：

$$F_{KPM2P\max} > F_{\phi}$$

(10)计算铲掘阻力 $F_x$ 并校核合理匹配第三条件：

$$F_x \approx F_H$$

上述总体参数的匹配计算是在工业拖拉机的总体设计中进行的。当进行机器零部件的设计时，根据结构安排、工艺、材料等的要求、还可能作某些调整。因此，在工业拖拉机的设计全部完成之后，应该根据精确确定的机器参数，绘制拖拉机的牵引特性图，并进一步检查各参数间的匹配情况。当样机试制完成后，则应根据牵引试验测出的试验牵引特性对拖拉机总体参数匹配的合理性作出最终的评价。

# 第十二章　工程机械其他性能

一般来说，施工机械的工作过程有着2种典型工况：牵引工况和运输工况。机械在牵引工况下工作时，需要克服由铲土而产生的巨大工作阻力，因而要求机械能发挥强大的牵引力。当在运输工况下工作时，它需要克服的仅是数值不大的行驶阻力，此时主要要求机械在越野条件下能具有高的动力性、稳定性、制动性和转向性能等。

本章将着重讨论工程机械的动力性、稳定性、制动性以及轮式和履带式工程机械的转向性能及其影响因素等内容。

## 第一节　动　力　性

当工程机械在运输工况下工作时，其动力性主要反映在速度性能、加速性能和爬坡能力上。由于滚动阻力、坡道阻力、惯性阻力都是和机械的质量成正比的，因此上述各项性能不仅取决于驱动轮输出的牵引力，而且也和机械的质量直接有关。为了能对不同质量的机械进行对比，引出了单位质量的驱动力和阻力的概念。工程机械在运输工况下，如果将牵引平衡方程表示为：

$$F_K = F_f + F_i + F_j + F_W$$

式中：$F_i$——坡道阻力，kN；

$F_j$——惯性阻力，kN；

$F_W$——风阻力，kN，其他符号意义同前。

那么经移项代入，两边各除以机械的总重量 $G_s$ 后成为下式：

$$\frac{F_K - F_W}{G_s} = f\cos\alpha \pm \sin\alpha \pm \frac{x}{g}\frac{\mathrm{d}v}{\mathrm{d}t} \tag{12-1}$$

式中：$x$——转动质量转化为直线运动质量的影响系数，对工程机械 $x=1.08$。

数值 $(F_K - F_W)/G_s$ 通常用动力因数 $D$ 表示，它反映了在扣除风阻力 $F_W$ 后，机械单位机重所能获得的用来克服滚动阻力、坡道阻力、惯性阻力的切线牵引力。这样，机械在运输工况下的牵引平衡可以用另一种形式来表示：

$$D = f\cos\alpha \pm \sin\alpha \pm \frac{x}{g}\frac{\mathrm{d}v}{\mathrm{d}t} \tag{12-2}$$

对于某一给定的工程机械来说，上式右边前两项之和主要与道路状况有关。为方便起见，常常将它们合在一起，用道路阻力系数 $\Psi$ 表示，亦即：

$$\Psi = f\cos\alpha \pm \sin\alpha \tag{12-3}$$

这样，式(12-2)可改写为：

$$D = \Psi \pm \frac{x}{g}\frac{\mathrm{d}v}{\mathrm{d}t} \tag{12-4}$$

由于 $F_K$ 和 $F_W$ 都是实际行驶速度 $v$ 的函数，如果以 $v$ 作为自变量，可用图解的形式表示出车辆各个挡位下动力因素 $D$ 随车速 $v$ 而变化的关系曲线，这一曲线，通常称为动力特性。为了表示机械的牵引平衡关系，在动力特性图上还可以绘上道路阻力系数随车速而变化的曲线 $\Psi=\Psi(v)$，如图 12-1 所示。

动力特性是反映铲土运输机械在运输工况下动力性的基本特性曲线。利用动力特性可以方便地来评价铲土运输机械的速度性能、加速性能和爬坡能力。

## 一、速度性能

速度性能通常用车辆运输工况下的最高速度来评价。这一速度可以很方便地利用动力特性来确定。实际上，如果在动力特性图上绘上道路阻力系数曲线 $\Psi=\Psi(v)$，则最高挡的动力因数曲线 $D=D(v)$ 和曲线 $\Psi=\Psi(v)$ 之交点 $A$ 的横坐标，即代表了在给定道路条件下工程机械所能达到的最高运输速度 $v_{max}$，如图 12-1 所示。

## 二、加速性能

工程机械在起步加速过程中，起动力矩是随着车速而不断交化的，因而由此形成的加速度也将是一个不断变化的数值。其加速性能通常用加速度随速度而变化的曲线即加速度曲线，以及加速过程的时间和路程来评价，加速度曲线同样可以利用动力特性来取得。将式(12-4)进行移项，可得：

$$D \mp \Psi = \frac{x}{g}\frac{\mathrm{d}v}{\mathrm{d}t}$$

动力特性上任一车速下的动力因数 $D$，扣除了道路阻力系数 $\Psi$ 后剩余部分，即为在这一车速下加速度 $a$ 的数值，如图 12-1 上线段 $b$-$b$ 所示，于是根据动力特性，按照关系式：

$$a = (D \mp \Psi)\,\frac{g}{x}$$

就能绘出加速度随车速而变化的曲线 $a=f(v)$，如图 12-2 所示。可见，$D$ 曲线与 $\Psi$ 曲线间距离的 $g/x$ 倍即为加速度。如粗略估计时，可取 $x\approx1$，$g\approx10$，则加速度为 $D$-$\Psi$ 的 10 倍。

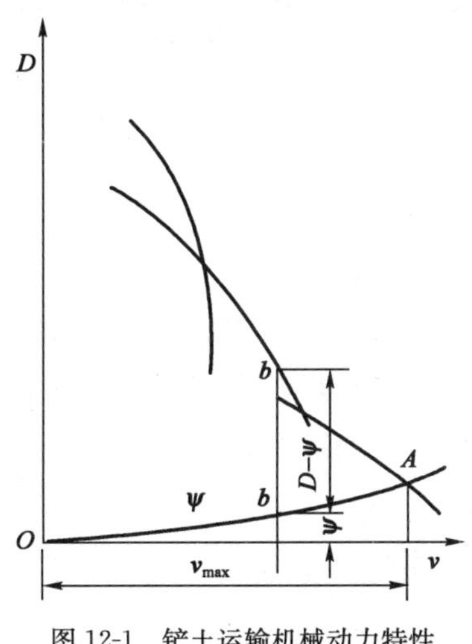


图 12-1　铲土运输机械动力特性

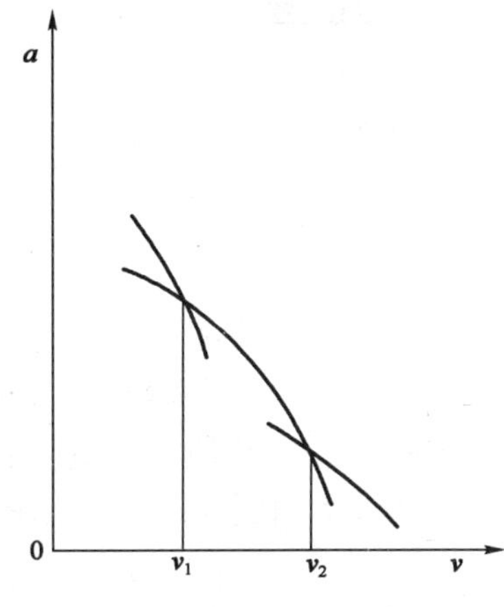


图 12-2　加速度曲线

在加速度曲线上不仅可以看出某一挡位下加速度随车速而变化的情况，还可通过两个相邻挡位加速度曲线的交点，进一步显示合理的换挡过程。从图 12-2 上可以看到与各挡加速度曲线交点的车速，如图 12-2 所示之 $v_1$ 和 $v_2$，实际上代表了最佳的换挡速度。如果换挡过程是在这些车速下进行的，那么工程机械将获得最大的加速过程。

因为：

$$dt = \frac{1}{a}dv \tag{12-5}$$

所以通过对式(12-5)积分，即可求得车辆从初速度 $v_1$ 加速至某以速度 $v$ 所需的时间 $t$：

$$t = \int_{v_1}^{v} \frac{1}{a}dv$$

通常采用图解积分的办法求时间—速度曲线 $t=t(v)$。方法如下：

(1)根据加速度曲线绘出加速度的倒数曲线 $(1/a)=f(v)$，如图 12-3 所示。

(2)求出曲线 $(1/a)=f(v)$ 和横坐标 $v_1$、$v$ 之间所切割出来的面积，即为从 $v_1$ 加速至 $v$ 所需的时间。

(3)选取若干车速，并进行相应的计算后，绘出加速时间 $t$ 随车速 $v$ 而变化的曲线 $t=t(v)$，如图 12-4 所示。

在取得了时间—速度曲线 $t=t(v)$ 后，进一步对速度再作一次积分即可获得加速路程 $S$ 和时间 $t$ 的关系曲线，即：

$$S = \int_{t_1}^{t} v dt$$

同理，采用图解积分的办法求行程一速度曲线 $S=S(v)$，如图 12-5 所示。

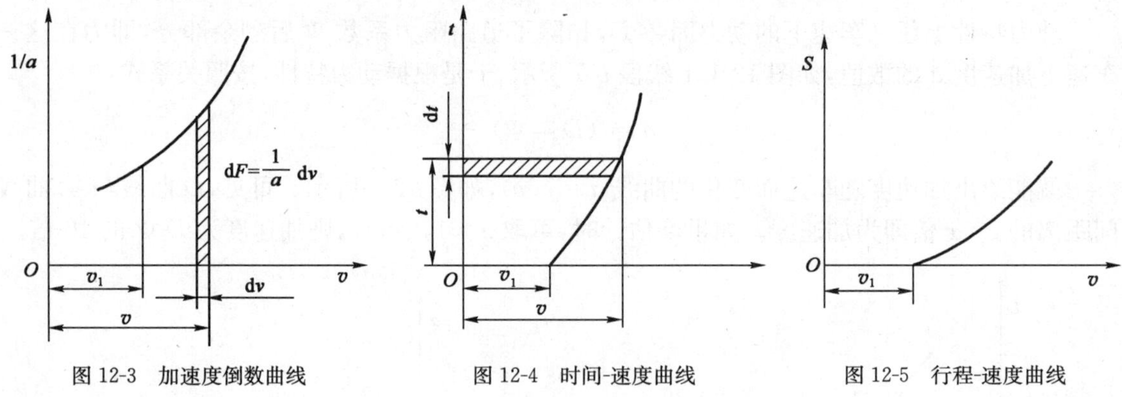


图 12-3 加速度倒数曲线　　图 12-4 时间-速度曲线　　图 12-5 行程-速度曲线

## 三、爬 坡 能 力

工程机械动力性所反映的爬坡能力，是指机械在某一挡位下等速行驶时，由发动机动力所决定的最大爬坡角 $\alpha_{max}$。车辆在各挡位的最大爬坡角可以根据各挡动力因数的最大值 $D_{max}$ 计算而得。如果 $D_{max}$ 完全用来克服机械的道路总阻力，那么此时的坡道角即为该挡的最大爬坡角，并可以利用动力因数的平衡方程求出：

$$D = \Psi = f\cos\alpha + \sin\alpha = f\sqrt{1-\sin^2\alpha} + \sin\alpha \tag{12-6}$$

由此可得计算最大爬坡角 $\alpha_{max}$ 之表达式：

$$\sin\alpha_{max} = \frac{D_{max} - f\sqrt{1-D_{max}^2+f^2}}{1+f^2} \tag{12-7}$$

由式(12-7)计算所得的爬坡角，只是反映了发动机所能提供的爬坡能力，实际上工程机械可能实现的最大爬坡角往往还要受到机械纵向滑移和稳定性的限制。

# 第二节　稳　定　性

工程机械的稳定性是指机械行驶或工作时不发生侧滑和失稳倾翻从而保持正常工作的性能，过去通常用滑移和失稳角来评价。由于人机工程学的发展，近年来甚至还把驾驶人的安全感或不安全感也作为稳定性判别的依据。工程机械的稳定性可分为静稳定性和动稳定性两种情况，静稳定性只考虑作用在机械上的稳定载荷，动稳定性则需考虑机械上稳定载荷和动载荷的联合作用。

稳定性是保证工程机械安全作业的一项重要性能，统计数字表明因失去稳定性而造成的大部分事故发生在纵坡或横坡道上，个别也发生在平地上。

## 一、工程机械的静稳定性

工程机械的静稳定性主要讨论机械在坡道上稳定行驶而不倾翻和滑移的性能，坡道上停机的稳定性计算与此无原则区别。

1. 机械上坡行驶时的纵向稳定性

1）轮式工程机械

轮式工程机械等速上坡时，作用在机械上的力和力矩，如图 12-6 所示。图中 $G$ 为机械重力，$N_1$、$N_2$ 分别为前、后轮上的法向反作用力，$F_1$、$F_2$ 分别为前、后轮上的牵引力。另外还有风阻力 $F_W$，前、后轮滚动阻力矩 $M_{f1}$、$M_{f2}$，当坡度较大时，它们对 $A$、$B$ 点产生的倾翻力矩相对其他力要小得多，计算时一般设为零，所以图 12-6 中未画出。

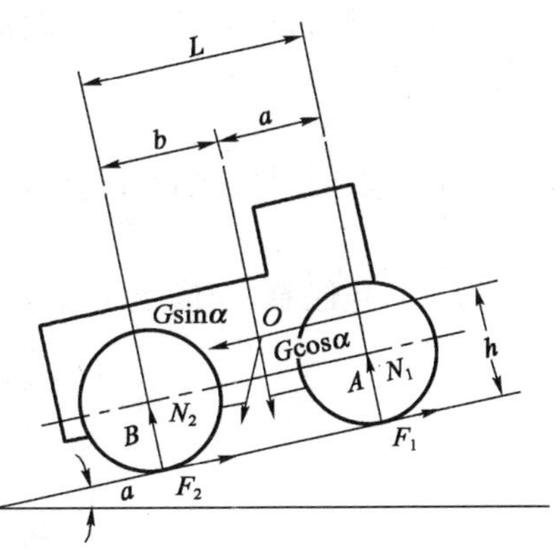

图 12-6　轮式车辆等速上坡时受力图

根据整机平衡条件，分别对 $B$、$A$ 点取矩可得：

$$N_1 = \frac{G(b\cos\alpha - h\sin\alpha)}{L} \tag{12-8}$$

$$N_2 = \frac{G(a\cos\alpha + h\sin\alpha)}{L} \tag{12-9}$$

式中：$a$——质心 $O$ 到前轮轴线 $O_1$ 的水平距离，m；

$b$——质心 $O$ 到后轮轴线 $O_2$ 的水平距离，m；

$h$——质心 $O$ 到坡面的垂直距离，m；

$L$——轴距，m。

显然，上坡时机械不倾翻的条件为 $N_1 \geqslant 0$，故不倾翻的最大坡角 $\alpha_m$ 为：

$$\alpha_m = \tan^{-1}\frac{b}{h} \tag{12-10}$$

下面讨论附着条件决定的最大爬坡角 $\alpha_\phi$。

如果上坡的工程机械为全轮驱动时，行走机构的附着力计算如下：

前轮上的附着力：

$$F_{\phi1} = N_1\phi = \frac{G(b\cos\alpha - h\sin\alpha)}{L}\phi \quad (12\text{-}11)$$

后轮上的附着力：

$$F_{\phi2} = N_2\phi = \frac{G(a\cos\alpha + h\sin\alpha)}{L}\phi \quad (12\text{-}12)$$

整机的附着力：

$$F_{\phi} = F_{\phi1} + F_{\phi2} = G\phi\cos\alpha \quad (12\text{-}13)$$

因为工程机械滑移时的平衡条件为 $F_\phi = G\sin\alpha_\phi$，故最大爬坡角 $\alpha_\phi$ 可按式(12-14)确定：

$$\sin\alpha_\phi = \frac{F_\phi}{G} \quad (12\text{-}14)$$

前轮驱动时，$F_\phi = F_{\phi1}$，如忽略后轮滚动阻力，将式(12-11)代入式(12-14)可得：

$$\alpha_\phi = \tan^{-1}\frac{b\phi}{L + h\phi} \quad (12\text{-}15)$$

后轮驱动时，$F_\phi = F_{\phi2}$，如忽略前轮滚动阻力，将式(12-12)代入式(12-14)可得：

$$\alpha_\phi = \tan^{-1}\frac{a\phi}{L - h\phi} \quad (12\text{-}16)$$

全轮驱动时，将式(12-13)代入式(12-14)可得：

$$\alpha_\phi = \tan^{-1}\phi \quad (12\text{-}17)$$

为了防止倾翻，应满足条件 $\alpha_\phi < \alpha_m$。由式(12-15)、式(12-16)、式(12-17)及式(12-10)得：

$$\left.\begin{array}{ll} \text{后轮驱动时应满足条件} & \dfrac{b}{h} > \phi \\ \text{前轮驱动时应满足条件} & b > 0 \\ \text{全轮驱动时应满足条件} & \dfrac{b}{h} > \phi \end{array}\right\} \quad (12\text{-}18)$$

对于前轮驱动的工程机械，一般都能满足上述条件。对于后轮驱动和全轮驱动的机械，尤其是后者，当轴距较短，采用 $\varphi$ 值较大且直径较大的越野轮胎时，设计机械应尽量降低其质心高度，以满足上述条件。

2)履带式工程机械

履带式工程机械等速上坡时，如忽略外部滚动阻力，作用在机械上的力如图 12-7 所示。

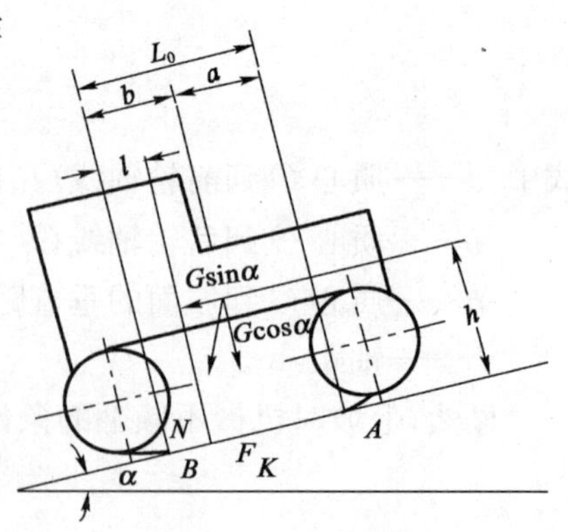

图 12-7　履带式车辆等速上坡时受力图

由整机平衡条件得：

$$N = G\cos\alpha$$

$$F_K = G\sin\alpha$$

$$bG\cos\alpha - hG\sin\alpha - Nl = 0$$

即：

$$l = \frac{b\cos\alpha - h\sin\alpha}{\cos\alpha}$$

式中：$N$——地面对车辆的垂直合反力，kN；

$b$——质心到履带后部接地点 $B$ 的水平距离，m；

$l$——合反力 $N$ 到履带后部接地点 $B$ 的距离，m。

工程机械不倾翻的条件为 $l \geqslant 0$，故不倾翻的最大坡角 $\alpha_m$ 为：

$$\alpha_m = \tan^{-1}\frac{b}{h}$$

附着条件决定的最大坡角 $\alpha_\phi$ 为：

$$\alpha_\phi = \tan^{-1}\phi$$

所以若需 $\alpha_\phi < \alpha_m$ ，应满足下述条件：

$$\frac{b}{h} > \phi \tag{12-19}$$

2. 工程机械下坡行驶时的纵向稳定性

1)轮式工程机械

因为轮式工程机械下坡时，一般都在制动情况下低速行驶，所以作用于前后轮上的牵引力 $F_1$ 和 $F_2$ 是制动力，如图 12-8 所示。

$$F = F_1 + F_2 = G\sin\alpha \tag{12-20}$$

分别对 $B$ 和 $A$ 点取矩求得 $N_1$、$N_2$ 为：

$$N_1 = \frac{Gb\cos\alpha + Gh\sin\alpha}{L} \tag{12-21}$$

$$N_2 = \frac{Ga\cos\alpha - Gh\sin\alpha}{L} \tag{12-22}$$

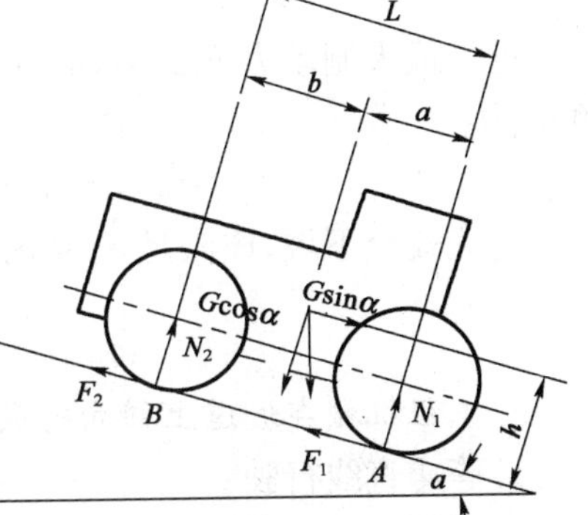

图 12-8 轮式车辆等速下坡时受力图

工程机械不倾翻的条件为 $N_2 > 0$，则不倾翻的最大下坡角 $\alpha'_m$ 为：

$$\alpha'_m = \tan^{-1}\frac{a}{h} \tag{12-23}$$

受地面附着条件限制时，近似取最大制动力为：

$$F_{max} = F_\phi = F_{\phi1} + F_{\phi2}$$

不滑移最大坡角由平衡式 $F_\phi = G\sin\alpha'_\phi$ 确定，即：

$$\sin\alpha'_\phi = \frac{F_\phi}{G} \tag{12-24}$$

前轮以最大制动力制动时，将 $F_\phi = F_{\phi1} = N_1\phi$ 代入式(12-24)得：

$$\alpha'_\phi = \tan^{-1}\frac{b\phi}{L - h\phi} \tag{12-25}$$

后轮以最大制动力制动时，将 $F_\phi = F_{\phi2} = N_2\phi$ 代入式(12-24)得：

$$\alpha'_\phi = \tan^{-1}\frac{a\phi}{L + h\phi} \tag{12-26}$$

全部车轮以最大制动力制动时，将 $F_\phi = G\phi\cos\alpha'_\phi$ 代入式(12-24)得：

$$\alpha'_\phi = \tan^{-1}\phi \tag{12-27}$$

为能安全下坡，则 $\alpha'_\phi < \alpha'_m$，应满足以下条件：

$$\left.\begin{aligned} &\text{前轮完全制动时} \quad \frac{a}{h} > \phi \\ &\text{后轮完全制动时} \quad a > 0 \\ &\text{全部车轮制动时} \quad \frac{a}{h} > \phi \end{aligned}\right\} \tag{12-28}$$

2)履带式工程机械

履带式工程机械等速下坡行驶时，作用在机械上的力如图 12-9 所示，图中 $F$ 为制动力。由整机受力平衡条件得：

$$F = G\sin\alpha$$

$$Nl + Gh\sin\alpha - Ga\cos\alpha = 0$$

即：
$$l = \frac{Ga\cos\alpha - Gh\sin\alpha}{N}$$

不倾翻的条件为 $l \geqslant 0$，故不倾翻最大下坡角 $\alpha'_m$ 为：

$$\alpha'_m = \tan^{-1}\frac{a}{h}$$

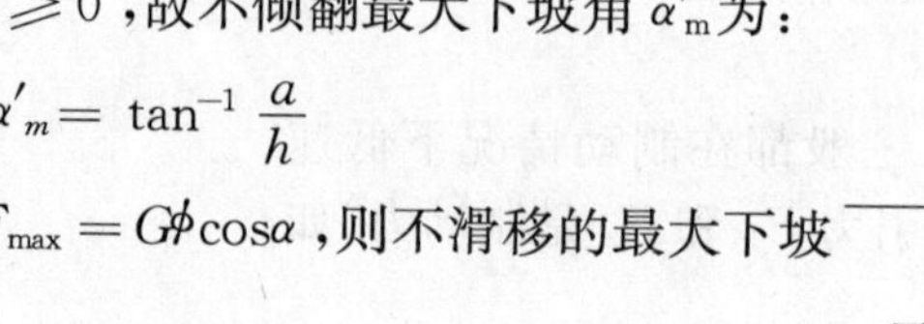

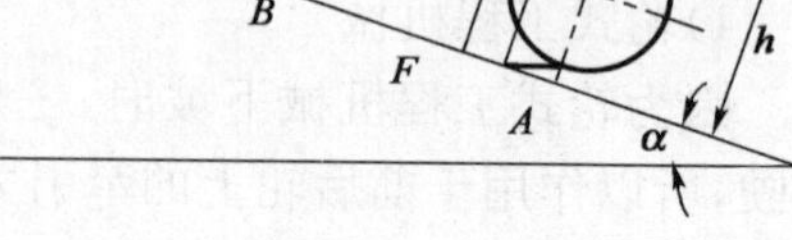


图 12-9　履带式车辆等速下坡时受力图

近似最大制动力 $F_{max} = G\phi\cos\alpha$，则不滑移的最大下坡角 $\alpha'_\phi$ 为：

$$\alpha'_\phi = \tan^{-1}\phi$$

为能安全下坡，应满足 $\alpha'_\phi < \alpha'_m$，则有：

$$\frac{a}{h} > \phi \tag{12-29}$$

3. 工程机械在坡道上横向行驶的稳定性

1)等速直线行驶

工程机械在坡道上横向行驶时，作用在机械上垂直于行驶方向的力如图 12-10 所示。图中惯性力 $F_j = 0$。由整机平衡条件得：

$$N_1 + N_2 = G\cos\beta$$

$$Z_1 + Z_2 = G\sin\beta$$

$$N_1 B + Gh\sin\beta - G\left(\frac{B}{2} - e\right)\cos\beta = 0$$

即：
$$N_1 = \frac{G(0.5B - e)\cos\beta - Gh\sin\beta}{B}$$

式中：$N_1$、$N_2$——坡道对行走机构的垂直反力，kN；

$Z_1$、$Z_2$——坡道对行走机构的侧向反力，kN；

$B$——轮距或轨距，m；

$e$——质心至车辆纵向中线的距离，m。

不倾翻条件为 $N_1 \geqslant 0$，故不倾翻的最大坡角 $\beta_m$ 为：

$$\beta_m = \tan^{-1}\frac{(0.5B - e)}{h} \tag{12-30}$$

地面对机械作用的最大侧向力由附着条件决定，即：

$$Z_{max} = (Z_1 + Z_2)_{max} = (N_1 + N_2)\phi_z = \phi_z G\cos\beta$$

式中：$\phi_z$——侧向附着系数，轮式车辆 $\phi_z \approx \phi$，履带式车辆 $\phi_z = 0.15 \sim 0.60$。

工程机械不发生侧滑的条件为 $G\sin\beta \geqslant \phi_z G\cos\beta$，即不产生侧滑的最大坡角 $\beta_z$ 为：

$$\beta_z = \tan^{-1}\phi_z \tag{12-31}$$

比较式(12-30)与式(12-31)，一般工程机械 $e \approx 0$ 且 $B/(2h) > \phi_z$，即 $\beta_z < \beta_m$，故机械在横坡上的稳定性滑移先于倾翻。

当机械在横坡上作业，有较大的切线牵引力 $F_K$ 输出时，上述结论仍然成立。

2)等速转向行驶时横向稳定性

工程机械等速转向行驶时有离心力 $F_j$，当机械向上坡转向时，离心力 $F_j$ 方向如图 12-10 所示。

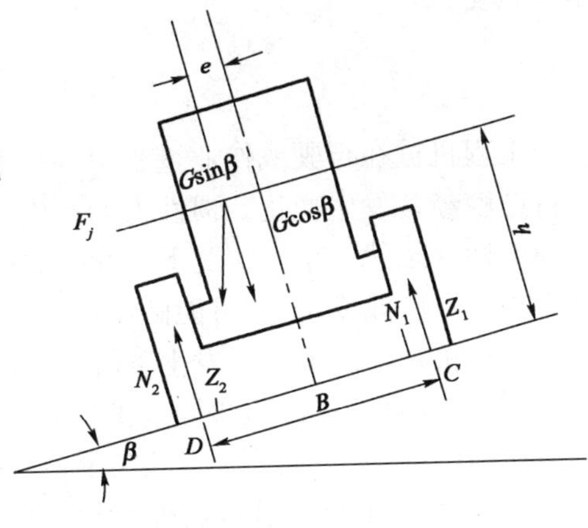

图 12-10 车辆在坡道上横向行驶时受力图

$$F_j = \frac{Gv^2}{gR}$$

式中：$v$——行驶速度，m/s；

$R$——转向半径，m，其他符号意义同前。

由整机平衡条件得：

$$N_1B + \left(G\sin\beta + \frac{Gv^2}{gR}\right)h - (0.5B - e)G\cos\beta = 0$$

即：
$$N_1 = \frac{(0.5B-e)G\cos\beta - hG\sin\beta - \frac{Gv^2}{gR}h}{B} \tag{12-32}$$

不倾翻条件为 $N_1 \geqslant 0$，可得下式：

$$\tan\beta \leqslant \frac{0.5B-e}{h} - \frac{v^2}{gR\cos\beta}$$

上式中 $\frac{0.5B-e}{h} = \tan\beta_m$，故在横向坡道上坡转向时，不致产生倾翻的最大坡角 $\beta_{mj}$ 为：

$$\tan\beta_{mj} = \tan\beta_m - \frac{v^2}{gR\cos\beta_{mj}} \tag{12-33}$$

式(12-34)表明，转向时最大倾翻角 $\beta_{mj}$ 小于转向时的倾翻角 $\beta_m$，所以在坡道上转向时，应特别注意降低车速，以免发生翻车事故。

由式(12-33)知，在不倾翻条件 $N_1 \geqslant 0$ 下，可列出工程机械在坡道上转向时的最大车速为：

$$v_m = \sqrt{\frac{gR[(0.5B-e)\cos\beta - h\sin\beta]}{h}} \tag{12-34}$$

由式(12-35)知，在平地上工程机械作高速急转弯时不致产生横向倾翻的最高车速为：

$$v'_m = \sqrt{\frac{gR(0.5B-e)}{h}} \tag{12-35}$$

由地面附着条件知，地面对行走机构的横向最大反力为 $Z_{max} = \phi_Z G\cos\beta$，故转向时不产生横向滑移的条件是：

$$\phi_z G\cos\beta \geqslant G\sin\beta + \frac{Gv^2}{gR}$$

即：
$$\tan\beta \leqslant \phi_z - \frac{v^2}{gR\cos\beta}$$

由式(12-31)知，$\phi_z = \tan\beta_z$，故不产生横向滑移的最大坡角 $\beta_{zj}$ 为：

$$\tan\beta_{zj} = \tan\beta_z - \frac{v^2}{gR\cos\beta_{zj}} \tag{12-36}$$

上式说明，工程机械在横坡上转向时，不产生横向滑移的最大坡角 $\beta_{zj}$ 小于不转向时的坡角 $\beta_z$。

综上所述，工程机械的静稳定性基本上是由机械的结构参数所决定的。虽然按这些结构参数计算的失稳条件未必都能实现，但对设计时提高工程机械稳定性及制定其评价指标仍具指导意义。

### 二、工程机械的动稳定性

工程机械在行驶或作业过程中，由于机械工况和地面条件不断变化，频繁操作会使得机械运行速度经常发生变化。惯性力的产生，改变了由静稳定性所确定的安全条件，降低了机械的静稳定性。虽然在个别情况下，短时间内惯性力可能会增加工程机械的稳定性，但一旦惯性力的大小或方向改变了，就可能破坏这种稳定性而使车辆失稳。

工程机械动态失稳而发生事故的主要原因有：机械高速向前行驶时突然制动而翻车，特别是其质心较高且下坡行驶时，上述情况则更趋严重；一个前轮落入凹坑又未冲出凹坑，使机械产生横向滑移；或凹坑较深引起倾翻；一侧车轮或履带落入凹坑，引起机械横向倾翻；一侧车轮驶上凸台，由于轮胎的弹性将使车轮跳离地面，若跳离地面最高点时工程机械的横向倾角已达$\beta_m$，机械将发生横向倾翻事故。若此种情况下的横向坡角为$\beta_d$，显然当凸台高度一定时，车速越高$\beta_{\mathrm{d}}$越小，轮胎的刚度越大$\beta_{\mathrm{d}}$越小；两侧车轮或履带同时超过障碍物后，工程机械在重力作用下撞击地面时翻车等。对重心较高且靠前的车辆，发生这类翻车的可能性就越大。

实践证明，工程机械失稳的原因非常复杂，大部分机械失稳事故都与惯性力有关。动稳定性虽与工程机械的结构参数有着密切关系，但使用条件与操作对其有重大的影响。为防止工程机械失稳，发生翻车事故，提高操作技术水平更具有现实意义，因此本书对动稳定性不作详述。

## 第三节　制　动　性

制动性是指工程机械在行驶中，强制地降低车速以至停车并维持方向稳定的能力，以及下长坡时维持一定车速的能力。工程机械制动性的好坏，直接影响行驶安全和行驶速度的充分发挥。评价工程机械的制动性一般用三方面的指标：制动效能、制动效能的恒定性和制动时的方向稳定性。

### 一、制动性的评价指标

1. 制动效能

指机械迅速减速直至停车的能力。即在良好路面上，以一定的初速度制动到停车的制动距离或制动时机械的减速度。它是制动性能最基本的评价指标。

2. 制动效能的恒定性

主要指抗热衰退性，即工程机械在高速行驶或下长坡连续制动时制动效能的稳定程度。机械的制动过程实际上是将其行驶的动能通过制动器吸收转换为热能的过程。制动器自身温度升高以后，制动力矩下降，制动减速度减小，制动距离增大，称之为制动器的热衰退。

3. 制动时方向的稳定性

指在制动过程中，工程机械按驾驶人给定路径行驶的能力，即保持直线行驶或按预定弯道行驶的能力。

### 二、影响制动性的因素

1. 地面制动力和制动器制动力

地面切向反作用力使车辆减速以至停车的外力，称为地面制动力，用$F_{\mathrm{xb}}$表示。

工程机械在良好路面上制动时，车轮受力如图 12-11 所示。图中忽略了滚动阻力矩和减速时的惯性力、惯性力矩；$T_\mu$ 是车轮制动器中的摩擦力矩；$F_{xb}$ 为地面制动力；$W$ 为车轮法向载荷，$T_p$ 为车轴对车轮的推力；$F_Z$ 为地面对车轮的法向反作用力。

由力矩平衡分析得：

$$F_{xb} = \frac{T_\mu}{r} \tag{12-37}$$

式中：$r$——车轮半径，m。

地面制动力是使车辆制动而减速或停车的外力，它的产生源于制动力矩。地面制动力的大小取决于制动器内制动摩擦片与制动鼓或制动盘间的摩擦力，以及轮胎与地面间的摩擦力即附着力。

克服制动器摩擦力矩而在轮胎周围所需施加的力，称为制动器制动力，用 $F_\mu$ 表示。则有：

$$F_\mu = \frac{T_\mu}{r} \tag{12-38}$$

当车轮未抱死拖滑时，地面制动力与制动器制动力相等，并取决于制动力矩即制动蹄与制动鼓或制动盘之间的摩擦形成的摩擦力矩及车轮半径。但必须注意：地面制动力与驱动力一样，是轮胎与地面之间相互传递的纵向力，所以也受纵向附着力 $F_\varphi$ 的限制。地面制动力 $F_{xb}$ 与制动器制动力 $F_\mu$ 和附着力 $F_\varphi$ 之间的关系，如图 12-12 所示。

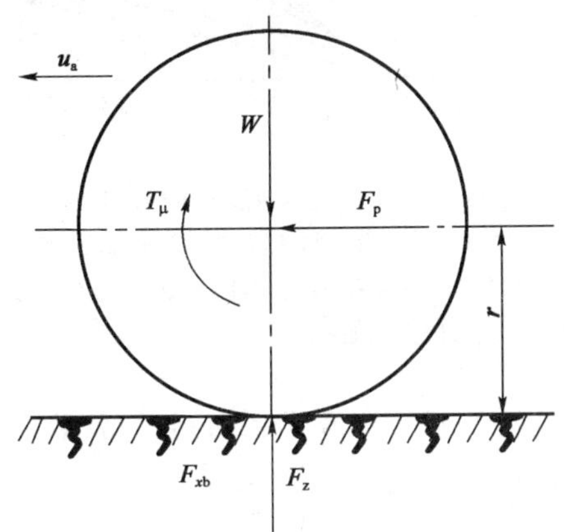

图 12-11　车辆制动时受力分析

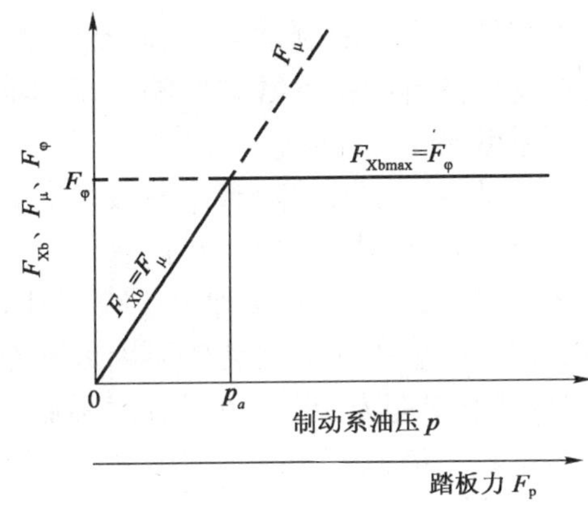

图 12-12　$F_{xb}$、$F_\mu$ 与 $F_\varphi$ 之间的关系

从图 12-12 可以看出，当制动踏板力较小时，制动力矩也比较小，车轮对地面的作用力小于附着力，地面制动力仍能克服制动力矩而使车轮维持滚动状态，地面制动力等于制功器制动力；随制动踏板力增大，地面制动力和制动器制动力也增大，当两者与附着力相等时，如果继续增大制动踏板力，制动器制动力仍继续随之增大，但地面制动力达到附着极限不再增加，车轮出现抱死拖滑现象。

由以上分析不难得出：地面制动力首先取决于制动器制动力，同时也受附着力的限制。相比而言，通过增大制动器尺寸、增加制动踏板力、增大摩擦系数等来增大制动器制动力比较容易。制动时的附着力是提高地面制动力从而提高制动性能的障碍，而提高附着力的关键是提高附着系数。在机械制动过程中，附着系数不是常数，它不仅与轮胎结构和路面状况有关，也与车轮的运动状态有关。

2. 制动器的抗热衰退性

制动器的抗热衰退性用一系列连续制动时制动效能的保持程度来衡量，影响制动器热衰退的主要因素是制动器摩擦副的材料和制动器的结构形式。

1）制动器摩擦副的材料

制动器的制动鼓或制动盘一般以铸铁为材料，摩擦片一般以石棉为材料。制动鼓或制动盘在合金成分、金相组织、硬度、工艺等合格的条件下，摩擦片材料对制动器的抗热衰退性起决定作用。

提高石棉摩擦片的抗热衰退件，应采取以下措施：

（1）采用耐热的粘合剂；

（2）减少有机成分的含量，增加金属添加剂的成分；

（3）使摩擦片具有一定的气孔；

（4）多数树脂模制摩擦片，经初期衰退后便不再衰退，因此可在使用前先进行表面处理，使其产生表面热稳定层来缓和衰退。

此外，采用散热性能较好和热容量较大的制动鼓或制动盘，在相同的制动强度下，其温度升高量较小，制动效能的恒定性也较好。

2）制动器的结构形式

不同结构形式的制动器，其制动效能因数不同，且主要受到各自摩擦系数的影响。制动器效能因数随摩擦系数的变化，如图 12-13 所示。

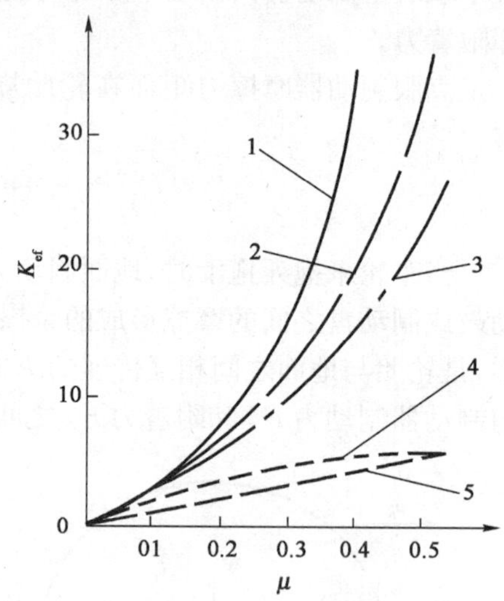

图 12-13 制动器效能随摩擦系数的变化

1-双向自动增力式制动器；2-双向增势平衡式制动器；3-简单非平衡式制动器；4-双向减势平衡式制动器；5-盘式制动器

由制动器效能因数随摩擦系数的变化曲线可以看出：在制动器摩擦系数相同时，双向自增力式制动器的效能因数最大，使用这种制动器有利于提高制动效能。但由于该制动器制动效能因数随摩擦系数变化大，抗热衰退能力最差。盘式制动器制动效能因数虽然低于所有鼓式制动器，但其效能因数随摩擦系数变化小，抗热衰退能力最好，因此工程机械一般选用盘式制动器。

## 三、制动过程分析

工程机械制动时，根据制动强度的不同，车轮的运动可简单地考虑为减速滚动和抱死拖滑动两种状态。

从驾驶人接收到制动信号开始，到完全制动停车为止的全部制动过程中，制动减速度 $j$ 随制动时间 $t$ 的变化如图 12-14 所示。

1. 制动阶段

工程机械在紧急制动时的全部制动过程，按时间可分为以下 3 个阶段：

1）驾驶人反应时间 $t_0$

是指从驾驶人接收到制动信号开始，至驾驶人的脚接触到制动踏板为止所经历的时间。驾驶员反应时间的长短主要与驾驶人的身体素质和驾驶经验等有关，一般为 0.3～1.0s，在此时间内可认为机械以制动初速度 $v_0$ 作等速行驶。

2)制动系协调时间 $t_1+t_2$

包括制动系反应时间和制动减速度增长时间。制动系协调时间主要取决于踩制动踏板的速度和制动系结构，一般为0.2～0.9s。

3)持续制动时间 $t_3$

指以最大制动减速度制动到停车所用的时间，它主要取决于制动初始速度和最大制动减速度。

2. 制动距离

是指从驾驶人踩下制动踏板到完全停车为止工程机械行驶过的距离，也就是在制动系协调时间和持续制动时间内机械行驶过的距离之和，即：

$$s=\frac{v_0}{3.6}\left(t_1+\frac{t_2}{2}\right)+\frac{v_0^2}{254\varphi} \qquad (12\text{-}39)$$

式中：$v_0$——初始速度，m/s；

$\varphi$——附着系数，其他符号意义同前。

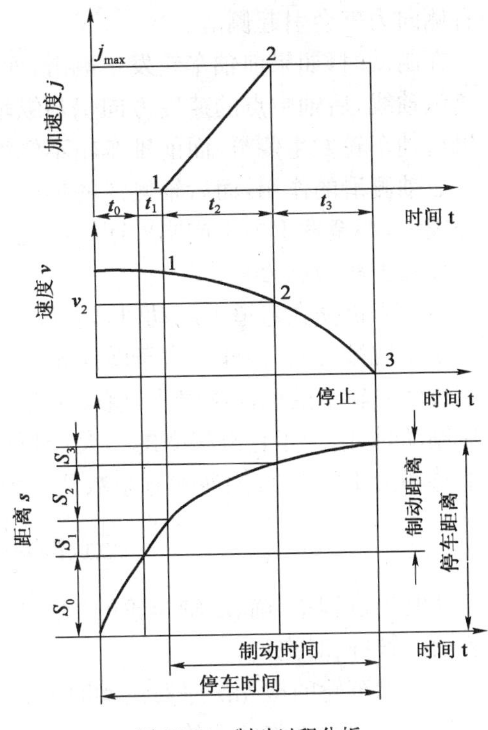

图 12-14 制动过程分析

3. 制动力

新车制动力应符合设计要求；在用工程机械，制动力应不低于原厂设计标准的90%，且前轴左、右轮制动力之差与其中较大制动力的比值不得大于5%，后轴此比值不得大于10%。同时还必须规定制动系的协调时间。

## 四、制动时的方向稳定性

制动时的方向稳定性直接影响行驶安全，它是指在制动过程中，工程机械按驾驶人给定轨迹行驶的能力，即保持直线行驶或按预定弯道行驶的能力。影响制动时方向稳定性的因素主要是跑偏、侧滑和失去转向能力。

1. 制动跑偏

在工程机械制动时，有时会出现机械自动向左或向右偏驶的现象称为制动跑偏。制动跑偏的程度可用横向位移或航向角来评价。横向位移是指工程机械制动后车身最大的横向移动量，航向角是指制动后机械的纵轴线与原定行驶方向的夹角。

制动时引起工程机械跑偏的原因主要是左、右车轮的制动器制动力不等。我国《机动车制动检验规范》中规定：同轴左、右轮制动力之差与其中较大制动力的比值，前轴左、右轮制动力之差不得大于5%，后轴左、右轮制动力之差不得大于10%。左、右轮制动器制动力不等时的跑偏情况结论：

(1)在制动时，跑偏的方向总是制动力较大的一侧。

(2)制动力的差值越大，制动时间或制动距离越长，导致横向位移或航向角越大。

2. 制动侧滑

指制动时，工程机械的某一轴车轮或全部车轮发生横向滑动的现象。制动侧滑影响工程机械的操纵稳定性。车轮侧滑是由于侧向力超过了侧向附着力。在制动时，随车轮滑移率的增大，侧向附着系数减小，侧滑的可能性增大。当车轮被抱死拖滑时，侧向附着系数几乎为零，稍有侧向力就会引起侧滑。

在制动时，如果前轴车轮发生侧滑，而后轴车轮不侧滑，则工程机械前轴中点的速度方向偏离纵轴线，后轴中点的速度方向仍与纵轴线一致，所以前轴侧滑时车辆行驶方向改变不大；如果后轴车轮发生侧滑，而前轴车轮不侧滑，离心力的侧向方向的分力与侧滑方向一致，具有加剧后轴侧滑的作用，而后轴侧滑的加剧又使离心力增大，所以后轴侧滑时工程机械行驶方向改变很大，甚至发生掉头或剧烈回转的现象。

3. 失去转向能力

指工程机械在弯道上制动时，转动转向盘也无法使机械转向沿预定弯道制动停车的现象。

工程机械转向行驶时，由于转向轮偏转，使车轴对转向轮的推力产生侧向分力，若侧向分力超过转向轮上的侧向附着力，就会引起转向轮侧滑，从而使其不能沿预定的方向行驶。工程机械制动时，由于车轮滑移率的增大，侧向附着系数减小，因此转向能力下降，当转向轮抱死拖滑滑移率为100%时，侧向附着系数几乎为零，工程机械将完全丧失转向能力。

## 五、制动器制动力的分配

在制动过程中，前、后轴车轮的抱死次序可分为3种：前轮先于后轮抱死，后轮先于前轮抱死和前，后轮同时抱死。

前后轴车轮的抱死次序对制动时的方向稳定性和制动系工作效率有很大影响。

1. 对制动系工作效率的影响

制动系工作效率是指制动器制动力的利用程度，可用全部车轮均抱死时的地面制动力与制动器制动力的比值来表示。如果后轮先于前轮抱死，则前、后车轮均抱死时，制动系的工作效率 $\eta_b<100\%$；如果前轮先于后轮抱死，则前、后车轮均抱死时，制动系的工作效率 $\eta_b<100\%$；如果前、后轮同时抱死，则全部车轮均抱死时，制动系的工作效率 $\eta_b=100\%$。

2. 对制动时方向稳定性的影响

由制动时方向稳定性可知，达到附着极限处于制动抱死的车轮最易发生侧滑。在制动过程中，如果前轮先于后轮抱死，则在未达到最大制动强度之前，就会出现前轮抱死拖滑的现象，虽然前轮发生侧滑时危险性不大，通常会失去转向能力；如果后轮先于前轮抱死，则在未达到最大制动强度之前，后轴车轮就容易发生抱死侧滑现象，后轴侧滑具有较大的危险性；如果前、后轮同时抱死，在未达到最大制动强度之前，前、后轴车轮均不会抱死，有利于保持制动时的方向稳定性。

3. 理想的前、后轮制动器制动力分配

理想的前、后轮制动器制动力分配是指在各种道路条件下，均能保持最佳制动状态所需的前、后轮制动器制动力分配。由于前后轮的附着力取决于前、后轮的地面法向反作用力和附着系数，而前、后轮全部抱死时的地面法向反作用力也取决于附着系数，所以制动时，保持理想制动状态所需的前、后轮制动器制动力分配应随附着系数而变化。

在达到理想制动状态前、后轮同时抱死时，前、后轮的制动器制动力分别等于各自的附着力，且前、后轮的制动器制动力之和等于工程机械总的附着力。为防止机械制动时发生危险的后轴侧滑，同步附着系数一般应保证在多数道路条件下制动时，前轮先于后轮抱死。

综上所述，可以看出决定制动性能好坏的因素很多，既有机械设计参数与结构方面的影响，也有道路及操作人员水平和熟练程度的影响，因此较为复杂。通常采取以下措施可以提高工程机械的制动性性能：从结构方面，可以通过提高制动力来提高制动效能，通过改进摩擦材料和制动器的结构来提高制功效能的恒定性，通过合理分配前、后轮制动器制动力来提高制动时的方向稳定性。例如可以尽量增大制动器的制动力矩；提高制动器的抗热衰退性；采用制动压力调节装置；采用防抱死制动系统（ABS）等措施。从使用方面，可以通过合理装载、控制行驶速度、充分利用发动机辅助制动、改善道路条件及提高驾驶技术等措施来提高制动性。

## 第四节　转　向　性

工程机械的转向性能是机械性能的重要方面。机械不论是直线行驶或者转向，由于地面条件变化的随机性，要保证沿一定方向行驶，就必须不时地调整工程机械的行驶方向，因此转向性能直接影响到机械的整体性能。工程机械转向系应符合以下要求：

（1）工作可靠。转向系对工程机械的运行安全关系很大，因此，转向系的零件应有足够的强度、刚度和寿命。对于动力转向，发动机在怠速运转时也要能正常转向；

（2）操纵轻便。是减轻驾驶人的劳动强度、提高生产率和保证工程机械安全作业与行驶的重要因素之一。操纵轻便应做到作用力要小，例如转向时，手作用在转向盘上的力的最大值规定为：中型载货汽车不大于360N，重型载货汽车不大于450N。用滚动摩擦代替滑动摩擦来提高转向器的效率、增大转向传动装置的力传动比，采用动力转向等都是减小作用力的有效方法，其中以采用动力转向效果最显著，其转向操纵力一般在20N左右。

（3）转向盘的回转圈数要少。也就是转向时，手施加力于转向盘上，作用的行程要短。如工程机械朝一个方向极限转弯时，转向盘的转动圈数不能超过2～2.5圈。因此，转向系的角传动比不宜太大。

（4）直线行驶时转向盘应稳定。工程机械行驶时，转向盘不能有抖动和摆动现象，这就要求转向系在机械上布置合理，使之与行走系运动协调。

（5）转向盘能自动回正。这既要求转向器有一定的可逆性，又要求正确确定转向轮定位角。但转向器的可逆程度要控制恰当，既要保证驾驶人有路面状态感，又要尽量减少转向轮受路面的冲击力反传到转向盘上。

（6）调整简单。转向系应尽量少调整，磨损后作必要的调整时，也应简单方便。

（7）使用经济。转向机构的设计要合理，以尽量减小工程机械弯道行驶时轮胎的滑动磨损，以及由此而引起功率损耗的增加。

（8）此外，对于动力转向系统，还应避免系统的振动。

由于转向机构的重要性，因此为了适应不同的工况，转向机构的种类也很多，按机械转向动力的来源分类，可分为机械转向和动力转向两大类——以驾驶人手力为动力的转向称为机械转向，以除人力外其他动力为主要动力的转向称为动力转向。动力转向根据动力产生的原因又可分为：液压式、气动式、电动式和复合式。由于液压动力转向具有结构紧凑、质量轻、体积小、灵敏度高、稳定性好、能够吸收路面冲击且无需另设润滑装置等优点，因此在工程机械上应用较为广泛。根据获得转向力矩方式的不同，工程机械的转向又可分为下面3类：

*1.偏转车轮转向及偏转履带转向*

（1）前轮偏转：适用于各轴单轴驱动或多轴驱动车辆、平地机、挖掘机等。

（2）后轮偏转：主要用于工作装置前置，不宜采用偏转前轮实线转向的工程机械，例如叉车、拌和转子前置式稳定土拌和机等。

（3）前后轮同时偏转：即全轮转向适用于要求转弯半径小，机动性高的工程机械，例如回转式装载机、平地机等。

(4)偏转履带转向:主要适用于大型、超大型的工程机械的承重和转向,例如大型挖掘机、排土机、堆取料机等。

2.铰接车架转向

它与偏转车轮的转向方式不同,是利用前后车架相对偏转来实现转向的。这种转向方式适用于工作装置装在前车架上的工程机械,如装载机、压路机及平地机等。

3.差速转向

差速转向方式的车架是整体式,即没有相对偏转的车架,其车轮轴线或履带与机架是固定的,依靠改变左右两侧车轮或履带的转速及其转向来操纵行驶方向,主要用于全桥驱动的工程机械或双履带机械。其结构比较简单,转向半径较小,但转向时车轮的滑动较为严重。

## 一、轮式车辆的转向分析

1.轮式工程机械转向方式

轮式工程机械在转向或直线行驶过程中,经常要求左右车轮以不同的角速度旋转。因此,为了减少转向和直线行驶时的功率消耗、轮胎磨损及地面阻力,改善操纵性,对轮式工程机械转向所提出的基本要求是:尽可能保证车轮在地面上只滚动不滑动,即不产生侧滑、纵向滑移和滑转。为此,轮式机械转向必须满足下列 3 个条件:

(1)转向时,通过各个车轮几何轴线的垂直平面都应相交于同一直线上,这样就能防止各车轮在转向时产生侧滑现象。从转向轴线或称转向中心 $O$ 到机械的纵向对称面的距离 $R$,称为机械的转向半径。如图 12-15 所示,偏转车轮转向机械在水平地段上绕转向轴线 $O$ 作转向时的简图。由图中可以看出,对于偏转前轮或后轮,$R$ 值可用下式表示:

$$\left.\begin{aligned} R &= L\cot\alpha + \frac{K}{2} \\ R &= L\cot\beta - \frac{K}{2} \end{aligned}\right\} \tag{12-40}$$

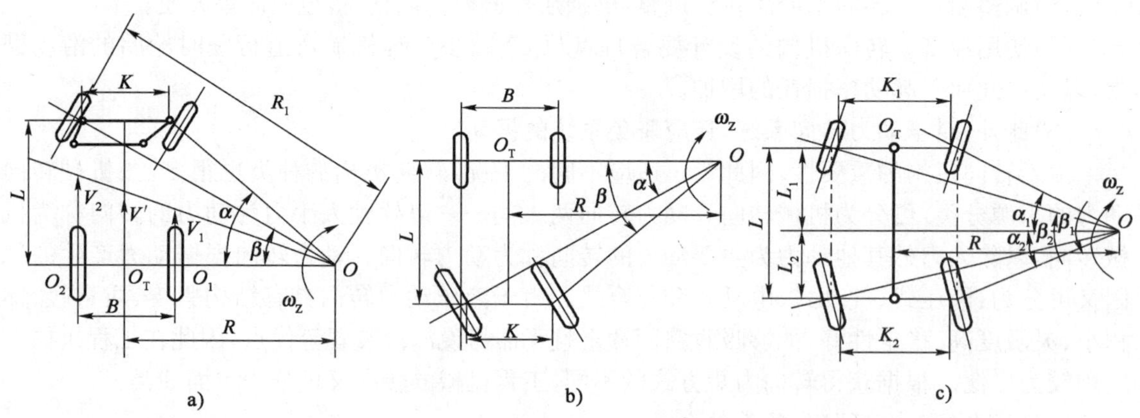


图 12-15　偏转车轮转向简图

a)前轮偏转机械转向;b)后轮偏转机械转向;c)前、后轮同时偏转机械转向

为了满足上述要求,轮式工程机械在转向时,内外导向轮对于机体的偏转角度 $\alpha$、$\beta$ 应该是不相等的,且应具有下列关系:

$$\cot\alpha = \frac{R-0.5K}{L}, \cot\beta = \frac{R+0.5K}{L}$$

或

$$\cot\beta - \cot\alpha = \frac{K}{L} = \text{Const} \tag{12-41}$$

式中：$K$——左右转向节立轴之间的距离，m；

$L$——车轴的轴距，m。

同理，可推导出前、后轮同时偏转转向时，要满足上述要求，转向轮对于机体的偏转角度应满足式(12-42)，该公式的推导是建立在前、后桥两主销之间距离相等即 $K_1=K_2=K$ 的前提之下。

$$\left.\begin{aligned} \cot\beta_1 - \cot\alpha_1 &= \frac{K}{L_1} \\ \cot\beta_2 - \cot\alpha_2 &= \frac{K}{L_2} \\ \frac{\cot\alpha_1}{\cot\alpha_2} &= \frac{L_2}{L_1} \end{aligned}\right\} \tag{12-42}$$

若 $K_1 \neq K_2$，将会导致前后轮内侧转向轮的偏转角产生较大偏差，这可能导致转向轮产生滑移。因此进行车辆总体设计时，应尽量使 $K_1=K_2$。

(2)转向时，两侧驱动轮应该以不同的角速度旋转，以避免转向时驱动轮产生纵向滑移或滑转。两侧驱动轮的几何中心点转向的速度是不相等的，外侧驱动轮速度大于内侧驱动轮的速度，两侧驱动轮的角速度不相等。为了满足这一需求，就需要在驱动桥内装设差速器。

(3)转向时，两侧从动轮应能以不同的角速度旋转，以避免转向时从动轮产生纵向滑移或滑转。这个条件比较容易满足，因为从动轮不是驱动轮，能在轴上自由旋转。

由转向中心到外前轮中心的距离 $R_1$ 称为转向半径。转向半径越小，机械转向所需场地面积就越小。工程机械的最小转向半径 $R_{\min}$ 就表示其能在尽可能小的面积中活动的能力。最小转弯半径 $R_{\min}$ 是衡量工程机械转向能力的一个重要评价指标。从图 12-15a 中可以看出：

$$R_{\min} = L/\sin\alpha_{\max}$$

一般可取 $\alpha_{\max}=35°\sim40°$。

显然，对于全轮转向方式，如果前后轮偏转角度相同，则有：$R_{\min}=L/(2\sin\alpha_{\max})$。由此可见，采用前后轮同时偏转的转向方式，即全轮转向时，可使转弯半径更小，机动性更高。除了能够降低转弯半径之外，全轮转向还有以下作用，如图 12-16 所示。

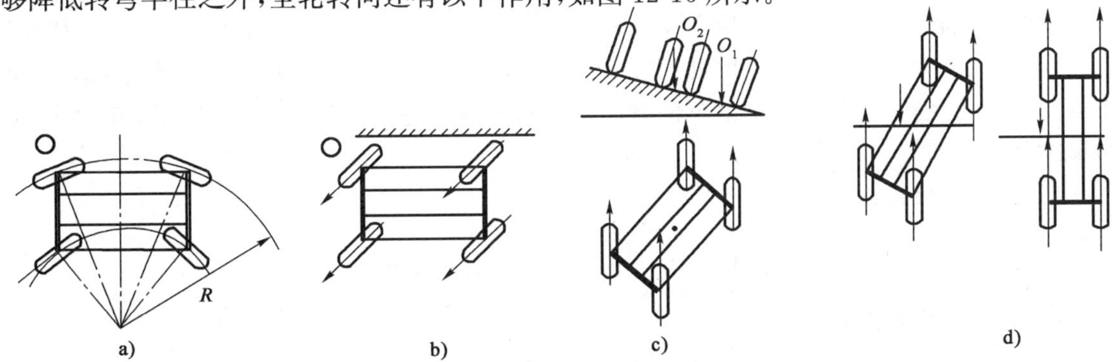


图 12-16　全轮转向的作用示意图

a)以最小转弯半径转向；b)斜行；c)提高横坡作业稳定性；d)防止作业时偏扭

机械可以斜行，如图 12-16b)所示，即运行方向与机械纵向轴线之间偏斜一个角度，这可以方便地靠近或离开结构物或地形限制的作业面。如图 12-16c)所示，机械横坡作业时，可用斜行法，使机械重心由 $O_1$ 移至 $O_2$，重心垂线和地面的交点与倾覆线间的距离加长，提高作业时整机稳定性。如图 12-16d)所示，在平地机这类有宽工作装置的机械，要求铲刀横移进行作业时，土壤反力的合力也横移，此力会使机械行驶方向偏扭，如图 12-16d)的右图所示，这时又可如图 12-16d)的左图所示的用斜行法克服。

综上所述，全轮转向特别适用于平地机作业，在某些其他工程机械中也有采用。但是，工程机械中的铲土运输机械是牵引型机械，往往要求全轮驱动，以充分利用机重提高附着牵引力；又要求全轮转向，即前后桥都是转向驱动桥时，就使机械结构复杂、成本高、故障增多、维护修理麻烦。

铰接式转向由此应运而生。由于它使铰接的前后车架相互偏转实现行走转向，故前后桥均为驱动桥，从而使零件数量减少，结构简化。因此，20 世纪 60 年代以来，铰接式转向发展很快。至于在转向时是出现内轮差还是外轮差，将视铰点距前后桥的距离而定。

速差转向式机械为整体刚性底架，也不偏转车轮，它使左右车轮角速度不同以实现转向，亦即类似于履带式机械的转向。速差转向只是在小型机械上采用，用于装载机时，斗容量一般不超过 $1m^3$，转向时轮胎沿地面有侧滑现象，转弯越急侧滑越严重，既增加转向阻力又加速轮胎磨损。为了便于选择，将上述转向方式及其主要性能，列表 12-1 仅供参考。

**不同转向方式比较** 表 12-1

| 顺序 | 项　目 | 偏转前轮 | 偏转后轮 | 偏转前后轮 | 铰接转向 | 速差转向 |
|---|---|---|---|---|---|---|
| 1 | 转向半径 | 大 | 大 | 小 | 较小 | 最小 |
| 2 | 对准工作面 | 方便 | 一般 | 方便 | 方便 | 方便 |
| 3 | 驾驶路线判断 | 方便 | 较差 | 较差 | 方便 | 方便 |
| 4 | 转向时轮胎磨损 | 较小 | 较小 | 较小 | 较大 | 最大 |
| 5 | 全驱时结构复杂程度 | 复杂 | 复杂 | 最复杂 | 简单 | 简单 |
| 6 | 与传动系关系 | 不相关 | 不相关 | 不相关 | 不相关 | 相关 |
| 7 | 整机纵向稳定性 | 良好 | 良好 | 良好 | 较差 | 差 |
| 8 | 整机横向稳定性 | 一般 | 一般 | 一般 | 略差 | 一般 |

2. 偏转车轮转向阻力矩的计算

偏转车轮转向时，转向阻力矩 $M_Z$ 与转向桥负荷、轮胎结构和气压、前轮定位、地面状况等许多因素有关，并伴随运行速度增加而较小。由于影响因素很多，很难精确计算转向阻力矩。下面给出三个经验公式，它们是由车辆原地转向的试验结果总结而来的，可供设计轮胎式工程机械时作为参考。

(1)半经验公式：

$$M_Z = \frac{\mu}{3}\sqrt{\frac{G_1^3}{p}} \times 10 \qquad (\mathrm{N \cdot cm})$$

(2)雷索夫推荐公式：

$$M_Z = G_1(fa + \mu x)\frac{1}{\eta} \qquad (\mathrm{N \cdot cm})$$

(3)塔布莱克推荐公式：

$$M_Z = \xi G_1 \sqrt{a^2 + b^2/8} \qquad (\mathrm{N \cdot cm})$$

式中：$M_Z$——转向轮的转向阻力矩，N·cm；

$G_1$——转向桥负荷，N；

$p$——轮胎气压，MPa；

$\mu$——轮胎和地面间滑动摩擦系数，一般可取＝0.7左右；

$f$——轮胎的滚动摩擦系数，一般路面上可取＝0.01～0.02，在工地作业时，可参考表9-2确定；

$b$——轮胎宽度，cm；

$a$——轮胎接地面中心到转向主销中心线与地面交点之间的距离，cm；

$\eta$——转向节、转向梯形球节的传动效率，一般可取＝0.9；

$\xi$——有效摩擦系数，可根据试验结果确定。

雷索夫公式中的 $x$ 可由下式确定：

$$x = 0.5\sqrt{r_0^2 - r_j^2}$$

式中：$r_0$——轮胎的自由半径，cm；

$r_j$——轮胎的静力半径，cm。

由上述3个公式可以看出，仅雷索夫公式考虑了转向节和转向机构的效率。如果三式都不考虑 $\eta$ 值，则计算结果相近。

一般说来，行驶中转向阻力矩约为原地转向阻力矩的1/3～1/2。

3.影响轮式车辆转向性能的主要因素

通过理论分析和试验，可知影响轮式工程机械转向性能的因素主要有以下4点。

1)地面附着条件对转向性能的影响

轮式工程机械在转向过程中，受到土壤对导向轮和驱动轮的阻力矩，以及由离心力和牵引负荷所形成的力矩等阻碍转向的力矩作用，将这些力矩之和称为转向阻力矩。转向阻力矩很大时，轮式机械的转向能力很大程度上受到土壤附着条件限制。为了提高工程机械的转向能力，可以从以下几个方面考虑：改善机械的前桥负荷，导向轮上应有纵向导向花纹，从而提高地面对导向轮的附着力；采用单边制动以增大转向力矩；降低转向时的行驶速度，以减少转向阻力矩。

2)转向半径对转向性能的影响

转向半径对转向能力的影响主要体现在最小转弯半径上，它反映了机械的机动性。工作装置位于前后轮之间的工程机械，机身较长，若作业场地狭窄，转向频繁，要求最小转弯半径尽可能小。以利于提高其转向性和机动性。试验表明，四轮转向比二轮转向的转弯半径大大减小，并可在低速时提高机械的稳定性。

3)单差速器对轮式车辆性能的影响

机械转向时要求内、外驱动轮能以不同的角速度旋转，这一要求是通过装置差速器来实现的。单差速器运动学特性表明，装置了差速器的机械驱动轮的转向阻力矩将大大小于不装差速器的机械，并可减少转向时轮胎的磨损和地面的阻力，从而改善了其操纵性。但是这一运动学特性，对机械保持直线行驶是不利的。导致机械就可能偏离直线行驶，为此驾驶人就必须经常操纵转向盘，以免偏离正常行驶路线。

单差速器的力学特性，对轮式工程机械牵引附着性能十分不利。当一侧驱动轮陷入较滑的地段时，由于单差速器不能根据路面或土壤条件情况来分配给左、右半轴以不同的转矩，而是将转矩以几乎相等的份额传给内、外侧半轴，使得两侧的驱动力始终相等，因此有时会出现一个车轮在原地滑转，而另一个车轮则完全停止不动的现象，从而使工程机械的通过性大大降低。这一点是单差速器致命的缺陷。

为了解决这个问题，一般轮式机械上都装有差速锁。应该注意，如果两侧驱动轮与土壤的附着条件相同的话，接合差速锁并不能提高工程机械的驱动力。有时，为进行急转弯，可以采用单边制动内侧半轴的办法，不过，采用单边制动的办法，将会导致发动机载荷增加。

4)铰接式车架转向对转向性能的影响

近年来如铲运机、装载机、压路机等工程机械的车架由两段或更多段数的车架组成，车架间用垂直铰轴相连，并由液压缸改变相邻车架间的相对夹角而使工程机械以不同的弯道半径在地面运行。当铰点的位置不同时，转弯半径有所变化。另外由于在转向时4个车轮的线速度不同，所以在转向时应保证每个车轮能按其各自的转速转动。工作装置的方向始终与前车架一致，从而能够迅速对准作业面，减少循环时间，提高生产率，机动性好；铰接车架相对偏转时，不需要专门的转向梯形机构就能避免弯道行驶时由于轮胎滚动方向的偏差而产生测滑，从而使转向机构简化；全轮驱动时，不必采用昂贵的驱动转向桥。

但铰接车架转向也有一定的缺点，主要是其转向时抗倾翻的稳定性降低。

在工程机械进行稳定转向时，转向油缸所提供的力矩等于转向阻力矩。在转向过程中，工程机械能否以一定速度按要求的转向半径回转，还要受到发动机的最大力矩、土壤附着条件和转向油缸所能提供的力矩等方面的限制。

## 二、履带工程机械的转向理论

对于双履带式工程机械各种转向机构就基本原理来说是相同的，都是依靠改变两侧驱动轮上的驱动力，使其达到不同时速来实现转向。

*1. 履带式机械转向运动分析*

履带机械不带负荷，在水平地段上绕转向轴线$O$作稳定转向的简图，如图12-17所示。从转向轴线$O$到车辆纵向对称平面的距离$R$，称为履带式工程机械的转向半径。

以$O_T$代表轴线$O$在机械纵向对称平面上的投影，$O_T$的运动速度$v$代表车辆转向时的平均速度。则机械的转向角速度$\omega_z$为：

$$\omega = v/R \tag{12-43}$$

转向时，机体上任一点都绕转向轴线$O$作回转，其速度为该点到轴线$O$的距离和角速度$\omega_z$的乘积。根据相对运动原理，可以将机体上任一点的运动分解成两种运动的合成：

(1)牵连运动，即该点以$O_T$的速度$v$所作的直线运动；

(2)相对运动，即该点以角速度绕$O_T$的转动。则有：

$$\omega = \frac{v}{R} = \frac{v_2}{R+\frac{B}{2}} = \frac{v_1}{R-\frac{B}{2}}$$

式中：$\omega$——转向时的旋转角速度，$s^{-1}$；

$v$——转向时，机械的平均线速度，m/s；

$v_2$——转向时，点的线速度，m/s；

$v_1$——转向时，点的线速度，m/s；

$R$——转弯半径，即机械中心的转弯半径，m；

$B$——履带中心距，m。

由图 12-17 可见：$v=(v_1+v_2)/2$。显然，慢、快速侧履带上 $O_1$，$O_2$ 点的速度 $v_1$，$v_2$ 分别和 $v$ 关系如下：

$$\frac{v_1}{v}=\frac{R-0.5B}{R}$$

$$\frac{v_2}{v}=\frac{R+0.5B}{R}$$

$$\frac{v_1}{v_2}=\frac{R-0.5B}{R+0.5B}$$

即
$$R=\frac{v_2+v_1}{v_2-v_1}\frac{B}{2} \tag{12-44}$$

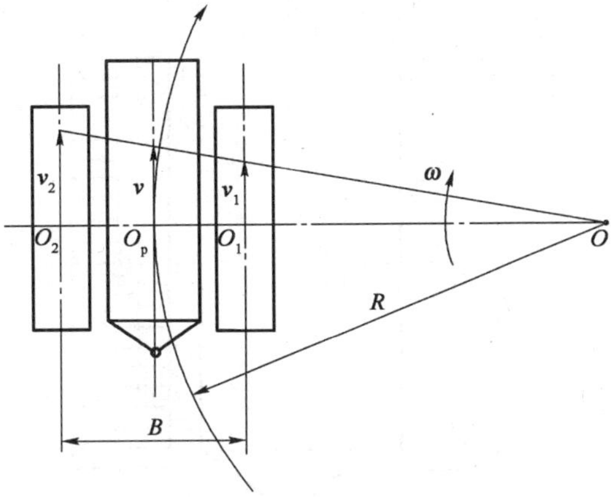

图 12-17　履带工程机械转向运动图

对于一般常用的转向离合器式和行星式转向机构，根据式(12-44)，当一侧履带制动，即 $v_1=0$，所得最小转弯半径为：$R_{\min}=B/2$。

对于多机驱动的履带式工程机械，左、右履带可由逆转驱动的液压马达或电动机分别驱动。在这种情况下，可采用相反的方向驱动左右履带，达到原地转向的目的，即 $v_1=v_2$，代入公式(12-44)，可得：$R_{min}=0$。

由以上分析可知，履带式机械能在狭窄场地灵活转向，一般轮式工程机械的转弯半径 $R$ 总是远大于 $B/2$，及要求较大的转向场地，可见履带式工程机械的转向灵活性显著高于轮式工程机械。

2. 转向阻力矩

履带式机械转向时，由多种因素决定转向阻力矩的大小。例如履带支承面、履齿表面在地面上的摩擦力；履带支承面、履齿刮动土壤；履带推动堆积在它旁边的土等。转向阻力矩是各种阻力矩的复杂组合。

为研究方便，假定履带对地面的压力均匀分布，那么履带式工程机械的重心落在履带底架的中心。转弯时，一条履带的转向阻力矩为：$M=(1/8)G\mu L$，则机械的转向阻力矩为：

$$M_Z=2M=(1/4)G\mu L \tag{12-45}$$

式中：$G$——机械重量，kN；

$L$——履带接地长度，m；

$\mu$——转弯时的滑动摩擦阻力系数，因为这个公式忽略了若干因素的影响，应在 $\mu$ 的数值上加以考虑，因此称为转向阻力系数比较合适。

当一侧履带制动，即机械急转弯时，$\mu$ 的变化范围一般为 0.4～0.7 之间。其中，在坚硬路面上 $\mu$ 取 0.4；在松软土壤上，$\mu$ 取 0.7。在特别恶劣的土壤条件下做急转弯时，$\mu$ 值最大可取 1.0，在一般计算中，取 $\mu=0.4$。

如图 12-18a)所示，为一侧履带制动进行转向时，地面对机械作用的转向阻力示意图。

如果是两侧履带反向完成履带转向时，如图 12-18b)所示，地面对履带的摩擦阻力分布可视为三角形。即履带长度的中点，即在 $O_1$、$O_2$ 点为零。根据前述关于接地比压的计算分析可知，履带接地长度的端点单位长度上的阻力则为 $pb\mu$。那么，长度 $O_2A$ 上的总阻力$=(pb\mu+0)\div 2\times L/2$。则转向时，一条履带上的转向阻力矩为：

$$M = \frac{pb\mu}{2} \times \frac{L}{2} \times \frac{2}{3}L = \frac{G}{2bL} \times \frac{b\mu}{6}L^2 = \frac{G}{12}\mu L$$

机械转向总阻力矩 $M_Z$ 为：

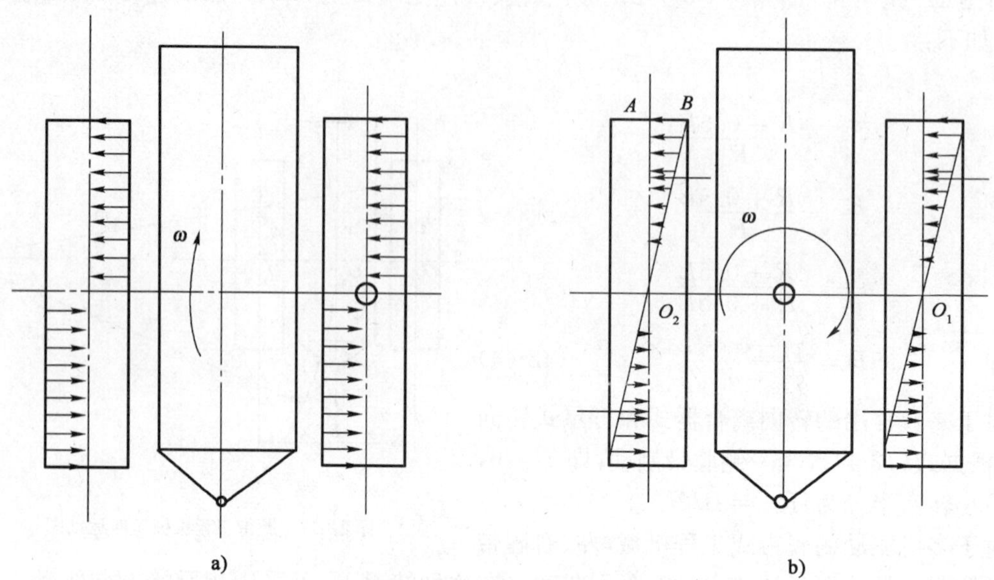


图 12-18 履带式工程机械转向阻力作用示意图

a)一侧履带制动；b)两侧履带反向

$$M_Z = 2M = 1/6G\mu L \tag{12-46}$$

对于不同的转向方法，即一侧履带制动或两侧履带反向转向时，可以分别参考式(12-45)或式(12-46)计算转向阻力矩。

应该指出，上述推导都是基于机械重心在履带底架中心、接地比压平均分布这一点出发的。实际上各种机械往往在纵向偏移一段距离 $e$，或横向偏移一段距离 $c$，造成接地比压不均匀分布。考虑到影响转向力矩的有些因素没有计入，所以，单独分析 $e$ 或 $c$ 值的影响意义不是很大。因此，仍建议用上述二式作估算。

3. 转向受力分析

1)一侧履带制动式转向的受力分析

如图 12-19 所示为一侧履带制动式转向的受力简图。履带式机械转向速度很低，因此可不必计算惯性力矩的影响。在图 12-19 中，$M_Z$ 为机械转向总阻力矩，$F_2$ 为转向时，驱动侧履带的滚动阻力，实质上是使土壤变形做功，反映到牵引力上，广义上包括行走系内部摩擦阻力。则有：

$$F_2 = Gf/2$$

式中：$G$——机械重量，kN；

$f$——滚动阻力系数。

因为 $\Sigma M_{O1} = 0$，得：

$$T_2B = F_2B + M_Z$$

即：

$$T_2 = F_2 + \frac{M_Z}{B} = \frac{1}{2}Gf + \frac{1}{4}\frac{G\mu L}{B} \tag{12-47}$$

式中：$T_2$——驱动侧履带的轮轴切向牵引力，kN。

因此，能否实现转向，就必须满足以下 2 个基本条件：

(1)发动机负载可能性：要实现转向，就必须满足下式条件：

$$T_f > T_2$$

式中：$T_f$——发动机转矩换算到驱动轮能提供的牵引力，kN。

如果上式不能满足，就可能导致转向无法顺利进行。比如，履带机械高挡行驶，突然急转弯，突然加给的转向阻力矩会使发动机提供的力 $T_f$ 不足，$T_f < T_2$ 就可能导致引起发动机过载，冒黑烟甚至熄火。

(2)地面附着可能性：一侧履带制动，驱动另一侧履带以使机械转向时，制动履带好像轮胎式机械的从动轮，驱动履带好像驱动轮。机械能否获得转向，要看驱动侧履带的附着条件，即：

$$T_2 < T'_f = G\varphi/2 \tag{12-48}$$

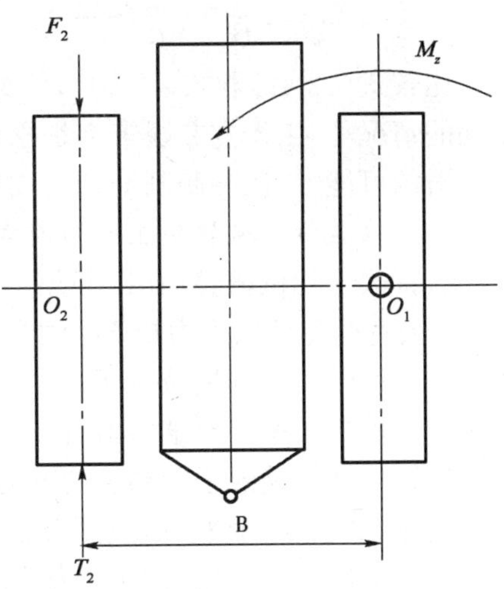

图 12-19　履带机械一侧制动转向时的作用力

式中：$T'_f$——驱动侧履带的附着牵引力，kN。

如果 $T_2 > T'_f = G\varphi/2$，当机械陷在松软潮湿地面或雪地上，企图转向时，就会出现打滑而不能转向。

由式(12-47)及式(12-48)，得：

$$\frac{G}{2}f + \frac{G}{4}\frac{\mu L}{B} < \frac{G}{2}\phi$$

或

$$\frac{L}{B} < \frac{2}{\mu}(\phi - f) \tag{12-49}$$

式(12-49)表明，不仅转向阻力系数 $\mu$ 其值接近于履带在地面上横向滑动摩擦系数、附着系数 $\varphi$ 其值接近于履带纵向滑动摩擦系数和滚动阻力系数 $f$ 之值影响到履带机械的转向可能性，其结构参数 $L/B$ 也影响到机械的转向能力。履带接地长度 $L$ 不能过分增加，否则将增加 $M_Z = (1/4)G\mu L$ 的值，从而不能满足 $L/B < 2(\varphi - f)/\mu$，从而导致驱动功率再大也无法转向。当然，为了照顾着一点，将 $L$ 值取得很小，也会对整机稳定性和总体布置产生不良影响。现代履带式工程机械，一般取 $L/B = 1.2 \sim 1.8$。

2)两侧履带反向式转向的受力分析

两侧履带反向转向时履带上的受力情况如图 12-20 所示。则有：

$$F_1 = F_2 = F = Gf/2$$

$$T_1 = T_2 = T$$

$$M_Z = G\mu L/6$$

由力矩平衡关系经推导，得：

$$T = \frac{G}{2}f + \frac{G\mu L}{6B} \tag{12-50}$$

式中：$T$——驱动履带的轮周切向牵引力，kN，分别由驱动履带转动的左右行走马达提供。

由附着条件，得：

$$T < G\varphi/2$$

代入式(12-50)，化简得：

$$\frac{L}{B} < \frac{3}{\mu}(\phi - f) \qquad (12\text{-}51)$$

比较式(12-49)和式(12-51),可见在结构参数$L/B$相同的情况下,由于左右履带都是驱动转向履带,转向时打滑的可能性,比一侧制动转向式要小。

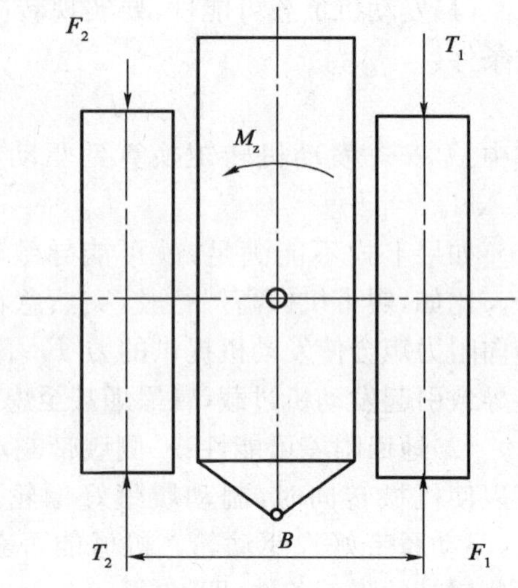

图 12-20　履带机械履带反向转向时的作用力

*4.影响履带机械转向能力的因素*

履带式工程机械转向时,必须要有足够的转向力矩$M_Z$去克服总转向阻力矩$M_\Sigma$,才能使机械按规定的转向半径回转。工程机械转向时可能获得的最大转向力矩受发动机功率和土壤的附着条件两方面的制约。

1)转向能力受限于发动机功率的条件

履带式机械在水平地段上作稳定转向时所消耗的功率由 3 个部分所组成:即机械作基本直线运动所消耗的功率;机械绕本身的相对转动轴线$O_T$转动所消耗的功率;转向机构或制动器的摩擦元件所消耗的功率。

如果将工程机械稳定转向时与等速直线运动时发动机转矩之比称为发动机载荷比,并用系数$\xi$来表示,可以得到:

$$\xi = \frac{M'_e}{M_e} = \frac{M'_0}{M_0} = \frac{F'_K v' + M_\Sigma \omega_z + M_r \omega_r}{F_K v}$$

由于机械转向时的驱动力$F'_K$在相同条件下与等速直线运动时驱动力$F_K$相等,所以发动机载荷比$\xi$也可以表示是为:

$$\xi = \frac{v'}{v}\left(1 + \frac{M_\Sigma}{F_K R} + \frac{M_r \omega_r}{F_K v'}\right) \qquad (12\text{-}52)$$

式(12-52)表明了在相同的土壤和载荷条件下,履带工程机械稳定转向时与直线运动时相比,其发动机功率的增长情况。系数$\xi$值越大,表明发动机的荷载就越大,机械在急转弯时功率增长尤为显著。为了使发动机不致熄火,转向时的发动机转矩$M'_e$应小于发动机最大输出转矩$M_{emax}$。转向机构不同则$\xi$值就不同,因此,发动机荷载比$\xi$是评价履带式机械转向机构性能的一项指标。

2)转向能力受限于附着力的条件

履带工程机械转向时,由土壤附着条件所决定的转向能力受快速侧履带与土壤间附着力的限制,它与转向机构的形式无关。当机械在松软潮湿土壤或冰雪地上转弯时,有时会出现快速侧履带严重打滑而不能进行急转弯的现象。履带式机械的转向能力不仅与土壤条件和履刺结构,例如系数$\varphi$、$f$及$\mu$等有关,同时还与工程机械的结构参数$L/B$有关,增加履带接地段长度$L$会使转向阻力矩$M_\mu$增大,对转向不利,增加轨距$B$,可加大转向力矩$M_Z$,对转向有利。

## 三、动力转向系统的设计

*1.动力转向形式、要求与布置*

工程机械由于转向阻力很大,为使操纵轻便,一般采用动力转向。

转向阻力与转向桥负荷、轮胎尺寸和气压、转向轮定位角等有关,其中决定因素是转向桥的负荷。对于载重机械,转向桥负荷为 25～30kN 时,可以采用动力转向;30～40kN 时,最好采用动力转向;超过 40kN 时,一定要采用动力转向。而现代的轿车常可装动力转向供用户自选。动力转向一般为油压式，又分常流式与常压式。

如工程机械不转向时，油泵继续泵油，油液经分配阀流回油箱，动力缸两腔皆与回油路相通，为常流式。其优点是：结构简单，元件少，质量较轻；不转向时油泵空载，负荷小，工作寿命长；空载油液漏损较少，功率消耗少。因此，一般多采用常流式。

如工程机械不转向时，油泵继续泵油，但分配阀总是关闭着，系统内油液保持高压，为常压式。常压式需要蓄能器，油泵排出的高压油液储存在蓄能器内，达到一定压力后，油泵自动卸载而空转。与常流式相比，常压式的元件多、结构复杂、密封要求高、漏损较大、消耗功率较大。转向时，不论转向阻力大小，总是以相当于蓄能器压力的油液向液压缸供油，因此，即使在转向阻力较小时，消耗的功率依然较大。

常压式用于油泵排量较小，不能满足转向速度的要求；同一油泵，作为若干种部件，如制动器、离合器、变速器的液压操纵或液压举升操纵的能源时。

液压式动力转向按分配阀形式，分轴向动作的滑阀式与旋转动作的转阀式。滑阀式目前用得较多，性能较好，能满足使用要求，有一定的使用经验。转阀式的应用有增多趋势，与滑阀式相比它有零件少、密封件少、灵敏度高等优点。

对于动力转向设计或选择，要考虑以下要求：

(1)安全可靠。当加力器失效或出现故障时，仍能以人力继续操纵。

(2)转向灵敏。自由行程和滞后时间要少。

(3)有“路感”。除转向轻便外，应及时地把地面阻力情况反应到转向盘上，驾驶人能从转向盘体察到路况。

(4)防止车轮漫动。直线行驶由转向加力器机构本身保证，不能靠驾驶人维持。转向加力器应保证车轮的自动回正。

(5)要有随动作用。

一般来讲，动力转向由转向盘、转向器、分配阀、动力缸等部件组成。一般说来，动力缸可以布置在转向盘与车轮之间的任意位置；分配阀也可以布置在转向盘与动力缸之间的任意位置。但在实际布置时，要考虑：没有特殊原因，动力缸最好不要装在转向桥上，以减小非悬架质量与缩短管道长度；分配阀最好与转向轴直接连接，尽量减少操纵分配阀的杆件，以提高分配阀的灵敏性；分配阀的位置要便于拆装、修理；分配阀与动力缸应尽量靠近，以减少管路连接件。

2. 动力缸的设计

(1)动力缸作用力 $F$：根据最大转向阻力矩 $M_{Z\max}$、动力缸到转向轮的杠杆比等进行计算确定。

(2)动力缸内径 $D$：由 $F=\pi(D^2-d^2)p/4$

得：

$$D=\sqrt{\frac{4F}{\pi p}+d^2}$$

式中：$d$——活塞杆直径，cm，初选时，可取 $d=0.35D$；

$p$——动力缸油压，MPa。

(3)动力缸长度：动力缸内腔的全长，除了要考虑活塞行程 $S$ 所必需的长度外，还必须留有余地。活塞杆缩进缸内到极限位置时，活塞端面与缸盖之间应有 10mm 左右的间隙。活塞杆伸出到极限位置时，活塞与缸盖间应留一段长度 $l$，如图 12-21 所示。长度 $l$ 的作用，在于改善活塞杆的导向，一般取 $l=(0.5\sim0.6)D$。

(4)活塞厚度 $B$：一般取 $B=0.3D$。

(5)动力缸活塞速度：按发动机怠速时油泵排量保证转向盘转速不低于 60r/min。如不能满足要求，需增加油泵转速或重选油泵。

3. 滑阀式分配阀的设计

1)分配阀的主要参数

分配阀的基本尺寸，包括滑阀直径 $d$、滑阀总移动量 $e$ 和预开隙 $e_1$、密封搭接长度 $e_2$，$e_2=e-e_1$。如图 12-22 所示。这些尺寸参数影响着分配阀的泄漏量、液流常流速度以及转向灵敏度。

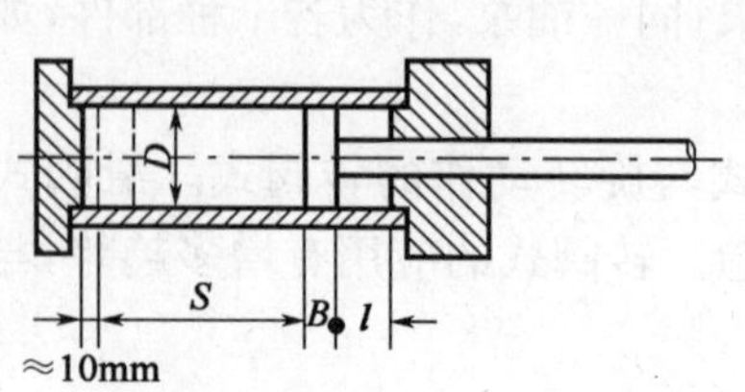

图 12-21 动力缸长度示意图

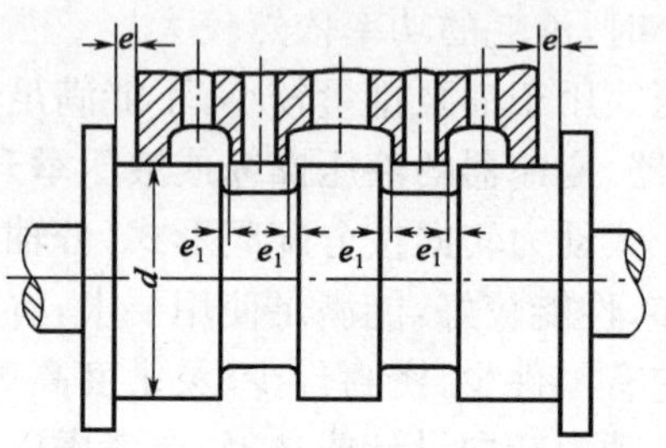

图 12-22 分配阀尺寸示意图

(1)分配阀泄漏量 $\Delta Q$。可由下式计算：

$$\Delta Q=\frac{\Delta r^3 p\pi d}{12\mu e_2}=1.42\times 10^6\times\frac{\Delta r^3 pd}{e_2} \qquad (\text{mL/s})$$

式中：$\Delta r$——滑阀与阀体在半径方向的间隙，mm，一般的配合间隙为 0.010～0.025mm，即半径方向间隙 $\Delta r=0.005$～0.012 5mm，计算时采用最大间隙；

$p$——动力缸工作油压，MPa；

$d$——滑阀直径，cm；

$e_2$——密封搭接长度，cm，$e_2=e-e_1$；

$\mu$——液体动力黏度系数，MPa·s，3 号锭子油 50℃时，$\mu=1.84\times 10^{-8}$MPa·s。

泄漏量 $\Delta Q$ 不得大于溢流阀限制下最大排量的 5%～10%。

(2) 流速 $v$。可由下式计算：

$$v=\frac{Q}{2\pi de_1}\frac{1}{6}=\frac{Q}{37.68de_1} \qquad (\text{m/s})$$

式中：$d$——滑阀直径，cm；

$e_1$——预开隙，cm；

$Q$——未溢流情况下的最大排量，L/min，一般约等于发动机怠速时油泵排量的 1.5 倍。

(3)局部压力降 $\Delta p$。机械直线行驶时，亦即分配阀处于中位，液流流经分配阀后流回油箱。液流流经分配阀时，产生局部压力损失 $\Delta p$，其值为：

$$\Delta p=\xi\frac{v^2\rho}{2}=1.35\times 10^{-3}v^2 \qquad (\text{MPa})$$

式中：$v$——液流常流速度，m/s；

$\rho$——液体重度，一般取 $\rho=900\text{kg/m}^3$；

$\xi$——局部阻力系数，一般取 $\xi=3.0$。

局部压力降 $\Delta p$ 的允许值为 30～40kPa。

(4)转向灵敏度。转向灵敏度以转向盘转角表示，要求在滑阀移动量为预开隙 $e_1$ 时，转向盘转角允许值为 2°～5°;滑阀移动量为总移动量 $e$ 时,转向盘转角允许值为 20°。

2)分配阀的复位弹簧

分配阀复位弹簧的作用是:

(1)机械直线行驶不转向时,保持滑阀在中间位置;

(2)减少因车轮受路面冲击或振动迫使滑阀作轴向移动;

(3)保证转向后车轮的自动回正。

复位弹簧的最大作用力受转向轻便性的限制。为克服弹簧力而在转向盘上的作用力不应大于 15～20N。在此条件下,弹簧力应尽量大些。

复位弹簧的最小作用力应大于转向器逆传动的阻力。这就是说,车轮因路面冲击反作用到转向器时,先发生的是转向器的逆传动,而不是回位弹簧的压缩,驾驶人就可以从转向盘上觉察到路面冲击。

3)"路感"

在驾驶人转动转向盘而打开分配阀时,除了必须克服复位弹簧的压力外,还要克服液压阻力。液压阻力的数值,等于反作用阀的面积即承受液压的面积与油液工作压力的乘积。此力换算到转向盘上,应在 20～60N,既不影响操纵轻便性,又使驾驶人感受到一定的转向阻力。有的机械动力转向系统中没有反作用阀,转向时驾驶人只需克服复位弹簧的力,感受不到转向阻力,因而其"路感"等于零。

4. 转向油泵的选择

1) 转向油泵的特点

液压常流式动力转向系统所采用的油泵,应具有如下特点:

(1)发动机怠速运转时,油泵应有足够的排量,以保证有较快的转向速度;

(2)发动机高速运转时,油泵的排量又不应过大。

因此,油泵本身应有溢流阀以限制最大排量,使多余的油液经溢流阀流回至油泵的进油口。溢流阀应与油泵制成一体,使之结构紧凑,并使溢流阀到油泵进口的沿程阻力最小。

2) 转向油泵的种类

(1)齿轮泵。齿轮式油泵结构紧凑、工作可靠,在工程机械动力转向系统中用的较多。油泵有浮动轴套,可以自动补偿端面间隙。齿轮泵油压达 7MPa 或更高,容积效率可达 0.85～0.90。

(2)叶片泵。叶片式油泵结构紧凑、输油量较均匀。油压达 7MPa,容积效率约为 0.92。

(3)摆线转子泵。摆线转子泵结构更紧凑,外形尺寸最小,油压可达 7.5MPa。

(4)柱塞泵。柱塞泵结构尺寸大,但油压高,一般可达 10MPa 或更高,容积效率也高,可达 0.93～0.98。正是因为它结构不够紧凑,很少用做转向油泵。

3)油泵压力与排量的选择

动力转向油泵的最大压力,一般为 6.5～7.0MPa。油泵的最小排量,应该要保证转向盘的转动速度为 60r/min 时,供给动力油缸足够的油液。

5. 转向液压系统的设计

动力转向系统的设计包括两个重要方面:液压元件的正确选择与液压系统的优化设计。从 1996 年起,厦门工程机械股份有限公司在其主产品 ZL 40 和 ZL 50 装载机上,设计并实现了新的双泵卸荷液压系统,如图 12-23 所示。

当装载机转向时,转向泵 11 输出的压力油,一路通过转向器 8 去控制流量放大阀 5 开启;另

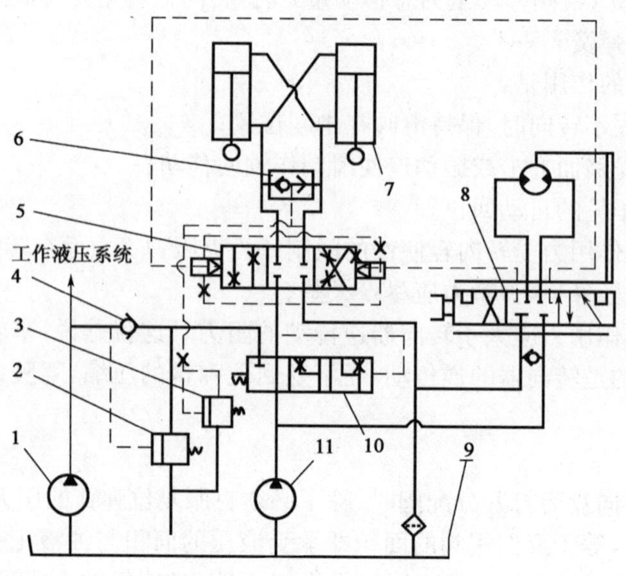


图 12-23 装载机转向液压系统

1-工作油泵；2-卸荷阀；3-溢流阀；4-止回阀；5-流量放大阀；6-梭阀；7-转向油缸；8-转向器；9-油箱；10-优先阀；11-转向油泵

一路通过优先阀 10 和流量放大阀 5 进入转向缸 7，使装载机转向。当转向油泵输出的流量多于转向所得的流量时，由于优先阀 10 两端出压力差增大，迫使优先阀打开通向工作液压系统的油路。此时转向油泵输出的部分压力油，可通过优先阀 10 和单向阀 4 与工作油泵输出的压力油合流供给工作液压系工作，或在工作液压系统不工作时通过 DF 多路阀回油。当液压系统的工作压力超过卸荷阀 2 的凋定压力时，卸荷阀开启，从转向油泵来的压力油，通过卸荷阀低压卸荷。当工作液压系统的工作压力低于卸荷阀的加载压力时，卸荷阀关闭，转向油泵输出的部分压力油继续与工作油泵输出的压力油合流，供给工作液压系统工作或通过 DF 多路阀回油。当装载机不转向时，同理，转向油泵输出的全部流量可通过优先阀和单向阀，与工作油泵输出的流量合流或经卸荷阀低压卸荷。由于优先阀的作用，转向油泵输出的液压油，可优先保证供给转向系统工作。

该双泵卸荷系统的工作原理与国内个别机型采用的同类型系统相似，其主要差别是用卸荷压力与加载压力差值为 1%左右的专利产品等值控制卸荷阀，代替了传统结构的卸荷阀，其卸荷压力与加载压力差值为 15%～20%。此双泵卸荷系统中的转向油泵不变、转向缸不变。工作油泵采用较低排量的同类泵，如 ZL 40 装载机工作泵 CBG 3125 改用 CBG 2063，随动恒流转向系统改用全液压流量放大转向系统。新的双泵卸荷系统，既能保证工作液压系统正常工作，又可提高转向性能，还可降低液压系统的匹配功率。当装载机在强制挖掘或超负载(超 20%～30%)提升作业时，让转向油泵输出的压力油不再与工作油泵合流，供给工作液压系统工作，而是通过等值控制卸荷阀低压卸荷，降低了液压系统的功率消耗。由于优先阀的作用，在任何工况作业时，转向油泵输出的压力油均能保证转向系统正常工作。采用优先阀和等值控制卸荷阀能充分利用转向油泵的工作流量，降低液压系统的匹配功率和功率损失。如果采用传统的卸荷阀卸荷，因其卸荷压力和加载压力差值大，装载机在某些工况作业时，可以降低功率损失；而在某些工况作业时，液压系统的功率损失不仅不能降低，反而比独立液压系统的功率损失还要大，而且在装载机液压系统设计中有诸多条件限制。因此，其实用价值低而不被采用。这就是双泵合分流转向液压系统不能发展的主要原因。

根据计算，如表 12-2 与装载机试验结果，新的双泵卸荷系统与独立的液压系统进行比较，发现如下特点：

**液压系统匹配功率和各作业工况功率消耗对比** 表 12-2

| 名称 | | ZL40 | ZL50 | | ZL40(改) | ZL50(改) |
|---|---|---|---|---|---|---|
| 运动时间 | 工作装置提升时间(s) | 7.5 | 7.5 | | 6.7 | 6.7 |
| | 全轮转向时间(s) | 4.5 | 4.5 | | 2.4 | 2.4 |
| 功率消耗(kW) | 空载消耗 | 4.8 | 6.1 | | 2.5 | 3.4 |
| | 工作液压系统工作 | 20.9 | 30 | 卸荷时 | 9.1 | 16.8 |
| | | | | 合流时 | 15.9 | 22.1 |
| | 转向液压系统工作 | 15 | 27.6 | | 9.1 | 15.9 |
| | 工作与转向液压系统共同工作 | 31.1 | 51.5 | 卸荷时 | 15.1 | 29 |
| | | | | 合流时 | 14.8 | 23.9 |
| 工作油泵、转向油泵匹配功率(kW) | | 95 | 135.5 | | 60.1 | 103.1 |

在液压系统功率匹配方面，ZL 40 装载机下降 37%左右，ZL 50 装载机下降 24%左右。在功率损失方面，ZL 40 装载机减少 24%～56%，ZL 50 装载机减少 24%～49%。而在工作装置提升时间方面，ZL 40 装载机下降 0.3s，ZL 50 装载机下降 0.8s。液压系统的匹配功率和功率损失的下降，使装载机液压系统的热平衡温度下降 5℃～10℃。装载机在变矩器失速工况和工作液压系统主溢流阀溢流工况作业时，装载机的发动机转速可提高 200～300r/min。

新的双泵卸荷液压系统是一个节能系统，适用于各种类型装载机液压系统的改造，很有实用价值。

# 常用符号

$G_T$——每小时发动机的耗油量
$g_e$——有效燃油消耗率
$g_i$——指示燃油消耗率
$C_m$——活塞平均速度
$D$——汽缸直径
$d_k$——燃烧室凹坑口直径
$F_i$——示功图面积
$K_T$——转矩适应系数
$K_n$——转速适应系数
$H_u$——燃料低热值
$i$——汽缸数
$L$——燃烧 1kg 燃油实际供给空气量
$L_0$——燃烧 1kg 燃油理论供给空气量
$n$——发动机转速
$n_1$——压缩多变指数
$n_2$——膨胀多变指数
$P_e$——有效功率
$P_m$——机械损失功率
$P_i$——指示功率
$P_L$——升功率
$p_c$——压缩终点压力
$p_b$——膨胀终点压力
$p_a$——进气终点压力
$p_r$——排气终了压力
$p_z$——最高燃烧压力
$p_e$——平均有效压力
$p_i$——平均指示压力
$p_m$——平均机械损失压力
$S$——活塞行程
$T_c$——压缩终点温度
$T_a$——进气终点温度
$T_b$——膨胀终点温度
$T_c$——最高燃烧温度
$M_e$——曲轴转矩
$C_m$——活塞平均速度
$V_a$——汽缸总容积
$t_r$——排气温度
$V_h$——汽缸工作容积
$v_T$——湍流火焰传播速度
$v_L$——层流火焰传播速度
$W$——循环功
$W_i$——循环指示功
$W_m$——实际机械损失功
$W_e$——循环有效功
$\alpha$——过量空气系数
$\varepsilon$——压缩比
$\eta_t$——循环热效率
$\eta_e$——有效热效率
$\eta_i$——指示热效率
$\eta_m$——机械效率
$\eta_r$——燃烧效率
$\eta_v$——充气系数
$\theta_i$——喷油提前角
$\theta_f$——点火提前角
$\theta_H$——供油提前角
$\rho$——初始膨胀比
$\lambda$——压力升高比
$\pi_k$——增压比
$\phi_k$——增压度
$\tau$——冲程数
$\phi_a$——空燃比
$K_m$——转矩储备系数
$\gamma$——残余废气系数
$M_K$——驱动力矩
$F_K$——切线牵引力
$r_K$——动力半径
$Z$——沉陷深度
$\delta$——滑转率
$\varphi$——附着系数

# 参 考 文 献


[1] 姚怀新.工程机械发动机理论与性能[M].北京:人民交通出版社,2007.

[2] 冯健璋.汽车发动机原理与汽车理论[M].第2版.北京:机械工业出版社,2006.

[3] 吴建华.汽车发动机原理[M].北京:机械工业出版社,2005.

[4] 颜伏伍.汽车发动机原理[M].北京:人民交通出版社,2007.

[5] 马丽英,曹源文,归少雄.液力变矩器的正确使用及常见故障诊断[J].建筑机械,2007,6.

[6] 张志沛.汽车发动机原理[M].北京:人民交通出版社,2003.

[7] 张西振,吴良胜.发动机原理与汽车理论[M].北京:人民交通出版社,2004.

[8] 刘巽俊.内燃机的排放与控制[M].北京:机械工业出版社,2003.

[9] 吴克刚,曹建明.发动机测试技术[M].北京:人民交通出版社,2002.

[10] 董敬,庄志,常思勤.汽车拖拉机发动机[M].第3版.北京:机械工业出版社,2000.

[11] 马丽英,曹源文,归少雄.工程机械4WS电液控制系统实验装置的工作原理[J].工程机械,2006,9.

[12] 蒋德明.内燃机燃烧与排放学[M].西安:西安交通大学出版社,2001.

[13] 吴永平.机械调速柴油机动态过程研究[J].江苏大学学报(自然科学版),2002,5.

[14] 马丽英,曹源文,归少雄.工程机械新型转向系统研究[J].筑路机械与施工机械化,2006,11.

[15] 李兴虎.汽车环境保护技术[M].北京:北京航空航天大学出版社,2004.

[16] 马丽英,曹源文,归少雄.液压油污染度自动监测技术研究[J].重庆交通大学学报(自然版),2007,8.

[17] 姚怀新.行走机械液压传动与控制[M].北京:人民交通出版社,2003.

[18] 姚怀新,陈波.工程机械底盘理论[M].北京:人民交通出版社,2002.

[19] 唐经世.工程机械底盘学[M].成都:西南交通大学出版社,2002.

[20] ZHU Jian-xin, YANG Cheng-yun, HU Huo-yan, ZHOU Xiang-fu. Reducing-resistance Mechanism of Vibratory Excavation of Hydraulic Excavator[J]. Journal of Central South University Technology (English), 2008, Vol 15 No. 4.

[21] Mori K. Worldwide Trends in Heavy-Duty Diesel Engine Exhaust Emission Legislation and Compliance Technologies[J]. SAE paper 970753,1997.

[22] Iwamoto Y, et al. Development of Gasoline Direct Injection Engine[J]. SAE paper 970541,1997.

[23] 陈新轩,展朝勇,郑忠敏.现代工程机械发动机与底盘构造[M].北京:人民交通出版社,2007.

[24] 姚怀新.两类工程车辆的特点及其液压传动与控制分析[J].筑路机械与施工机械化,2002,2.

[25] 李朝晖,杨新桦.汽车新技术[M].重庆:重庆大学出版社,2004.

[26] 颜荣庆,李自光,贺尚红.现代工程机械液压与液力系统——基本原理·故障分析与排除[M].北京:人民交通出版社,2001.

[27] 车胜创.奥迪系列轿车维修技术[M].济南:山东科学技术出版社,2000.

[28] 耿莉敏,边耀璋,董元虎,等.生物柴油的氧化安定性[J].长安大学学报(自然版),2009,1.